DRAWDOWN

EDITED BY
PAUL HAWKEN

THE MOST COMPREHENSIVE PLAN EVER PROPOSED TO REVERSE GLOBAL WARMING

反轉
地球暖化
100招

保羅・霍肯 —— 主編

劉品均 ————— 譯

■ 《Drawdown》是以科學為基礎的訊息，也證明有越來越多人了解我們所面臨的挑戰有多麼艱困，並願意致力於打造善良、安全與再生的未來。這位年輕女孩是居住在肯亞北部 Nakuprat-Gotu 保護區的波拉納奧羅莫族人（Borana Oromo），她的照片一直是我們的寶物，每天提醒我們，我們正努力著的事是天命。

Drawdown 計畫全體成員

計畫主持人：Paul Hawken
籌劃：Janet Mumford
資深撰稿人：Katharine Wilkinson
公關：Allison Wolff
網站：Chad Upham
文字編輯：Christian Leahy
寫作助手：Olivia Ashmoore

研究總監：Chad Frischmann
研究委員：Ryan Allard
研究委員：Kevin Bayuk
研究委員：João Pedro Gouveia
研究委員：Mamta Mehra
研究委員：Eric Toensmeier
研究協調員：Crystal Chissell

研究員

Zak Accuardi
Raihan Uddin Ahmed
Carolyn Alkire
Ryan Allard
Kevin Bayuk
Renilde Becqué
Erika Boeing
Jvani Cabiness
Johnnie Chamberlin
Delton Chen
Leonardo Covis
Priyanka deSouza
Anna Goldstein
João Pedro Gouveia
Alisha Graves
Karan Gupta
Zhen Han
Zeke Hansfather
Yuill Herbert
Amanda Hong
Ariel Horowitz

Ryan Hottle
Troy Hottle
David Jaber
Dattakiran Jagu
Daniel Kane
Becky Xilu Li
Sumedha Malaviya
Urmila Malvadkar
Alison Mason
Mihir Mathur
Victor Maxwell
David Mead
Mamta Mehra
Ruth Metzel
Alex Michalko
Ida Midzic
S. Karthik Mukkavilli
Kapil Narula
Demetrios Papaioannou
Michelle Pedraza
Chelsea Petrenko

Noorie Rajvanshi
George Randolph
Abby Rubinson
Adrien Salazar
Aven Satre-Meloy
Christine Shearer
David Siap
Kelly Siman
Leena Tähkämö
Eric Toensmeier
Melanie Valencia
Ernesto Valero Thomas
Andrew Wade
Marilyn Waite
Charlotte Wheeler
Christopher Wally Wright
Liang Emlyn Yang
Daphne Yin
Kenneth Zame

目次

推薦序

邁向循環經濟不是選項，
是必然要走的路！

2018 年 10 月，聯合國「政府間氣候變化專門委員會」（IPCC）預測，以目前溫度持續增加的速率，相較於工業革命前，在 2030 年至 2052 年間，地球溫度將上升超過攝氏 1.5 度。如此等於宣布了我們的生存環境已經無法負荷燃燒化石能源所產生的汙染和碳排量了。國際間一直以來依循的線性經濟發展模式，已經到了該全面檢討並積極轉型的時候。為了地球的永續發展，我們已經無法持續採用這種「GDP 導向、企業享有利益利潤、民間承擔風險及成本、化石能源無止盡地被開採」的資源揮霍型模式，而是轉型邁向循環經濟。人類的基本「需求」，應該由產品的擁有者被重新定義為產品的使用者。而經濟的「成長」，則必須被重新設計，與資源消耗脫鉤。只要不再肆無忌憚地濫用化石能源儲存量，減緩化石能源消耗，或許有機會在升溫 1.5 度的臨界點前踩住剎車。

對自然資源不負責任地使用，正是線性經濟的主要負面特徵之一。而消費者越養越大的胃口和喜新厭舊的消費習慣，正是資源濫用的幫凶。生產者因此樂於設計生命週期短的商品，以刺激新產品更快上市搶攻消費者的荷包。這種產品設計的商業模式，我們稱之為「計畫性汰舊」，也是線性經濟的一大問題。

再者，傳統執著於 GDP 成長的觀念，已經是過時的衡量基準。如同羅伯特‧甘迺迪（Robert F. Kennedy）曾諷刺地提及：「GDP 衡量一切，但不包含那些生命中真正重要的事情。」因此，對於一直以來 GDP 導向的成長指標，我們應該要重新定義何謂「成長」。對此，聯合國提出了永續發展目標（Sustainable Development Goals, SDGs），內容除了涵蓋解決貧窮、飢餓及保障性別平等指導方針，更擴及到氣候行動、永續城市、責任消費和生產目標等議題。近年來，SDGs 已逐漸成為國際間落實永續發展的共同目標與語言。就我看來，轉型循環經濟，正是落實 SDGs 最重要且被認同的關鍵策略之一。

台糖公司近年來大力推動轉型循環經濟，已舉辦了許多場與循環經濟議題相關的論壇，鎖定政府、產業、學術界、非政府組織與媒體，廣徵建言，尋求共識，以共同提倡循環經濟。並將投資循環經濟列為轉型發展策略最重要的一環。近

Circular Economy is Not a Choice —
It is a Necessity and
a Generational Responsibility!

In October of this year, UN's Intergovernmental Panel on Climate Change (IPCC) predicted that global temperature were to continue to increase at the current rate, it will rise 1.5 degrees Celsius above pre-industrial levels between 2030 and 2052. The environment can no longer tolerate the pollution and carbon emissions generated from burning fossil fuels. The globally-pervasive Linear Economy (LE) should be thoroughly scrutinized and transformed. Linear economic model and GDP-oriented growth and development objectives, where private corporations enjoy the benefits and profits and the social public has to bear the costs and risks. To ensure sustainable development, we must shift away from LE towards Circular Economy (CE): Human's fundamental "Needs" ought to be redefined from owners of products to performance users of products. Economic "Growth" should be redesigned to decouple from excessive resource consumption. Fossil fuels ought not be extracted with impunity. If we can refrain from consuming all the fossil fuels discovered to date, we might be able to manage the 1.5 degree rise in temperature threshold.

The irresponsible use of natural resources is one of the key degenerative features of the LE. Our voracious consumption habits and constantly chasing after the latest product models have led to the waste of precious and finite resources. LE thrives on product manufacturers' insatiable desire to sell and market new products. In the name of satisfying consumers needs, producers regularly churning out new and shorter life cycle products in order to maximize their own profits. The described "Planned and Designed for Obsolescence" is a detrimental paradigm of LE.

Further, GDP may no longer be adequate as a growth measurement. Robert F. Kennedy some half century ago sarcastically said it best: "... GDP measures everything, except what's important in life." We need to redefine "growth" beyond GDP. UN has launched Sustainable Development Goals (SDGs) in 2015 covering boarder issues including poverty, hunger, gender equality, climate action, sustainable cities, responsible consumption and production, resource efficiency etc. In recent years, SDGs have become the common goal and language for sustainable development worldwide. As

期主要的投資專案如東海豐及農業循環豬場改建計畫、沙崙智慧綠能循環住宅計畫、牡蠣殼回收製成碳酸鈣及沼氣能源服務公司規劃等。透過推動這些具體的計畫，將大大改變台糖公司未來發展的面貌，使台糖成為國內落實轉型循環經濟的標竿與領頭企業。

　　《Drawdown》一書，是我於去（2017）年8月開卷，驚豔於該書如何反轉地球暖化的建議方案，既全面又易實踐。值此扭轉線性經濟、轉向循環經濟的關鍵時刻，本書正是切合需要，我認為有必要將這本書儘快推廣到華文社會。為此，台糖公司與聯經出版事業公司攜手合作，共同催生《Drawdown》一書的中譯版，希望能將所有參與本書編寫並對本書有所貢獻的人士之熱情與理念傳遞出去，進而影響更多人，為節能減碳採取行動並做出貢獻。相信只要結合我們的智慧，共同承諾及努力，我們必能翻轉氣候變遷，並避免潛在的災難。正如一句非洲的諺語所說的：「要走得快，就一個人走；要走得遠，就大家一起走」。

　　藉由本書的出版，我們樂觀地確信，將會有更多的人們能真正理解自然資源確實是有限的。而作為消費者或生產者的我們每個人，也將知道必須以更負責任的態度，減少對我們所居住的環境留下足跡。

　　循環經濟不是選項，是必然要走的路，更是我們這個世代的責任。而我們台糖公司深信，投資循環經濟，就是投資未來！

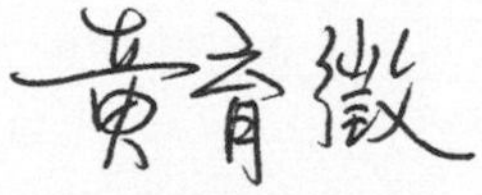

黃育徵

台糖公司董事長

2018 年 12 月

I see it, transforming towards a circular economy is the core strategy for ascertaining SDGs.

Taiwan Sugar Corporation (TSC) is committed to transition towards CE. TSC has held numerous forums on CE-focused topics aiming to align various public and private initiatives toward CE. Investment in CE is one of the most critical strategy in TSC's future development. TSC has initiated numerous CE investment projects in the coming years. The Investment pipelines include Agricultural Circular Park, Smart Green Circular Village, the Calcium Carbonate Recovery Plant from oyster shell and the Biogas Energy Service Company etc. TSC will be among Taiwan's pioneers toward CE.

When I first read "Drawdown", I was impressed by the comprehensive solutions presented in the book on reversing global warming and responding to climate change. The global transition from LE to CE is unequivocally a necessity. I believe a Chinese version of "Drawdown" will serve the Mandarin-speaking community well in search of a sustainable future.

TSC collaborates with Linking Publishing to publish the Chinese version of "Drawdown." We hope that more people in the Chinese language community can be inspired by the passion of all the distinguished contributors to the book. With our collective effort, wisdom and commitment, we surely must and can reverse climate change and avoid potential calamity. As the African saying goes, "If you want to go fast, go alone. If you want to go far, go together."

With this book, we are optimistic more people can be drawn to accept natural resources are indeed finite and everyone of us, as 'consumers' or producers must act with absolute responsibility to lessen our footprint on the environment we live in.

CE is not a choice. It is a necessity and a generational responsibility. At TSC, we believe investing in CE is investing in the future!

Charles Y. Huang
Chairman of Taiwan Sugar Corporation
December 2018

推薦序

逆轉全球暖化是我們共同的故事

聯合國「政府間氣候變化專門委員會」（IPCC）今（2018）年 10 月 8 日於韓國仁川發表《Global Warming of 1.5℃》：最晚在 2052 年，地球升溫就將突破 1.5℃，若要使均溫回到 1.5℃以內，全球的二氧化碳排放量必須要在 2050 年歸零。這份報告也將成為今年底國際氣候談判（COP24）的重要科學依據。如何減緩或阻止全球暖化已經是地球所有公民的責任與義務了。

本書結集數百名學者專家提出 80 種既有的措施，藉由勾勒藍圖、數據彙整與模型建立，確定在 2050 年可以扭轉二氧化碳的累積或影響、分析社會總成本以及可節省的金錢。另外 20 種則為即將到來的技術或可稱為「明日新亮點」，希望能以人類集體智慧的形式存在於世界的藍圖，在應用實踐和技術中展現出來。

這份清單主要包括「無悔」（no regrets）方案——無論氣候變化如何都該採取的行動，這些措施可改善生活、創造就業機會、恢復環境、增強安全性、產生適應力、促進人類健康。但唯一的條件在於個人、社區、農業、城市、企業和政府立即的行動，不將全球暖化看作無法避免的事件且必須以「前所未有的」努力來面對。

這是一本美麗、鼓舞人心的書，敘述著地球公民都在做著非凡的事情，逆轉全球暖化更是我們共同的故事。

李應元

環境保護署前署長

2018 年 12 月

Reversing Global Warming
is More of a Mutual Story of Our Own

The Intergovernmental Panel on Climate Change (IPCC) released a special report, Global Warming of 1.5°C, on Oct. 18, 2018 in Incheon, South Korea. The report mentioned that by the end of 2052, the temperature rise is likely to reach upwards of 1.5 degrees Celsius; in order to limit the average earth temperature to 1.5 degrees, carbon dioxide emissions have to reach net zero around 2050. This report is going to be an important scientific basis for COP24 at the end of this year. How to slow down or stop global warming is our responsibilities and obligations as earth citizens.

This book collects 80 existing measures proposed by hundreds of scholars and experts in order to draw a blueprint, gather data and establish a model for the purpose of reversing the accumulation and effects of carbon dioxide, analyzing total societal costs, and saving money by 2050; other 20 measures are upcoming technologies or spotlights on global warming. It is hoped that the presence of collective wisdom of mankind can be demonstrated in the blueprint of the world and in applications and technologies as well.

The list is primarily comprised of "no regrets" solutions - no matter how much climate has been changing, we have to take those measures into actions to improve life, create employment opportunities, restore environment, reinforce safety, build adaptability, and promote human well-being. The one and only condition relies on individuals, communities, agriculture, cities, businesses, and governments taking immediate actions and facing global warming with unprecedented efforts, rather than thinking of it as an inevitable event.

This is a beautiful and inspiring book. It describes extraordinary things earth citizens are now doing and reversing global warming is more of a mutual story of our own.

Ying-Yuan Lee

Minister of EPA

December 2018

序

作為一個大氣科學家，看著過去數十年來諸多事件的發生，非常沮喪。科學家如我們，一直對全球氣候變遷做出清晰且準確的警告，而這些問題，現在都如同我們所預測那般不斷出現。溫室氣體被困在地球大氣層內，致使氣溫提升，也加速水循環。

較溫暖的空氣會留住較多水氣，提高蒸發率並增加降水。破紀錄的熱浪，伴隨著嚴重乾旱，提供大規模野火完美的環境。溫度不斷上升的海水引發強烈暴風雨，以及較大的降雨量和較高的風暴潮。接下來數十年，我們可預測極端氣候現象將不斷出現，而且可能導致極巨的生命財產損失。

無論我們喜歡與否——無論我們選擇「相信」科學與否——氣候變遷的事實都在眼前。它對一切產生影響：不只是天氣型態、生態系統、冰蓋、島嶼、海岸線及全球都市，還包括所有現存人類以及未來世代的健康與安全保障。我們正在全球尋找相關的徵兆，例如會摧毀珊瑚礁與海洋生物的海洋酸化，以及改變中的植物體內的生物化學反應，這些植物包括糧食作物。

我們絕對知道這些狀況是如何發生的，而且超過 100 年前就已知道了。

我們燃燒化石燃料（煤、石油、天然氣）、製造水泥、在肥沃的地翻土，以及破壞森林時，會釋放阻熱的二氧化碳到空氣中。牲畜、稻田、垃圾掩埋場和天然氣採集場會釋放沼氣，讓地球暖化更嚴重。其他的溫室氣體，像是一氧化二氮（nitrous oxide）、氟化氣體（fluorinated gases）會由耕田、工地、冷卻系統以及都會區滲出，加劇溫室效應。我們必須謹記氣候變遷有許多起因：發電、農業、林業、水泥業以及化工業，也因此，我們必須同時從這幾個源頭提出解決之道。

除了對我們的地球造成傷害，氣候變遷也會破壞我們的社會結構與民主根基。這種狀況在美國尤其明顯，關鍵在於聯邦政府無視科學證據，選擇向石化

■加州沿海步道建成後將由墨西哥延伸到俄勒岡州 1,200 英里。在這裡，它穿越加州馬林郡占地 7.1 萬英畝¹的雷斯岬國家海岸，在由主教松（bishop pine）、花旗松（douglas fir）、橡樹（coast live oak）、加州七葉樹（california buckeye）所形成的森林中延伸。

---

1. 1 英畝約等於 0.4 公頃。

工業靠攏。當大部分的人彷彿一切無恙般地過活時，意識到科學證據的人（即使不絕望，也）感到恐懼。與氣候變遷有關的敘述，變成將人帶入絕望之地的鬼故事，大家因此體驗了否認、憤怒或抗拒等情緒。

有時，我也跟那些人一樣。

幸虧有《Drawdown　反轉地球暖化100招》這本書，我開始有了不同的想法。保羅‧霍肯以及他的同事們已經研究出最能從根本解決問題的100種方法，告訴我們如何反轉全球暖化。這些解決之道藏身於能源、農業、林業、工業、建築業、運輸業，以及其他諸多產業。他們也強調嚴謹的社會與文化解決方案，例如提升女權、減緩人口成長，以及改變飲食與消費模式。如果我們都能做到，它們不只能減緩氣候變遷，還能澈底改變之。

《Drawdown》討論的不只是太陽能板和節能燈泡，而是讓我們了解要改善目前的狀況，我們需要比使用乾淨的能源更多元的方式，而且也真的有許多有效的辦法可以處理全球暖化。《Drawdown》舉例說明我們如何達到驚人的進展：不使用冷媒或黑碳來避免排放溫室氣體、降低農業產生的一氧化二氮、削弱畜牧業產生的沼氣，以及減少伐木業所產生的二氧化碳。此外，《Drawdown》展示了如何以創新的土地使用策略、永續農業以及農林混作

（agroforestry）等方式來移除大氣層二氧化碳。

但對我而言更重要的是，本書為我們照亮前方之路，讓我們克服恐懼與疑慮，而且不再對氣候變遷議題無動於衷，然後從個人、社區做起，城鎮、都市、州、省、商業界、投資公司與非營利組織都開始採取行動。這本書是我們的世界建立安全氣候的藍圖。藉由充分了解並親身實踐的方法，《Drawdown》指出了我們可以反轉全球暖化、留給後世一個更美好世界的未來。

因為媒體一直以來只聚焦於如果我們不行動，就會發生何事，所以我們覺得未來的氣候非常嚴苛；然而《Drawdown》告訴我們該怎麼做。因此我認為本書就是目前關於氣候變遷的書當中最重要的那一本。

《Drawdown》協助我重建對未來的信心，而且相信人類有能力完成不可能的挑戰。我們都有對抗氣候變遷的工具。謝謝保羅和他的同事們在我們眼前攤開可行的計畫，供我們執行。

現在，讓我們開始努力解決問題吧！

強納森‧弗利博士
（Dr. Jonathan Foley）
加州科學博物館執行長
舊金山

源起

Drawdown 計畫源於好奇，而非恐懼。我在 2001 年開始詢問氣候與環境領域的專家這個問題：「我們知道必須採取哪些行動來抑制並反轉全球暖化嗎？」我以為他們可以像列購物清單那樣，給我好幾個答案。我希望最有效的解決辦法已經就位，並能衡量它們可能帶來的衝擊。我也想知道這些解決辦法得花多少錢。與我聯絡的人回覆說並沒有這樣的清單，但即使他們的專業領域工作並不包括製作這樣的清單，卻也都認同如果能有這樣的清單存在是很棒的。幾年後，我不再問這個問題了，因為這也不在我的專業領域範圍內。

　　然後，2013 年到來。出現好幾篇文章，這幾篇文章都發出警告，我們開始聽見一些難以想像的傳聞：地球完蛋了。但那是真的嗎？或者可能是比賽才要開始？我們實際上處在哪種狀況當中？也就是在這時候，我決定創辦「Project Drawdown」這個團隊。在大氣詞彙中，drawdown 是溫室氣體達到高峰，並開始逐年衰減之時。我決定將這個計畫的目標定在尋找、評估並模擬100 種可行的解決之道，以測定我們在走向末路的 30 年內能做到何種程度。

　　這本書的副標——有史以來最全面的反轉全球暖化的計畫——也許聽起來有點傲慢，但我們選擇這句話，是因為至今尚無詳盡的反轉全球暖化的計畫被提出。雖然大家對於如何減緩、限制、遏止排碳量具有共識並有提案，簽署以防止全球溫度較工業化前上升超過攝氏 2 度為目標的國際協定[2]，195 個國家意識到龐大的文明危機就在我們眼前，他們彼此合作，並且開始全國性的行動，獲得非凡的進展；聯合國「政府間氣候變化專門委員會」（IPCC）達成人類歷史上最重要的科學研究，並繼續更新拓展其研究，加深我們對這個所能想到的最複雜系統之理解。然而，卻沒有一份藍圖引領我們實現減緩或停止碳排放之目標。

　　我得澄清，我們的組織並未創造或發明計畫；我們沒有那樣的能力或自我任命的權力。在執行我們的研究時，我們

---

2. 即於 2015 年 12 月 12 日於聯合國氣候峰會由 195 個成員國通過之《巴黎氣候協議》，取代《京都議定書》。2016 年 4 月 22 日，171 國於聯合國總部簽署之。2017 年 6 月 1 日，美國總統川普宣布將於 3 年內退出此協議。

發現一個計畫、一份藍圖，這份藍圖以全人類集體智慧的形式存在，內有可應用的方法、能親身實踐的方法，與普遍可行的、財力上可以施作的技術。個別的農夫、社區、都市、公司行號及政府都關心地球，以及生活其上的人們與家園。全球關注此事的公民都正從事非凡的活動，這便是他們的故事。

為了讓「Project Drawdown」這個團隊具有可信度，成立初期我們必須有一個由研究者與科學家組成的團隊。我們預算不多，但我們有雄心壯志，所以我們廣邀全球學生與學者成為我們的研究夥伴。來自科學與公共政策領域的優秀人士之回應讓我們應接不暇。目前Drawdown 團隊有來自全球 22 個國家的 70 位成員，其中 40% 是女性，她們當中近半數擁有博士學位，而其他人則至少擁有一個碩士學位。她們任職於世界上最受尊敬的研究單位，具備廣泛的知識與專業的經驗。

我們一起收集整理與解決氣候問題有關的詳盡清單，並篩選出最具有減少碳排放或封碳潛力的辦法。然後我們為每一種辦法分別彙編文獻回顧並設計詳盡的氣候與所需資金模組。這本書裡的分析經由 3 階段步驟才成型，包括由外部專家審查，這些專家評估資金投入、訊息來源與預測成效。我們成立一個 120 人的諮詢委員會，委員會裡有來自不同領域的重要人物——地理學家、生物學家、植物學家、經濟學家、金融分析師、建築師與行動主義分子——本書即由他們認可發行。

本書中彙編與分析的所有辦法，將近全數都能獲致革新的經濟效益——創造安全的環境、增加工作機會、節省金錢、促進流通、消滅飢餓、避免汙染、修復土地、清潔河川，以及其他更多好處。雖然這些都是可執行的辦法，但不表示它們是最好的。本書中有少數幾個辦法可能對人類健康與地球環境造成非預期中的危害，我們試著在行文中清楚說明。然而，無論對碳排放與氣候的最終影響為何，這書中絕大部分的辦法是做了不會後悔的、是我們應該會想要完成的新行動，因為它們在許多方面都對社會與環境有利。

《Drawdown》這本書的最後一部是「明日新亮點」，介紹 20 種方法，這些是剛開始發展，或者即將發生的方法。有些也許能成功，而有些會功敗垂成。無論如何，它們提供充滿智慧與勇氣的示範，讓眾人願意處理氣候變遷議題。此外，你也可以找到著名的新聞記者、作家與科學家所寫的文章，也許是紀實文章，也許是歷史事件，也許是評論，都能為本書的細節提供多樣且豐富的背景。

我們是一個不斷學習中的組織，我們的工作是收集資訊，以有助益的前提組織這些資訊、傳遞出去，並且提供方

■在布滿苔蘚的鐵杉木樹枝上，人工孵化的 3 週大斑點鴞（spotted owl）。北俄勒岡州（Oregon）。

法，讓任何人都能增加、修改、糾正與延伸在這裡或 Drawdown 網站上找到的資訊；在 Drawdown 網站上也能找到技術性的報告與延伸的模擬結果。任何超過 30 年的模擬，都具有高度推論性。然而我們相信其所呈現的數字大致無誤，也歡迎你們回應與輸入。

　　無庸置疑地，失序的信號正在自然界與人類社會閃爍著警示燈，從乾旱、海平面上升、持續增高的氣溫到不斷增加的難民、衝突與混亂。但這還不是事情的全貌。我們在《Drawdown》這本書中盡力呈現許多人堅定不移地面對這些事實。雖然在這些解決之道出現以前，因燃燒石化燃料與土地利用方式而產生的碳排放已經持續 2 個世紀，我們仍然應該抓住改變的機會，盡力改善。因為人類認知不足，所以我們現在必須承受

溫室氣體不斷累積的後果；我們的先人在無知的狀態下對地球造成傷害。那可以誘使我們相信，全球暖化是**發生在我們身上**的事——我們是命運的犧牲品，而命運是前人所為的後果。如果我們換個角度，將全球暖化想成是**為我們而出現**的事件——這樣的大氣的轉變，激勵我們改變並重新想像我們所製造與所做的事——這麼一來，我們就能開始居住在不同的世界。我們負起百分之百的責任，停止責備他人。我們不將全球暖化看作無法避免的事件，而是當成邀請，讓我們建造、革新，並且實現改變；是一種途徑，喚醒創意、同理心與天才。這不是可自由選擇的，也不是保守的待辦事項。這是全人類的議題。

　　　　　　　　　　——保羅・霍肯

用詞

孔子曾謂，以正確的名稱稱呼萬物即為智慧之始。在氣候變遷的世界中，名字有時是混淆之始。氣候科學有其專屬的字彙、首字母縮略詞、術語、行話，這些是科學家與制定政策者所研擬出來的語言，簡明、專門而且實用。然而，作為與廣博大眾溝通的工具，可能會造成隔閡與距離。

我記得我的經濟學教授問「格雷欣法則」（Gresham's law）的定義時，我是如何不假思索地提出機械式的回答。他看著我——雖然我給了正確答案，但他看起來不怎麼開心——說：「你就這麼解釋給奶奶聽吧。」這問題變得困難許多。對奶奶來說，我告訴教授的答案是沒有意義的，因為那是專業術語。在氣候與全球暖化領域也是如此。真正了解氣候科學的人極少，然而基礎的全球暖化術語則相當容易理解。

我們試著讓《Drawdown》這本書能為各種背景、擁有不同觀點的人所理解。我們用字謹慎、避免類推、不用行話、利用隱喻，以消除與氣候有關的溝通隔閡。我們也盡量避免首字母縮略詞，以及較少人知道的氣候術語。我們會清楚寫出「二氧化碳」，而不用縮寫；我們使用「甲烷」，而不是 CH_4。

我們可以思考一下這個例子。2016年11月時，白宮宣布在世紀中期前達到的深度脫碳（deep decarbonization）策略。從我們的觀點來看，「脫碳」描述難題，而不是目標：我們因為燃煤、瓦斯、汽油之需要，而將碳由地下移除，或者因為大面積砍伐森林與不當的農耕方式而將碳釋放到大氣中。當我們如同白宮一般使用「減碳」一詞時，指的是以乾淨、可再生的能源取代石化能源，然而，在與氣候相關的活動中，這個詞彙經常被當作首要目標，是一個無法激勵我們卻有可能造成混淆的詞彙。

科學家們常用的另一個字彙是「負排放」（negative emissions），這詞在任何語言中都不具意義。你想像一下，什麼是負房子，或負面樹？缺了一點，就什麼都不是了。這詞指的是隔離或者拉下大氣中的碳，我們稱之為封存。這是

■於西元前 196 年刻入埃及羅塞塔石碑的該政令內容為確立托勒密五世的治理權，但其內容較獨特的文字少為人知：相同的內容以希臘文、埃及象形文字和埃及通俗文字重複出現，分別是當時的皇室、僧侶和世俗語言。19 世紀時，歐洲學者利用羅塞塔石碑破解象形文字密碼，開啟對古埃及的理解。今天，羅塞塔石碑是牛津大學埃及學教授理查·帕金森所說的「解譯的代表」和「我們亟欲互相理解的象徵」。利用語言來表達和理解，是人類努力的核心。

積極的碳行動，而非消極的、負面的。另外的例子是，在氣候專有名詞中，有許多詞彙脫離一般用語與常識。而我們的目標是以大眾能懂、且能說服之的語言，來呈現氣候科學與解決問題之道；從九年級學生到配管工人，從研究生到農夫，都能讀這本書。

我們也避免使用戰略性言詞（military language）。關於氣候變遷，有許多煽動性言論或報導都太過激烈：反碳戰爭、對抗地球暖化之戰、反石化燃料前線戰役。與減少碳排放有關的文章，描述得仿如我們處於戰時。我們明白使用這類詞彙是因為它們傳達了我們所面臨的全球暖化問題之嚴重性與急迫性，然而，諸如「戰爭」、「搏鬥」、「戰役」、「征戰」這樣的詞彙暗指氣候變遷是應該被殲滅的敵人。氣候是生物在地上活動，以及大氣中的物理與化學作用共同影響的結果，是長時間的天氣狀況。氣候會變化是因為一直以來都有（將來也還是會有）根據季節

而產生的不同結果。我們的目的就是藉由處理人類對全球暖化的影響，並讓碳回到所該處之地，以和我們所面臨的氣候衝擊齊步。

　　「drawdown」一詞也需要解釋。這個詞平常被用來描述減少軍備、提領現金，或者水位降低。我們則用來指稱減少大氣中的碳量。但使用這個詞還有另外一個更重要的原因：drawdown 為一個迄今為止仍在大部分氣候相關討論中缺乏的目標命名。處理、減緩或者遏止排碳量是必須的，但還不夠。如果你走在錯誤的路上，即使走慢點，還是在錯誤的路上。對人類而言，唯一有意義的目標是反轉全球暖化，但若家長、科學家、年輕人、領導者以及我們所有公民沒有為這個目標正名，達成目標的機會就很小。

　　最後，還有「全球暖化」一詞。這個概念的歷史可以回溯到 19 世紀，當時悠妮絲·傅特（Eunice Foote）[3]與約翰·丁道爾（John Tyndall）[4]分別於 1856 年與 1859 年發表文章，闡述不同氣體如何將熱困於大氣中，以及氣體濃度的變化將如何影響氣候。「全球暖化」一詞最早由地球化學家瓦利斯·布羅克（Wallace Broecker）於 1975 年在《科學》雜誌（Science）發表〈氣候變遷：我們是否正面臨全球暖化〉（Climatic Change: Are We on the Brink of a Pronounced Global Warming?）一文時所使用，在這篇文章之前，使用的是「意外導致的氣候改造」（inadvertent climate modification）一詞。全球暖化與地球表面溫度有關，氣候變遷則與許多將隨著溫度上升與溫室氣體增加的變化有關。這也就是為何聯合國負責氣候的部門被稱為「政府間氣候變化專門委員會」（IPCC）而不是「政府間全球暖化專門委員會」（IPGW）的原因，這個部門研究氣候變遷對所有生物系統所造成的全面影響。我們在《Drawdown》這本書中所評估與模擬的是該如何開始減少溫室氣體，以反轉全球暖化。

——保羅·霍肯

3. 悠妮絲·傅特（Eunice Foote, 1819-1888），美國科學家，是最早開始研究溫室效應的科學家。1856 年於美國科學促進會（American Association for the Advancement of Science）會議中發表論文，提出太陽與某些氣體活動之關聯，其中以二氧化碳因吸熱最多，所以對太陽光的溫度影響最大。可惜當時女性在社會上遭受不平等對待，此篇論文由喬瑟夫·亨利（Joseph Henry）宣讀。但即使亨利為傅特抱不平，本篇論文也未能收入學會的年度期刊。因當時女性地位仍低，故與傅特有關的文獻不多。

4. 約翰·亭鐸爾（John Tyndall, 1820-1893），英國科學家。丁道爾假設地球大氣層像溫室一般保存了來自太陽的熱量，然而實驗過後，他發現占有大氣99%的氧和氮吸收的輻射熱極少，因此加入微量的二氧化碳、水蒸氣、甲烷，輻射熱果然就迅速被吸收了。

數據

你將在本書看到

《Drawdown》書中每個解決方案背後都有好幾百頁的研究，以及由許多聰明的人所發展出來的嚴謹的數學模型。每一個解決方案都包含序論，利用歷史、科學、關鍵例證，以及當下所能取得的最新資訊。所有的說明都有詳盡的技術評估結果支持之，可以在我們的網站上找到更進一步的解釋。所有的條目也都有摘自模擬結果的概要，包括減碳潛力之排名。我們列舉可以避免或從大氣中消除幾十億噸的溫室氣體，以及執行該解決方案所需的總增量成本（incremental cost），還有淨花費——或者，在大部分的情況下能節省多少。在這些模擬中，我們仰賴同行審議為我們提供科學支持。而在某些領域，例如土地使用與農耕方面，則有過多傳聞與數據，我們也許會提到，但並未使用於我們的估算中。

在本書的最後，你會看到總結表，分組列出所有解決方案的多重影響（combined impact）。

解決方案的名次

有好幾種方式可以幫解決方案排名：經濟效益如何、執行速度快慢，或者對社會有多大利益。這些都是理解成效的好方法，有趣也實用。就我們的目的而論，我們以能由大氣中隔離或消除多少溫室氣體為基礎來排名。而名次是整體的名次，因為某個解決方案的重要性可能因地理環境、經濟狀況或區域不同而有差異。

二氧化碳減少量：
以太克（**gigatons**）計

二氧化碳也許最常被報導，但它不是唯一的溫室氣體。其他的溫室氣體有甲烷、一氧化二氮、氟化氣體以及水蒸氣。上述每種氣體都對全球氣溫有長期影響，影響程度取決於該氣體存於大氣中的量與時間，以及吸收多少熱或在活躍期內反射多少熱。根據這些係數，科學家可以估計它們的全球暖化潛勢（GWP），也能獲得溫室氣體的「共通值」（common currency），將所指定的氣體換算為二氧化碳當量[5]。

《Drawdown》書中的每一種解決方案都藉由避免排碳，以及／或者封存已存在大氣中的二氧化碳，來減少溫室氣體。所提供的解決方案對溫室氣體

---

5. 二氧化碳當量為度量溫室效應的基本單位，以相同的單位表示不同的溫室氣體對暖化的影響程度，計算方法為溫室氣體噸數乘以全球暖化潛勢。

影響的程度被換算為在 2020 年至 2050 年所能消除的二氧化碳，單位為太克（gigaton）[6]。總合起來，它們呈現了和維持原樣、幾乎沒有改變的世界相較，在 2050 年前可達成的溫室氣體總減少量。

但太克是什麼？為了理解這個巨大的數字，你可以想像 40 萬座奧運標準游泳池[7]，大約是 10 億噸的水，或者 1 太克水。現在你可以將之乘以 36，得到 1,440 萬座游泳池[8]。2016 年的二氧化碳排放量為 360 億噸。

淨成本與執行後所能節省的金額

本書中每個解決方案的總花費是採購、安裝以及運作 30 年所需的總金額。藉由與我們花在食物、汽車燃油、家用冷暖氣……之上的花費做比較，我們訂出淨成本，或者投資這些方案後所能省下的錢。

我們寧可保守也不願冒險犯錯，也就是說，假設與某方案有關的花費較高，就讓它們在 2020 年至 2050 年間維持相對穩定的狀態。因為科技進展快速，而且全球各地不同，我們期待實際花費會降低，而省下的金額能提高。即使選擇較保守的方法，也能省下大量的金錢。然而也有某些方案的花費與所能節省的金額無法計算，例如拯救雨林或者支持女性就學。

為了達到拯救全人類的目標，我們願意投資多少？在本書最後，我們逐一為每個方案的淨成本與所能節省的金額做摘要以供比較。所能省下來的淨額，得自 2020 年至 2050 年執行每個方案後之花費。這樣的概算呈現各方案的成本效益。當考慮利益多寡、潛在的利益與能節省的金額，以及若情況未獲改善時得增加多少投資時，成本就變得微不足道。大部分方案的回收期，相對而言是短的。

獲得更多資訊

出現在《Drawdown》書中的解決方案只是概要，來自我們為了支持調查所發現的結果而做的研究，在「方法論」中有我們所提出之方法更完整的綱要與假設。我們的網站（http://www.drawdown.org/）上有關於我們的研究的完整描述：數據如何產生、我們所使用的資源，以及如何形成假設。

當你閱讀本書時，對於這些解決方案會產生更透澈的理解，也會更有信心。

---

6. 繁體中文版統一以「億噸」作為計量二氧化碳減少量的單位。
7. 國際標準泳池之池體長 50 公尺、寬 25 公尺，比賽時水深 2 公尺（平日水深 1.2 公尺）。
8. 一般練習用泳池長 25 公尺、寬 25 公尺，水深 1.2 公尺。

這本書不是大部頭的科技指南，只有終身埋首於這些科技之後做研究的科學家才能懂，《Drawdown》的目標是讓想知道我們能做些什麼、想了解我們所扮演的角色的人讀懂。

——查德・富里斯曼
（Chad Frischman）

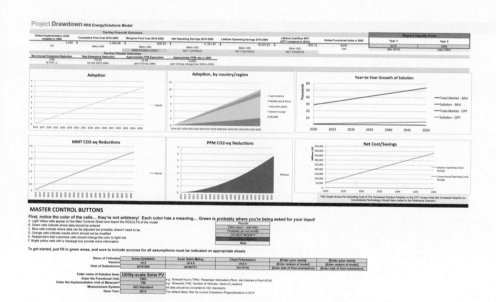

TOTAL ADDRESSABLE MARKET & CURRENT ADOPTION INPUTS

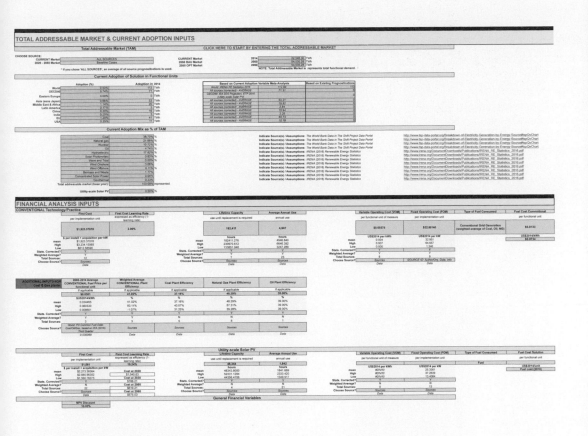

EMISSIONS REDUCTION INPUTS

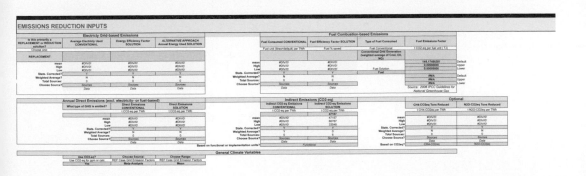

能源

本章將重點放在取代石化燃料產品的科技與策略。再生能源曾是能源事業徒勞無功的嘗試──尤其是風力與太陽能──已經以其成效證明過去的預測失準,目前成為煤炭、天然氣與石油的強勁對手。可再生能源的成本逐年下降,然而發掘石油、天然氣與煤炭的新礦場益發困難,造成碳基燃料(carbon-based fuels)價格上升。加拿大、芬蘭,以及其他 4 個國家已經禁止燃煤,有更多國家準備跟進。[9] 由政治主導減少燃煤是好事,但即使政府不這麼主張,轉換到可再生能源的腳步也不會變慢。美國於 2011 年退出《京都議定書》(Kyoto Protocol),而這個舉措實際上並未影響可再生能源事業的成長。如果你跟我們一樣花 1 年時間研究與能源相關的經濟資料,就只會有一種貌似有理的結論:以作家傑洛米‧雷格特(Jeremy Leggett)的話來說,我們正處在歷史上最龐大的能源轉換期的中點,石化燃料的年代已經結束;現在唯一的問題是新的時代何時才會來臨。經濟因素使得新時代的到來無人能擋:乾淨的能源更便宜。

---

9. 聯合國第 23 屆氣候變遷會議會後,談判代表曾表示,英國、加拿大、丹麥、芬蘭、義大利、法國、荷蘭、葡萄牙、比利時、瑞士、紐西蘭、衣索匹亞、智利、墨西哥和馬紹爾群島,都已加入「發電棄用煤聯盟」(Powering Past Coal Alliance),計畫逐步減少燃煤發電,共同於 2030 年之前達成無燃煤發電之目標。

風力渦輪機

　　風不吹了。因為地表熱度不平均，以及地球自轉的關係，風從高壓地區往低壓處移動，空氣像漲潮一樣，在地表上方起伏。改變就藉著這股趨勢發生了：風力在接下來 30 年成功取得主動性，成為全球暖化主因，在衝擊程度上僅次於寒化（refrigeration）。

　　瞧瞧裝設在英國利物浦（Liverpool）近海的巴布海岸擴展風電廠（the Burbo Bank Extension）的 32 座海上風力渦輪機組（每一座都是自由女神像的 2 倍高）。令人驚訝的是，這座風電廠由玩具製造商樂高（Lego）所有，巴布是全球努力的成果：螺旋葉片是在英國懷特島（Isle of Wight）上由日本公司為其丹麥客戶維斯塔斯（Vestas）所製造。每一台渦輪機可產生 800 萬瓦電力。長達 269 英尺的葉片旋轉直徑將近 1 座美式足球場長度的 2 倍，重 33 噸，轉一圈能提供單一家戶一日用電所需，亦

第 **2** 名

2050 年前陸上風力發電之排名與成效

減少二氧化碳	淨成本	可節省淨額
846 億噸	1.23 兆美元	7.4 兆美元

第 **22** 名

2050 年前離岸風力發電之排名與成效

減少二氧化碳	淨成本	可節省淨額
152 億噸	5,453 億美元	7,625 億美元

■一位游泳選手由英國諾福克（Norfolk）海岸出發，經過雪靈漢淺灘離岸風電廠（the Sheringham Shoal Offshore Wind Farm）。這座風電廠在離岸 11 英里、面積 14 平方英里的範圍內，[11]有 88 架西門子（Siemens）的 360 萬瓦渦輪機組。

岸風力的資金為 299 億美元，比前一年增加 40%。

　　人類已經利用風力上千年了，微風、大風、狂風皆有用處，可讓船員和貨物沿河而下、越過海洋，或者用來抽水、磨麥。關於風車，最早的紀錄為大約西元 500 年到 900 年間出現於波斯，在中世紀時傳到歐洲，數世紀以來在荷蘭發展得最好。19 世紀末，全世界的發明家們已經成功地將風力轉為電力。風力渦輪機原型出現於蘇格蘭的格拉斯哥（Glasgow）、俄亥俄州（Ohio）與丹麥。1893 年於芝加哥舉辦的世界博覽會[10]

即，這座電廠將能提供利物浦 46.6 萬名居民所需。

　　目前全球將近 3.7% 的電力由 31.4 萬座風力渦輪機提供，很快地比例會再增加。光在西班牙一個國家，就有 1,000 萬戶家用電來自風力。2016 年投入離

---

10. 為慶祝哥倫布發現美洲 400 年，因此命名為哥倫布紀念博覽會（World's Columbian Exposition）。
11. 1 英里約等於 1.6 公里，1 平方英里約等於 2.6 平方公里。

上，許多風力渦輪機製造商帶著他們的設計參展。1920 與 1930 年代，橫跨美國中西部的農場上有許多風力渦輪機，是當時主要的電力來源。1931 年，俄羅斯發表了大型風力渦輪機；1941 年，世界上第一架百萬瓦（megawatt）風力渦輪機在美國佛蒙特州（Vermont）啟用。

石化燃料約於 20 世紀中期奪走風力發電的地位。1970 年代的石油危機重新激起對風力發電的興趣、投資與創新。這次復甦為今日的風力發電產業鋪路，此後發電機數量激增、成本下降、性能增強。2015 年時，儘管石油價格大幅下跌，創紀錄的 630 億瓦風力發電機仍然問世了。中國就購買了新的發電機，產能將近 310 億瓦；丹麥目前有超過 4 成的電力供應來自風力；而在烏拉圭，風力發電可滿足 15% 的電力需求。在許多地方，風力發電比燃煤發電更具有競爭力，或者更便宜。

美國堪薩斯州（Kansas）、北達科塔州（North Dakota）與德州（Texas）三州的風力發電潛力就能滿足全國所需。風力發電廠所需的面積小，通常不到其所處區域的 1%，所以牧場、農場、遊樂場或保留區都可以同時作為風力發電廠。當農人們收割苜蓿或玉米時，風力渦輪機可以收成電能；發電後，很快就能回本。

風力發電有其挑戰，因為並非各地天氣都相同。天然風之差異代表著風力渦輪機有些時候可能無法運轉。只能以風力（以及太陽能）間歇發電的地方可能跨越不同地理區，而要克服供需的波動是比較容易的。互連的輸電網可以將電輸送到所需之處。有批評者認為風力渦輪機製造太多噪音、視覺上令人不悅，而且有時會威脅到蝙蝠與候鳥。為了解決這些問題，新型的風力渦輪機轉速較慢，並且避免設置於候鳥遷徙路徑。只不過，從英國鄉間到美國麻薩諸塞州（Massachusetts）都有「不要蓋在我家後院」這樣的聲音傳出，成為一種阻礙。

風力發電的另一個阻力在於政府並未給予風力發電公平的補助金。國際貨幣基金（The International Monetary Fund）估計石化燃料產業在 2015 年直接與間接地獲得超過 1.3 兆美元的補助金，也就是每分鐘就獲得 1,000 萬美元，或者大約全球國內生產毛額（GDP）的 6.5%。間接的石化燃料補助金包括因空氣汙染、環境傷害、壅塞（congestion）以及全球暖化而起的健保費用，而風力發電不會產生以上諸多問題。相較而言，自 2000 年起，美國的風力發電產業直接獲得 123 億美元補助金。過分大筆的補助金讓石化燃料看起來沒那麼貴，遮蔽了風力發電的競爭力，而且給予石化燃料現成的好處，使得投資石化燃料看起來更具吸引力。

持續下降的成本很快地將使得風力成為最便宜的發電方式，也許再 10 年就能辦到。目前的風力發電成本是每度 0.029 美元，液化天然氣複循環發電廠（natural gas combined-cycle plants）每度成本 0.038 美元，大型太陽能發電成本為每度 0.057 美元。高盛集團（Goldman Sachs）於 2016 年 6 月發表一份研究報告，明確地指出「風力為新型態發電方式中最便宜的來源」。風力與太陽能發電的成本皆包含生產稅收抵免[12]，然而高盛相信風力發電的成本持續下降，將能彌補 2023 年即將停止的生產稅收抵免。2016 年建造的風力電廠，成本將降為每度 0.023 美元。摩根史坦利（Morgan Stanley）的分析指出在美國中西部的新風力發電廠之成本，為液化天然氣複循環電廠的 1/3。最後，彭博新能源財經[13]估算出「風力與太陽能發電的總成本，低於建造新的火力發電廠」。彭博預測風力發電在 2030 年之前將成為全球最低成本的發電方式（此估算並未計入火力發電可能對空氣品質與健康所產生的影響，及其可能造成的汙染，還有對環境的傷害與引起全球暖化所需的解決成本）。

因為風力渦輪機的製造水準提升，所以風力渦輪機的成本逐漸下降。在風量較大處裝設較長的扇葉，二者結合所產生的電力是舊式風力渦輪機的 2 倍以上。陸上風力渦輪機的扇葉較長，是因為其安裝較水上風力渦輪機容易得多。塔身加葉片比帝國大廈[14]還高、能產生 2,000 萬瓦電力的風力渦輪機已在籌劃之中。

美國有辦法生產所有國內用電嗎？美國國家再生能源實驗室（the National Renewable Energy Laboratory）估計，將近 77.5 萬平方英里的土地，能提供 40 ～ 50% 的容量因數[15]，是 10 年前平均容量因數的 2 倍（一部風力渦輪機在風速穩定的狀況下可產生上述電力，然而，需考慮各地風速不同所造成的容量因數變化）。要讓美國不受他國石化燃料控制、成為能源獨立國家的方法與工具在此。我們需要的就只是政治決心與領導者的能力。

國會中的反對者因為風力發電接受補

12. 為鼓勵再生能源發展，美國政府於 1992 年首度通過風力發電生產稅收抵免（production tax credits），每度電可抵免 0.023 美元稅收（太陽能發電同）。本法案通過後，國會二度通過延長其效期，但皆為短期，因此影響再生能源產業的穩定投資。
13. 彭博新聞社（Bloomberg News）於 2009 年買下新能源金融，成為「彭博新能源財經」。彭博新聞社創始人麥克·彭博（Michael R. Bloomberg）於 2002 年至 2013 年間擔任紐約市長，曾任 C40 城市氣候高峰會（C40 Large Cities Climate Summit）主席。
14. 帝國大廈（the Empire State Building）高 381 公尺。
15. 風力發電的容量因數（capacity factor）為實際發電量除以理論發電量，數字越大表示效率越好。

助而貶斥之，暗指聯邦政府把錢投入無底洞。當談到因為對環境的衝擊而產生的社會成本時，煤炭有如寄生蟲。除了排放所導致的社會成本差異——風力發電沒有排碳量，石化燃料則有高排碳量——關於補助金的爭論還沒談到風力發電和石化燃料發電二者用水量的差異。風力發電的耗水量不到石化燃料發電的2%，煤炭、瓦斯，以及核能發電都需要大量的水來冷卻，抽水量比農業所需更大——每年 22 至 66 兆加侖[16]。許多石化發電廠與核能電廠所用的水是「免費」的，其花費由國家或者聯邦政府負擔，但其實這是另一種形式的補助，而不是沒有這筆花費。除了石化與核能產業，美國還有誰能用了數兆加侖的水而不付錢？

中國快速成為世界上風力發電的領導者，說明了政府若致力於推展風力發電便能提高成本降低的速度，尤其是無論政治風向為何、政府的支持都能不間斷時。產業發展的關鍵是可預估的環境。以政策面而言，可再生能源比例標準[17]可要求對再生能源之利用，而補助金、貸款以及稅務優惠可鼓勵更多風力能源建設與持續創新，例如垂直軸風力機組（vertical-axis turbines）與離岸風力發電系統。支持風力發電的政府，例如歐盟，政治行動無法跟上再生風力能源的成長，2015 年時，德國輸電網浪費了41 億度的風力發電量，而這些電足夠120 萬戶家庭使用 1 年。關於風力發電無法支撐歐洲電力需求的疑慮，正轉為電網的整合、統一與輸送系統無法滿足需求。

一如其他類型能源，風力發電是供電系統的一部分，投資於能源貯存、輸配電建設對風力發電的成長是必要的。儲存餘電的科技與基礎建設目前快速發展，連接離岸電廠與電量高需求區域的電線正在搭建中。對全球而言，只有一個簡單的抉擇：投資未來或投資過去。

影響：全球陸上風電機所生產的電力利用率若能在 2050 年前由 3 ～ 4% 提升至 21.6%，便能減少 846 億噸的碳排放；離岸風力發電機所生產的電力利用率若由 0.1% 增加至 4%，則能減少 152 億噸的碳排放。付出 1.8 兆的綜合成本，則風力發電機在運轉 30 年後可省下 8.2 兆淨額。然而，這些只是保守估計，因為成本每年都在下降，而新科技的發展讓發電能力在相同或更低的成本下有所提升。

---

16. 美制 1 加侖約為 3.785 公升。
17. 全名應為 Renewable Portfolio Standards，指政府要求電力公司所發之電力需有一定比例來自可再生能源。

■置放於希臘斯提利達（Stylida），等著被安裝的風力發電機扇葉。

微電網

傳統「巨」電網（macro grid）是一種大型的電力網絡，連結了公共事業、發電機、儲存設備，與全年無休地監看供需的控制中心。所有插入插座的東西，都利用集中電力網所提供的電——無論日夜晴雨，都由大型石化燃料發電廠供電。當發電集中時，這樣的設置看起來極合理，但今日，它阻礙了由少數地區生產的髒能源，轉換成各處都能生產乾淨能源。

所以我們進入微電網時代。微電網是在地的能源配送網絡，比如與能源儲存或備用發電機與負載管理工具連結的太陽能、風力、水力、生物質發電。這個系統可以獨立運作，其使用者在需要時也可利用較大的電網。微電網是巨電網的縮型，敏銳而且效能高，是為較小型的不同能源而設計的。藉由結合可再生能源與儲存設備，巨電網提供可靠的電力，增強集中型供電，或於緊急時獨立運作。

較之集中電網，微電網在靈活且有效的電網發展中扮演重要的地位。利用在地供電系統可減少能源輸送途中的損失，增加電的效益。當燃煤燒水以產生蒸氣來發電時，有 2/3 的發電能力因熱

■這是德國弗萊堡（Freiburg）的太陽能社區（Solar Settlement），有 59 戶人家。它是全球第一個能源供需平衡的社區，同時，每戶每年因太陽能而獲利 5,600 美元。使能源剩餘的方法在於設計可以有效利用能源的房子，設計師羅爾夫‧迪許（Rolf Disch）稱之為「正能源」（PlusEnergy）。

散失與長程輸送而浪費掉了。

在並網（grid-connected）區域中的微電網設施具有數個關鍵優勢：人民可以不受電廠控制，也不怕因停、斷電而生的風險。在已開發國家，因此類事件而損失的經濟利益每年高達數十億。相關的社會成本包括犯罪率增加、交通中斷、食物浪費，還有柴油備用系統所導致的環境成本。研究指出，因為對電力的總需求增加（部分原因為使用空調與電動車輛），所以現有的電力系統變得更加脆弱，也更常斷電。由於是在地系統，微電網的復原力更高，更能回應當地需求。在斷電時，微電網可以專責於醫院這類無法不用電的公共設施，有餘力時則支援次要的電力需求，直到電力復原。

在低收入國家，利益更高。全球有11億人口不在供電網絡中，其中超過95%的人口居住在撒哈拉沙漠以南的非洲與亞洲，他們居住在鄉下，高汙染的煤油燈是他們主要的照明工具，並以簡陋的爐具烹調食物。既然人類發展與電氣化息息相關，因為延伸電網的成本高，使得這些偏遠地區的發展仍然緩慢。在亞洲與非洲的鄉下地區，以微電網供電是最好的選擇（在偏遠地區則由獨立的太陽能供電）。

2050 年前微電網之排名與成效

可行的科技──
成本與可省下的金錢，就在可再生能源之中

在收入低的鄉下地區，安裝微電網比在高收入且電力充足的地區容易。在許多地方，大型公共事業不適於電力配送與貯存，它們在過時的發電與配電系統中耗費成本。微電網在公共事業是壟斷、專賣、低技術性的地區受到最大的挑戰。經驗可以雙向流通：較大的電網必須更靈活、更能適應不斷變化的社會；為了長期的成功，微電網必須採用堅穩的技術標準。在科技創新的年代，發展出與科技共同合作的辦法才是合理的。

影響：我們在目前沒有電力供應的地區，以水力、微型風力、屋頂太陽能、生質能源等可再生資源，伴以輸送存電，模擬微電網的成長。我們假設這些系統取代延伸的髒電網，或不需電網的石油與柴油發電機。我們在每個方案分別記錄碳排放的影響，以避免重複計算。對收入較高的國家而言，微電網系統的好處在於「電網彈性」（Grid Flexibility）[18]。

---

18. 電力系統的彈性指的是在最具成本效益的前提之下，能穩定地因應供需雙方的變化，並持續提供電力的能力。

地熱能

我們的地球是活躍的星球。地底熱氣持續往地殼流動,引起板塊運動、地震、火山活動與造山運動。地球內部約有 1/5 的熱能是從太古時代就存在的,在地球於 46 億年前形成時便在地底徘徊,藉由目前仍在地殼與地函中進行的鉀、釷與鈾的放射性同位素衰變維持平衡。地熱的能量超過目前全世界能源消耗量的 1,000 億倍。地熱能(geothermal energy)——字面意思為「地熱」(earth heat)——建造地底高溫水氣的儲藏室,黃石國家公園內每隔一段時間便噴發達 8 至 14 層樓高的間歇噴泉,就是我們腳底下地熱能聚積的經典證據。遍布於「冰與火之國」冰島的溫泉則是另一種地熱。

在儲集層(hydrothermal reservoirs)的熱水與蒸氣可被抽取至地表,並驅動渦輪機發電——世界上最早的地熱發電始於 1904 年 7 月 15 日,王子皮耶洛‧

■冰島史瓦特森吉的地熱發電廠,位於雷克雅維克半島(Reykjanes Peninsula),是第一座同時具有供電與為地區供暖系統提供熱水兩種功能的地熱電廠。此發電廠有 6 座工廠,可以生產 7,500 萬瓦電力,供 2.5 萬戶家庭使用。其所「浪費」的熱水,被引至「藍湖」(Blue Lagoon Geothermal Spa),每年吸引 40 萬遊客造訪。

■穿著防護衣的維修工程師修復正在漏水的水管。水溫為攝氏 105 度。

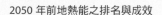
吉諾尼·康第（Piero Ginori Conti）在義大利的拉德瑞洛（Larderello）以地熱蒸氣推動發電機點亮 5 顆燈泡。拉德瑞洛的發電廠已運轉超過一世紀。全球地熱共可生產 130 億瓦電力，其中大部分地熱發電廠分布在板塊邊緣——在這些地方，熱的流體（liquid bodies）以某些形式出現在接近地表處。另有 220 億瓦為直接取用地熱能，作為地區性的暖氣、休閒、溫室、工業生產以及其他用途。

地熱能是地球能量，依賴地底的水或蒸氣將熱力帶至地表。雖然主要的地熱能只在地球不到 10% 的區域被發現，但新科技在之前尚不知有可用資源的區域成功地開拓了發電潛能。傳統上，發

現地熱池（hydrothermal pool）是第一步，但對地熱發電而言，精確的定位是一大挑戰與限制。要知道儲存層在何處很困難，鑽井尋找也所費不貲，但新的探測技術正開啟更大的地域。

這些新技術其中之一是加強型地熱系統（EGS），主要是在缺乏儲集層的深層空隙打造儲集層。加強型地熱系統利用工程設計，在具有熱流但缺乏水的區域以人工方式注入水，而非依賴自然之力。藉由注入高壓水到地底，加強型地熱系統在乾熱岩區製造裂隙，使之可滲透並提升利用度。一旦岩石具有孔隙，就可由井汲水，在地底加熱後藉由另一口井送回地面。利用這項技術來發電之後，注入井會將多餘的水送回儲集層。或者像冰島的藍湖地熱 SPA，利用史瓦特森吉（Svartsengi，意為「黑草原」）發電廠的廢水作為社區居民與遊客的洗澡水。藉由再循環，便能重複利用。

這些新技術能大量提升對地熱的利用程度，在某些特定地區也能協助處理不易再生的挑戰：提供基載電力或者迅速地輸送電能。風不吹時風力發電無法運轉、太陽能發電夜晚停機，但地底的

能源全年不停歇，讓地熱發電能夠持續不斷地運作，而且幾乎不受天氣狀況影響。地熱發電是穩定的、有效率的，而且熱能本身不需成本。

在開發地熱能的過程中，必須掌控其缺點。無論是天然的或人工注入的熱水，二氧化碳或者諸如汞、砷、硼酸等有毒物質皆可能隨水或水蒸氣滲出。雖然每千度電（megawatt hour）的釋出量僅火力發電廠的 5 ～ 10%，但地熱發電並非絕無溫室效應。此外，開發地熱池時可能造成地層下陷，而高壓液裂（hydrofracturing）可能引發微震。其他疑慮包括土地使用方式的改變可能引起噪音汙染、臭味與對視域（viewshed）產生衝擊。

全球有 24 個國家發現努力解決這些問題是會帶來好處的，因為地熱能提供穩定充沛且便宜的電，其運轉成本也低。在薩爾瓦多（El Salvador）與菲律賓，地熱能供應全國 1/4 的電力需求，在火山國冰島則能供應 1/3 的電力。由於東非大裂谷的地質活動之利，肯亞靠地熱發電供應全國半數之需，甚至還在增加當中。雖然不到全國發電量的 0.5%，美國的地熱發電居全球之首，達到 370 億瓦。

我們可以在更多具有良好熱源的地方開發地熱發電。根據美國地熱能源協會（Geothermal Energy Association）的資料，全球有 39 個國家能以地熱供應

100% 的電力所需，然而全球僅開發 6 ～ 7% 的地熱能。根據冰島與美國的地質調查所做出的理論預測，未開發的地熱能可以提供 1 至 2 兆瓦（terawatt），約目前人類電力消耗量之 7 ～ 13%。然而當資金需求與其他成本和限制因素被考慮進來時，數字會降低許多。

地熱發電的先鋒已指出前方的道路，他們也強調了政府參與的重要性。即使已知何處可發電，地熱電廠仍然造價昂貴，鑽井成本尤其可觀，特別是在那些不確定熱源位在何處且地形更加複雜之處。這也就是為何公部門的投資、國家的發電目標，以及保證購買電力，會在電力發展上扮演關鍵角色。這些方法都對控制投資風險有益。雖然加強型地熱系統等新科技蓬勃發展中，傳統地熱發電方式仍有其必需性，尤其是在印尼、中美洲與東非洲等地質活動更活躍且「地熱」充足之處。

影響：我們的計算方式是假設地熱發電能在 2050 年前從全球發電量的 0.66% 提升到 4.9%，而這樣的成長幅度可以減少 166 億噸二氧化碳排放量，並於 30 年內節省 1.02 兆美元的發電成本，基礎建設亦能省下 2.1 兆美元。藉由提供基載電力，地熱能亦可支援其他類型的再生能源。

太陽能農場

反轉全球暖化的方法包括在世紀中之前大量增加對太陽能的利用。這絕對合理:陽光整日閃耀,以不變動的價格提供不受限制的、乾淨的、慷慨的能源。分布在各處屋頂上的小型面板是這波以太陽光電(PV)供能的再生能源革命最醒目的證據。此外,另有一個較不顯著的光伏發電現象——數百、數千,甚至數百萬片太陽能板大規模設置在一起,可以生產數千萬瓦或數億瓦電力。這些太陽能農場都以公共事業規模運轉,發電量與傳統發電廠無異,但碳排量卻大大不同。如果將整個生命週期納入考量,太陽能農場的碳排量較火力發電廠少了 94%,而且完全無硫磺、一氧化二氮、汞與其他汙染微粒。除了對生態系統的危害,這些汙染物質也是戶外空氣汙染的元凶,在 2012 年導致 370 萬人早死。

最早的太陽能農場始於 1980 年代,目前這些公共事業規模的太陽能農場可為全球的太陽能光電增加 65% 的電力。這些太陽能農場出現在沙漠、軍事基地、接近垃圾掩埋場頂部,甚至漂浮於水庫,另具減少蒸發的功能。若烏克蘭政府得償所願,1986 年發生核災的車諾比電廠原址將會成為一座具有 10 億瓦發電力的太陽能農場,成為世界最大型太陽能農場之一。無論原址為何,「農場」對於這些昂貴的太陽能裝置陣列(solar arrays)來說都是很適當的詞彙,因為太陽能光電實際上就是收穫能源的工具。組成太陽能農場的矽晶電板(silicon panels)收集由太陽照射入地球的光,光子(photons)在密閉的電板中激發電子(electrons),並創造電流——如同其名所示,從光到電壓。除了微粒之外,不需要任何移動部件。

矽晶太陽能技術於 1950 年代在發明矽電晶體(silicon transistor)時意外被發現;目前幾乎所有的電子設備中均有矽電晶體。此項技術由美國的貝爾實驗室(the United States' Bell Labs)所發明,因為尋找在可能無法使用電池的高溫、潮溼區域,或者電網無法觸及的偏遠地區的分散式發電[19]資源而進展快速。貝爾的科學家們發現矽比 1800 年代末期

---

19. 為相較於傳統燃煤、核能等集中式發電之技術與系統。以電網連接小型發電和儲能設備,具有減少輸電損失、為不易建立長途電網的區域提供小範圍供電等優點。

就用在實驗性太陽能板的硒更能提升效率，當光轉化為電時，它的效率超過 10 倍。1954 年貝爾發表「太陽能電池」時，由矽電池所組成的小小嵌板便能轉動 21 英寸的摩天輪，接著是廣播發射台。即使體積小，它們確實令媒體驚豔。《紐約時報》報導這標誌著「新時代的來臨，實現最值得人類珍愛的夢想之一──掌控無限的太陽能，為文明所用」。

當時太陽能發電造價高昂（以目前的幣值計算，每瓦超過 1,900 美元），且只適用於衛星；除了太空，它們無處可去。諷刺的是，地球上太陽能電池最早的主要購買者是石化產業，當時他們需要為鑽井設備提供電力。自那時起，政府投資、稅額獎勵、科技革新，以及強大的製造業便不停地縮減光伏發電的成本，達到今日每瓦 0.65 美元的成果。價格降低的速度一直都比預期還快，而且仍在持續中。光伏發電目前已是地球上成長最迅速的能源，據信將能很快地成為最便宜者。太陽能是一種解決之道，但稱其為革新亦不為過。太陽能農場造價越來越便宜，也比建造新的燃煤發電廠、天然氣發電廠或核能電廠更快。在全球許多地方，太陽能發電和傳統電廠一樣具有競爭力，甚至成本更低。開發商正競相提出最優秀的計畫，

以降低每度電價，而這是幾年前所無法想像的。幸虧價格大幅下降，以及軟成本（soft costs）[20] 減少，加上零石化燃料與長期維修成本適中，大規模太陽能發電的成長充滿遠景。

相較於屋頂太陽能板，太陽能農場每瓦電的建造成本更低，且其轉化日光為電力的效率更高。當農場上的太陽能板旋轉以盡其可能地充分利用日光時，發電率可提升 40% 或以上。此外，無論太陽能板被裝設於何處，都能接收晝間位移的日光並修正不適於發電的狀況，讓日光最強的正午發電能供應數小時後的用電高峰。那也就是為何當太陽能發電持續成長時，其他再生能源需為互補，如地熱能，或與太陽能規律不同、通常在夜間發電的風力。可以應付太陽能發電的變數之電力貯存方式與更有彈性、更具智慧的電網，對太陽能發電的成功亦不可或缺。

國際再生能源組織（The International Renewable Energy Agency）已認可太陽能發電每年可減少 2.2 億噸至 3.3 億噸二氧化碳的排放，亦即少於目前全球各種發電方式之碳排量的 2%。太陽能發電是否能如同牛津大學某些學者所預估一般，在 2027 年前足以供應全球 20% 用電所需？幸好有政府參與及市場推動，產生許多可喜的徵兆：成本與石化

---

20. 各種人力成本如安裝時的勞工薪資，或者為爭取客戶而出現的行銷與營運成本。

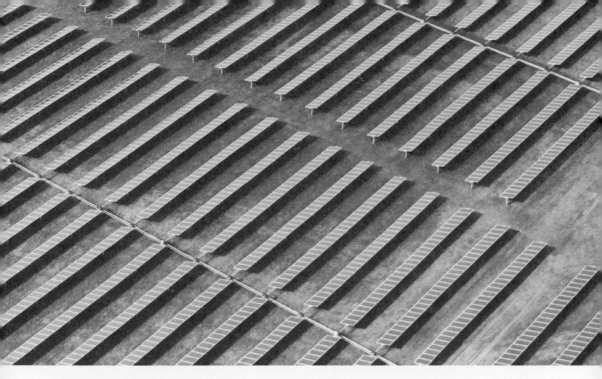

■位於加州的沙加緬度市政府公用事業部（Sacramento Municipal Utility District）的太陽能農場，這是第一個為了符合州立再生能源標準而成立的政府部門。此部門以太陽能分享方案（SolarShares）販售太陽能農場所生產之電力予納稅人，藉此由加州的再生能源革命中獲利。

燃料發電達到「市電平價」[21]的目標且持續下降、傳統太陽能面板工廠每年大量生產具有數億瓦容量的面板，以及，面板即使無法使用數十年，也有 25 年壽命。2015 年時，義大利的太陽能發電供應 8% 電力，在德國與希臘則供應超過 6% 所需，是太陽能革命的領導者。太陽能發電長久以來都超越我們的期待，並且有令人意外的進步。讓我們攜手為可行的太陽能發電努力，並以可行的技術支持，讓《紐約時報》在 1954 年所說的「新時代」成真。

影響：在我們的分析中，目前全球公共事業規模的光伏發電由 0.4% 成長至 10%，假設施行的成本是每千瓦 1,445 美元，而學習率（learning rate）[22]為 19.2%，可以比石化燃料發電節省 810 億美元。而此種程度的成長也可減少 369 億噸碳排放量，並且在 2050 年之前省下 5.02 兆美元的運作成本——以無石化燃料發電的金融影響。

21. 太陽能發電的成本，降至與石化燃料發電等傳統發電形式相當。
22. 全球累計發電設備容量每增加一倍時，單位發電成本（LCOE）的下降率。

屋頂太陽能

　　當時是 1884 年，第一組太陽能電池陣列（solar array）出現在紐約市某座屋頂上。實驗家查爾斯・弗里茲（Charles Fritts）發現金屬板上的硒薄片曝晒於陽光下可以產生電流而安裝它。他與當時的太陽能開創者們都不知道日光是如何點亮電燈的，直到 20 世紀初期，愛因斯坦發表了他革命性的研究，技師們才了解原由。亞伯特・愛因斯坦（Albert Einstein）的發現就是光

■居住於的的喀喀湖（Lake Titicaca）以蘆葦草編成的人工浮島上的烏羅斯（Uros）母親與她的 2 個女兒。她們因為收到第一片太陽能電池板而笑開懷。這片太陽能電池板安裝在海拔 12,507 英尺[23]處，將能取代煤油燈並為她的家人提供電力，這是她們人生中首度用電。太陽能發電雖為高科技，卻有完美的文化適應力：烏羅斯人認為自己是 Lupihaques ——太陽之子。

―――
23. 1 英尺約等於 0.3 公尺。

子。雖然弗里茲時代的科學認為熱生電，他仍然相信「光電」（photoeletic）模組最終能與火力發電競爭。第一座此類型的發電廠由湯瑪斯‧愛迪生（Thomas Edison）於 1882 年設立於紐約市。[24]

今日，太陽能正逐漸取代石化燃煤與天然氣發電，亦代替無電網可達之區域的煤油燈與柴油發電機，可影響全球達 10 億人。雖然有些地區必須解決因發電而起的汙染問題，也有些地區無電可用，但日光神奇的波與粒子持續不斷地進入地球表面，其能量超過全球人類所需 1 萬倍。小型太陽光電系統通常安裝於屋頂，在利用陽光──地球最充沛的資源──時扮演要角。當光子接觸到真空密封的太陽能電池板內的矽晶片時，會撞擊電子並產生電流，這些次原子粒子是太陽能電池板中唯一會移動的部分，而且不需要燃料。

雖然目前太陽能光伏發電（PV）僅提供全球不到 2% 的電力所需，但在過去 10 年，這項技術已快速發展。2015 年時，全球發電量小於 10 萬瓦的分散式發電系統大約占太陽能光伏發電總容量之 30%。在世界太陽能發電領導者之一的德國，主要的光伏發電來自屋頂太陽能電池，有 150 億個系統。在有 1.57

減少二氧化碳	淨成本	可節省淨額
246 億噸	4,531 億美元	3.46 兆美元

億人口的孟加拉（Bangladesh），已安裝超過 360 萬座家戶太陽能發電系統。澳洲也有 16% 的家戶安裝太陽能發電系統。將一小部分的屋頂面積轉換為小型的發電站已是不可抗拒的趨勢。

屋頂發電模組因價格實惠而得以在全球發展。太陽能光伏發電因下列事項而得利：成本降低之良性循環、稅額獎勵加速其發展與應用、大量製造的經濟利益、電池板生產技術之進步、創新的用戶獲利模式──如第三方擁有權（the third-party ownership）約定對美國太陽能發電之助益。需求增加刺激產量提高，因此太陽能電池板價格降低；又由於價格降低，故需求更多。中國的太陽能電池板製造蓬勃發展，使得全球能以較低價格購買太陽能電池板。但硬成本（hard cost）只是花費的一個面向，資金、收購、取得許可與安裝等軟成本可能占屋頂太陽能發電系統之 5 成，而且不像電池板製造有成本下降的趨勢。這是屋頂太陽能發電系統比公共事業規模太陽能發電更昂貴的部分原因。然而，

---

24. 愛迪生發明電燈後為推廣電燈使用，在紐約珍珠街設立發電站，供應直流電。

在美國某些區域、許多小型島州與澳洲、丹麥、德國、義大利、西班牙等國家，小型太陽能光伏發電仍比以電網供電來得便宜。

屋頂太陽能發電系統所能帶來的好處遠甚於價格。如同任何其他產品的製造過程，太陽能電池板的製程亦涉及碳排放，但以之發電時，零溫室氣體排放亦不造成空氣汙染，因為其唯一的能量來源是無限的日光。當安裝以電網連接的屋頂太陽能電池板時，它們就在用電處發電，因此可以避免輸電過程中的損失。它們可以將未使用的電力存入電網，以協助公用事業滿足更廣的需求，尤其是在炎陽高張而用電需求大增的夏季。「淨計量電價」（net metering）[25]回售餘電給電網的策略，讓家戶擁有者在經濟上可負擔，彌補其夜間用電或日光不足之需。

有許多研究顯示，屋頂太陽能光伏發電有 2 種好處。以之作為發電方式之一，公共事業發電可免去額外的燃煤或天然氣發電廠之投資成本，而這些成本可能附加於電費之上，向顧客收取；屋頂太陽能發電亦可使整個社會免於環境與公共衛生之衝擊。在用電高峰時，以光伏發電為支援，可減少對昂貴且造成汙染的發電廠之依賴。某些公共事業電廠拒絕此提議，並將屋頂太陽能光伏發電設想為「搭便車」，因為他們希望遏止分散式太陽能的發展，以免影響其收益。亦有些電廠接受此不可避免的趨勢，並試著轉換其經營模式。將所有因素考慮進來的話，對電網「公地」[26]的需求仍存在，所以公共事業本身、管理者、股東等所有關係者都正在尋找分擔成本的方式。

屋頂太陽能電池板可以提供沒有電網的低收入國家鄉村地區用電。就像行動電話，不須安裝電線，使得通訊更加自由，太陽能系統也不需要大規模、受中央控制的電網。高收入國家直到 2014年才開始主導對分散式太陽能發電的投資，但現在智利、中國、印度與南非等國都加入此行列。這代表著，屋頂光伏發電的可取得性正在提升，也因此乾淨的能源成為消除貧窮的有力工具。屋頂光伏發電也創造就業機會並刺激當地經濟，在孟加拉的 360 萬座家戶太陽能發電系統，創造了 11.5 萬個直接就業機會，與超過 5 萬個下游產業就業機會。

從 19 世紀末開始，許多地方的人便已開始依賴大型發電廠（centralized plants）以石化燃料所生產的電力，這些電力由電纜、電塔、電線杆所構成的體系輸送。當家戶安裝屋頂太陽能電池

---

25. 住戶的電網用電減去由太陽能發電系統所提供之電量。
26. 公地（commons）為村中或村子附近的共用草地，這裡使用「公地」一詞，應是因為屋頂太陽能雖不需大規模集中型電網，但仍需要在村落附近設置較大型的電網，以使供電穩定。

■查爾斯・弗里茲於 1884 年在紐約市所安裝的第一組太陽能電池陣列。弗里茲在 1881 年製造第一片太陽能電池板,並指出電流是「持續不斷的,且具有可觀能量;其能量不只來自強烈的陽光,也來自昏昧不明的日光,甚至燈光」。

(具有分散式儲電功能者越來越多),發電者與擁有者的關係產生變化,電力不再由公共事業壟斷。由於電動汽車愈加廣泛,在家就可「加油」,取代石油公司。因為生產者與使用者合而為一,能源便可自由化。查爾斯・弗里茲在 1880 年代望著紐約市的屋頂時有如此遠見,而今日,他的遠見得以實現。

影響:我們的分析假設屋頂太陽能光伏發電可以在 2050 年前由全球發電量的 0.4% 成長至 7%。這樣的成長可以減少 246 億噸碳排放。我們預估每千瓦 1,883 美元的施作成本可在 2050 年前降至每千瓦 627 美元。30 年後,科技的發展將能使家庭用電開銷節省 3.46 兆美元。

波浪與潮汐

　　海洋的運動從不間斷：波浪起伏、漩渦打轉、漲潮、退潮。當風吹過海面，就出現浪；因為地心引力、月亮與太陽，潮汐生成。這些是地球上最強大且從不間斷的力量。

　　波浪能與潮汐能發電系統可以利用海洋流動的動力來發電。許多公司、公共事業、大學與政府都正努力了解規律且可預測的海洋能；海洋能目前僅占全球發電的極小部分。早期的技術可回溯至二個多世紀前，1960 年代出現了現代化的設計，這得感謝日本海軍指揮官益田善雄（Yoshio Masuda）在 1947 年發明了震盪水柱式（OWC）發電系統。

　　當波浪或潮汐隨著震盪水柱上升時，空氣被迫離開並驅動渦輪機以發電。隨著海水持續進行的運動，空氣反覆不斷地受壓迫，而後被釋放；其原理與鳴笛浮標（whistling buoys）相同，在危險的淺灘或岩石附近壓縮空氣來發出聲響。目前世界上有數座震盪水柱式發電廠。

　　波浪與潮汐因其持續性而吸引人，因此不需要儲電。而且如果當地居民認為出現在山脊或海岸線上的風力發電機影響視野而反對時，不會出現在視線內的波浪與潮汐發電系統，對海岸居民而言，接受度更高（雖然他們可能提出疑慮，擔心影響依賴同一片海域討生活的

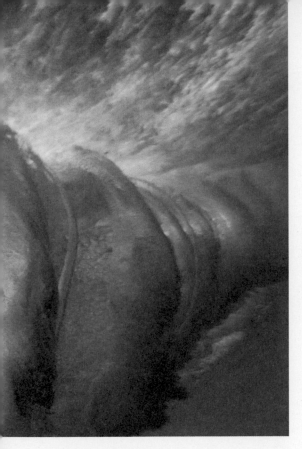

2050 年前波浪與潮汐發電之排名與成效

減少二氧化碳	淨成本	可節省淨額
92 億噸	4,118 億美元	-1 兆美元

廠與長期維修。鹹水會腐蝕設備，海浪也比強風更加多變——當海流紊亂時，浪的運動是上上下下、四面八方、極不穩定的。利用波浪能與潮汐能時，也難以保證所發出的噪音或排放之物質不會對海洋生態系統造成影響，或因此讓海洋生物受困甚至死亡。綜合上述，在鹹水中運作的動力系統較在堅固的陸地上運轉更為困難。

海洋發電的技術仍在剛起步階段，比太陽能與風力發電晚了數十年。潮汐能較海浪能發展性更大，目前也有較多計畫進行中。它們在理論上適於天然海灣、小港或潟湖，因為在這些地形中，海水大約以一日的規律循環進出，因此能利用潮汐來發電。有些潮汐能發電站看起來像水壩，利用潮汐進出來推動渦輪機；試驗性的溪內渦輪機（in-stream turbines）則類似水底的風力渦輪機，利用潮汐推動渦輪機葉片以發電。

為了追求將海浪動能轉換為電力的理想設計，目前全世界都在測試各種波浪能技術，並不斷進步中。有些看起來像黃色的浮標，在海面起起伏伏；有些則像乘浪的紅色巨蛇，或者來回揮舞的

當地漁民）。

用以發電時，並非所有的波浪與潮汐都具有相同效益。緯度 30 至 60 度的區間吹東西向的貿易風（信風），使得所有大陸西岸都有最大的波浪活動。衝浪勝地通常也是波浪能熱點。潮汐能活躍的重要地點在美國東北海岸、英國西部海岸以及南韓海岸線。許多專家也指出某些小島適於利用波浪與潮汐能發電，為位置孤立與能源有限地區提供資源。

雖然海洋不止息的力量讓波浪能與潮汐能可開發，但亦有其阻礙。在艱困與複雜的海洋環境中運作是一大挑戰——設計最具效益的系統，建設可運作的電

長臂；還有一些是完全沒入水面的流動式圓盤，在海底直接發電。目前尚不知何種技術最有效益，但無論其外觀與形式，這些系統都能利用上上下下與進進出出的海浪來發電。而震盪是關鍵，因此浪越高，發電潛力也就越高。

利用海洋能量發電的機會極大，但需要大量金錢投資與研究拓展才能對海洋有足夠的了解。倡議海洋發電者相信波浪能可以提供美國高達 25% 的電力所需，在澳洲則可達 30%，在蘇格蘭，這數字可提高至 70%。目前在所有的可再生能源當中，波浪與潮汐能價格最高，而風力與太陽能的價格快速下降中，因此差距可能變大。然而海洋發電的技術逐步發展中，政策也開始支持，因此海洋可再生資源或許能走上相同的道路，吸引諸如奇異電子與西門子等大型公司的興趣，並投入資金。循著相同的軌

■位於加拿大諾瓦斯科細亞省（Nova Scotia）安納波利斯河（Annapolis River）上的安納波利斯皇家發電廠，是一座具有 2,000 萬瓦發電量的電廠。此電廠建於 1984 年，至今仍是北美唯一利用潮汐發電的電廠，其所利用的潮差為世界最高，高低潮差超過 50 英尺。目前正於附近測試溪內渦輪機，是對環境衝擊小許多的精簡設計。

跡，波浪與潮汐能也能具有與石化燃料發電相互競爭的成本優勢。

影響：關於波浪與潮汐發電，2050 年之前的預測不多。因為資料極少，所以我們假設波浪與潮汐能可以在 2050 年前由全球發電量的 0.0004% 增加至 0.28%，其影響為 30 年內減少 92 億噸碳排量，其施作成本為 4,118 億美元，30 年內淨損失 1 兆美元，但此投資將為長程的發展與減少碳排放鋪路。

聚光太陽能熱發電

2050 年前聚光太陽能熱發電之排名與成效

減少二氧化碳	淨成本	可節省淨額
109 億噸	1.32 兆美元	4,139 億美元

聚光太陽能熱發電（CSP）亦被稱為太陽熱能（solar thermal electricity）。關於其源起，國際能源總署（IEA）做了如下總結：目前為止，聚光太陽能熱發電「一直是西班牙與美國競爭的故事」。此類電廠最早出現於 1980 年代的加州，目前仍在運轉中。不像光伏發電接收日光並直接轉換為電，它們所依賴的技術與傳統石化燃料發電相同：以蒸汽推動渦輪機。差異之處在於聚光太陽能熱發電不使用煤或天然氣，其主要能源為太陽輻射——免費，而且無碳排放。鏡子是任何 CSP 電廠都必不可少的部分，這些鏡子被磨成特定的弧度或以特定角度傾斜置放，其目的是集中太陽光以加熱液體產生蒸氣並轉動渦輪機。自 2014 年起，此發電技術在全球上限僅有 40 億瓦，其中大約有一半由西班牙生產。西班牙的聚光太陽能熱發電量約占全國發電量 2%，成效顯著。由於聚光太陽能熱發電獨特的優點，將能持續成長，並改變數據。位於摩洛哥撒哈拉沙漠邊緣的努爾太陽能電廠公園（Noor Ouarzazate Solar Complex）改變了太陽熱能地景，完成後將成為世界最大的聚光太陽能熱發電廠。

聚光太陽能熱發電廠依賴大量的直接陽光——直射日照（direct normal irradiance）。當萬里無雲時，在炎熱乾燥地區的直射日照值最大，通常是在緯度 15 度到 40 度之間。最佳的地點是從中東到墨西哥、智利到中國西部、印度到澳洲。根據 2014 年《自然氣候變遷》期刊（*Nature Climate Change*）的一份研究，地中海盆地（Mediterranean basin）與南非的喀拉哈里沙漠（Kalahari Desert）擁有最佳的潛力，可以發展大型的互聯網絡聚光太陽能熱發電，其供電成本足與石化燃煤發電競爭。在許多適於太陽熱能發電的地區，技術上的發電容量（電廠所能負擔的發電量）遠甚於需求。若有優良的輸電線路，除了供應當地居民所需，還能將電出口至聚光太陽能熱發電受到限制的地區。

諷刺的是，因為太陽能光伏發電的成功，使得太陽熱能發電成長不易。因為太陽能電池板價格快速下降，使得聚光太陽能熱發電只具陪襯地位；鋼鐵與鏡子的價格無法以相同的速度降低。但由於太陽能光伏發電成為諸多發電方式中極佳的一種，太陽熱能之路或許能由顛簸轉為順暢。太陽熱能發電具有太陽能光伏發電所無法克服卻需要的優勢：儲

能。聚光太陽能熱發電先生熱再發電，而熱比電更容易儲存，儲存效率也更高，此點與太陽能電池板或風力渦輪機不同。熱的儲存效率與金額，甚至可優於電的儲存 20 至 100 倍。

過去 10 年來，建造具有熔鹽儲存槽的聚光太陽能熱發電成為標準。白天以多餘的熱能加熱後，視不同地點的直射日照值，熔鹽可儲熱 5 至 10 小時，作為日光減弱時的發電之用。此時的發電量對太陽下山後仍持續用電的人類來說非常重要。即使沒有熔鹽，聚光太陽能熱發電廠仍能短暫儲熱，作為無日照時的緩衝，例如陰天，而這是太陽能光伏電池板所缺乏的功能。聚光太陽能熱發電比其他再生能源更具彈性也較無間歇性困擾，因此更易與傳統電網合併，亦

能使太陽能光伏發電更加完善。有些電廠結合這兩項科技，讓彼此相得益彰。

相較於風力與太陽能光伏發電，聚光太陽能熱發電目前主要的缺點在於發電效率與經濟效益均較差。太陽熱能發電轉化自太陽的電能小於太陽能光伏發電，尤其是因為使用鏡子，所以需要密集的資金投資。然而專家們預期聚光太陽能熱發電的穩定性將能加速其成長，而且隨著技術進步，成本將能快速降低。能量轉換的效率也如預期提升。（目前發展中的技術已證明這是能辦到的。）

但仍有其他值得注意的缺點。太陽熱能發電通常以天然氣為發電備案，或者在某些情況之下，用以改善發電效率，因此伴隨著二氧化碳排放。利用熱通

常也必須利用水來冷卻,而聚光太陽能熱發電的理想地點通常炎熱乾燥,使得水成為稀有資源。乾式冷卻雖然可行,但效率低且更昂貴。最後,因為集中管的高溫,聚光太陽能熱發電廠曾令蝙蝠與鳥類喪生,並在半空中燃燒。美國專營開發聚光太陽能熱發電技術的 Solar Reserve 這家公司已經發展出有效避免鳥類死亡的方法,當更多聚光太陽能熱發電廠開始運作之後,廣泛運用這個方法操作鏡子非常重要。

人類很早以前就開始利用鏡子聚光生火,中國人、希臘人、羅馬人都曾發明「生火鏡」(burning mirror)——磨成弧形,能將陽光聚焦於物品上使之燃燒的鏡子。3 千年前,中國青銅時代大量製造日光點火器,其原理與希臘人點燃奧運聖火相同。16 世紀時,達文西設計了拋物鏡,為工業之用與為溫水游泳池燒熱水。諸如此類以鏡子利用太陽能的技術不斷地失傳又尋回,讓一代又一代實驗家與思想家們著迷不已——現代亦然。

影響:2014 年聚光太陽能熱發電的發電量占全球 0.04%。雖然這幾年來受採用速度緩慢,我們仍假設 2050 年之前,聚光太陽能熱發電可上升至全球發電量之 4.3%,減少二氧化碳排放 109 億噸。施作成本雖然高達 1.32 兆美元,但 2050 年前可節省淨額 4,139 億美元,電廠除役前可節省 1.2 兆美元。聚光太陽能熱發電的額外優勢在於能夠輕鬆結合儲能系統,以應付入夜後的用電需求。

■「新月沙丘太陽能計畫」是位於內華達州托諾帕(Tonopah)附近的太陽熱能發電廠,具有 1.1 億瓦的發電力。它同時也是熔鹽儲能廠,具有 11 億度電的儲能容量。此電廠共設置 10,347 片追日鏡,將日光反射到 640 英尺高、具有 128 萬平方英尺結合面(combined surface)的中央塔。這座造價 10 億美元的電廠,所生產之電價為每度 13.5 分美元,較風力發電與太陽能農場高,但托諾帕提供穩定的基本負載發電量,讓只能斷斷續續供電的風力與太陽能等再生能源可以和電網無縫整合。

●譯注:這個計畫即由 Solar Reserve 這家公司所主導。

生質能

我們的世界會如何從以石化燃料為能源，變成澈底依賴風力、太陽能、地熱能與水的動能？解方有某部分在生質能發電，它是連結現況與理想狀態的「橋梁」，雖不完美且有其限制，但也許是不可或缺的。生質能可以在需要時發電，協助電網應付預料中的負載量變化，並且作為其他能源如風力與太陽能之補充，因此不可或缺。雖然利用廢棄物時可能產生環境問題，但在由石化燃煤發電轉換為可再生能源發電時，生質能可以為電網的變動爭取時間。就短程而言，以生質能取代石化燃煤可以避免大氣中的二氧化碳濃度上升。

光合作用是能量轉換與儲存的過程，生物吸收陽光，並轉換為碳水化合物儲存於生物體內，在良好、未經觸動的狀況下經過數百萬年，會成為煤、石油或天然氣——碳匯中的礦物燃料，目前人類發電與運輸的主要能源。我們也能開採來生熱、製造蒸氣並發電，或者加工後成為石油或瓦斯。生質能發電利用原本就在大氣與植物中不斷循環的碳，而不是開採藏於地底的化石燃料碳。種植植物鎖住碳→處理並燃燒生物質→排出碳。重複。只要消耗與供應能處於平衡，此種自然的交換過程便能持續不斷循環。能源效率與利用廢熱同時發電

（cogeneration）共同確保此方式可行，在任何一年燃燒生質燃料所產生的二氧化碳等於或少於重植（replant）植物所能吸收的碳，達成這樣的平衡，大氣中就不會有新的碳排放。

但還是有如果：必須使用廢物、能穩定成長的能源作物等適當的原料，那麼生質能發電才可行。最大的優點在於生質能發電利用氣化或厭氧消化這類低碳排量的轉換技術。利用玉米、高粱等一年生穀類作物來發電會消耗許多地下水，造成水土流失，且施肥時高耗能並

■一台切割、絞碎一線作業完成的收割機正在收割無碳作物、生長週期短的柳樹;這是德國「能源轉型」(Energiewende)計畫的一部分。目前德國由生質能生產的電力為 7%,但當收割與處理木材的總成本被計入,就不是無碳了。這個產業之所以能存在,是因為政府大量補助。

需要操作機器。對環境危害較小且能長期維持的選擇是多年生作物,或者所謂的短輪伐期林木(short-rotation woody crops)。多年生的草本作物如柳枝稷(switchgrass)和芒草(Miscanthus)在重植之前可連續收割 15 年,而且灌溉需水量與勞力需求均較少。短輪伐期林木如灌木柳(shrub willow)、桉樹(eucalyptus)、白楊樹(poplar)等,可以種植在不適於食用作物的「邊際」地帶。由接近地面處剪枝後,它們可以再度生長,之後 10 至 20 年皆可重複採收利用。較之其他樹種,短輪伐期林木無大面積伐林以為燃料之疑慮,封存碳的速度也較快,但前提是不能以之取代已存在之林用土地。此外,芒草與桉樹均具侵略性,應妥善照管。

另一個重要的原料為來自林業與農業之廢物。來自鋸木廠與造紙廠的碎屑是非常有價值的生物質,還有被丟棄的植物莖稈、外殼、樹葉、食用玉米或作為動物飼料的玉米穗軸。將玉米殘渣留在田裡以促進土壤健康很重要,所以只有部分農業廢物可轉作生質能燃料。許多有機作物的殘餘物會留在原地腐化,或者堆疊燃燒,因此釋放存於其內的碳(雖然已過了較長時間)。當有機物質腐化時,經常釋出甲烷,堆疊燃燒時則產生黑碳(black carbon,即煤灰),而甲烷與黑碳促成全球暖化的速度更甚

於二氧化碳。光只是避免上述作為以減少排放就能獲得極大好處，更別說將存於生物質內的能量作為發電之用。

在美國，超過 115 座建造中或申請中的生質能發電廠中的大部分計畫以木頭為燃料。支持倡議者指出這些植物來自砍伐後無法作為商業用的細枝條或樹梢，但這些說明無法經受嚴格審視。在華盛頓、佛蒙特、麻薩諸塞、威斯康辛與紐約等州，由伐木廢材所生產的電遠低於生質能發電爐所需。在俄亥俄與北卡羅萊納二州，公共事業則直率地承認生質能發電即砍伐與燃燒樹木。雖然樹在砍伐後會繼續生長，但得要數十年才能達成碳中和（carbon neutrality），而這段時間既漫長也未知。

生質能是具有爭議性的發電方法。有些人覺得生質能是朋友，也有些人視之為敵。學術界正努力評估生質能對環境與社會的衝擊，主要的爭議有三：（如前所述的）碳排放週期、間接改變土地利用方式與大面積伐林、對食物安全的衝擊。後二者的爭論點常為森林與燃料、食物與燃料之間的對立。事實上，土地管理、栽種食用作物、生產生質能原料三者不斷相互影響，只不過其作用方式並不總是與傳統觀念一致。這三者可以彼此強化，也可能互為損害，因此要如何在特定的當地環境條件下處理生質能原料至關緊要。目前生質能發電占全球發電量 2%，是所有可再生能源中最多的，而在瑞典、芬蘭與拉脫維亞，生物能源（bioenergy）則占全國發電量之 20 ～ 30%，其來源幾乎全為樹木。中國、印度、日本、南韓和巴西的生質能發電正在成長中。若要在更多地方發展更大規模的生質能發電，必須投資生質能發電設備與發電、輸電、儲電的基礎建設；藉由法規來管理生質能發電的缺失也至關重要。為生質能發電之用而砍伐當地森林一直都是生質能發電無法前進的主因，然而在適當的生態保護機制之下找出森林中的入侵物種，可作為生質能發電的良好原料，目前印度的錫金邦（Sikkim）政府正在測試此種方法，為乾淨的廚房生產「生質燃料磚」（bio-briquettes）。此外，必須保護小農場的主人不受工業規模生質能發電所需之迫。我們必須謹記在心，生質能發電是達到乾淨能源的未來之橋梁，並不是終點，因此必須妥善規範與管理之。

影響：生質能發電是一座橋，是用以銜接的解決之道，讓我們能夠逐步淘汰現有的不適當發電方式，以達成乾淨能源的目標。我們的分析假設所有取代煤或天然氣的生質能都來自多年生的原料──但不是來自森林、一年生植物，或廢棄物。在 2050 年之前，生質能發電能減少 75 億噸的二氧化碳排放。當乾淨的風力與太陽能越來越便宜時，對生質能發電的需求就會降低。

核能

2050 年前核能之排名與成效

減少二氧化碳	淨成本	可節省淨額
160.9 億噸	8.8 億美元	1.7 兆美元

　　核能發電廠實際上是煮水運作的。核分裂將原子核擊碎，並釋放出鏈結質子與中子的能量，利用此能量來加熱水以產生蒸氣，推動渦輪機。這是人類所發明最複雜的產生蒸氣的方式。然而核能的碳足跡低，因此有些人視之為解決全球暖化的重要方式；另外有些人則認為較之其他低碳的發電方式，核能無論現在或未來都不會是解方。以燃煤或天然氣來推動渦輪機的方式幾乎是全球通行的，估計此種發電方式所產生的溫室氣體，是核能發電的 10 至 100 倍。

　　目前核能發電約占全球發電量之11%，占全球能源供給量之 4.8%。全球有 30 個國家擁有超過 440 座運轉中的核子反應器，另有超過 60 座建造中。在這 30 個擁有核能發電廠的國家中，法國的核能供電量最大，占全國的 70%以上。

　　最常見的核反應器分類方式為依年代分。最早的第一代反應器出現於1950 年代，幾乎已全數退役。目前多數核能發電利用的是第二代反應器。（車諾比核能電廠有第一代與第二代反應器，福島第一核電廠的反應器為第二代，美國與法國的核反應器亦皆為第二代。）第二代反應器利用水（不是石墨慢化劑[27]）來使核鏈反應減速，以及使用濃化鈾（enriched uranium）而非天然鈾作為燃料，因此較第一代出色。目前全球有 5 座運轉中以及數座建造中的第三代核反應器，加上研發中的第四代核反應器，被稱為是「進階核能」（advanced nuclear）。進階核能在理論上有標準化的設計，能減少建造時間並延長使用年限、改善安全性、提高能源效率以及減少廢料。

　　讓核能發電的未來難以預料的原因是成本。當其他能源的成本持續降低之時，核能發電廠的成本比過去 40 年還高了 4 至 8 倍。根據美國能源部（U.S. Department of Energy）的資料，進階核能是傳統燃氣渦輪機（其效能相對較低）之外最貴的能源。陸上風力發電的成本是核能發電的 1/4。

　　因成本、時間與安全因素而反對核能發電的人，一度將新的燃煤發電廠持續

---

27. 慢化劑又稱中子減速劑，慢化後的中子能有效地使鈾 235 發生裂變。慢化劑有 3 種輕水（即一般水）、重水（氘）、石墨 3 種。車諾比核電廠的反應爐即以石墨作為慢化劑。

建造中作為反對的主要論點。數百座燃煤發電廠正在建造或規劃中，主要集中在東南亞，其中有 3/4 屬於中國、印度、越南與印尼。但如果燃煤電廠方興未艾，全球暖化的速度會超過我們所能承受的範圍。這是氣候報告聚焦於能源的原因，也是核能支持者之所以對於新核能電廠緩慢的發展感到沮喪的原因。執照、許可與資金問題已經驅使美國的核能電廠臨近停滯的狀態，而德國則是關閉核能電廠並除役。另一方面，中國有 37 座運轉中與 20 座建造中的核能電廠。在 2030 年必定會達到二氧化碳排放高峰，因此從那時起必得減少碳足跡。

關於核能發電的討論，進入碳排放對氣候之影響的兩難境地：核能發電有其缺點與固有的風險，增加核能發電廠真的有價值嗎？或者像某些支持者所堅持的，如果限制核能發電，將會引起氣候災難？核能一直都是支持者與批評者爭論的主題，支持與反對雙方的爭辯既迷人也複雜亦二極化。下面 3 位是在環境議題上極受敬重的科學家，他們所持的意見各不相同：

物理學家艾默里·羅文斯（Amory Lovins）說：「核能是唯一帶著厄運與敵意的能源，會摧毀諸多價值與殺害遠方的人們；它是唯一一種原料、技術與能耐可用來製造並藏匿核武的能源；是被提出來解決氣候問題的方法裡，唯一

會產生（輻射）擴散、釀成大災難且有核廢料危險的……因為競爭力極低、不必要且過時，核能發電在十數年後正於全球市場中持續瓦解——如此不具贏面的發電方式，根本不值得我們探討其是否乾淨與安全。它會削弱電的可靠性與國家安全；比起投資相同的金錢與時間在更有效的發電方式上，它對氣候變遷的影響也更加嚴重。」

美國太空總署（NASA）科學家詹姆斯·漢森（James Hansen）則有另一種觀點。他於 1988 年在國會作證全球暖化真實存在，讓美國開始注意氣候變遷議題。他與其他 3 位氣候專家共同發表一封公開信：「在未來的能源經濟上，風力、太陽能與生質能等可再生能源確實具有一定分量，但這些能源無法快速拓展，生產便宜可靠的電供應全球如此大規模所需。雖然完全不用核能而使全球氣候穩定在理論上可行，然而在真實的世界，如果不考慮具有價值的核能，就沒有能使氣候穩定下來的可靠途徑。」他們建議在 35 年裡，每年建造 115 座核反應器。

喬瑟夫·羅姆（Joseph Romm）是最受敬重的氣候與部落格作家之一，他不相信漢森的主張。核能反應器造價高昂、效率低，如果考慮到風力與太陽能

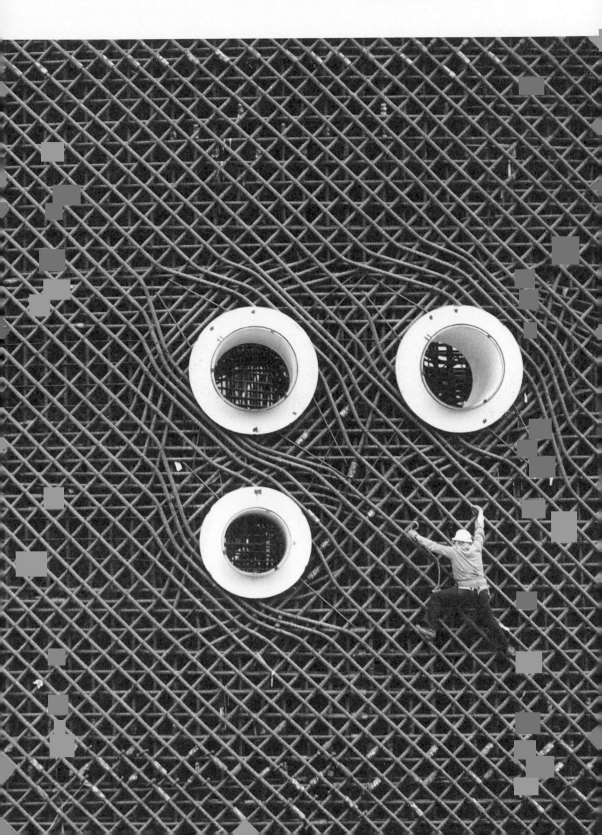

■蒸氣自德國格拉芬萊茵費爾德（Grafenrheinfeld）核能電廠排出。這座電廠自 1981 年運轉至 2015 年 6 月。德國目前逐步停止核能發電，希望於 2022 年前關閉所有核電廠。

發電的成本持續降低中，核能發電的成本高到不符合市場需求。羅姆總結國際能源總署的觀點：核能扮演「重要但有所限制的角色」。IEA 估計 2050 年前，核能可由目前 11% 的供電量提升至 17%。

看起來這裡有兩個世界，而非一個。核能發電是昂貴的，而這個在歐盟與美國受到高度管控的產業可能持續預算超支並且發展減緩。法國核電公司阿海琺（Areva）在芬蘭的奧爾基洛托（Olkiluoto）反應器比預計進度落後 10 年，且超過預算 54 億。在諾曼第（Normandy），原本預計於 2012 年開始建造、要價 34 億的壓水反應器（pressurized-water reactor），直到 2018 年才動工，修正後的造價為 113 億。在地球另一端，世界上最大的二氧化碳排放者正以更快的速度興建核能反應器，主因為其都市正受由汽車與火力發電廠所排放的廢氣嚴重汙染。中國的核能發電可以自給自足、能夠出口，而且在

2、3 年內電廠就完工。即使在核能看似「有效」的地方，還是極有可能轉向可再生能源。目前中國居於可再生能源發電量之首，取消許多興建燃煤電廠的計畫，並致力於在 2020 年之前由風力與太陽能聯合生產 3,200 億瓦的電。

或許有另一種可能性。是否有可能將核能電廠重新設計得更小、更簡單、更安全、更便宜？這也是許多新興企業正努力解決的問題。儘管已經發展到第三代反應器，龐大、昂貴、系統極度複雜等缺點雖然略有改善，但問題仍舊。在一個再生能源不昂貴、電力可分散儲存（distributed storage），且擁有高階電池（advanced batteries）的世界，無論存在哪種類型的大型集中式發電廠都合理嗎？有將近 50 家公司競相解決核能發電的問題，研發所謂的第四代反應器。這些技術包括熔鹽反應器（molten-salt reactors）、高溫氣冷式反應器（high-temperature gas reactors）、石墨球床模組反應器（pebble-bed modular reactors）及熔合反應器（fusion reactors，即 hydrogen-

boron reactors）。新的反應器設計可以處理某些與核能發電有關的主要批評與疑慮，這些反應器都可以在沒有人員操作的狀況下快速安全地關機（「安全離場」機制，walk-away safety）；它們擁有較好的冷卻劑，並且可以縮減電廠規模至傳統核能電廠的 1/500，建造時間更縮短至 1 或 2 年。當談到核能發電時，說不定我們很快地就能擁有更好的選擇，但比起可再生能源快速進展中的技術、成本下降與建造條件，核能或許太遲了。

影響：與安全性及公眾接受度有關的核能複雜動力將影響其未來方向——得以發展或受到限制。我們假設核能發電量在 2030 年之前能成長至全球發電量之 13.6%，但在 2050 年前會降至 12%。雖然所需之設備較石化燃料發電廠少，但有更長的服役期。即使施行成本高達每千瓦 4,457 美元，建造核能發電廠仍需額外的 8.8 億美元。30 年後所省下來的運作淨額可達 1.7 兆美元，並可減少 160.9 噸二氧化碳排放。

●編注：《Drawdown》一書中提出 100 種方法，這些方法幾乎都不會造成遺憾，即使有二氧化碳衝擊，但因為對社會、環境與經濟有利，普世之人也許都願意投資。但核能是可能令人悔恨的方法，車諾比、三哩島（Three Mile Island）、落磯芙拉次（Rocky Flats）、克什特姆（Kyshtym）、布朗斯費里（Browns Ferry）、愛達荷瀑布（Idaho Falls）、美濱（Mihama）、呂桑（Lucens）、福島、東海村（Tokaimura）、馬爾庫爾（Marcoule）、文斯蓋（Windscale）、博湖尼斯（Bohunice）與教堂岩（Church Rock）都發生過核災。核能可能造成的傷害包括氚[28]外洩、廢棄的鈾礦場、尾礦汙染、拋棄核廢料、非法買賣鈽、偷盜可裂變材料、冷卻系統破壞水生環境，以及嚴密保管核廢料數百甚至數千年。

28. 氫的同位素之一，帶有放射性，是製作氫彈的原料之一。

汽電共生

以發電而言，美國的燃煤電廠或核能發電廠效率約有 34%，亦即有 2/3 的能量順著排煙管釋出，增加空氣的溫度。美國的發電部門所排出的總熱氣，與日本的整體能量收支（energy budget）相當。引擎運轉時，把手放在你的汽車排氣管後方。原理相同，不過更糟的是，引擎內部燃燒所產生的能量，有 75 ～ 80% 是廢熱。燃煤與單循環燃氣火力發電廠是藉由汽電共生來留下廢棄能量的最佳選擇。

汽電共生能利用廢棄的能量，為家屋與辦公室提供冷、暖氣，或者生產額外的電。汽電共生系統也叫做熱電聯產（CHP），收集發電過程中所產生的過度的熱，並以之在當地或附近區域供暖或作為其他用途。因為這些發電方式的效率本來就低，因此藉由汽電共生來減少碳排放量與節省成本的可行性極高。

目前許多運作中的汽電共生系統出現在工業區。美國有 87% 的汽電共生系統用於化工、造紙、金屬製造、食品加工等高耗能產業。在丹麥與芬蘭等國，因為用於區域型供暖系統，故汽電共生系統占可觀的發電比例。

CHP 占總供電量高比例的國家如芬蘭與丹麥，對處理能源安全問題的需求有著決定性作用。丹麥的汽電共生發展

與特定的國家政策有關，而芬蘭則是由市場需求所驅動。芬蘭龐大的造紙工業與林業，自然而然地會導向生物質汽電共生，就地利用木材資源；此外，在這個寒冷的國度，投資於供暖基礎建設可以獲得健康回報。自 2013 年起，芬蘭的區域性供暖即有 69% 由汽電共生系統負責。

丹麥的能源供應方式則由政策決定。雖然自 1903 年起丹麥便開始利用熱電聯產，但直到 1970 年代的石油危機，汽電共生技術才開始加速。自那時起，便透過稅賦政策，以法令強迫地方政府確認熱的能源效率，協助由大型發電廠的集中發電轉換至非集中式供電網絡，並鼓勵普遍利用汽電共生，尤其是可再生能源發電。丹麥也積極參與聯合國的氣候變遷協商，並在減少溫室氣體排放上有極大進展。目前約有 80% 的區域供暖與超過 60% 的電力供應都來自熱電聯產，而且也發展出可供家戶使用的微型汽電共生裝置，此裝置通常以瓦斯為燃料，可作為燃料電池（fuel cell）或熱產生器（heat generator），提供電力、暖氣或用於通風與空調系統。它們效率極高，但價格與其他因素限制其採用度。

美國在汽電共生上落後歐洲許多，

2050 年前汽電共生之排名與成效

減少二氧化碳	淨成本	可節省淨額
39.7 億噸	2,793 億美元	5,670 億美元

部分原因在於公共事業的反對——最聲名狼藉的案例是 20 年前麻省理工學院（Massachusetts Institute of Technology）的熱電聯產計畫受到當地公共事業的挑釁，甚至引起訴訟，最後由麻省理工學院勝訴。今日的能源意識已發展至不太可能出現此類阻礙的地步，而麻省理工學院先進的熱電聯產系統也接近圓滿。

從經濟面來看，以汽電共生供多數工業、商業或部分住宅用是合理的。汽電共生讓缺乏管道利用可再生能源者，以與石化能源相同的量和成本來生產更多電力。除了可見的經濟利益，採用汽電共生將能減少溫室氣體排放，某種程度來說，汽電共生可減少供暖與發電上對石化燃料的依賴。另外，在開創智慧型、分散的可再生能源電網時，汽電共生將會扮演重要角色，因為分散式系統必須安裝於發電場所附近，減少對輸送線的需求。汽電共生系統可應使用者需求安裝，並且可與不同類型的能源搭配。比起分離的燃燒式加熱與發電系統，汽電共生系統也能減少用水與熱水汙染，降低對其他重要自然資源的需求壓力。

影響：在我們的分析裡，汽電共生指的是商業用、工業用與運輸系統的天然氣內部熱電聯產（on-site CHP）。2014 年，利用天然氣的工業熱電聯產約占全球發電量的 3.2% 以及發熱的 1.7%。如果能在 2050 年前成長至 5.4% 的發電量與 3.3% 的暖氣，將可減少 39.7 億噸的二氧化碳排放。安裝的平均成本為每千瓦 1,851 美元，總安裝成本為 2,793 億美元。以更有效率且成本較低的技術取代電網供電與內部供暖（on-site heat generation），30 年後汽電共生可以節省 5,670 億美元，汰換前則可節省 1.7 兆美元。

小型風力發電

小型風力發電機擁有 10 萬瓦（或較少）的發電量，與古早的風車相似，一枝獨秀於堪薩斯州的玉米田上，能滿足一戶家庭、小型農場或企業的需求。它們常被用來抽水、為電池充電，或協助農村電氣化。通常一個特定地點只會安裝一座小型發電機，一英畝地一架，不像商業目的的大型風力發電廠有眾多發電機組。

過去電網在美國諸多農業州仍未普及時，小型風力發電系統常被用以填補供電空缺。目前許多發展中國家也有類似的狀況，全球約有 11 億居住在無電網可及區域的人口利用小型風力發電，絕大多數位於非洲撒哈拉沙漠以南與開發中的亞洲。對拓展電氣化而言，小型風力發電渦輪機是非常重要的技術，讓人們擁有居家照明、得以烹調晚餐，對人類福祉與經濟發展有莫大助益。而在經濟發達的國家，小型風力發電則可搭配電廠級的再生能源系統，增加發電量。也許地點廣泛，但小型風力發電對氣候的優點並無二致：發電，但不產生溫室氣體。

依速度之別，風的動能也有所不同。一座風力發電機組利用風力發電的效率為容量因素，以小型風力發電而論，其實際功率為 25% 或更低。選址對最大化發電率而言非常重要，但相較於商業化的風力發電，小型風力發電在初期即已擁有將發電率最大化的技術。同時，小型風力發電機能避免大型風力發電機一直以來所面臨的挑戰，體積小使得它們沒有美學上的爭議──破壞稜線上的田園景觀或沿岸風光──以及雖然幾乎聽不到卻時常被抱怨的噪音。

目前對小型風力發電機需求最大的是無電網區域，因此必須搭配使用柴油發電機以支應無風時之需求。自排碳量的角度觀之，依賴石化燃料作為備案並不理想，所以市面上已有結合太陽能光伏發電與小型風力發電之系統，是一種富有效益的選擇。改善電池貯存科技亦能提升小型風力發電的採用度。在發電機與電網連結的地方，擁有者或許可以將多餘的電送往較大的網絡，並透過淨計量電價獲取經濟上的回報。

專家們估計目前全球約有 100 萬或更多小型風力發電機組運作中，大部分在中國、美國與英國。小型風力發電機成長的關鍵在於，無論在低收入或高收入國家，其成本皆相似。現在小型風力發電機每千瓦的價格高於大型風力發電，且因為個別安裝之故，還本期（payback period）可能較長，取得小型風力發電的技術亦較其他許多技術而言更不容

易，因此國家支持的方案，諸如躉購費率制度（feed-in tariff）、稅收抵免、資本補貼以及淨計量電價等，都有助於達成資本平衡與發展。即使小型風力發電渦輪機的製造商能獲取經濟效益，終端使用者的成本仍可能是個挑戰。渦輪機生產技術是否能不斷創新，在價格上扮演重要的角色。

在建物內連結小型風力發電機與大型發電系統極有遠景。能在高處安裝渦輪機的建物如摩天大樓，將能利用更強也更穩定的風。現在登上艾菲爾鐵塔（Eiffel Tower）的遊客們除了可以在離地面 122 公尺的第二層俯視戰神廣場（Champ de Mars），亦可看到垂直軸風力機組。他們的設計可以利用來自四面八方的風，發電供應鐵塔內的餐廳、

減少二氧化碳	淨成本	可節省淨額
2 億噸	361 億美元	199 億美元

商店與展場之用。作為工程創新的象徵，艾菲爾鐵塔與時並進，展現具有高度的科技，將乾淨能源的未來更往前推。

影響： 2050 年之前，小型風力發電機的發電量若能成長 5 倍，占有全球發電量的 1%，可減少 2 億噸二氧化碳排放量。正如水力發電，小型風力發電能夠協助沒有安裝電網的地區發展乾淨的可再生能源。

■此為以低速運轉、較人類喃喃細語更安靜的 VisionAIR5 垂直軸風力發電渦輪機。此發電機組高約 3 公尺，發電量為 3,200 瓦。只要風力達每小時 9 英里（每秒 4 公尺）[29]即可發電，可承受之最大風速為每小時 110 英里（每秒 49.17 公尺）[30]。

29. 約（蒲福風級）3 級風。　　30. 約（蒲福風級）15 級風。。

人類引起氣候變遷一事在 1800 年首度被確認，1831 年由同一位科學家亞歷山大・馮・洪堡德再度提出。

亞歷山大・馮・洪堡德
安德列雅・沃爾芙

雖然現在認識他的人不多，被研究的次數也少，但亞歷山大・馮・洪堡德（Alexander von Humboldt，生於 1769 年 9 月 14 日）卻是他所處年代的傳奇，至今仍是歷史上最重要的科學家之一。以洪堡德為名的地點與物種比其他人名更多，全球舉辦許多節慶與遊行來慶祝他的百歲冥誕，超過 2.5 萬人聚集在中央公園向他致敬，匹茲堡有 1 萬人、雪城有 1.5 萬人、柏林有 8 萬人，布宜諾斯艾利斯、墨西哥市、倫敦與雪梨則有數千人。由於全世界的人都開始意識到生態系統無法承受全球暖化所帶來的衝擊，洪堡德的洞見與書寫似乎超越預知。根據旅行期間的觀察，他首度（也是全球第一位）在 1800 年指出全球暖化現象並說明人類是引起氣候變遷者，1831 年再度提出。

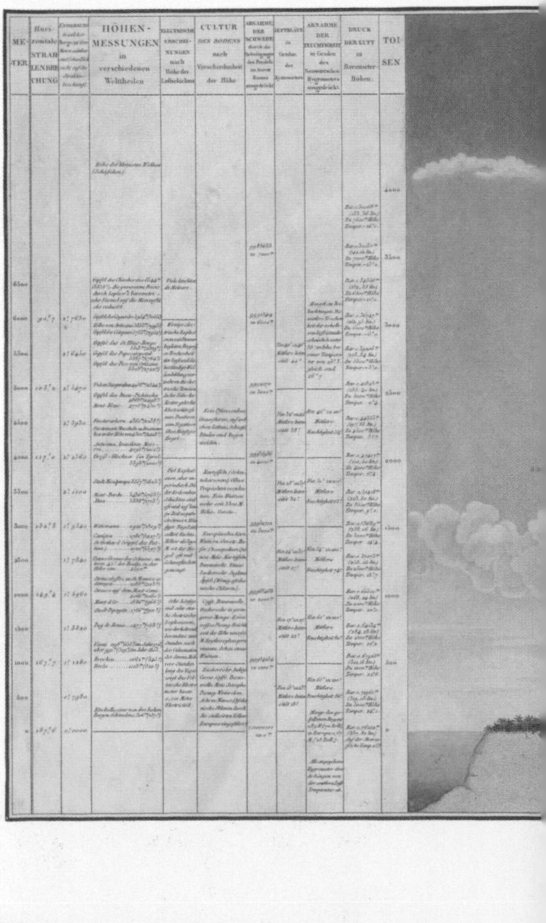

■洪堡德第一張，同時也是最迷人的繪圖。他將自然看作一個互有連繫的整體，他稱之為 Naturgemälde ── 一個德文詞彙，有「自然之畫」之意，但也暗含一體感，或整體之意。後來洪堡德解釋說它是「紙頁上的微觀世界」。以今日的用語來說，這可能是圖解資訊（infographic）首度被使用──洪堡德另一個第一。

1799 年，他出發前往拉丁美洲，進行為期 5 年的旅行。這趟考察改變了他的思想與世界，他在此提出 2 個想法──天氣圖中表示不同氣壓的等壓線與不同氣溫的等溫線。氣候帶的概念出

現於攀登厄瓜多 20,564 英尺的休眠火山欽波拉索山（Chimborazo）時。他帶了滿滿一箱工具，測量、記錄、仔細觀察，並畫出植物、動物、森林、人民與周遭地景。擁有幾乎無懈可擊的記憶力，使得他能夠將之前見過的物種與眼前所見進行百科全書式的比較。這 5 年裡，他大部分時間待在未受破壞的荒野，發現自然以超越人類所能理解的複雜方式互相影響；他也發現生態系統，甚至整個地球都無法承受因人類活動而生的干擾。由達爾文（Darwin）、繆爾（Muir）、愛默生（Emerson）與梭羅（Thoreau）所提出的生物多樣性，都直接受洪堡德的拉丁美洲探險與其後所發表的作品影響。

受沙皇尼古拉一世（Czar Nicholas I）與外交部長喬治・范・坎克林（George von Cancrin）伯爵之邀，洪堡德於 1829 年 60 歲時前往俄羅斯進行最後一趟大範圍的探索之旅。在這 25 週內，他與同伴共旅行了 9,614 英里。回國後，他精確地預示了如果人類無法認清大氣對地表的變化有多敏感的話，會有什麼

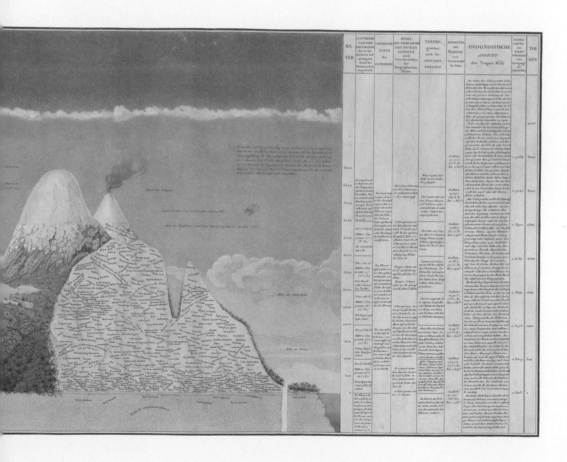

後果。這段節錄自安德列雅‧沃爾芙（Andrea Wulf）所著的出色傳記中的段落，非常精采地描述了洪堡德在旅途尾聲回到莫斯科與聖彼得堡的狀況。

——PH

現在是 10 月底，俄羅斯的冬天已在眼前。洪堡德應該分別前往莫斯科和聖彼得堡報告遠征所見。他很開心。他已見過深沉的礦坑、白雪覆頂的山嶺、世上最大的乾草原與裏海。他在蒙古邊境與中國將領一起喝茶，也和吉爾吉斯人（the Kyrgyz）一起飲用發酵馬奶。在阿斯特拉罕（Astrakhan）和伏爾加格勒（Volgograd）之間，學識豐富的卡爾梅克（Kalmyk）可汗安排合唱團獻唱莫札特序曲。洪堡德看過高鼻羚羊在哈薩克草原奔馳、蛇在伏爾加河上的小島做日光浴，以及阿斯特拉罕的裸身印度苦行僧。他也正確預言西伯利亞的鑽石礦藏、違反規定與政治流亡者談話，甚至遇到被驅逐至奧倫堡的波蘭人，這人驕傲地向洪堡德展示他的作品《論新西班牙政治》（*Political Essay of New Spain*）。在這之前幾個月，洪堡德躲過炭疽病蔓延，但也因為西伯利亞食物不易消化而瘦了。他把溫度計放入深井中，並帶著他的儀器穿越俄羅斯帝國，進行許多測量工作。他和他的團隊帶著岩石、植物標本、裝在玻璃瓶裡的魚和製成標本的動物，以及要給威廉皇帝（Wilhelm）的古手稿與書籍。

如同過往，洪堡德不只對植物學、動物學或地質學感興趣，他對農業與林業也有興趣。他注意到礦場中心周圍的森林快速消失，於是寫信給坎克林，說明「缺乏木材」一事，並建議他別使用蒸汽引擎排出礦坑積水，因為這麼做會消耗太多林木。在炭疽病大肆傳染的巴拉巴草原，他注意到集約化農業對環境的衝擊。此地區過去是（現在亦然）西伯利亞重要的農業中心，當地農夫為了將土地變成農地與牧草地而排乾沼澤和湖泊，使得大量溼地變乾，洪堡德推斷這樣的狀況會益發嚴重。

洪堡德當時正在尋找「所有現象與自然之力的連結」，而俄羅斯是他理解自然的最後一章——他統整、確認，並結合過去數十年來所蒐集到的資料。他的主題由比較——而非發現——所領導。後來他在 2 本書中發表遠征俄羅斯的成果，書中提到砍伐森林與人類長期的活動對環境變遷的影響。他列出人類影響氣候的 3 種行為：砍伐森林、不當灌溉，以及或許是最具預言性的工業中心所產生的「大量蒸氣和氣體」。在洪堡德之前，從未有人如此看待人類與自然的關係。

甲烷消化槽

湯瑪斯・傑弗遜（Thomas Jefferson）簽署《美國獨立宣言》的同一年，義大利科學家亞歷山卓・伏特（Alessandro Volta）發現甲烷。受馬焦雷湖（Lake Maggiore）畔由泥水中上升的可燃氣體吸引，他收集了一些，並在一系列寫給朋友兼同事、好奇的卡洛・坎坲（Carlo Campi）的信中記錄實驗的發現。伏特在1776年11月21日的信中寫道：「不，先生！其他氣體的可燃性都不比這個來自溼軟泥土的氣體更高。」並開始研究這個氣體與腐爛植物間的關係。之後他將甲烷這個火一般的氣體放入自己設計的手槍中。不過直到一世紀之後，科學家們才了解是微生物讓伏特發現的可燃氣體具有能量。微生物現在被用來處理由有機廢物所釋放的甲烷引起的全球暖化問題。

農業、工業與人類消化的過程都會產生（且不斷增加）有機廢棄物。人們在全球種植作物、飼養動物、製作食物以及餵養自己，所有這些行為都有副產品，從各式殘渣到糞便，即使拚盡全力減量，也無法達到零廢棄物。舉例來說，有些廢棄物是無法避免的，正如俗語所說：「鳥事總會發生。」如果沒有縝密的處理，有機廢物在腐爛過程中會排放甲烷。以100年為時程，甲烷分子

第 30 名

2050 年前大型甲烷消化槽之排名與成效

減少二氧化碳	淨成本	可節省淨額
84 億噸	2,014 億美元	1,488 億美元

第 64 名

2050 年前小型甲烷消化槽之排名與成效

減少二氧化碳	淨成本	可節省淨額
19 億噸	155 億美元	139 億美元

進入大氣中所產生的溫室效應高達二氧化碳的 34 倍。但我們可以改變這個狀況。其中一個方法是讓有機物質在被稱為厭氧消化槽（anaerobic digesters）的密封槽中進行腐爛，這種方法可以加速伏特在馬焦雷湖的泥沼岸邊發現的天然腐爛過程。它們可以利用微生物轉化垃圾與爛泥，並產生兩種主要產品：沼氣（biogas）——一種能源，與厭氧消化物（digestate）——一種富含營養的肥料。

利用有機廢物作為能源已有長遠歷史。20 世紀初始，下水道煤氣燈便已照亮英國艾克斯特（Exeter）的街道；1 千年前，沼氣為亞述王國（Assyrian）提供沐浴用水；威尼斯探險家馬可波羅在中國時，發現被用來生產烹調用燃料的加蓋汙物槽；孟買附近的麻瘋病收容所於 1859 年安裝沼氣系統，亦用以照明。今日，全球有許多家庭後院、農家

庭院設有厭氧消化槽，亦有工業規模的厭氧消化槽，且數量逐漸增加中。因為管控政策的支持，德國以將近 8 千座甲烷消化槽居於發展之龍頭，在 2014 年擁有 40 億瓦的總裝置容量[31]。美國的甲烷消化槽也在成長中，尤其是當注意到甲烷釋放增加時。亞洲則是小型甲烷消化槽的天下，中國農村地區有 1 億人利用消化氣（digester gas）。

無論厭氧消化槽的大小或形狀為何，其中的動力是相同的。由於有機廢物被混合於密封缺氧的槽內，細菌與其他微生物可以一步一步地將之分解為較小的結構，經過數日或數週，沼氣會上升至槽頂，而固體的廢物沉落槽底，濃縮出養分，例如氮。沼氣是甲烷與二氧化碳的混合物，可以直接使用，或淨化為生物甲烷（biomethane），與天然氣相似。只要食物供給足夠，且微生物仍然活躍，消化的過程便能不斷進行。

視消化槽的多樣產出物如何被利用，能決定是否避免更多碳排量。終端利用視生產規模而定。如果是家戶用的厭氧消化槽──大部分位於亞洲與非洲的農村或尚未電氣化之地區，沼氣用於烹飪、照明與暖氣，而廢物則使家中菜園與小塊農地更加豐盛。重要的是沼氣可以減少對森林、木炭的需求，也可避免牲畜糞便作為燃料所產生的有毒煙霧對地球與人類健康造成危害。若是工業規模的厭氧消化槽，沼氣可取代骯髒的石化燃料，作為暖氣與發電之用。當去除汙染物之後，亦可用於原本以天然氣為能源的交通工具。可確定的是，在改善土壤健康時，廢物亦可作為石化肥料之補充。除了減少溫室氣體，甲烷消化槽亦可減少垃圾場掩埋量與水汙染的影響，並消滅病原體和臭味。

大約與伏特燃燒氣體相同時期，「不浪費，不匱乏」（Waste not, want not）這句話開始流行，waste 這個字的拉丁文字源為 vastus，意為「未利用的」，有機廢物也真的有很大一部分都未被利用。面對因食物製造與消費所產生的動物、人類糞便及有機廢物持續增加──以及對能源的需求急遽增加──我們必須將「不浪費，不匱乏」謹記在心。

影響：我們的分析包括小型與大型甲烷消化槽兩種。我們推算小型消化槽在 2050 年之前可以取代低收入國家的 5,750 萬座效率不佳之烹飪用爐，而大型消化槽的裝置容量可成長至 698 億瓦。累計之後，以 2,169 億美元的成本可以減少 103 億噸的二氧化碳排放量。

---

31. 電廠或發電裝置的最大發電輸出功率。

流內水力發電

動能是運動中的能量。因為地心引力將水由分水嶺往下拉，藉由小溪往下流到較大的支流，接著入河，再進入海裡，因此所有的水道都具有動能。人類利用水力已有千年歷史，最早用以轉動水車、推動機械，到了 19 世紀則用以發電。今日，水力發電變出巨大的、破壞景觀的水壩：中國長江上游的三峽大壩、美國科羅拉多河的胡佛大壩（Hoover）以及巴拉圭與巴西邊境巴拉納河（Parana）的伊代普（Itaipu）水壩。為了將動能最大化以作為發電之用，水壩利用垂直距離或「水位差」——水由水道頂端落至水道底部時，高速並大力沖過渦輪機葉片。水壩型發電廠（hydroelectric dams）的發電量很大，卻侵占廣大的天然動植物與人類棲地，光是一座三峽大壩即對 120 萬人造成影響，也影響水流與水質、沉積物與魚類遷徙。

這些缺點將世人的注意力由大型水壩

■英國索美塞特郡（Somerset）布魯頓（Bruton）一座具有 1.2 萬瓦裝置容量的小型水力發電站，每年約可發電 3.3 萬度。

轉至較小型的、和新型水車相似的流內渦輪機（in-stream turbines）。置於水流量大的溪內或河中，流內渦輪機不需要儲存設備也可收集水的動能。和風力渦輪機由風吹動相似，水底渦輪機的葉片在水流過時轉動，不會造成屏障、破壞地形，唯一的限制是結構支撐；亦無排放物。流內水力可以在不影響生態環境的前提下發電。溪流內附帶著轉動部件的設備對溪河中的生物必定有所影響，與魚群數量及妨礙牠們遷徙有關的擔憂持續不斷，因此良善的設計與安裝至關重要。

雖然水流量每季或每年可能有所不同，水力渦輪機卻能提供相對穩定且不間斷的能量。水力渦輪機的周遭必須毫無碎片，但是維修費很低，購置成本亦低。因為流內水力發電（in-stream hydro）在小型河道亦能發電，在尚未利用集中水流力的地方，流內發電是偏遠地區很好的選項。從阿拉斯加的原始農村地區到需要灌溉的稻田，原本利用昂貴且骯髒的柴油發電的區域都正試驗並採用此項科技。水源來自喜馬拉雅山融雪的河道是利用流內動能的良好區域，具有推動農村經濟發展的潛能。在都市環境中，流內渦輪機利用另一種水力動能：下水道系統。在俄勒岡州的波特蘭市，約 1 公尺寬的渦輪機非常完美地被安裝在下水道管線中。當水流由喀斯開山脈（Cascade Range）急速流向這座都市時，便同時為當地公共事業發電，且不影響水流。這項流內動能的分支技術也被稱為小水力發電（conduit hydropower）。

根據一份對美國水力動能資源所做的國家評測，流內能源在技術上每年可回收超過 10 億度（100 terawatt-hours），其中約有 95% 來自密西西比、阿拉斯加、太平洋西北岸、俄亥俄以及密蘇里州的水域（hydrologic regions）。抓住此機會所需的技術非常新且少見，類似於 15 年前的風力發電。流內動能與潮汐能之間具有相似性，而對後者急速增加的研究與投資，使得流內動能這個小球員也能立大功。當企業家與工程師們發展流內技術，而政府支持其努力時，我們必須謹記在心的是：並非所有川流式發電（run-of-river）計畫都利用河流流動，有些是改變河流流向，減弱其流力；有些則讓水位升高，和洪水相似。如果能管控潛在的失誤，並以流內水力妥善控制河流流力，這種古老的能量形式對我們的未來便很重要。

影響：如果流內水力發電可以在 2050 年前成長到能滿足全球 1.7% 的用電需求，便能減少 40 億噸二氧化碳排放量，並節省 1.8 兆美元的能源成本。在偏遠山區需要電氣化的社區，則可藉由流內發電獲得穩定且不昂貴的發電方式。

廢棄物轉製能源

有些人稱此為解決之道，但有些人卻認為這是汙染；確實，後者為真。廢棄物轉製能源是廢棄物太多的世界之過渡策略。在《Drawdown》一書中，有一些我們稱之為**後悔策略**（regrets solutions）的方法，此為其一。後悔策略對減少碳排放有正面效益，然而卻會傷害社會與環境，成本也很高。

美國的垃圾焚化事業自核能產業在 1970 與 1980 年代沒落後興起。由建造核電廠獲利的公司轉向「資源回收」事業，亦被暱稱為「垃圾變黃金」。這個解決之道並不會減少垃圾，它釋放存在於塑膠、紙張、食物與垃圾中的能量，並留下灰燼，也就是說，它改變垃圾的形態。可能存於灰燼中的重金屬與有毒化合物釋放到空氣中，有些可以被淨化，有些則繼續存於灰燼中。當時 100 噸的都市垃圾會產生 30 噸的飛灰（fly ash）——滿是毒素的顆粒狀物質。飛灰落入以塑膠為襯裡的垃圾掩埋場，確保飛灰滲出物（leachates from the ash）不會滲入地下水中。塑膠襯裡能持續多久尚不可知，但因為較新的科技，目前飛灰的產生量大幅降低。

2050 年前廢棄物轉製能源之排名與成效

減少二氧化碳	淨成本	可節省淨額
11 億噸	360 億美元	198 億美元

業界用以轉換垃圾為能量的方法有 4：燃燒、氣化、熱裂解（pyrolysis）與電漿技術（plasma）。廢棄物轉製能源亦有位於政府機關、公司行號或醫院的小型轉換設備，利用上述技術處理醫療、工業廢棄物，或者放射性廢料，以及輪胎、汙水汙泥（sewage sludge）、實驗室化學物品、住宅區垃圾等。

為何在《Drawdown》中提出廢棄物轉製能源？在永續世界中，垃圾可能成為堆肥、被回收或者再利用；垃圾絕對不會被丟棄，因為從一開始就將垃圾設計為具有殘餘價值且整個體系也準備好利用之。然而在都市或諸如日本等土地匱乏的國家，都面臨兩難困境：該如何處理垃圾——建一座包含不同物質與化學物品的巴別塔[32]嗎？垃圾掩埋場需要大面積土地，但像日本這樣的國家沒有足夠的土地，或者無法負擔。如果能獲得作為垃圾掩埋場的土地，有機物質腐爛的過程中會產生甲烷氣，在 100 年的

---

32. 出現於《聖經》創世紀中的建築物。人類原本只有一種共通語言，經過數十代的繁衍與智慧不斷累積，開始不滿現狀、批評上帝高高在上，企圖建造一座通天塔（即巴別塔）直接與上帝溝通。建造過程中耶和華降臨世間，預見人類將因過度自信而釀禍，故分化人類的語言，使人類溝通不良，無法合力完成巴別塔。後來巴別塔用以代表各種分歧的意見，並提醒人類應重視聆聽與溝通。

時間內，這種溫室氣體的影響是二氧化碳的 34 倍。垃圾發電廠所產生的能量亦可能成為燃煤發電廠或天然氣發電廠的原料。比起垃圾掩埋場所產生的甲烷氣，垃圾發電廠的溫室氣體影響力較小。

目前，美國每年燃燒超過 3,000 萬噸垃圾——大致是垃圾總量的 13%。美國開始燃燒垃圾是因為一場毒物災害。一份在 1980 年代對紐澤西（New Jersey）的焚化爐所做的研究發現，如果每天燃燒 2,250 噸的垃圾，每年將會釋放 5 噸的鉛、17 噸的汞、0.26 噸的鎘、2,248 噸的一氧化二氮、853 噸的二氧化硫、777 噸的氯化氫、87 噸的硫酸、18 噸的氟化物以及 98 噸會永久附著於肺的懸浮微粒。這份研究同時指出永久的有毒汙染物戴奧辛之量，因焚燒過程中紙與樹木的量而異。基本上，惰性有害廢棄物進入焚化爐，而具有生物效用的廢棄物與有毒排放物則離開。

現代的焚化爐在一定程度上處理了這些疑慮。利用極高的溫度，並安裝清洗器與濾網，能留下極大部分有毒物質——但並非全部。對都市或都市社區而言，垃圾發電廠極具說服力。歐洲有超過 480 座垃圾發電廠，燃燒量達總垃圾量的大約 1/4。瑞典為垃圾發電龍頭之一，從其他國家進口 80 萬噸垃圾為國家供暖系統——全球延伸最廣的網絡——提供能源。瑞典人肯定地說他們對於所進口的垃圾非常小心：包括食物在內，都必須妥善分類。因為垃圾掩埋場是違法的，所以如果不能回收，就必須燃燒。

在現代瑞典的垃圾發電廠，殘留下來的灰燼會被過濾、所有小片金屬被移除或過濾、收集碎磁磚或瓦片作為鋪路之礫石、利用電子濾波器淨化微粒，而排出的煙無毒，幾乎只含水和二氧化碳。由於較高溫之故，總飛灰量大幅降低，小型的垃圾則進入垃圾掩埋場。瑞典自治市聯盟相信無論是進口或本國的每一噸垃圾，較之送進掩埋場，（燃燒垃圾）能減少 1,100 磅[33]二氧化碳排放量。

當利用目前最先進的設備時，垃圾發電廠處理垃圾的方式較掩埋場為佳。在

---

33. 1 磅約等於 0.45 公斤。

歐洲，雖然垃圾有其市場（德國、丹麥、荷蘭和比利時也都進口垃圾），但回收率，包括綠色廢物量都在上升中，而且政府指示在 2020 年前達到 50% 的回收率。歐盟有一個可以儘可能有效地處理整個廢物流的策略：可以讓更多垃圾減量、再利用、回收或做堆肥，就應該這麼做，而不是把廢棄物送進垃圾掩埋場或焚化爐。

垃圾發電廠持續引起強烈的反對。其擁護者指出能將掩埋垃圾的土地空出來，並提供較乾淨的焚燒式能源；1 噸垃圾的發電量和 1/3 噸的煤相等。但反對者持續抨擊汙染、難以追蹤、高都市成本以及可能對回收或堆肥所產生的負面影響。因為焚燒通常比上述方法便宜，所以當市政府考慮到成本時，很容易勝出。資料顯示，高回收率可以輕易地與垃圾發電並行，但有些人持不同意見，他們認為如果不焚燒垃圾，回收率

將能更高。即使焚燒技術不斷進步，但這些原因讓美國許多年來的新（垃圾）電廠增建計畫近乎停滯。

低收入國家的垃圾發電廠與早期排放有毒氣體的焚化爐相似，因此疑慮更多。在中國與東亞，公共衛生問題尤其嚴重。這是垃圾發電廠市場發展最快、最有遠景的區域，但也是汙染防治相關法規與強制力最弱的地方。由聯合國所創立的綠色氣候基金（The Green Climate Fund）在低收入國家投資垃圾發電廠，但要求垃圾分類、回收與去除有毒物質。

雖然有些政府機關與投資者認為垃圾發電是可再生能源之一，實際上並非如此。像太陽能或風力這種真正的可再生能源，是不會耗竭的。但是燃燒塑膠運動鞋、CD、乖乖粒、汽車座椅椅墊，和可再生能源無關。我們現在覺得垃圾是可再生資源，是因為我們製造太多垃

圾。

《Drawdown》認為垃圾發電是中介解方，以近程而言，可以協助我們脫離石化能源，但不是乾淨的能源未來。即使擁有最先進的燃燒設備（而許多燃燒設備並非如此），它們也不是真正乾淨與無毒的能源。蘇格蘭鄧弗里斯（Dumfries）的 Scotgen 氣化焚化爐應該是最先進的，但事實證明它卻是該國最大的汙染源與排放戴奧辛者，政府在 2013 年關閉了它。雖然技術上能阻隔所有的戴奧辛排放，事實卻是全球的垃圾發電廠都有顯著的戴奧辛限制缺失，因此有許多反對垃圾發電廠的理由，尤其當現有的設備無法符合最高標準時。但還有另一個我們將此列為後悔策略的理由：垃圾發電廠會阻礙零廢棄物之執行，而零廢棄物是不需要垃圾掩埋廠或焚化爐的更佳方法。也許你覺得零廢棄物聽起來過分樂觀或不切實際，但有 10 家大型企業正致力於不製造任何送進掩埋廠的垃圾，包括英特飛集團（Interface）、速霸陸公司（Subaru）、豐田汽車（Toyota）與谷歌（Google）。

為了改變垃圾本質，以及社會重新認識其價值的方式，零廢棄物是一個成長中的運動，希望能往上游回溯，而非向下。也就是說社會中的物質流動在本質上可以模仿我們在森林與草原所見，在這些地方，完全沒有廢棄物，所有廢棄物都是另一種生物的食物。為

了達成此目標，我們可以依賴自始便思考終點的綠色化學與原料革新。就像太陽能與風力也曾經是難以執行且造價過高的技術，零廢棄物是一種工程與設計革命，讓廢棄物的價值高到你最不想做的就是燒掉或掩埋廢棄物。義大利盧卡（Lucca）的羅薩諾‧埃爾科里尼（Rossano Ercolini）是國際零廢棄聯盟（Zero Waste International Alliance）的領導者之一。當一座焚化爐計畫在其學校附近興建時，這位教師起而反對，他不只成功阻止了這座焚化爐，而且沒有就此停頓。因為他努力推動回收與垃圾減量，促使義大利其他 117 個市政府關閉所屬之垃圾發電廠，並致力於零廢棄物。這是真正的解決之道，不會產生任何後悔。

影響：垃圾發電的風險很高，但仍有益處：因為不以掩埋方式處理廢棄物，因此甲烷排放降低，於 2050 年前可減少 11 億噸的碳排量。但考慮到其缺點，這是一座通往解決之道的「橋梁」——當零廢棄、堆肥與回收更好的廢棄物處理方法更為廣泛地為全球所採用時，這個方法便不再存在。空間有限的島嶼型國家也許會繼續以垃圾發電作為取代垃圾掩埋場的方法——利用電漿氣化（plasma gasification）等更先進的技術來減少其負面影響。以 360 億美元的施作成本，30 年後可節省 198 億美元。

電網彈性

2050 年前電網彈性之排名與成效

賦能技術（an enabling technology）
——成本與節省淨額含於可再生能源中

約翰・繆爾（John Muir）[34]第一次於夏日走訪內華達山脈（Sierra Nevada）時，在旅行日記中寫下：「當我們試著由自然中單單移除某物時，才會發現它與宇宙萬物緊密共生。」超過一世紀以來，人們引用這句話來說明全球生態系統緊密相連，從食物到運輸的一切事物，皆有漣漪效應。這句話亦可用以描述電網現象：全球 85% 人口所依賴的發電、輸送、儲存與消耗之電力網。「全球能源轉型」一詞，通常指的是由石化燃料大規模轉至乾淨、可再生的能源。討論溫室氣體排放時，此種能源轉換是關鍵，故更廣泛的改變正進行中：整個電網系統的澈底改變。

某些可再生能源和以石化燃料所生產的電在穩定性上有其相似處，以此三者為例：地熱蒸氣、奔馳的水、可燃的生質能。而利用太陽能或風力發電是間歇的。風力每一分鐘、每一天、每一季都有所不同。舉例來說，德國在 11 月時，風力與日照都極差，因此必須有其他的發電來源。除了不穩定，風力與太陽能發電的種類亦多，從集中的、電廠級，到諸如屋頂太陽能此種小型的、分散式的發電。將地熱發電連結至電網是標準化程序，但目前的電網並非為風力所設計。全球的公共事業與管理者都正盡力解決這個問題：在快速變化的世界中，電網要如何密切連結供電與使用者需求，達到最高效益，既讓燈亮著，也讓成本在控制之中？

答案就是彈性。為了優化電力供給或者完全供可再生能源之用，電網必須比目前更有彈性。加州、丹麥、德國與南澳洲等可再生能源整合的領先者為我們展示電網彈性源自多樣的方式——供給與需求雙方，還有公共事業的操作——以及不同地區的差異（looks different in different places）。本書提出的數個解決之道可以支持更具彈性的電網。能持續供應的可再生能源，如垃圾掩埋場的甲烷，是風力與太陽能光伏發電很好的補給，熱電聯產或汽電共生電廠能被快速利用，尤其是當多餘的熱儲存在大型水槽時。多樣的電廠級儲存方法的重要性將會增加，從固有的抽水蓄電（pumped

---

34. 1838 年生於蘇格蘭，1849 年遷往美國，是美國博物學家、自然保護運動導者，終身致力於自然保育運動，逝於 1914 年。

hydro）技術到較新的熔鹽與壓縮氣體
（compressed air）儲電技術。以小型發
電而論，（包括電動汽車在內的）電池
是關鍵。需量反應（demand-response）
技術，例如聯網的智慧型溫度自動調節
器與設備，能在電網上即時調整使用者
的用量，以避開尖峰需求時段。

傳送與分配網絡——連結生產與消費
的組織——必須夠強大，才能具有彈
性。跨越不同地形的電網，必須適應
較多樣的風力與陽光模式：在某處無
風，但另一處卻有風。那麼，在任何時
刻，可再生能源的總輸出量變動就能減
少。西班牙電網公司（Red Eléctrica de

與發電系統攜手合作時，預報與預測系統可能是發電廠最重要的工具。丹麥的天氣預報仍然於一天前進行，但它們亦即時更新。將預報與實際的日夜風力相比，發現準確度極高。電力公司能事先調整發電量，以及發電時間。必要時可要求其減少發電量，而負電價能用以阻止產能過剩，無論這些方法在經濟上有多不受歡迎。

2050 年之前，全球能達到 80% 的再生能源發電量。全球許多電網中，已有 20 ～ 40% 的再生能源供應量（包括間歇性與持續性的再生能源）。目前為止，前期工作做得相當好，事實上，比許多人所預期的更好。越來越多的政府將開始追求進階的電網彈性，整合各種不同方法，以達在某種特定狀況下最良好的工作效能。可再生能源與更具彈性的電網相連，將能使全球能源轉型成真。因為太陽能光伏發電板與風力渦輪機可能吸引最多人的注意力，電網彈性便是可再生能源成為主要能源的工具。

Espaňa）控制了西班牙將近全部的風力發電，可以在 15 分鐘內將風力發電控制在特定等級。與鄰近的發電系統相連，例如西北歐，為溢出電力和備用電力創造更多機會。

有許多不同的執行方式能夠提升彈性。以風力與太陽能發電為例，當天氣

影響：因為電網彈性是複雜、變動的系統，幾乎無法以全球規模計算各地因素，因此我們並未以此進行模型操作。然而，為了成長至超過 25% 的發電量，各種可再生能源都需要有彈性的電網。因為這個方法所達成的減碳量，視不同的可再生能源能否達成最佳潛能而定。

儲能（發電廠等級）

大約 11,000 千年前，我們人類的生活方式由狩獵採集轉為永久定居與農業，便開始學習貯存。我們別無選擇，必須保護剩餘的穀物免受老鼠與溼氣之害。因此早期發展出土製、木製，然後是陶製的貯糧容器。今日，我們的貯存技術突出，我們生產，便能貯存……卻

有一個非常大的例外。工業化的世界最主要的商品——電，是大量儲存未曾被考慮的商品。有什麼能對抗供電不足、斷電與效能不佳的方法？由於缺乏大規模的儲能系統，發電廠必須依賴高汙染的尖峰負載電廠（peaker plants）以符合高用電量的需求。因為我們的目標是

減少發電時的排碳量，並且轉換為各種可再生能源發電，儲能系統加倍重要。

自從 1879 年舊金山第一座發電廠開始供應付費的消費者電力開始，這個行業便開始生產足夠的電以符合即時之需求。供電網絡無力發電時，燈與汽車便出局。在某些國家，這樣的狀況仍經常發生。當轉換至可再生能源時，包括儲能系統在內的電網管理至關重大。包括單日、多日與長期或季節性的儲存。當

2050 年前儲能（發電廠等級）之排名與成效

賦能技術（an enabling technology）
——成本與節省淨額含於可再生能源中

太陽能與風力占供電網絡中的一小部分時，它們的不穩定性並非主要問題。傳統的石化燃料發電廠可以在電力不足時調整發電量，而不會有過大的壓力，但當可再生能源開始占總供電量的 30 ～ 40% 時，其間歇性使得電網必須應付穩定供電與經濟效益的問題，事情開始變得複雜。2016 年 5 月，德國創下世界紀錄：以 88% 的可再生能源供電數小時，其中大部分來自太陽能光伏發電。美國的紀錄則出現在 2015 年 2 月某個傍晚，德州有 40 多座風力發電廠的發電量占總發電量的 45%。除非再生能源所生產的電可以被使用或被外銷，否則發電尖峰所生產的多餘電力都必須被捨棄，因為傳統發電廠無法關機。克服剩餘發電的一種方式是透過高壓直流輸電（HVDC）的電線將電力輸送到數英

■德國馬德堡夫朗和斐研究所的新型儲能設備，正負符號指出二極。在一次真機試驗中，整個夫朗和斐研究中心均由這顆電池供電。這個以鋰為主的儲能系統每有每小時 50 萬瓦的可用容量，以及 100 萬瓦的輸出量。這個儲能電池被安裝在一個可運輸的 26 噸容器中。此設備之設計可使間歇性的、具變數的能源穩定下來。

里外，而此種方法的傳輸耗損量小。此外，也有一套儲電技術可以精準地解決這些問題。

發電廠要如何儲存大量的電？其中一種做法是將水由較低的儲存槽抽至高處，理想的狀況約 1,500 英尺高。當需要時，將水重新釋放至較低的儲存槽，並轉動發電渦輪機。發電廠在電力過剩的夜晚抽水，當需要時或電價高時，讓水重回低處。奇異公司與一家德國公司所組成的團隊在無風時發電，這個計畫需要具有斜坡的地形以及 4 座風力渦輪機協力發電，將較低的儲存槽中的水打上位於較高處的儲存槽。當無風或需求較高時，水便往下流，驅動傳統的水力電廠。目前全球有超過 200 座抽水蓄能發電站，占全球 99% 的儲能量。當地形許可時，這是一個可以利用的方式。

內華達州正透過鐵道測試儲能方式。這裡沒有水，但仍然可以利用地心引力。這個系統的靈感來自薛西弗斯的神話，薛西弗斯必須不斷地將巨石推上山丘。電量充足時，鐵路礦車往上運送 230 噸的石頭與水泥到 3,000 英尺高的鐵路調車場。這些車輛配備 200 萬瓦的發電機，作為爬升途中的引擎。下降途中，再生剎車系統可以將滾動阻力轉換為電力。

這 2 種解決之道的核心技術都擁有 100 年以上的歷史。當鐵路礦車停在山丘上時，可以在那裡一整年而不失去任何電力，然而蓄水池的水卻會蒸發。這 2 種系統都有 1 個關鍵好處：回應需求的速度。達到滿功率僅需數秒，而石化燃料發電廠需要數分鐘甚至數小時。電網必須能夠迅速儲存電力。

集中式太陽能電廠也居於儲能的重要地位，熔鹽於此被用於保溫，直到有發電需求時。鈉與硝酸鉀的混合物約在攝氏 224 度時融解，並且可以吸收太陽能聚熱鏡板所反射的熱。熔鹽可以保溫 5 至 10 小時，其所吸收的熱能有 93% 可用以發電。現在集中式太陽能發電廠都利用熔鹽儲存讓發電機在日落後數小時仍可發電。

還有大型電池。有些發電廠安裝鋰離子電池，以協助尖峰時段之需求。洛杉磯計畫在 2021 年之前關閉其天然氣尖峰負載電廠，以 1.8 萬顆在能源需求較低的夜間利用風力、晨間利用太陽能充電的電池取代之。有許多新興企業與老字號公司競相創造低成本、低毒性以及安全（不會自燃）的電池，革新儲能技術，從作為手電筒之用到發電廠之用，發展未來的電池。

影響：儲能自身並不能減少二氧化碳排放，但能增加風力與太陽能發電的可用性。為了避免重複計算各種可再生能源的影響，所以本解決之道未提供對排碳量的影響。和電網彈性一樣，成本與總成長量被直接模組化。

儲能（分散式發電）

賦能技術（an enabling technology）
——成本與節省淨額含於可再生能源中

能源轉型正在發生中，如同工業革命之始採用煤、石油與天然氣一般激烈。大部分人會將這樣的轉變說明為由石化燃料轉至可再生能源，然而這只有部分正確。這項重要突破的另一部分將是分散儲能——能夠在你的住所或工作場所留住小量或大量的電。如果全球暖化如同社會與人文地理學教授凱倫·歐布萊恩（Karen O'Brien）所觀察的「澈底改變世界」，分散式儲能可能澈底改變能源產業。

你所用的電來自哪裡？由天然氣、煤、核能、水力等大型發電廠集中生產的電，必須透過遍布全國的電線高壓傳輸配送，然後進入變壓器再流入區域電網，最終進入你的住所或工作場所。而分散式發電系統顛覆這個現象。消費者不再被動，顧客也能成為生產者，選擇購買，或者將電賣給電網。他們可以避開尖峰用電收費，使更有彈性的電網成為可能，避開限電或電網癱瘓時的價格飆升。

風力與太陽能因時而異，讓可再生能源具有不定性，對必須嚴密監控供需的電廠來說是很大的挑戰。能夠在需要時立即啟動備用發電以避免電網癱瘓，是很重要的。必須有負擔得起的儲存裝置，才能建立分散式儲能系統或者獨立電網，但直到目前為止，電池的價格仍高到使人望而生畏。不過，這樣的狀況正在改變。儲存裝置有 2 個基本來源：獨立的電池與電動車。儲存成本以每度計算，從 2009 年的每度 1,200 美元，降到 2016 年約每度 200 美元。許多公司預測在數年內會降到每度 50 美元。以每度 1,200 美元計算，你可以購買 1 個 24kWh 的儲能系統，並免費獲得 1 輛日產（Nissan）的全電動汽車 LEAF。

無論是在車內、車庫或辦公大樓的地下室，分散式儲能的進展都比預期還快。就像過去 20 年來低估了太陽能的成本競爭力與成長速度，對電池價格的估算也一直不夠準確。全球顧問諮詢公司麥肯錫（McKinsey & Company）在 2012 年預測 2020 年前蓄電池的價格為每度 200 美元，但通用汽車（General Motors）和特斯拉（Tesla）2 家公司都在 2016 年就達到此目標。

以目前的成本而論，投資 5,000 億美元於分散式電力系統將能在接下來 30 年為美國企業與家戶省下 4 兆美元的尖峰用電費用。蓄電池的成本在未來 4 年內將能減半，進一步增加收益。如果儲

■安裝在紐西蘭奧克蘭市小學（Rongomai School）的家用電池（Tesla Powerwall）[35]。這所小學的課程以毛利文化價值為主軸。這顆蓄電池在日光消失後數小時，仍能為學校提供電力。

能設備被用以增強可再生能源的穩定性，對氣候亦有潛在的好處，但如果只用在高度依賴煤的系統中將尖峰用電需求轉換至夜晚，好處極少。

不久前，太陽能光伏發電的碳成本很高。因為必須有依賴燃煤發電所生產的玻璃、鋁、氣體（gases）、安裝設備，以及近 2,000℃的燒結爐，要說太陽能板是碳的延伸也不為過。現在太陽能發電的成本大幅減少，而電池似乎是接下來的配套設備。快速降低的成本可能伴隨著低能源密集的製造方式。若能成真，將能啟動全然不同的、更穩定也

更在地的新型電網，可以開發中的感應器、應用程式與軟體來驅動。

影響：對許多解決之道而言，分散式儲能是必要的支援科技。微電網、淨零耗能建築（net zero buildings）、電網彈性與屋頂太陽能發電都仰賴分散式儲能系統，或因之而更具效益。此外，分散式儲能系統可以提升對再生能源的利用，避免煤、石油、天然氣發電的擴張。都會區與鄉村採用分散式儲能的環境不同，因此未被明確地模組化。

---

35. 特斯拉公司出產的電池，可與屋頂太陽能系統搭配使用。

太陽能熱水器

人類沐浴的歷史有多久，尋找加熱沐浴用水的歷史就有多久。19 世紀時，最粗淺的太陽能加熱技術是將深色金屬水槽置於太陽下曝晒。這種方式有用，卻不耐久。1891 年時，美國發明家與製造商克萊倫斯·坎柏（Clarence Kemp）利用溫室效應原理大大改進熱水器效能，並為其設計申請專利。這座申請專利的熱水器為 Climax，它將鐵製水槽放入以玻璃包覆的隔熱箱中，因此能增加水槽吸收太陽熱能與保溫的能力，是世上第一座商業化的太陽能熱水器。坎柏的廣告詞是這麼寫的：「利用自然界最慷慨的能量之一」，Climax「無論日夜，時時刻刻都能提供熱水。不會當機，永遠在加熱中，永遠都準備好」。住宅用的 Climax 要價 25 美元。

進入 20 世紀後，因為其他企業家努力改善坎柏的發明，太陽能熱水器（SWH）遍布南加州。威廉·貝利（William Bailey）的 Day and Night 模組在屋頂太陽能集熱器增加了一個獨立的儲存槽，革新了這個產業。當邁阿密在 1920 年代開始繁榮時，太陽能集熱器也蓬勃發展——有些今日仍扮演建物屋頂裝飾的角色。1930 年代，屋頂太陽能板成為美國南部國民住宅的標準配備。二次世界大戰後，便宜的能源阻撓了此產業在美國的發展，但是這個概念開始在以色列、日本，以及南非洲與澳洲的部分地區受到歡迎。綜觀其歷史，SWH 的發展因能源價格以及政府介入與支持而產生起落。

目前中國是 SWH 大國，占有率超過全球 70%，但此項技術受許多國家與幾乎所有氣候區所利用，冬天不用受冷水之苦，夏季也不會過度加熱。在塞浦路斯與以色列，自 1980 年起 SWH 便經政府批准，90% 的家戶均安裝此系統。雖然大型設施增加中，但住宅區一直是利用太陽能熱水的主要區域。有些系統使用水管，有些利用太陽能板，有些依賴抽水，但也有些缺乏此項技術。正如貝利所發現的，好的儲存槽是最根本的。總之，SWH 被認為是「將太陽能轉換為熱能的最有效技術之一」，視系統細節、安裝地點與代用品之差異，短至 2 到 4 年就能回本。

將水加熱是目前利用能源的主要方式。以熱水淋浴、洗衣、洗碗盤占全球住宅區能源消耗的 1/4；在商用建築內，則約占 12%。SWH 可以減少 50～70% 的燃料消耗。因為比瓦斯或電熱水器的安裝費用高，且安裝不易，故 SWH 仍未被廣泛利用。但談到屋頂空間、投資成本、潛在的協同增效作用，或者權衡

二者（瓦斯或電熱水器與 SWH 系統）
利益時，越來越多人在安裝太陽能光伏
板時考慮 SWH 系統。為了達成賽普勒
斯與以色列的採用率，政府可以要求或
強迫新建物使用 SWH，還有許多方式
可以推動。如果美國將 SWH 的潛能發
揮到最大，便能減少 2.5% 的天然氣消
耗，與降低 1% 耗電率，以及每年減少
5,700 萬噸二氧化碳排放——相當於 13
座燃煤發電廠或 990 萬輛車的排放量。
Climax 問世 125 年後，即使馬拉威、
摩洛哥、莫三比克、約旦、義大利、泰
國還有更多其他國家，都以國家的力量
支持 SWH，但 SWH 並未達到顛峰。

第 **41** 名

2050 年前太陽能熱水器之排名與成效

減少二氧化碳	淨成本	可節省淨額
60.8 億噸	30 億美元	7,737 億美元

影響：如果太陽能熱水器的潛在市場能
由 5.5% 成長至 25%，這項技術便能在
2050 年前減少 60.8 億噸的碳排量，以
及為家用能源省下 7,737 億美元能源開
銷。在我們的先期費用估算中，我們假
設太陽能熱水器是電熱水器與瓦斯熱水
器之補充，而非取代之。

■丹麥埃斯比約（Esbjerg）的太陽能熱水器陣列，用於提供家戶與區域供暖。利用緩衝槽儲熱。埃斯
比約是位於日德蘭半島（Jutland Peninsula）的海港型城市，幾乎全靠可再生能源提供電力，也是丹麥
的離岸風力發電與波浪能產業中心。

食物

思考全球暖化的起因時，可能會想起石化燃料。早餐、午餐和晚餐對全球暖化的影響較少人注意。食物系統既精密又複雜，其所需條件與影響非常巨大。石化燃料與曳引機、漁船、運輸工具、加工過程、化學製品、包裝材、冷凍冷藏、超市、廚房息息相關。化肥會揮發進入空氣中，形成一氧化二氮這種強力的溫室氣體。我們對肉的喜愛，使得將近半數的農地用來為超過 600 億頭陸上動物提供食物或成為牧場。家禽家畜也會排放二氧化碳、一氧化二氮與甲烷，據估計，每年約有 18 ～ 20% 的溫室氣體來自牠們，僅次於石化燃料。如果加總家禽家畜和其他與食物有關的碳排放量——包括農耕、除林、浪費食物，我們所吃下肚的食物是造成全球暖化的罪魁禍首。本章分析可以澈底翻轉此狀況的科技、行為與習慣：不將二氧化碳與其他溫室氣體釋放到大氣中，而是在生產食物的過程中利用二氧化碳作為工具，成為肥料、維護土地健康、使水資源不間斷、增加產量，最後獲得營養且安全的食物。

多蔬果飲食

佛陀、孔子與畢達哥拉斯。達文西與托爾斯泰。甘地與高第。雪萊與蕭伯納。早在雜食者麥可·波倫（Michael Pollan）為飲食的難題下此眉批「適量飲食，蔬果為主」之前，著名優秀人士中即已不乏素食者。雖然有些人持不同意見，但「植物為主」是關鍵。對全球暖化而言，將飲食轉換為以植物為主是一種需求面的解方，雖然此種飲食方式與現今越來越多人習慣的以肉類為主、高度加工、通常過量的西方飲食背道而馳。

西方飲食伴隨著昂貴的氣候代價。即使是最保守的估計也指出不斷增加中的牲畜每年之溫室氣體排放量約占全球 15%，最詳盡的評估結果則是直接與間接排放量超過 50%。除了本書中所提到的創新碳封存管理放牧方法，生產肉類與乳製品比種植具有相同營養價值的蔬菜、水果、穀物和豆類產生更多碳排放。乳牛等反芻類動物是最主要的凶手，當牠們消化食物時，會大量排放甲烷等溫室氣體。此外，為了生產牲畜飼料而進行的農業土地利用以及相關的能

■朱塞佩·阿爾欽伯托（Giuseppe Arcimboldo）繪於 1590 至 1591 年的「果園之神凡爾多莫」（Vertumnus），在羅馬諸神中代表改變。

2050 年前多蔬果飲食之排名與成效

減少二氧化碳	全球成本與能省下之金額
661.1 億噸	資料變數太多，無法定論

源消耗也會排放二氧化碳，而糞便與肥料則產生一氧化二氮。若牛自成一國，會是世界第三大溫室氣體排放國。

過度食用動物蛋白質也使人類健康付出極其昂貴的代價。全球有許多地方的每日蛋白質攝取量超過所需許多。成人每日平均需要 50 公克蛋白質，但在 2009 年，人均攝取量為每日 68 公克，比所需多出 36%。在美國與加拿大，成人每日攝取之蛋白質超過 90 公克。當攝取富含蛋白質的植物時，人類其實不需為了營養需求而食用動物性蛋白質（除了嚴守素食主義者無法由飲食中攝取維他命 B_{12} 外），而且過度攝取蛋白質會導致某些癌症、中風與心臟疾病，而逐漸上升的發病率則伴隨著健保費用支出增加。

有數十億人每天用餐數次，可以想像我們有多少扭轉情勢的機會。當我們攝取食物鏈下層的食物並因此減少碳排放量時，就營養及樂趣雙方面而言，都能吃得好。根據世界衛生組織的說明，我們每天所需的熱量只有 10 ～ 15% 必須來自蛋白質，而以蔬食為主的飲食很容易就達到門檻。

牛津大學在 2016 年進行一個創新的研究，模擬全球在 2050 年前的飲食習慣轉以蔬食為主，對氣候、健康與經濟利益之影響。如果是嚴格的素食飲食，那麼原本的碳排量可能減少 70%，如果是奶蛋素，則可減少 63%。這個模擬計畫也估算出全球死亡率可因此減少 6 ～ 10%。對數百萬人健康的潛在影響意味著可省下數兆美元：每年的醫療保健費用和生產力損失達 1 兆美元，但實際的生命價值損失為 30 兆美元。換句話說，改變飲食可能值 2050 年全球國內生產毛額的 13%。這些數據還不包括全球暖化趨緩所能帶來的改變。

世界資源研究所在 2016 年提出相似的報告，分析各種可能的飲食改變，發現「極力減少蛋白質」（ambitious animal protein reduction）可確保未來食物能持續供應、地球環境能永續；「極力減少蛋白質」指的是在每日人們攝取超過 60 公克蛋白質與 2,500 卡熱量的地區致力於減少過度食用肉類。此報告的作者指出：「在一個對食物需求超過（實際需求）70% 的世界，其中有將近 80% 以上是肉類，而 2006 年到 2050 年間有 95% 以上是牛肉。」修正消耗肉

品的模式對我們所欲達成的許多全球目標——（解決）飢餓、（擁有）健康的生活、（進行）水資源管理、（維護）地球生態系統，當然還有（改善）氣候變遷——極其重要。

多蔬果飲食所面對的情況是困難的。要開始深度的飲食改變不容易，因為飲食是極度個人與文化的。肉類充滿意義，與習俗密不可分，而且能挑動味蕾。人類食用動物蛋白質是天性，複雜且根深柢固，必須有巧妙的策略才能改變需求。要個人放棄肉類，支持食物鏈低層的食物，就必須提供易得、顯眼與誘人的選擇。以植物製成肉類替代品，是對固有的烹調與飲食方式干擾最少的關鍵方式，模仿肉類蛋白質的味道、質感與香氣，甚至複製其胺基酸、脂肪、碳水化合物與微量礦物質。「超越肉類」（Beyond Meat）[36]和「不可能食品」（Impossible Foods）[37]等公司積極地研發能吸引肉食主義者並具有營養價值的替代食物，證明無痛且愉悅地轉換蛋白質是可行的。精選的以蔬果為主的替代品目前在超市肉類食品架上占有一席之地，能使飲食習慣行為改變的市場革命已經開始。因為產品迅速地改善、頂尖

---

36. 美國食品公司，關注因食用肉需求而飼養牲畜所產生的人類健康、氣候變遷、天然資源短缺、動物福利問題。其「肉類」產品原料全為植物。

37. 美國食品公司，提取大豆、小麥、馬鈴薯等植物中的蛋白質、胺基酸、脂肪，按比例混和後會再加入由植物提煉的血紅素，使素肉擁有真肉的味道與口感。其宣傳標語為「吃肉救地球」（Eat Meat. Save Earth.）。

■孟加拉首都達卡的碼頭市場（Sadarghat Market）上販售的青辣椒。

大學進行研究、創業資金的投入，以及日漸提高的消費者興趣，專家們預期無肉市場可以快速成長。

除了仿製肉類，推廣蔬菜、穀物，以及完整的豆莢，可以即時提供這些食物的資訊，以它們自身的條件提升它們的價值，而不是只把它們當附屬品。主廚們正為**無肉飲食**的深度與樂趣努力中，例如身為記者與《烹飪大全蔬食篇》（*How to Cook Everything Vegetarian*）一書作者的馬克·彼特曼（Mark Bittman），及身為餐廳經營者與《豐足》（*Plenty*）一書作者的尤坦·奧圖蘭吉（Yotam Ottolenghi）。「週一無肉日」（Meatless Monday）、「6PM 前吃蔬果」（vegan before six p.m.）[38]等新

38. 可參考馬克·彼特曼所著，《6PM 後隨意吃：6PM 前吃蔬果，有效減重又健康》。

飲食運動，以及飲食以蔬食為主的運動明星們（如新英格蘭愛國者隊的湯姆‧布雷迪）的故事，都能協助翻轉對減少食用肉類一事之偏見。打破蛋白質迷思並且推廣多蔬果飲食的健康價值也能鼓勵個人改變飲食模式。為了不落人後，學校與醫院等公共機構應該讓蔬食選項成為常態。

除了宣傳所謂的「減肉主義」（reducetarianism），如果是非素食主義，也必須將肉類重塑為一種美食佳餚而非日常主食。首先，這意味著終結政府補助的價格扭曲，例如對美國畜牧業的優惠，這麼一來，肉類蛋白質的批發與零售價格才能真實反映其價格。2013年時，就有 35 個國家與經濟合作暨發展組織（Organisation for Economic Co-operation and Development）聯合對畜牧業提供 530 億美元補助。有些專家提出更犀利的干預政策：如同收取菸稅，亦對肉品收稅，以反映其對社會與環境的外在影響，以及阻遏消費。金融上的限制、政府著力於減少牛肉消費、將抽菸與吃肉連結起來的活動──同時改變社會對食用肉類與健康飲食的看法──或許能有效地減少對肉類的欲望。

無論能做到什麼程度，多蔬果飲食對我們的社會是能激勵人心的雙贏策略。低碳足跡飲食當然能減少碳排放量，同時也讓我們擁有更健康、降低罹患慢性病機率的生活。多蔬果飲食對淡水資源與生態系統的傷害也較小──例如為了牧牛場而鏟平森林，以及因為農田逕流而造成的大量水生（生物）「死區」（dead zones）。因為目前有數十億頭動物被飼養於工廠化農場，據記載，減少食用肉類與蛋白質，就減少（動物遭受）此類經常被忽略卻巨大的折磨。以蔬食為基礎的飲食同時也開啟土地保育的機會，讓土地不再被用以飼養牲畜，並且讓目前用以農耕的土地可作為封碳之用。如同一行禪師曾經說過的，個人阻止氣候變遷最有效的方式，便是改變飲食習慣，以蔬食為主。最近的研究也指出他的說法正確：數個重要的改善氣候變遷的方法，握在個人手上，或者與晚餐菜餚息息相關。

影響：利用聯合國糧食及農業組織的國家級資料，我們估算 2050 年前全球攝食量將成長，並假設低收入國家在經濟成長時會消耗較多食物與較高品質的肉類。如果全球人口有 50% 將自己的飲食限制在符合健康需求的每天 2,500卡，並減少食用肉類，那麼光靠改變飲食就能減少至少 267 億噸碳排量。如果避免土地利用改變時的森林砍伐，便能再減碳 393 億噸，使得健康的多蔬果飲食成為最具影響力的解決之道── 661.1億噸減碳量。

修復農田

2050 年前修復農田之排名與成效

減少二氧化碳	淨成本	可節省淨額
140.8 億噸	722 億美元	1.34 兆美元

全球有許多農夫正遠離曾經種植作物或放牧牛羊的土地，因為那些土地已經被過度利用。過去的農作方式消耗地力、侵蝕土壤、壓實土地、抽乾地下水，或者因為過度灌溉而使土壤鹽化。因為土地不再創造充足的收入，於是被棄置。造成此種狀況的原因還有氣候變遷，如同在中國和非洲沙黑爾（Sahel）的沙漠化，以及在不宜耕種的陡峭坡地上進行農業活動。以社會經濟學面向而言，則有移民、都市高收入的誘惑、缺乏市場可及性，以及與工業化農業相較

下的小農高成本等因素。無論是哪種狀況，對許多人來說，離開農地比利用它的成本更低。

這些被遺棄的農地並非休耕，而是被遺忘了。計算這些土地有多大以及其成長速度有多快是很複雜的，而且不同的方法會得到不同的數據。由史丹佛大學所進行的一項全面研究估計，全球有9.5 至 11 億英畝的廢棄農地，這些曾用

■烏干達古魯區（Gulu District）的村民學習永續農業方法——整合節水、施肥、伴植知識以及使苗床肥沃的方法。

來種植作物或作為牧場的土地並沒有重新植林或者開發為其他用途。有 99% 的廢棄土地行為發生於上一世紀。

即使全球面臨生產更多食物的壓力，廢棄土地的數量持續增加中。為了餵養更多人口以及保護林地不因為新耕地的需求而遭破壞，修復被遺棄的農田與牧場，使其恢復健康、重新具有生產力是關鍵做法。讓廢棄的土地重新回到生產之列，也可使之成為碳匯。就像一個空的碗，理論上，退化的土地可以比豐饒的土地容納更多的碳，植物從空氣中拉住碳，並送回貧瘠的泥土。在放任土地荒廢的地方，廢棄農地可能是排放溫室氣體的來源。俄亥俄州立大學教授瑞騰·拉爾（Rattan Lal）指出，全球耕地喪失原本的碳庫存 50 ～ 70%，結合空氣中的氧而成為二氧化碳。

修復可以是回到原始植被、種植人造林，或採用再生農業方法（regenerative farming method）。一般而言，土地退化越嚴重，初始的修復就應越密集。在較不嚴重的狀況下，只要讓自然的力量作用一段時間——消極地修復——土地就能回歸健康的生態系統。消極的方式所花費用較少，但需要許多時間。積極的土地修復方式經常是勞力密集的，然而對復耕來說是必要的；雖然費用較高，但如此一來能迅速恢復生產力、成為碳匯、回到生態系統。這兩種方法不是互不相容的，二者結合有助於成本效益。

目前有一些財政獎勵刺激農地修復。農地修復的成本不低，而且因為改變的速度很慢，回收遲緩。為了讓這個解決方案生根，正式的金融刺激方案是必須的，讓地主們在做出改變時不需以農田為賭注。被廢棄的土地提供改善食物安全、農人生計、生態系統健康以及減碳的機會。拉爾估計廢棄農地可以重新吸收 880 至 1,100 億噸的碳，同時增加可耕性、生產力、生物多樣性與促進水循環。

所有土地的預設模式都是再生。這個過程可能很慢，但在精熟的農人手中，農地再生的經濟、社會與生態利益可以快速增加。現在有太多曾是農地的土地不知為何被遺棄，但這個世界，以及之後許多世代的農人，將能因修復與重新利用這些被忽略的地球資產而獲得獎賞。

影響：目前有 10 億英畝農地因為土地退化而被遺棄。我們估計在 2050 年前若能修復 4.24 億英畝的土地，並以再生農業方法或其他富有成效、無碳的（carbon friendly）農耕系統復耕，將能減少 140.8 億噸二氧化碳。投資 722 億美元在這個方法上，30 年之後可能回收 1.34 兆美元，同時生產 95 億噸食物。

減少食物浪費

2050 年前減少食物浪費之排名與成效

減少二氧化碳	全球成本與能省下之金額資料
705,3 億噸	變數太多，無法定論

這個星球上最大的生命奇蹟之一就是創造食物。具有神奇力量的人類以種子、陽光、土壤與水生產出無花果、蠶豆、珍珠洋蔥與秋葵。這樣的魔法還包括為了肉或蛋、奶而飼養動物，以及用生食材做出酸辣醬、蛋糕或天使麵。世界上超過 1/3 勞動力靠生產食物為生，且所有人類都靠食物維持生命。

然而有 1/3 的食物離開農田或工廠後並未進入口中。這個數字非常驚人，尤其加上這個數據時──全球有將近 8 億人遭受飢餓之苦。還有：我們浪費的食物每年導致 44 億噸二氧化碳進入大氣，約占人類活動所造成的溫室氣體排放之 8%。若將食物浪費列為一國，將會是全球第三大溫室氣體排放者，僅次於美國與中國。有一基本方程式很詭異：需要食物的人得不到食物，而未被食用的食物正使地球升溫。

雖然起因不同，但無論在高收入或低收入國家，食物損失都是問題。在收入低且基礎建設不佳的地區，食物損失通常起於無心，且在本質上屬於結構性問題──公路狀況差、缺乏冷凍或貯存裝置、設備或包裝不良、同時受炎熱與潮溼之挑戰。損失出現在供應鏈的前端，於田間腐爛或者在貯存與運送過程中變質。

在收入較高的地區，無心的浪費極少；存心丟棄食物主要出現在食物供應鏈末端。零售商以美觀為由，拒絕有腫塊的、遭到碰撞的、顏色不佳的食物；其他時候，他們過度訂購或供應，以免於短缺或受顧客抱怨。同樣地，消費者鄙視蔬果區不完美的馬鈴薯、高估每週烹調量、倒掉還沒壞的牛奶，或者遺忘冰箱後排剩餘的義大利千層麵。在太多地區，廚房管理成為一門失傳的技藝。

關於供需的基礎法則也具影響力。如果某種作物收益不高，就會被遺棄在田裡不採收；而如果農產品價格過高，消費者不願意購買，便會被堆置在倉庫。一直以來，經濟效益都是最重要的因素。無論原因為何，最後的結果都相同。製造未被食用的食物浪費許多資源──種子、水、能源、土地、肥料、工時、金融資本，而且在每一階段都產生溫室氣體──包括當有機物質落在地球這個大垃圾桶時所產生的甲烷。

在我們周遭有各式各樣、經常未被察覺的食物浪費，而可以處理食物鏈上各種浪費問題的干預式方法也有很多種。聯合國永續發展目標（Sustainable

■英國蘭開夏布爾斯庫夫（Burscough）蔬菜加工廠的後端。如果你曾經想過為何從未在你家附近市場看過彎彎曲曲的紅蘿蔔，答案在此。為了順應食物鏈的「品質標準」，蔬菜被無情地分類，結果便是有些被送到豬舍，有些如你所見，在水中腐爛。

Development Goals）對「孤兒」食物鏈提出警告，呼籲在 2030 年前，全球於零售消費端的人均食物浪費應減半，同時應減少食物生產與供應鏈上的損失，包括採收後的損失在內。這個問題的根源非常龐雜。

在收入較低的國家，改善儲存、加工與運輸基礎建設是必要的。此事可以簡單如較佳的保存袋、穀倉或板條箱。加強生產者與消費者間的溝通協調，可避免輕忽食物，亦為首要之務。由於全球有許多小農，生產者組織可以在計畫、物流、消除產能差距等事提供協助。

在收入較高的地區，零售與消費端的介入是必須的。最重要的是在食物被浪費前就採取行動。為了減少食物生產前端的碳排放量，必須重新分配多餘的食物以供人類消費或作為其他用途。將食物包裝上的到期日標籤標準化是必要步驟，目前「在此日期前販售」或「建議於此日期前食用」等標籤都是未受規範的，它們指出在什麼時間之前食用最

好。儘管不聚焦於安全性，這些標籤仍使消費者對於到期日感到混淆。教育消費者是另一個有力的工具，包括推銷「醜」農產品的活動，以及「餵飽5千人」（Feeding the 5,000）的努力——大型的公眾餐會，幾乎全以被丟棄的食材烹調食物。

國家的目標與政策可以刺激廣泛的改變。2015年美國設定一個剩食目標，與聯合國永續發展目標密切配合。同一年，法國通過法令，禁止超市丟棄未售出的食物，要求將之送往慈善機構，或用以餵養動物、作為堆肥。義大利隨後跟進。企業家們正由剩食獲利——把醜蔬果變成果汁、利用咖啡渣種香菇、將酒糟變為飼料。由碳排放的觀點而言，最有效的方法當然是減少垃圾，而不是在垃圾出現後尋找較好的利用方式。

由於食物在供應鏈中移動之複雜性，能否減少浪費受許多因素影響：餐飲業、環保團體、反飢餓組織，以及政策制定者。同等重要的還有全球74億人口，尤其是住在浪費食物最嚴重的國家者——美國與加拿大、澳洲與紐西蘭、亞洲工業化地區以及歐洲。無論是在農田裡、即將送上餐桌，或者二者間的某處，致力於減少食物浪費可以處理碳排放問題，並且減緩各種資源所面臨的壓力，同時讓社會更有能力滿足未來的食物需求。

影響：將採納多蔬果飲食納入考慮之後，如果能在2050年之前減少50%的食物浪費，將能減少262億噸的二氧化碳。減少浪費的同時也能避免為了更多農地而砍伐森林，能再減少444億噸二氧化碳。我們利用由農地到家戶的剩食估計，這份資料顯示，在高所得經濟體，有高達35%的食物是由消費者所丟棄的；而在低所得經濟體，家戶剩食則相對低許多。

■「餵飽5千人」是由創辦者特拉姆・史都華（Tristram Stuart）為了讓世人了解食物浪費的程度而發起的活動。這是一個公眾活動，邀請5千人享用由被丟棄的食材所製成的免費午餐。這個活動已在倫敦、巴黎、都柏林、雪梨、阿姆斯特丹、華盛頓特區及布魯塞爾舉辦。

乾淨爐灶

烹調食物是家庭、文化與社區的核心。專家們討論人類用火烹飪的歷史有多長，可能已有數十萬年。以火煮食有許多好處：食物更安全、可食用的品項更多、味道更豐富。今日，我們非常敬重雷奈·瑞哲皮（René Redzepi）、愛莉絲·華特斯（Alice Waters）、艾倫·杜卡斯（Alain Ducasse）以及瑪德赫·傑佛瑞（Madhur Jaffrey）等主廚，因為他們廚藝精湛，將烹飪帶至更高境界，然而全球有 30 億人只能彎腰在明火上或極簡陋的爐具上煮印度煎餅、墨西哥玉米薄餅或燉菜。由於人口膨脹，這些爐子對大氣的不良影響也增加了。

40% 的人所使用的烹調用燃料為木材、木炭、作物殘枝與煤。當燃燒這些物質時——通常在室內或空氣不流通處，會產生煙霧與煤灰，每年導致 430 萬起夭折。最常在火爐邊出現的是女人以及在她們身邊的孩童，他們吸入有毒的懸浮微粒，並引發心肺疾病與眼疾。以全球而論，家中的空氣汙染是導致死亡與殘疾的主因。加上不乾淨的水以及衛生條件不佳，所引起的早夭數量比愛滋病、瘧疾、肺結核三者加起來還多。

以燃燒這些固體燃料來烹飪，不只對家戶與家庭造成傷害，還拓展到屋外，對地球氣候造成不良影響。傳統烹飪方式造成全球每年 2～5% 的溫室氣體排放，起因有二：一是未以永續為考量砍伐薪柴，導致森林減少與退化，釋放二氧化碳；其二為在烹飪過程中燃燒薪柴，釋放二氧化碳、甲烷，與包含一氧化碳與黑碳在內的未完全燃燒汙染物。後者為知名的短週期汙染物——會導致暖化但不會在大氣中存在太久的物質。

黑碳對氣候以及健康的危害尤其嚴重。這種懸浮微粒具高吸光性，其吸收性較等量的二氧化碳高 100 萬倍，所以儘管黑碳僅在大氣中留存 8 至 10 天，但比起能存在數十年至數百年的二氧化碳，其影響仍極可觀。有些研究者指出黑碳是氣候變遷的第二大導因，僅次於二氧化碳。黑碳之效率、散布程度與低週期，意味著只要減少黑碳排放就可以立刻改善暖化所帶來的衝擊。家戶燃燒薪柴約會產生 1/4 黑碳排放，加上其他溫室氣體，清理爐具成為抑制排放量的關鍵手段。

目前有許多「改良的」爐具技術，對減少溫室氣體排放亦具有效力。基礎的效能爐具藉由減少生質燃燒而帶來些微改善；中等的附煙囪的火箭爐節省大量燃料，但改善黑碳排放的效能極有限，有些甚至還產生更多黑碳。

利用汽化技術的高階生質爐是最具前

景的。強制未完全燃燒的氣體與煙霧重回爐火，可以有效減少高達 95% 的排放量。但這種爐價格較高，而且需要更多高級的糞便燃料或煤磚作為燃料。這些是目前只有 150 萬家戶使用汽化爐的部分原因，這 150 萬家戶大部分位於中國與印度。太陽爐是非常乾淨的選擇，但因為需要陽光，而且不適於所有類型食物，作為替代方案的程度有限。面對技術與影響的多變性，黃金標準基金會（Gold Standard Foundation）這樣的組織扮演著重要角色，可以認證那些爐具能有效減少溫室氣體排放，並在溫室氣體大量減少後，確認氣候的變化。

聯合國於 2010 年成立公私合營的全球乾淨爐具聯盟（Global Alliance for Clean Cookstoves，GACC），致力於讓製造乾淨爐具成為全球現象。GACC 的目標在於，為對人類與地球來說高效能、健康的家庭烹飪技術，創造一個蓬勃的全球市場。GACC 與其夥伴組織設定一個目標，希望在 2020 年前有 1 億具此類爐具被採用，在 2030 年前能廣達全球。GACC 的報告指出進度比預期更快：至 2015 年為止，全球有 2,800 萬家戶以乾淨爐具（雖然不一定是對減少溫室氣體最有利的類型）備餐。此項全球共同的成果有賴於數十年的努力——最早是印度於 1950 年代積極從事，並於 1970 年代與 1980 年代首度擴大為國家級計畫。現在最需要進行此工

作的地區在亞洲與撒哈拉以南非洲。

此項機會的規模與廣泛度是驚人的，正如現狀所能帶來的各種正向影響之結合。在許多地區，女人與女孩必須忍受收集薪柴與備餐時的煙霧，所以較好的烹飪設備有助於減少性別不平等、減少收集薪柴時所承受的危險、增加空閒時間以接受教育或創造收入。更健康的眼睛、心臟與肺減輕疾病與死亡的機率，提升了福祉。燃燒較有效能的燃料減輕森林（因人類行為）所承受的壓力，並減少空氣汙染與溫室氣體排放。將這些影響加總起來，代表著乾淨的爐具有助於根絕貧窮並增加生計。GACC 斷言：「如果不處理數百萬人備餐的方式，全球社群便無法達成杜絕貧窮與改善氣候變遷之目標。」

有許多人與組織支持這個多元的機會，從國際性非政府組織、捐資者、碳金融家（carbon financiers）到政府部門、研究者與社會創業家（social entrepreneurs）。但我們都知道要獲致成功受許多複雜因素影響而且困難。過去有許多爐具在實驗室環境中被設計與測試，無法成功轉換為生活之用，使用

2050 年前乾淨爐灶之排名與成效

減少二氧化碳	淨成本	可節省淨額
158.1 億噸	722 億美元	1,663 億美元

者差別細微的需求並未被納入考慮，即使像一次使用一個以上爐子備餐這麼簡單的事也可能被忽略。當地材料品質不好、爐子耐用度差、維修服務不如預期；製造商經常忽略使用者需求；此外，「改良版」的爐具對於減少排放、避免接觸煙霧或煤灰的效果極小。加速製作精良、能適應不同文化、低汙染的次世代爐具之需求是顯而易見的。

雖然爐具看似簡單，但要從概念到成品，和烹飪本身一樣，需要技藝。家庭動力——從財務到教育到性別角色——影響對爐具的選擇，而此選擇必須符合一系列需求，這些需求包括以傳統鍋具準備傳統菜餚並滿足家人味覺、以當地可得的燃料烹飪、節省購買燃料的支出或取得燃料的時間、能簡單有效率且安全地備餐，當然，還必須負擔得起。如同任何其他技術，能夠讓使用者輕鬆上手是關鍵，無法讓使用者運用自如的話，便很難獲得青睞。這也就是為何最成功的設計不只是「為」末端使用者創造，而是「與」末端使用者共同創造理想的科技。當談到爐具時，文化背景非常重要，所以為了在技術與社會文化中取得成功，而在實際使用者的環境中測試非常重要。能符合在地民情、以人為中心的設計最有可能贏得使用者的心並翻轉現有的習慣，最重要的是，讓大部分人願意分享烹飪時光。

改變備餐方式可以迅速改善氣候；有些研究者認為有機會每年減少 10 億噸二氧化碳。衡量可取得、合適、耐久的烹飪技術之發展與採用，對於了解何者可行是必要的。GACC 與頂尖專家正努力發展能夠確保爐具符合基本效能的國際標準、告知政府政策與慈善計畫，並協助消費者在取得資訊後做出選擇。如果缺乏強大的資金與配送管道，即使最好的技術也無法成功——這些領域同樣需要創新。為研究與開發而存在的資金、目標明確的補助、配送支援、教育與特別貸款已經發揮作用，但還需要好幾百萬。隨著資金持續增加，可以介入目標優先區域，例如人均薪炭材使用量最高的國家，以達成較大的過渡期效用。全球最努力製造乾淨爐具的地方是未來烹飪至關重要的地區。

影響：至 2014 年為止，乾淨爐具僅有 1.3% 的潛在市場，如果在 2050 年前採用率可以成長至 16%，將可減少 158.1 億噸二氧化碳排放量。這裡不計算對數百萬家戶健康的額外利益。

■印度古吉拉特邦（state of Gujarat）一位女士在家中以改良的爐具備餐。這個爐子以輕量金屬製成，此火爐有金屬合金燃燒室。這樣的技術將爐子的壽命、品質管制、安全性與熱傳導最大化，同時將碳排放量最小化。

多層混農林業

Strata 是數個水平分層。此字的拉丁字根意為「散布或平鋪的東西」，就像一塊毯子。多層次是森林的特徵之一，從林下植物（undergrowth）到下層植物（understory），從林冠（canopy）到突出層（emergents）──突出層是熱帶雨林最高的樹木，突出陰暗，伸向明亮。每一層都由森林充滿生命與活力的底部向上生長。多層混農林業的靈感來自這個天然結構，上層混合數種高大樹木，下方則是一層或多層作物。將其視為食物生產的曼哈頓，可以對水平與垂直空間二者都進行最大程度的利用。如果天然林為居於其中的生物提供食物，那麼多層混農林業也能供人類栽種食物。混合林因地區與文化而不同，但植物種類可有澳洲胡桃與椰子、黑胡椒與荳蔻、鳳梨與香蕉、咖啡與可可，以及橡膠與林木等實用材料。

因為多層混農林業仿自森林的結構，故能產生相似的環境利益。多層系統可以避免土壤流失與洪水、補充地下水、修復退化的土地與土壤，並藉由提供棲地與切割型生態系統間的廊道來支持生物多樣性，且吸收與儲存數量可觀的碳。幸虧植物群落的多層分布，才能封住土壤與生物質中的碳，每英畝的多層混農林業可封住的碳相當於造林與復林所能達到的量──平均每年每英畝 2.8 噸──而且還有生產食物的價值。有時進行多層混農林業的小塊農地的封存率與天然森林相近。

目前全球約有 2.5 億英畝進行多層混農林業的土地，主要位於熱帶地區。這個數據自近幾十年來都穩定不變，包

■由佩德羅‧迪尼茲（Pedro Diniz）在巴西伊蒂拉皮納（Itirapina）所經營的農場 Fazenda da Toca，占地 5,700 英畝，採行永續農業與混農林業農法。迪尼茲家族創辦托卡研究院（the Institute Toca），提供生態農業教育與訓練。這個計畫以全世界最重要的混農林業專家之一恩斯特‧古奇（Ernst Gotsch）的學說為基礎。藉由創造與森林相仿的農業系統，他們使沙質土地再生為沃土，在田裡生產肥料而不需要堆肥或糞肥，同時提升保水力。

括蔭下栽種 2 種最受全世界喜愛的商品：咖啡與（用以製造巧克力的）可可亞。可可亞樹在將近 2,000 萬英畝的農地上於蔭下成長，蔭下種植的咖啡則將近 1,500 萬英畝。所有的咖啡都曾經在林冠下生長，經典的阿拉比卡種咖啡就在這樣的狀況底下茁壯。但為了增加產量，許多農夫轉為全日照，改種味道較不豐富的羅布斯塔種咖啡。雖然短期的收穫量增加了，但也付出代價：全日照的咖啡田栽培單一作物，地力消耗快。多層咖啡種植存活的時間，比日照長 2 至 3 倍，而樹蔭農場可以維持數百年。它們有較好的天然蟲害控制、肥沃度以及吸水力，以上特質都可以為農夫節省成本。即使需要化學農藥，量也較少，因此對工人們來說也是較安全的工作環

2050 年前多層混農林業之排名與成效

減少二氧化碳	淨成本	可節省淨額
92.8 億噸	268 億美元	7,098 億美元

境，因為暴露於有毒物質的機會較小。樹蔭咖啡品質較佳，因此有提高售價的潛力；由樹蔭可可亞所製成的巧克力亦是如此。

家庭花園是另一個重要的多層混農林業管道。回溯到西元前 13,000 年，這些是包含了茂密、多層次的樹與作物的小塊農地，人們在所居之地種植。最古老的二大梵文史詩《羅摩衍那》與《摩訶婆羅多》，描述了被稱為忘憂樹林（Ashok Vatika）的家庭花園。1 千年

來，它們一直都是爪哇、印尼、喀拉拉邦（Kerala）與印度的「生活風景」中很重要的部分。今日，光在印尼這個國家就有超過 1,200 萬英畝的家庭花園。家庭花園的角色近似廚房，其中心目標為餵養家庭，可以生產藥用植物至市場販售。因為它們帶來食物安全、營養與收入，亦對生態有利，家庭花園被混農林業專家奈爾（P. K. Nair）稱為「永續之典範」。雖然它們起源於熱帶以生計為導向的農村區域，但正成為一種都市現象，溫帶地區的家庭花園也逐漸生根增加。

無論種的是咖啡、可可亞、水果、蔬菜、香草、薪柴或藥用植物，多層混農林業的好處都是顯而易見的。多層混農林業非常能夠適應陡峭的斜坡與退化的農田，以及其他耕種方式難以獲致收成的地方。在提供木材的地方，多層混農林業可以減輕來自天然林的壓力。有個研究指出每英畝混農林業可以避免 5 至 20 英畝林地消失。除了為農夫提供長期而穩定的經濟來源，必須大大感謝在單一時間種植多種作物這種方法協助農夫適應氣候變遷所帶來的影響，包括乾旱與極端氣候事件。

儘管這些利益清晰可見，多層混農林業仍然太常被與一般農業綁在一起，削弱其應得的關注。在覺醒與理解的問題之外，多層混農林業還面臨其他挑戰。要建立如此複雜的系統，成本很高，而且無法立即獲利。即使一旦建立之後，其盈利相當高，但缺乏資源的農人們得不到資本。即使不是不可能，但複雜性使得機械化很困難。以人力耕種與照顧作物，代表較高的勞動成本，而且雖然適應力較優、壽命較長，產量卻可能比慣行農法低，因為作物亟需水、陽光與養分。

多層混農林業需要潮溼的氣候，無法於各處施行，但在能採用此種方法的地區，可產生極大的影響。除了高封碳量，這種耕作系統在全世界的耕作方法中是最有效率的。根據一份對傳統太平洋多層混農林業所做的研究，0.02 卡路里的能量就能產生 1 卡路里的食物，這樣的能量效率，加上在小塊農地上最大化的產量，使得多層混農林業非常適合住在人口稠密地區的小農。市場誘因與生態系服務的回報可以協助農夫們克服金融難關，並有助於實現多層混農林業為人類與氣候帶來的多重好處。

影響：多層混農林業可以與某些現存的農業系統進行整合，其他的則可以轉化，或者修復後實施多層混農林業。目前有 2.47 億英畝的地採用此種農法，如果 2050 年前能再增加 4,600 萬英畝，就能封存 92.8 億噸的二氧化碳。每年每英畝的平均封存率為 2.8 噸，目前的金融收益為：投資 268 億美元，在 2050 年前能獲得 7,098 億美元淨收益。

改良式稻米耕種

越南詩人潘文值（Phan Van Tri）為稻米寫詩：「它們離開稻田，旅行到又遠又廣之處：誰不依賴它們維生？……一次又一次，它們的祖先拯救我們——繁衍以餵養我族類數百年。」事實上，稻米數千年來都在人類生活中占有重要地位。人類最早種植稻米的地區可能是中國，而今日稻米幾乎是全球性的穀物——白米、糙米、糯米；麵、蛋糕、醋；抓飯、西班牙大鍋飯與粥。米飯提供全球 1/5 的熱量消耗，比小麥或玉米還多，且是 30 億人日常飲食中的必需品，而其中許多人貧窮、沒有飲食保障。

目前稻米耕種導致至少 10% 的農業溫室氣體排放，以及 9 ～ 19% 的全球甲烷排放。蓄水的水田對產生甲烷的微生物而言是完美環境，這些微生物因為腐化的有機物質而成長，此過程即為甲烷母質作用（methanogenesis）。稻米種植區周圍溫度較高的環境使排放量增加，亦即當地球越來越熱時，由水田所釋放的甲烷將會增加。甲烷存在大氣中的時間不像二氧化碳那麼長，但超過 100 年後，其造成全球暖化的潛力高達 34 倍。因此，我們的世界面對多元的挑戰：找到並且採用高效率、可信賴、能持久的稻作方式，滿足人類對此必需食品的需求而不造成暖化。

法國神父與農業學家亨利·德·爾拉尼（Henri de Laulanié）在說明水稻強化栽培系統（SRI）時說：「這幾乎是在偶然間發現的。」SRI 是改善稻作生產的關鍵方式，1980 年代由神父與小農們在馬達加斯加執行。在時間異常的限制之下，一群農業學生比平常更早移植水稻幼苗，這令人意外的第一步，改變了整個生產系統，降低生產稻米時所需的成本——種子、水、肥料，但卻大大地提升了產量。

30 年後，《紐約時報》描述 SRI 為重視「個別植株的質量勝過數量」，並且應用「少即是多的信念於稻米耕種」。感謝康乃爾大學諾曼·厄普霍夫（Norman Uphoff）的大力推廣，目前全球有 400 至 500 萬名農夫以此農法耕種，尤其是亞洲。印度東北部比哈爾邦（Darveshpura）的農民蘇曼·庫瑪

（Sumant Kumar）在 2012 年打破世界紀錄，2.5 英畝的稻田達到 24.7 噸產量，超越同等面積的稻田一般可得之 4.5 噸或 5.5 噸的產量。

　　SRI 並不是永續稻米生產的唯一方法，但似乎是最有遠景的。庫瑪和他的朋友以激勵人心的方法結合幾種簡單的做法：

1. 秧苗移植：

不在秧苗 3 週大時移植根部相連的數株秧苗，SRI 在秧苗 8 至 10 天大時移植單株幼苗，並給予每一株較寬的方形穴盤，增加接觸陽光的機會和地上空間，同時給予根部在下方伸展的機會。

2. 水分：

大部分傳統的稻田必須持續蓄水，導致甲烷母質作用，但 SRI 執行目標明確的間歇灌水。生長期間暫時性的乾旱，或者乾溼交替的狀況，對土壤中的微生物或需要呼吸的水稻根系都較有利，並且破壞會產生甲烷的微生物喜愛的浸水狀態。研究顯示，單單是在生長季中排

水，就能減少 35 ～ 70% 的甲烷排放。

3. 雜草管理：

不蓄水時，雜草可能成為問題。SRI 農法以手動操作的旋轉鋤處理雜草，同時能將空氣灌入土壤，再加上有機堆肥，能提升土壤肥沃度與封碳率。減少或不使用化肥，可以保護土壤與灌溉渠道。

以上全部條件加總，就能為水稻創造理想的生長環境，提供更多日照、空氣與養分。其成果為：植株更大更健康，擁有更強的根系，且受到更豐富與更興旺的土壤微生物之協助。不只產量比傳統稻作提高 50 ～ 100%，種子使用量減少 80 ～ 90%，需水量亦減少 25 ～ 50%。用水量減少使得 SRI 不僅能緩解全球暖化，同時也是適應這個世界氣溫逐漸升高的好方法。以 SRI 方式種植的作物具有更強的能力可以抵抗乾旱、洪水與暴風雨等因為氣候變遷而加劇的不利因素。

雖然這些做法提高了農民投入土地、勞力與資本後的產量，但所需的勞動力可能高於傳統水稻種植，尤其是在農民剛開始學習利用 SRI 時。如同厄普霍夫所解釋的：「它並非本質上為勞動密集，而是在初始階段需要密集勞力。」當 SRI 步入軌道之後，農地的收入便可加倍。儘管已有大約 40 個國家和數百萬小農採用此農法，還是有科學家指出同

僑審查的研究不足，因而對所宣稱的產量和收入提出懷疑。雖然文獻資料正在增加中，但 SRI 至少在短期間內仍可能持續面對相同的挑戰。SRI 的擁護者們認為招致批評的原因可能是這個運動的基層民眾與本質。與土地最密切對話的農民是創新者和專家——不是農企業，也不是學術界。SRI 不需機械化，也不以高度使用化學藥劑的方式生產食品，影響許多公司的收益。

SRI 不是改善稻作生產的唯一方式，有 4 種越來越常見的技術，結合灌溉、施肥、作物品種與中耕（tillage）而達到最佳產能。季中排水和乾溼交替增加稻田含氧量。均衡應用有機和無機肥料可減少甲烷排放並提升產量。需水量較少的水稻品種或栽培品種[39]可栽種於含氧量較高的環境中。不犁地即播種的技術也有正面作用。

SRI 與其他改良的稻作技術之優勢及其所能改變的狀況，在於它們影響耕種模式，改變農民利用植株、水、土壤和養分的方式。一方面，這代表此農法對小農而言極度可行——在採用 SRI 農法之前不需購買任何用具（與傳統集約農業方法截然不同），他們面臨的主要技術挑戰是控制水。另一方面，許多水稻種植方法已經存在數世紀，深植於家庭、村莊與文化中，要轉移根深柢固的

習俗，必須以周延的方法來培養必要的知識與技能，讓農民看到可能的結果，並伴以讓改變前景可期的鼓勵措施。在 SRI 發展初期，德·爾拉尼與其同事在馬達加斯加成立教育組織 Tefy Saina，意為「改善思想」。這個名字傳遞一個訊息：於老百姓間傳遞知識，以及，同儕訓練是必不可少的。深化與推廣這些努力，可以讓低排放量的稻作方式在全球生根。這不是德·爾拉尼的最初目的，但他所做的事對於處理全球暖化來說，也許是不可或缺的。

影響：我們的分析包括 SRI 和改良式水稻生產——改善土壤，養分管理，水資源利用以及耕作方法。有許多小農採行 SRI，並且由此獲得較改良式稻作更高的產量收益。我們計算出若施行 SRI 農法的面積在 2050 年前可由 840 萬英畝擴展到 1.33 億英畝，30 年內碳封存率與所減少的甲烷排放量共可達 31.3 億噸二氧化碳或等量。隨著產量提高，可增加 4.77 億噸稻米，在 2050 年前可為農民帶來額外的 6,778 億美元利潤。如果改良式農業的面積在 30 年內由 7,000 萬英畝增加至 2.18 億英畝，將能再減少 113.4 億噸二氧化碳排放量，農民可獲得 5,191 億美元的額外利潤。

---

39. 指經由人工刻意選拔育種，使其變異範圍與野生種不同者。

混牧林業

2050 年前混牧林業之排名與成效

減少二氧化碳	淨成本	可節省淨額
311.9 億噸	416 億美元	6,994 億美元

牛與樹無法共處——傳統觀念是這麼認為的。但為何無法呢？在巴西與其他地方，頭條新聞譴責牧場是大規模砍伐森林的起因，並因而引起氣候變遷。但混牧林業挑戰這種互相排斥的假設，並且有助於建立一個新時代，讓牲畜與其食物共存於同一塊土地上。

源於拉丁文的「森林」與「放牧」，混牧林業正是如此：整合樹木、牧場或牧草，建立一個養殖牲畜的系統——從牛羊到鹿與鴨。混牧林業不會把樹木當成雜草一般除掉，而是將之融入一個持久的共生系統。這是廣泛的混農林業的方法之一，重現古老的做法。目前可見於全球超過 3.5 億英畝的土地上。以伊比利亞火腿聞名於世的西班牙 dehesa[40] 系統即屬於混牧林業，在伊比利亞半島的歷史已超過 4,500 年。最近，因為有諸如位於哥倫比亞卡利（Cali）的永續農業系統研究中心（Center for Research in Sustainable Systems of Agriculture）等倡議者之推動，混牧林業已在中美洲扎根。在美國和加拿大的許多地方，可以見到牲畜與樹木共存。

這種混居有多種形式。樹木可以成叢、以均勻的間隔種植，或用以作圍欄，而動物可以在兩排樹間長滿草的小徑吃草。大部分混牧林業系統的間距與稀樹草原生態系統相似。要創造混牧林業的環境，可以在露天牧場種植樹木，讓小樹成熟，或藉由疏伐林地或種植林冠以利牧草生長。但無論如何設計，樹、動物以及其草料是混牧林業系統最明顯的外觀。土壤是另一個必要的組成部分，也是混牧林業具有處理氣候變遷之潛力的關鍵。

世界各地的專家正在就如何最好地管理牧場以抵銷牲畜——尤其是牛——的甲烷排放以及封存碳於地底，持續進行熱烈的討論。根據對具體情況的分析，牛和其他反芻類動物需要全球耕地面積的 30 ～ 45%，而牲畜產生大約 1/5 的溫室氣體排放。

截至目前為止的研究顯示，混牧林業遠遠超越任何草原技術，因為混牧林業封存了地上生物與地下泥土的碳，有樹木散布其上或交叉分布的牧場，其碳封存量為相同面積但沒有樹木的牧場之 5 至 10 倍。此外，因為混牧林業牧場上

---

40. 西班牙文原意為「林地」。

牲畜的產量較高（如下所述），對牧場空間的額外需求可能減少，有助於避免砍伐森林以及此舉所造成的碳排放。研究顯示，混牧林業牧場上的草料對反芻類動物來說更容易消化，而且在此過程中所排放的甲烷較少。

除了減碳，混牧林業的好處相當多。因為對農人與牧場主人有可見的經濟效益，此種混牧林業方式正在擴散。拼湊混牧林業系統的方式很多，其規模適於小農場至企業化牧場。就財務與風險角度觀之，混牧林業有助於多樣化經營。牲畜、樹木以及堅果、水果、楓糖漿等林業產品，會在不同時間成熟並產生收入——有些是短期且規律的，有些則是長期的。因為土地能生產多樣產品，農民所需承受的因天氣狀況而生的財務風險也比較少。

混牧林業的共生系統已證明能使動物與樹木都有更強的適應力。在典型無樹

的牧場上，牲畜可能必須承受高溫、強風與品質不佳的牧草，但混牧林業牧場可以提供分散式樹蔭、防風保護，還有豐富的食物。有較佳的營養與樹木庇護，動物的健康狀況提升，牛奶、肉類的產量更多，也繁衍更多後代。產量因混林牧場系統之實際狀況而異，但通常比只有牧草的牧場多 5 ～ 10%。牲畜同時具有控制雜草、減少樹木之間競奪水分、日照與養分之作用。牠們的糞便則是天然的肥料。

因為所需的飼料、肥料與除草劑較少，所以混牧林業可以降低農民所需付出的成本。結合樹木與牧場可提高土壤肥沃度與水分，隨著時日推移，農民們發現自己擁有更健康、更具生產力的土地。

雖然混牧林業的優點如此清晰，其成長卻受現況與文化因素所限。建立這些系統所費較多，除了必要的專門性技術知識，前期成本亦較高。舉例來說，對哥倫比亞的農民而言，每英畝必須投入 400 至 800 美元，是一筆不小的短期費用。農民們缺乏動力在牧草充足、有火災風險或土地所有權不清楚之處種植樹木，然後在成長過程中保護這些樹木。在這些挑戰之上的，是認為樹與牧場不相容的頑固信念——樹木會限制牧草的成長，而非使牧草更豐盛。在許多地方，無草的牧場是常態，農民們可能會嘲笑轉作的人。混牧林業需要重新思考

土地生態。

這些社會性的障礙，讓同儕採納與直接體驗混牧林業利益二者成為促使此種農法加速的關鍵因素。同為農民，其經驗通常比技術或科學專家更能獲得其他農民信賴。當此農法在農場主人自己的土地上測試成功，就能成為最具說服力的例子。為了解決經濟障礙，世界銀行等國際組織和大自然保護協會等非政府組織正提供一般銀行不會核貸的貸款給農民，以實現混牧林業之採用。混牧林業所能提供的生態系服務功能補償，如支持生物多樣性，也能使經濟學對農民產生意義。隨著全球暖化的影響，混牧林業的吸引力可能增加，因為可以協助農民與其牲畜適應多變的天氣與逐漸增加的乾旱。樹木會創造較涼爽的微氣候，以及更具保護力的環境，同時調節水的可得性。混牧林業還促成氣候雙贏。由於其避免世界上汙染最嚴重的行業之一所造成的溫室氣體排放，所以能防止現在無法避免的變化。

影響：我們估計目前全球有 3.51 億英畝土地執行混牧林業，如果 2050 年前能擴展至 5.54 億英畝——理論上有 27 億英畝的土地適於混牧林業——就能減少 311.9 億噸的二氧化碳。此成果是由於土壤與生物質每年每英畝高達 1.95 噸的高封碳率。農民們投資 416 億美元，可以因多樣化而獲利 6,994 億美元。

為何困擾？
麥可·波倫

我們可以肯定地說，關於如何選擇、考慮、烹飪與創造食物，沒有人比麥可·波倫對我們的影響更大。身為一名學者、園丁、作家和記者，他撰寫了一系列書籍，描述我們與糧食和農業的關係，以及這種關係如何因農業、食品科學、政治和廣告之主導地位而嚴重扭曲，其見解明智而具高度原創性。在他最暢銷的書籍《雜食者的兩難》、《植物的欲望》（The Botany of Desire）與《食物無罪》中，他並未建議我們如何吃與耕種，而是強調類食物物質正在危害我們的身體、土壤和國家。波倫重塑我們的常識，正如其經典格言「適量飲食，蔬果為主」可以「盡力了解食物，波倫所說為主」來回應之。

——保羅·霍肯

為何困擾？對我們希望對氣候變遷採取行動的個人而言，這是一個不易回答的大哉問。我不知道你是怎樣的，但是看完艾爾·高爾（Al Gore）的《不願面對的真相》後，我嚇壞了，而且沮喪無比。這部紀錄片呈現極具說服力的案例，讓我們確信地球上的生命正如我們所知，受到氣候變遷的嚴重威脅。不，真正黑暗的時刻出現在片尾名單，當我們被要求……換掉我們的燈泡時。那真是令人沮喪的時刻。高爾所描述的問題極具嚴重性，但他要求我們進行以改善此問題的事卻如此微不足道；二者如此不成比例，令人心虛。

但這小小的議題並不是藏在「為何困擾？」這個疑問之後的唯一問題。我真的困擾，超級困擾。我大幅改變自己的生活，開始騎腳踏車去上班、規劃大菜園、調低空調溫度到需要穿有吉米·卡特簽名的羊毛衣、拋棄院子裡洗衣動線上的乾衣機、把旅行車換成複合動力車、拋棄牛肉、不出國旅行。理論而言，我可以做到這一切，但當我知道這世界的另一半住著我邪惡的雙胞胎，他們是碳足跡極高的人，渴望吞下每一口我誓言不吃的肉，並且積極地觸發我努力不再排放的最後 1 磅二氧化碳，那麼，我做的事意義何在？究竟我要為我的困擾展現什麼？

你可能會害羞地說：「個人美德。」但是當美德本身快速地成為一個嘲諷的詞彙時，有什麼好處？而且不只是在《華爾街日報》編輯的話那一頁，或者是在摒棄將節能作為「個人美德象徵」而聞名的（當時的）副總統口中。甚至，在《紐約時報》與《紐約客》的頁面上，

當談及個人的環保責任時，「道德高尚」這個形容詞可能只會出現在諷刺時。告訴我：為何這種美德——歷史上大部分時間都被認為是良好的美德——會演變成自由主義軟弱的標誌？多麼奇怪啊！為我們的環境做正確的事——購買複合動力車、當一個本土膳食主義者，現在卻害你成為和小艾德·貝格雷（Ed Begley Jr.）[41] 同一類的人。

我們可以告訴自己許多故事，來為無所作為辯護，但也許最陰險的是，無論我們做什麼，都太微小而無法撼動現狀，也太遲了。氣候變遷提早出現在我們眼前了。10 年前科學家們看似極端的預告，結果是太過樂觀了：暖化與融冰的速度比模擬的速度快得多。現在，真正駭人的反饋迴圈以指數增加的速度提高氣候變遷率。因為北極地區的白色冰山轉為深藍色海水，吸收更多陽光；而全球各處都在變暖的土壤則更具生物活性，導致大量的碳被釋放於空氣中。你最近有沒有仔細看過氣候科學家的眼睛？他們真的看起來很驚恐。

所以，你仍然想討論菜園？

是的。

我想討論的是種一些——即使只是一點點也好——你自己的食物。如果你有草坪的話，改變它的用途；如果沒有——也許你住在高層建築，或者你的院子缺乏日照，那麼就在社區花園裡找一小塊地。跟**我們所面臨的問題**相比，我知道規劃一個菜園聽起來相當溫和，但事實上它卻是個人所能做的最有力的事——減少你的碳足跡，但更重要的是，減少你的依賴感與分歧感：改變廉價能源思想。

當你開始在自己的菜園裡種蔬菜，會發生許多事，有些與氣候變遷直接相關，而另一些則有間接關聯。我們忘了種植食物即利用最原初的太陽能技術：藉由光合作用產生熱量。許多年前，廉價能源思想發現以石化肥料與殺蟲劑取代陽光，即可以較少勞力獲得較多食物，結果就是你現在飲食中的典型熱量需要 10 卡路里的石化能源來生產。據估計，我們餵飽自己的方式（或者，更確切地說，允許自己被餵食的方式），占我們每個人所造成的溫室氣體排放量的 1/5。

然而，陽光仍然落在你院子裡閃閃發光，光合作用依舊如此旺盛，因此在一個細心規劃的菜園（由種子開始種起，以廚房裡的堆肥滋養，而且不需要花太多心力到園藝店的菜園），你可以種出眾人皆知的無價午餐——無二氧化碳、無花費。這是你可以吃到的最本地的食物（更不用說是最新鮮的、最美味的、最營養的），幾乎無碳足跡。而當我們

---

41. 美國演員、太陽能擁護者，積極投入環保工作，曾說可以踩腳踏車發電來使家中烤麵包機運作。

在計算碳量時，別忘了把你家的堆肥算進來，當它在滋養你的蔬菜並隔絕土壤中的碳時，也可以減少你家需要運出去的垃圾量。還有什麼？嗯，你可能會注意到在菜園裡的工作也是鍛鍊身體的方式，所以你不用開車到健身房去燃燒熱量。

即使自己種的食物只有一點點，你也會開始看見成長，如同溫德爾·貝瑞（Wendell Berry）30 年前所說，一個解決方案──不是引發無法避免的後續問題的乙醇或核電這種「解決方案」──實際上會產生其他解決方案，而且不只是減碳而已。更有價值的是種一點點自己的食物所能培養的心智習性。很快地你就會發現不需要專家來滿足自己──你的身體自有用處，而且實際上是能自我支持的。如果專家是正確的，如果石油與時間都在耗竭中，不久之後我們就會需要這些技能與習慣。我們可能還需要食物。菜園能提供我們食物嗎？嗯，在二次世界大戰期間，勝利花園[42]提供了美國人 40% 的食物量。

但有更甜蜜的理由讓我們費心打造菜園。至少在院子和生活的這個角落裡，你所思所行之間的分歧將開始癒合，開始結合你作為消費者、生產者與公民的身分。你的菜園可能讓你和鄰居重新產生互動，因為你會有可以分送出去的蔬果，以及借用工具的需求。你將會自己克服最令人無力的弱點，來減少廉價能源思想的力量：無助以及什麼也無法做的事實，與除法或減法無關。菜園裡一

42.Victory gardens，或稱 War gardens（戰爭花園），為一戰、二戰期間美國、英國、加拿大和德國推行之運動，在私人住宅院落與公園闢地種植蔬菜，以減輕戰時的食品供給壓力。

整個季節從種子到成熟瓜果的變化——會得到一堆櫛瓜嗎？讓我們知道加法和乘法仍然運作中，大自然的豐盛並未耗竭。菜園教給我們最重要的一課是，我們和地球之間不是零和關係[43]，只要陽光仍然閃耀，人類仍然可以計畫與種植、思考與行動，如果我們盡力嘗試，就能找到不使世界虛疲的方式來滿足自己。

■經授權後摘錄自麥可‧波倫 2008 年 4 月 20 日刊登於《紐約時報》之文章〈為何困擾？〉。

43. 此為博弈概念。利益相關的各方，其利益總和不變。一方得利，則他方利益受損。

再生農法

　　再生農業修復退化的土地，方法包括不犁地、多樣化覆蓋作物、農場肥沃度（不需要外部養分）、沒有或最少的殺蟲劑或化學肥料，以及多種作物輪作，上述皆可藉由管控型牧場來強化。再生農業的目的是通過恢復其碳含量（carbon content）來持續改善並再生健康的土壤，進而增進植物健康、營養和產量。

　　如同你將從本書書末的數據中看到的，人類已知的處理全球暖化的機制，最有效的是利用光合作用從空氣中捕集二氧化碳。當在陽光的協助下轉化為醣類時，碳會產生植物和食物，為人類提

供食物，然後透過再生農業，使土壤充滿養分。再生農業增加土壤中的有機物質、土壤肥力、土壤質地與保水性，讓數萬億生物得以生存，這些生物保護植株與根，促進植物健康。實施再生農業解決了對繁殖、蟲害、乾旱、雜草和產量的所有共同擔憂。

為了更理解再生農業，了解當今世界主要的慣行農業為何，是有幫助的。慣行農業也與光合作用有關，但不以捕集

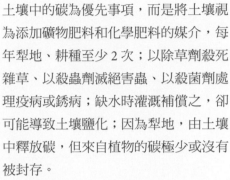

2050 年前再生農法之排名與成效

減少二氧化碳	淨成本	可節省淨額
231.5 億噸	572 億美元	1.93 兆美元

土壤中的碳為優先事項，而是將土壤視為添加礦物肥料和化學肥料的媒介，每年犁地、耕種至少 2 次；以除草劑殺死雜草、以殺蟲劑滅絕害蟲、以殺菌劑處理疫病或銹病；缺水時灌溉補償之，卻可能導致土壤鹽化；因為犁地，由土壤中釋放碳，但來自植物的碳極少或沒有被封存。

回顧幾年前，當時美國人正吃著（現在大部分人亦然）麥可・波倫稱為「類食物物質」的東西，這些高度加工的食物所含的神祕成分列出來比這段文字還長。始於 1980 與 1990 年代的轉變正在蔓延中——了解人類健康取決於真正的食物，而不是人工、合成的仿製食品，同時溯源食物品質直到其所成長

■ 自 1947 年成立以來，羅德爾研究中心（The Rodale Institute）一直是美國有機農業的基石。根據有機農業教父艾伯特・霍華爵士（Sir Albert Howard）的著作和觀察，該研究中心出版、推廣和持續進行對有機農業的廣泛研究。此圖為由羅德爾研究中心創辦人 J. I. Rodale 之子羅伯特・羅德爾（Robert Rodale）所購買的農場，占地 333 英畝，位於賓州的庫茲敦（Kutztown）。這塊地地力耗竭，因此激發了羅德爾發展再生農業的想法，這種農作系統重視生產力，但也藉由恢復土壤健康以提高未來的生產力。

的農地與耕作方式。在慣行農法中，埋下種子、施以合成肥料、噴灑殺蟲劑，然後獲得食物，但土壤、水、空氣、鳥類、益蟲、人類健康與氣候都為此付出沉重代價。就像你可以使用填充劑、脂肪、糖和澱粉廉價地製造假食品，傳統的工業化農業不為其所造成的損害付出成本，因此能廉價地生產食品。如果不攝取真正的營養，你的身體可能會受肥胖、病痛與殘疾之苦。如果農民不提供營養給土壤，會無法生產、生病和耗弱。這些是對再生農法有重大影響的常識與簡單的原則。

再生農業的原則之一是不犁地。除了農場或路邊切面（road cut），你多常看到裸地（bear earth）？土壤憎惡沒有植被。除了沙漠和沙丘，光禿禿的土地自然會重新長出植物。植物需要家，而土壤需要庇護。農場上，犁田暴露並翻轉土壤，將表土埋在地下，當田土因為犁耕而暴露於空氣時，土壤中的生物會迅速衰減，並釋放碳。瑞騰‧拉爾教授估計，過去幾個世紀以來，地球土壤中至少有 50% 的碳被釋放到大氣中──大約 800 億噸。不可否認地，讓碳返回土壤，對大氣而言是禮物，而從實際的農業角度來看，這使得農民擺脫化學農業農法並將碳帶回，他們的工作可以因此而更有效率、更有產能。

增加碳代表延長土壤的壽命。當碳儲存於土壤的有機質中時，微生物激增、土壤質地獲得改善、根系更深、蟲將有機物質拖入其孔洞並製造豐富的氮素、養分吸收率增加、保水力增加數倍（更具耐旱性或較能抵禦洪水）、營養充足的植物更具抗蟲性、具有不同類型的養分，因此不需施肥或對額外肥料的需求很低。這種不需肥料的能耐端賴覆蓋作物。土壤中每增加 1% 的碳，被認為相當於儲存在地下的 300 至 600 元肥料。

與收割後的植物殘株埋在一起的覆蓋作物排除雜草，並且使下層土具有肥力與可耕性。一般的覆蓋作物可能是野豌豆、白三葉草、黑麥，或者此三者之組合。藉由實驗，實施再生農法的農民們學會種植 10 至 25 種不同品種的覆蓋作物，每種都能為土壤增加特定的品質或養分。北達科塔州知名的再生農法農夫蓋博‧布朗（Gabe Brown）曾經在他牧場的種子箱裡放了 70 種不同的種子，可能的組合包括豆科植物如春豌豆、三葉草、野豌豆、豇豆、苜蓿、綠豆、扁豆、蠶豆、紅豆草和太陽麻，以及甘藍、芥菜、櫻桃蘿蔔（radish）、蘿蔔、羽衣甘藍等蕓薹屬植物，還有向日葵、芝麻、菊苣等闊葉植物，和黑燕麥、裸麥、狐草（fescue）、知風草（teff）、雀麥和高粱等禾本科植物。每種植物都能為土壤帶來顯著的好處，從阻斷雜草受光到固氮，並且使磷、鋅或鈣可為生物所用。牲畜食用後，不同種類的覆蓋作物可提供絕佳的營養。該清單讓我們知道

執行再生農法的農民如何利用多元的植物群落，使其作物增加、土壤健康、收入增加。

在傳統的輪作方式中，交替種植大豆和玉米，或者種 1 年小麥後休耕。這也是讓土地恢復地力的方式。再生農法輪作的作物可能有 8、9 種，如小麥、向日葵、大麥、燕麥、豌豆、扁豆、紫花苜蓿和亞麻。施行再生農法的農民以作物多樣性提高保障，此舉可以預防小範圍蟲害和細菌感染。除了輪作，還有間作，豆科的苜蓿或豌豆和玉米一起種植，以提供肥力。

再生農業是可實際執行的運動，不是純粹主義。在過渡到有機認證階段時，有些再生農法執行有機種植，而有些則在種植玉米時使用少量合成肥料。蓋博·布朗自 2008 年起就不施肥，15 年來亦不使用殺蟲劑或殺菌劑。他過去每 2 年就使用除草劑來去除如加拿大薊此類頑固的侵入性雜草，但現在不再需要它了。

再生農業的影響很難衡量或模擬，衡量個別農場所使用的方法不能千篇一律，碳封存率因所需的時間質量影響而有很大差異。然而，結果卻令人印象深刻。在 10 年或更長的時間內，農場的土壤含碳量可望由 1～2% 上升至 5～8%。1% 的土壤碳含量代表每英畝 8.5 噸的碳，這種成長率代表每英畝可增加至 25 至 60 噸碳。

長期以來，人們一直認為，沒有化學農藥和合成肥料，就無法生產足夠的糧食以餵飽人類。然而，美國農業部目前正在試驗不犁地、不使用化學品的農耕方法，證據帶來新思維：除非土壤富足，世人不可能飽足。餵養土壤可減少大氣中的碳。土壤侵蝕和水資源枯竭每年在美國增加額外的農業成本 370 億美元，全球成本則為 4,000 億美元。這樣的狀況有 96% 起因於糧食生產。印度和中國的土壤流失速度比美國快 30 至 40 倍。再生農法不是化學的缺席，它是可觀察之科學的呈現——實踐農業與自然法則相結合；再生農法復原、復興、重現健康的農業生態系統。事實上，再生農業是同時解決人類、土壤、氣候健康以及農民財務狀況的最佳機會之一。再生農業關乎生物結盟——如何以更高效、更安全和更具適應力的方式種植更好的食物。

影響：目前約有 1.08 億英畝土地採用再生農法，我們估計 2050 年前將增加到 10 億英畝。這種快速的成長，部分原因是有機農業過去的增長率，以及隨著時間的推移，保護性農法有計畫地轉變為再生農法。透過碳封存與減少排放，這種增加率可以達到 231.5 億噸減碳量。2050 年前，投資 572 億美元於再生農業，可以獲得 1.93 兆美元的回報。

養分管理

　　雖然氮肥在過去一個世紀中大大
提高了農業系統的產量，但其使用
也增加了這些生態系統中的游離氮
（free nitrogen）與反應性氮（reactive
nitrogen）。一些合成氮被作物吸收，
促進生長、提升產量，但未被利用的氮

則引起難以解決的問題。大多數氮肥是「熱」的，化學性破壞土壤中的有機物質。氮滲入地下水或通過地表逕流，最終進入溪流中，使藻類大量繁殖，並造成缺氧的海洋死區——世界上有 500 個海洋死區。水生系統中含氮量升高已被

2050 年前養分管理之排名與成效

減少二氧化碳	全球成本資料	可節省淨額
18.1 億噸	變數太多，無法定論	1,023 億美元

證明為是造成魚類死亡的主要原因。由土壤細菌從硝酸鹽肥料中所產生的一氧化二氮，其使大氣升溫的效果比二氧化碳強 298 倍。

農業系統中恰當的養分管理可以提高肥料吸收率，確保作物吸收大部分肥料，並減少土壤中氮肥未被植物利用而轉化為一氧化二氮的可能性。有效的養分管理可總結為 4 個 R：正確的來源（right source）、正確的時間（right time）、正確的地方（right place）、正確的比率（right rate）。整體而言，這些原則旨在提高氮的利用率，氮的利用率之計算方式為植物生產力與土壤中施用的氮或殘留之比例。

正確的來源主要是使肥料的選擇與植物需求或設備限制能互相搭配。肥料有各種形式，乾燥的或液體的，其中的含氮化合物不同，需要不同的施肥機制。肥料製造商已開始製造外層塗有聚合物的顆粒產品，在施肥後可減緩溶解。由這些產品中輸送的氮較

■瑞典波羅的海沿岸的藻華（algal bloom）。

能與植物的需求同步，可減少氮在輸送養分過程中以一氧化二氮的形態消失。這些產品在市場上相對較新，且由於成本之故，未被廣泛使用，儘管如此，初期的研究顯示它們可能有效減少一氧化二氮的排放。

正確的時間和地點聚焦於施肥管理，以在作物需求最高的時間與地點提供氮。在整個生長季中，作物對氮的需求並不一致。在接近成長期時，植物對養分的需求通常更多——體積快速成長或結果結穗時。估算作物對養分的需求增加的時間並給予氮，可以增加植物的吸收率並減少排放。為了簡化製成並減少設備傷害植物的可能性，農人通常會在種植當下或之後——植物對氮的需求低時——施用肥料。將每年的總肥料需求分成 2 次：一次在植物剛種下時，一次在植物較成熟且對氮的需求更高時，可減少肥料未被利用的可能性。

解決肥料中的一氧化二氮排放，最重要的選擇可以說是**正確的比率**。農民通常施用比建議量更多的肥料，以避免可能的不良生長條件，結果就是農業系統通常過度施肥，超過最佳比例，使其更容易受到一氧化二氮排放的影響。

對農民如何做出決策所進行的研究發現，農民可能會施用比必要更多的肥料，並優先考慮他們從肥料經銷商那裡得到的訊息——即使知道減少施肥可以降低排放量。獲得符合經濟效益的產量

以及降低風險的壓力，顯示農民維持或提高施肥率的動機，高過減少施肥。此外，氮肥在高產量地區相對便宜，而且經常獲得補助。

經由教育與協助，同時鼓勵農民並增加限制用量的規定，農民才能進行適當的養分管理。這些辦法如何取得平衡，端賴當地風俗民情與政策可行性。例如：研究發現美國某些農民願意接受獎勵和教育計畫，而不是遵守法規。像美國碳登錄（American Carbon Registry）這樣的團體一直在與研究人員合作開發碳補償辦法，聚焦於降低肥料使用率，使農民能夠加入最後可獲得回報的碳補償市場。

與肥料施用及使用有關的法規變數很多，通常與處理水質和水汙染的管制架構有關。因為氮肥所引起的水汙染通常被認為是非點源汙染（nonpoint source pollution，即不容易判斷與單一來源之關係），因此難以制定與執行法規。儘管如此，有些州政府如佛蒙特州，已開始要求具一定規模的農場進行養分管理計畫，以減少浪費與汙染。在英國，研究人員已確定了幾個「易受硝酸鹽危害區」（Nitrate Vulnerable Zones），在這些區域，施肥受到更多監管。諸如此類的現有管制架構，可提供管道規範肥料的使用，並減少因之而產生的溫室氣體排放。

然而並非全球各地政府均採用或有效

執行類似的法規。較依賴國內生產來確保糧食安全，以及依賴出口市場收益的國家，其生產往往優先於對環境所造成的影響。在中國，自給自足和糧食安全的國家目標，破壞了公眾對改善環境品質及相關政策與其執行之要求。具有相似狀況的還有撒哈拉以南非洲的幾個國家，其農業產量較低、糧食不安全，可能需要更多的肥料以縮小產量差距，並確保國民獲得足夠食物。歐盟於1991年制定「硝酸鹽指令」（Nitrates Directive），旨在減少地下水和地表水汙染，但截至2017年為止，只有丹麥和荷蘭兩國降低對合成氮肥的依賴。

鑑於肥料對全球農業生產的重要性，化肥減量應集中在對農業產量影響微乎其微的區域。要估計有多少土地面積減少使用化肥，需要對農民進行廣泛調查，而這幾乎是不可能的。此外，只要回復更高的肥料使用率，農民就可以選擇「放棄」養分管理，而且實際上農民每年會根據各種不同的因素改變肥料使用率。

聯合國糧食及農業組織和世界銀行提供了每個國家使用化肥的詳細數據，這些數據清楚地說明在過去10年中，大多數國家的化肥使用量一直穩定增長，每英畝使用率亦然。這些數據反映擴大農業生產以滿足不斷增長的人口之糧食需求，從表面上看，似乎採用這種解決方案的比例非常低。聯合國環境總署估計，養分利用率改善20%，將減少2,000萬噸以上的氮肥，並可節省500億至4,000億美元的潛在成本。

養分管理在本書的土地利用解決方案中是獨一無二的，因為主要是關於避免排放而不是碳封存。因此，養分管理對氣候所能產生的效益是持續的，而且沒有飽和風險；減少肥料使用可以永久避免排放。此外，進行這個解決方案非常簡單，只需要農民適度減少施肥，不需要執行大量的新方案或採用新技術。雖然不斷使用化肥會導致地力減弱、地表水入滲，而且隨著時間的推移會喪失產量，但農民可能會因為這些影響而增加施肥，希望彌補土壤健康之損失，因此惡性循環。雖然這個解決方案專注於更聰明的養分管理，但養分管理的真義是《Drawdown》中所討論的輪作、再生農法之實踐，才可以減少對合成氮肥的大量（如果不是全部）需求。

影響：2050年前，若不過度施肥的農田能由目前估計的1.77億英畝增加至21億英畝，將可減少相當於18.1億噸二氧化碳的一氧化二氮排放量。不需要投資，農民藉由降低化肥成本，可節省1,023億美元。我們的分析假設採用養分管理與保育型農法相似，因為農民對這兩種方式的接受度較高。

樹木間作

有兩種耕種方式。工業化農業在大面積上種植單一作物；樹木間作等再生農法利用多樣性來改善土壤健康和生產力，並遵從生物原則。結果是各類成本減少、作物更健康、產量更高。如同本書所提的許多解決方案，樹木間作很少用於解決全球暖化問題。儘管在農業工業化之後，20世紀的大部分時間，此法在歐洲採用率減少，但因為其具有較佳成效，故農民施行此法。如同所有再生型的土地利用方式，樹木間作增加土壤含碳量與土地生產力。間作提供防風林，減少侵蝕，並為鳥類和益蟲創造棲地；可以保護快速成長且易受風雨影響的一年生作物；深根植物可以吸收下層土的礦物質和養分，並為淺根植物所用；藤蔓植物有現成的攀爬架；對光敏感的陰性作物則受到保護，免受過量陽光照射。

此外，樹木間作非常美麗：辣椒和咖啡，椰子和金盞花，核桃和玉米，柑橘和茄子，橄欖和大麥，柚木和芋頭，橡木和薰衣草，野櫻桃和向日葵，榛子和玫瑰。三期作（Triple-cropping）在熱帶地區很常見，椰子、香蕉和生薑一起種植，可能的組合是無止境的。

為了成功執行樹木間作，地主必須仔細評估與了解土地、土壤類型及當下的氣候。陽光、養分流（nutrient flows）和水的可取得性決定樹木及作物的種類、密度與空間重疊。如果開車穿越法國的亞爾丁（Ardennes），你會看到白楊樹與小麥間作。也許樹木看起來不是

經過細心規劃而種下的，然而，這卻是以多年的知識評估過風、陽光、季節變化與作物間的養分競爭的影響之後的成果。這些因素交替決定植物的配置和類型——在這種情況下，是楊樹的類型。樹木和作物的排列因地形、文化、氣候和作物價值而異。

第 17 名

2050 年前樹木間作之排名與成效

減少二氧化碳	淨成本	可節省淨額
172 億噸	1,470 億美元	221 億美元

■ 位於華盛頓州中南部克利基卡特郡（Klickitat County）的一座新水蜜桃園，與玉米間作。

樹木間作有很多的變化。田籬間作（alley cropping）的樹木或樹籬以小間格成列種植，以使種植其間的作物獲取養分。小型樹或樹籬是固氮的豆科植物，如麻、南洋櫻和相思樹。在馬拉威進行了 10 多年的試驗中，將玉米與南洋櫻進行田籬間作，並與種在沒有樹木的田裡且未施肥的玉米比較產量。在田籬間作的田裡，每年修剪南洋櫻，含氮的枝條可作為土壤肥料，結果田籬間作的玉米產量是沒有施肥的玉米的 3 倍。由於馬拉威糧食短缺，貧困的小農不斷種植玉米，導致土壤退化，進而影響糧食安全。雖然在田籬間作中，因樹木「失去」土地，但在未使用化肥的前提下產量卻增加，這已經不只是彌補損失的程度。

農林混植農法是樹木間作的另一種形式，需要樹木分散種植、不連續覆蓋——如相思樹，為牲畜提供飼料。這些是根據在易受乾旱、風害和侵蝕的土地上種植作物的農民的生態知識種植的。在多雨的生長季節，富含氮的樹葉掉落，使玉米和其他作物不需為水或陽光競爭。在沒有化肥或其他資源的情況下，產量可增加 3 倍。

其他的間作方式包括帶狀間作、邊界系統（boundary systems）、遮蔭系統（shade systems）、森林耕作、森林園藝、真菌林業（mycoforestry）、混牧林業與牧草間作。樹木間作強化了這個觀點：人類福祉不依賴於過度利用或有害於生物的農業系統。更準確地說，間作有賴於發現、革新和實踐農耕方法，可以為不斷增長的人口提供食物，同時持續改善土壤、肥力、棲息地、多樣性和飲用水。

現代企業充滿了持續改進的觀念，這個概念在日本被稱為「改善法」（kaizen），其基礎為第二次世界大戰後在日本被教授的美國品質工程（quality-engineering）原則，意味著要做得更好，並強調每日小小的進步，能使產品和工作場所更好。作為一種古老的生態技術，樹木間作是相同的——一種既尊重也適應土地的方式。20 世紀時，由於要為工業化耕作爭取空間，樹木被砍伐；現在，樹木間作是可以創造農業復興的數十種技術之一，改變食物種植，是能將人類、再生和富饒帶回土地的更佳方法。

影響：考慮到不同地區和間作系統的封碳率，我們估計 30 年內總封存量為 172 億噸二氧化碳。為了達成此目標，全球樹木間作的面積需要成長到 5.71 億英畝。額外投資 1,470 億美元後，30 年內可節省 221 億美元。

保育式農法

以手操持，或由騾子、牛、拖拉機牽引，犁是一種標準工具，在種植作物之前用於鬆土並翻轉頂層土至下層。此舉在歷史上被視為農業的重大進步，但在實施保育式農法的農場中見不到犁，這是有充分理由的。當農民翻土除雜草並拌入肥料時，新鮮土壤中的水分會蒸發。土壤本身可能被風吹走或被水沖走，藏於其中的碳則被釋放到大氣中。雖然犁地的目的在於使耕地更具生產力，但實際上卻使養分流失，減少生命力。

因土壤侵蝕和退化，所以巴西和阿根廷在 1970 年代開始實施保育式農法，但實際上大多數農場在 18 世紀工業革命之前，都是不犁地或很少犁地的。保育式農法遵循 3 個核心原則：對土壤施以最少的干擾、維持土壤覆蓋、進行作物輪作。Conserve（保護、保存）一字的拉丁字根意為「保持在一起」，保育式農法遵守這些原則，努力讓土壤保持在一起，成為一個有價值、有活力的生態系統，以促進糧食生產並有助於改善氣候變遷。保育式農法和再生農業這兩種不同的《Drawdown》解決方案，都採用免耕方式。大多數從事保育式農法的農民會種植覆蓋作物，其與再生農業不同之處，在於使用合成肥料和殺蟲劑。

每年必須重新種植的一年生作物，面積占全球農地之 89%，這 30 億英畝的

■愛荷華州中部未犁地種植的大豆幼苗。

土地當中，有 10% 施行保育式農法。保育式農法在南美洲、北美洲、澳洲和紐西蘭很普遍，規模有大有小。因為不犁地，農民直接將種子播入土中，而為了保護土壤，他們在收穫後留下作物殘莖，或種植覆蓋作物。如果作物是穀物和豆類，輪作——改變作物種類和種植區域——是幾乎普遍於全球的做法。

在某種程度上，因為採用保育性農法相對容易和快速，並發現一系列好處，故保育性農法已經普及。土地能保水，耐旱性更高，亦可減少灌溉需求；土壤有養分、肥力高，就能減少施肥。大多數採用保育性農法的農民都見證成本下降、產量上升、收入增加。評論家指出，現代的免耕做法，尤其是在西方國家，嚴重依賴除草劑和基因改造作物。其他人認為這不是真正的保育式農法。非洲大部分地區，免耕農業是不用除草劑的。

保育式農法可以封存的碳相對少——平均每英畝 0.5 噸，但鑑於一年生作物在全球的普及性，這些噸數可以加總起來，並將此農業生產的主要產品從淨溫室氣體排放轉變為淨碳匯。由於保育式農法使土地更能適應氣候所引起的事件，如長期乾旱和大雨，因此在逐漸暖化的世界中，具有雙重價值。

保育性農法是一種已證實有效的解決方案，擴大施行規模的核心挑戰在於前期投資與最終收益之間的差距。對可能

■不翻土播種機整田和種植大豆。

無法等待回收的小農而言，尤其如此，以及租賃土地而非地主的農民，他們缺乏投資土壤長期健康的動力。透過提供廣泛的教育、裝備和金融支援農民的計畫，還有數百萬人可以採用保育式農法以獲得收益，並強化農田成為碳匯的能力。

影響：根據過去大型農業經營的增長，我們的分析預測到 2035 年前，執行保育式農法的總面積將從 1.77 億英畝增長到 10 億英畝。我們假設隨著再生農業被廣泛採用，已經採用保育性農法的農場將轉變為能更有效維持地力的農法，以滿足消費者減少有害除草劑之需求。此轉換的利益計入再生農業。儘管如此，保育性農法在此期間仍提供顯著的好處，以平均每年每英畝 0.15 至 0.25 噸的碳封存率為基礎，減少了 173.5 億噸的二氧化碳排放量。實行成本可低至 375 億美元，並獲得 2.12 兆美元的回報。

堆肥

第 60 名

2050 年前堆肥之排名與成效

減少二氧化碳	淨成本	可節省淨額
22.8 億噸	-637 億美元	-608 億美元

有機物質很重要。艾伯特・霍華爵士，英國農業家、堆肥的熱情擁護者，本能地知道這一點。20 世紀初在英國和印度進行實驗，霍華在他的植物中看到了證據：健康有活力的土壤是作物蓬勃發展、具適應力的關鍵。雖然並未完全理解相互作用的網絡，但他知道有機物質、土壤肥力和植物健康在本質上互有關聯。為此，他精心規劃了大型堆肥計畫，並為了尋找答案，澈底調查根的結構。霍華認為也許堆肥增強了植物根系和土壤中菌根菌（mycorrhizal fungi）之間的關係。終其一生，他與時間競爭，主張以化學肥料提供植物所需的養分。當時是哈伯法（Haber process）[44]的年代，德國發現了如何製造經濟實惠的氮肥，隨之而來的是，有機堆肥與追肥被視為過時和不經濟。

新的肥料製造法受到全世界關注，弗里茨・哈伯（Fritz Haber）和卡爾・博施（Carl Bosch）分別獲得諾貝爾獎。但霍華發現不一樣的事。人類長期以來一直使用堆肥和糞肥來滋養莊稼和花園，卻不了解其產生益處的機制。拉丁文中歷史最悠久的作品──由老加圖（Cato the Elder）所寫的《農業志》（De Agricultura）中，即包括堆肥指南，且認為堆肥是農民必需品。莎士比亞也知道黑金的力量，哈姆雷特以隱喻提出警

---

44. 哈伯法為在高溫高壓下，用氮氣及氫氣產生氨氣的過程；所產生的氨可製成氮肥。

告：「別在野草上施肥。」[45]荷蘭科學家安東尼・范・雷文霍克（Antoni van Leeuwenhoek）在 1670 年代以其自製的顯微鏡首次看到「迷你的野獸」，但我們的社會才剛剛開始了解微生物在土壤生態中所能產生的力量。

如同過去的推測，土壤的肥沃度有賴於風化的岩石碎片和腐爛的有機物質之混合物，1 茶匙健康土壤中的微生物比地球上的人更多。這些土壤微生物扮演 2 種連鎖角色。它們有助於分解死亡植物和動物的有機物質，並將關鍵營養素重新置於生態系統的循環中。它們還協助將這些關鍵營養素提供給植物的根，也就是植物所需之處，以換取植物溢出物──碳水化合物，也就是細菌和真菌的食物。從氮、鉀到磷以及其他更多元素，微生物使植物世界蓬勃成長，並在處理氣候變遷問題時產生作用。

像所有生物一樣，人類也會製造垃圾，但人類所製造的垃圾可能是唯一有問題的。世界上有將近半數的固體廢物是有機的或可生物分解的，也就是可以在幾週或幾個月內腐爛。造成垃圾流（rubbish flow）的一個關鍵因素是廚餘，以及院子和公園的落葉堆。數千年來，這類垃圾會重回自然體系，而今日，很多有機廢物最終進入垃圾掩埋

場，在缺氧的情況下腐爛，產生強大的溫室氣體甲烷，是 100 年來二氧化碳強度的 34 倍。人為因素所導致的全球暖化中，甲烷氣體可能占 1/4 強。雖然許多垃圾掩埋場有某種形式的甲烷管理，但將有機垃圾用以堆肥更為有效，既可以大大減少排放，也可以使微生物發揮作用。藉由適當的曝氣，可以避免堆肥過程中的甲烷排放。若不曝氣，堆肥的排放效益會減少。

堆肥的規模可以從後院堆肥箱到商業營運。無論規模如何，基本過程相同：確保充足的水分、空氣和溫度，以烹調進行中的有機物質之微生物盛宴。細菌、原蟲和真菌吃掉富含碳的有機物質，這是在每個單一生態系統中不斷發生的分解過程。地球本身有一層薄薄的堆肥散布在各種景觀中。堆肥的過程實際上會將有機物質轉化為穩定的土壤碳，並使其可為植物使用，不像垃圾掩埋場中的垃圾腐爛時會產生甲烷。堆肥是非常有價值的肥料，保留原始廢棄物的水分和養分，並有助於土壤碳封存，就像由垃圾邁向財富。

由於霍華和其他人的努力，工業堆肥自 20 世紀初就已存在，對目前的城市特別有用。由於人口密集，處理城市廚餘不是一項簡單的任務。2009 年，舊

---

45. 原文為：「And do not spread the compost on the weeds to make them ranker.」別在野草上再施肥料，使得它們更加蔓延。

■英國的大規模家庭園林廢棄物堆肥。

金山通過一項法令，強制要求對該市廚餘進行堆肥處理。西雅圖監控路邊的垃圾桶，貼上標籤，並對違反堆肥要求的人開罰。丹麥哥本哈根已經超過 25 年沒有將有機垃圾送進垃圾掩埋場，達到三贏效果：節省成本、產生肥料、減碳。

傳統上認為垃圾掩埋既便宜又方便，但隨著土地使用壓力和垃圾掩埋法規增加，這種情況正產生變化。這些轉變以及堆肥方式之簡易與多樣，使得堆肥的接納度增加中。正如回收，要達到順利堆肥的目標，必須教育公眾、發展必要的基礎設施，以收集、運輸和處理垃圾，並規劃具目標性的垃圾收集策略。堆肥並不是什麼新鮮事，但現在需要新方法來使其成真。達文西說過：「我們

可以說地球有成長的靈魂；泥土就是它的肉體。」堆肥是一種既能增強肉體——成長的靈魂——又能避免溫室氣體進入大氣的方法。

影響：根據估計，2015 年時，美國有 38% 的廚餘進行堆肥，歐盟則有 57%。如果 2050 年前，所有低收入國家都能達到美國的比例，而所有高收入國家都達到歐盟的比例，那麼就可以避免垃圾掩埋場排放相當於 22.8 億噸二氧化碳的甲烷。這好處還不包括以堆肥施肥的額外收益。堆肥設備的建置成本較低，但運營成本較高，這反映在財務結果中。

生物碳

在古代亞馬遜社會，幾乎所有的廢棄物都是有機的。廚房碎屑、魚骨、牲畜糞便、破碎的陶器等，其處理方法是掩埋和燃燒。廢棄物不暴露於空氣，在一層土下烘烤，這種稱為熱解的過程產生了富含碳的土壤改良劑——亞馬遜黑土（terra preta），其字面含意在葡萄牙文裡是「黑土」的意思。

亞馬遜黑土與亞馬遜盆地典型的黃色酸性土壤形成鮮明對比。這是隨著歐洲人的到來，而由游耕或火耕過渡到不同農業系統的證明。這些焚燒方法直到今日仍然存在，燃燒植物和樹木以清理土地，在亞馬遜薄薄的土壤上留下了殘留的碳。在熱帶地區很難累積有機物質，這些地區每英畝的生物量最多，但腐爛率也最高。大雨快速地從薄薄的土壤層沖走養分。在必須放棄新的土地之前，增加的碳可以創造幾年的肥沃。生物碳是一個重要的例外。

相較之下，黑土農業可維持土壤肥力數十年——在一些研究中指出，可以超過 500 年。至於在亞州、肥沃月彎與歐洲，豐富可靠的長期農業為城市和人類奠定了生活於其上的基礎。少數深入亞馬遜的歐洲探險家帶回大型都市聚落的奇妙報導。他們的敘述後來被視為幻想，因為城市已經消失，無法尋獲。天花導致 90 ～ 99% 的人口死亡，大都市被遺棄，很快就變成叢林，倖存的居民逃入荒野以躲避疾病和征服者。據推測，過去幾十年來首度接觸的亞馬遜部落，可能是這些 15 世紀文明的繼承者。

今日，亞馬遜黑土覆蓋亞馬遜盆地的 10%，保留大量的碳。雖然木炭滋養土壤的歷史可以追溯到 2,500 年前，但直到最近才（再度）被現代農學家發現。荷蘭土壤學家文・宋布魯克（Wim

■來自巴西農業研究公司 Embrapa 的研究人員和考古學家在開掘的洞穴上方觀察生物碳（亞馬遜黑土）埋在亞馬遜土壤中的深度。Embrapa 的工作人員已經在馬瑙斯（Manaus）富含亞馬遜黑土的土壤中種植一年生的作物 40 年，土壤肥沃度或生產力仍未耗竭或被破壞。一些科學家稱新黑土（terra preta nova）的潛力可引發農業的「黑色革命」。

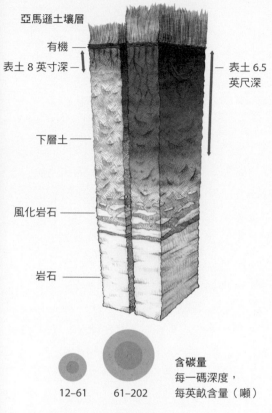

周遭（正常）土壤　　亞馬遜黑土

亞馬遜土壤層

有機 ——

表土 8 英寸深 ——

—— 表土 6.5 英尺深

下層土 ——

風化岩石 ——

岩石 ——

12–61　　61–202

含碳量
每一碼深度，
每英畝含量（噸）

2050 年前生物碳之排名與成效

減少二氧化碳　　全球成本與能省下之金額資料
8.1 億噸　　　　變數太多，無法定論

狀況下緩慢烘烤生物質。較好的方法是氣化，較高溫的熱解過程，可以得到更接近完全碳化的生物質。生物碳通常來自廢棄材料，從花生殼到稻草到木屑。在加熱過程中，油、氣與富含碳的固體分離，產生 2 種產品：可作為能源的燃料（此燃料可能用於熱解本身），以及可用以改良土壤的生物碳。因烘烤速度不同，燃料與焦炭的比例也不同。燃燒越慢，生物碳越多。熱解用途極多。大型拋光工業系統可以生產生物碳，亦可用小型臨時窯製造，這代表生物碳幾乎適於世界上任何環境……以及許多最需要它的地方。

為何焦碳會影響土壤肥力？當農民想增加產量時，會考慮氮、鉀、磷和某些礦物質如鈣和鋅。當你為農場或花園購買肥料時，碳不會在其中，因為它不是直接給予土壤養分，但卻能為更肥沃的土壤創造環境。生物碳具有多孔結構，可在狹小空間內提供廣大的表面積。你可以把生物碳視為一個棲息地，就像珊瑚礁，它布滿孔洞，有許多幽深角落與裂縫，裡面充滿養分和水分，幫助不可少的微生物開設商店。專家指出，由於

Sombroek）於 1950 年代在亞馬遜發現這種不尋常的黑土，並於 1966 年發表具開創性的書《亞馬遜土壤》——這是他終其一生持續研究的內容。在拉丁美洲的其他地方，以及德國北部和西非，都發現黑土。現在被稱為生物碳的這些古老遺物對現代農業和大氣都具有意義。

產生生物碳的熱解（pyrolysis）一詞來自希臘語，pyro 為「火」，lysis 為「分離」。熱解為在幾近無氧或完全缺氧的

豐富的微孔洞，1 公克生物碳就可以擁有 1,200 至 3,000 平方碼[46]的表面積。它的作用有如營養磁鐵，帶有負電荷，可吸收帶正電荷的元素，如鈣和鉀。這可以減少氮肥造成的土壤酸化並提高產量。當翻土到地下時，生物碳通常有助於植物生長，但並非所有土壤中皆同。科學家們持續研究生物碳在何處以及如何才能最有利於土壤和生長其中的植物。早期的研究發現不同的生物質產生性質不同的生物碳，學習如何配對土壤與生物碳將有助於提高其價值。研究顯示作物產量平均增加 15%，對酸性和退化土壤的影響最大，而這樣的土壤經常出現在糧食不安全的地區。更有甚者，生物碳可以提高植物吸收硝酸鹽肥料的能力，這可能使農民施較少的肥卻獲得相同效果，從而降低成本，減少逕流以及對水生生態系統造成的破壞。

熱解由植物進行光合作用過程中所產生的糖生成高含碳量的材料。當生物質在表面分解時，碳和甲烷逸散到大氣中。生物碳保留了存在於生物質原料中大部分的碳，並將其埋於下方。如果處於穩定狀態，它可以在土壤中保持幾個世紀——大大延遲返回大氣層的時間，有效阻隔正常的碳循環，並使其進入慢速運動。專家們認為，除了避免有機廢棄物的排放，理論上，生物碳每年可以

封存數十億噸的二氧化碳。

生物碳的核心問題是所使用的原料。當原料來自農業或城市廢棄物時，將其轉化為生物碳是一種碳封存、提高肥力和產生能量的手段。然而，若缺乏適當的監督和法令，為了製造生物碳而掠奪生物質的土地或砍伐樹木，會傷害土壤，造成土壤退化。

隨著對生物碳的興趣與生產的成長，關於是什麼構成永續原料的爭論仍持續中。製造生物碳是一個新興的產業，關於其用途與如何利用之科學正逐步成形，雖然對熱解的需求仍相對較小，但技術持續成長中。國際生物碳組織（International Biochar Initiative）等團體正努力為這一方法制定標準與一致性，並支持其執行，包括為生物碳規劃可獲得清晰且永續的未來而進行的認證工作。截至 2015 年，加入此方案的公司由 2013 年的 175 家增加至 326 家。這些公司將生物碳從古老的實踐轉變為解決全球暖化的重要方案之一。

影響：到 2050 年前，生物碳可以減少 8.1 億噸的二氧化碳排放量。此分析以新興的生物碳產業受到全球生物質原料供應之限制為前提，利用生物碳預防與封存溫室氣體的諸多方式之總生命週期評估。

---

46. 1 平方碼約等於 0.83 平方公尺。

熱帶主食林木

2050 年前熱帶主食林木之排名與成效

減少二氧化碳	淨成本	可節省淨額
201.9 億噸	1,201 億美元	6,270 億美元

講到農業就讓人想到玉米、小麥和稻米等主要（糧食）作物，大豆和花生等豆類，馬鈴薯、甘藷、木薯等塊根作物，以及成排的花椰菜、番茄與萵苣。這些作物有一個共同點：它們都是一年生植物——種植、收穫，然後每年重新栽種。由於農耕方式的本質，每年會由土壤中淨釋放碳到大氣中。

雖然並未廣為人知，但許多多年生作物，包括樹木和其他壽命較長的藤本植物、灌木和草本植物，也能生產糧食。這些多年生的糧食作物中，有許多已在人類社會中出現千年，其中一些是世界糧食供應的重要部分，尤其是在每天都吃香蕉和酪梨為主食的熱帶地區。來自樹木的主食包括香蕉和麵包果等澱粉類果實、酪梨等富含油脂的水果，及椰子和巴西栗子等堅果。許多豆科植物是多年生的，包括莿桐（chachafruto）[47]、樹豆、牧豆樹和刺槐豆。還有一些特別的食物，例如西谷米，是由西谷棕櫚的髓泥製成的澱粉類碳水化合物。或者象腿蕉，是衣索比亞一種類似香蕉的植物，其果實在地裡發酵 3 至 6 個月，可以製成一種叫做 kocho[48] 的傳統主食。

非洲有許多產主食的樹種：猢猻樹、納塔爾紅木樹（mafura）、摩洛哥堅果樹、勞氏喬蒟麻（mongongo）、酒樹（marula）、非洲芒果（dika）、猴橘子（monkey orange）、辣木（moringa）、非洲梨（safou）等。

目前有 89% 的耕地，約 30 億英畝，用於種植一年生作物，剩餘的 1.16 億英畝用於多年生糧食作物。幾十年來，由一年生作物轉作多年生糧食作物的土地，平均每年封碳約 1.9 噸。在熱帶地區，每英畝澱粉與蛋白質糧食作物的產量與一年生作物的產量相當，在某些情況下甚至大幅超越。

目前，在溫帶和北方地區沒有產量可與一年生糧食作物相匹配的候選作物。多年生糧食作物面臨的另一個挑戰是機械收割，這些大多數作物不適合機械收割或去殼。然而低收入國家的許多農民可以利用這種劣勢，他們無法與商品化的一年生作物競爭，但可以善加利用糧食作物的混農林農場。

---

47. 學名 Erythrina edulis。
48. 刨下象腿蕉樹皮纖維後以蕉葉裹好，埋於地下發酵 3 個月，成為粉糰，取部分加水壓平後置於鐵鍋上烘烤，即得 kocho 餅。

然而，好處遠大於缺點。熱帶糧食林木可以在混農林農場、多層混農林業或樹木間作系統中扎根。在上述各種農法下，它們都可以逆轉侵蝕和逕流，並為雨水創造更高的滲透率。它們可以生長在太過陡峭而不適合一年生作物機械化耕種的斜坡上，且能適應更多種類的土壤。這類樹木有些性喜極乾旱的條件，而在這些地方，一年生作物難以生長或不可能出現。它們所需的肥料和農藥較少，種植後也幾乎不需耕作。

由於全球天氣模式的變化，多年生植物更具彈性，為無法種植一年生作物的地方提供食物。全球淨雨量逐漸增加中，但並非以所需或所期待的方式增加。全球暖化正在形成新的降雨模式，有長期乾旱狀況，亦有伴隨著山洪暴發的壓倒性降雨。多年生糧食作物可以在不利一年生作物的條件下生長和茁壯。例如：象腿蕉可以休眠 6 至 8 年，並在沒有任何降雨的情況下生存，當雨重新落下時，象腿蕉也會回復生機。與棕櫚樹或香蕉樹相比，一年生植物較嬌弱，對土地和資源來說，轉作是較明智的利用方式，對小農（於全球耕種約 4.3 億英畝地，平均土地少於 5 英畝）、村莊、保育和收入能有多層次的利益。

影響：熱帶糧食作物目前約占 1.16 億英畝地，大部分在熱帶地區。它們的封碳率高達每年每英畝地 1.9 噸，若 2050 年前可以再增加 1.53 億英畝，將能額外封存 201.9 億噸的二氧化碳。我們的分析假設僅於現有的農田擴展，不需砍伐森林。因為它們的產量比一年生糧食作物高 2.4 倍——而且只需 6 成成本，省下的金額極可觀，但施作成本卻很低。

■馬魯拉樹（Sclerocarya birrea）的分布範圍從非洲南部的林地到最北部的沙黑爾（Sahel）。它有類似於橡樹的寬樹冠，與芒果和腰果同科。它是長頸鹿、犀牛和大象豐富的食物來源，後者是主要的消費者。馬魯拉樹的果實獨特而美味，內有富含蛋白質和馬魯拉油的堅果。大象食用其果實和樹枝，並在樹皮上咀嚼，所以它有時被稱為大象樹。由於大象以如此激烈的方式對待馬魯拉樹，因此種子隨著其糞便到處散布，以彌補馬魯拉樹為牠們所做的犧牲。

農田灌溉

灌溉即為供水予農田。灌溉可回溯到約西元前 6 千年，當時首度將尼羅河與底格里斯—幼發拉底河的河水引至農田。埃及人和美索不達米亞人都利用河水氾濫來滋養田土。洪水之神哈皮和灌溉之神恩比魯魯隨著河水而來，為這些古老社會帶來重要的技術。早期水務管理系統的遺跡——運河、堤岸、大壩——至今仍在。

8 千年後，農業和灌溉用水占世界淡水資源的 70%，而灌溉對全球 40% 的糧食產量至關重要。由於其普遍性和規模，引河流之水和抽取地下水來灌溉可能導致地表水和地下水枯竭，並引發農場、城市和企業之間的水權競爭。以馬達抽水和輸送水至農地也需要能源，在此過程中產生碳排放。

在人類歷史中，始於尼羅河和底格里

■滴水灌溉是由以色列的布拉斯（Simcha Blass）所發明。布拉斯的靈感產生於 1930 年代，當時有位農民想知道為什麼他最大的樹在沒有水的情況下仍然繼續生長，於是布拉斯挖掘樹根周圍，發現水管漏水。然而，直到 1960 年代出現便宜的塑膠水管，他的發明才獲專利並商業化。這個發明所能節省的水，可能比任何其他技術都多。

斯—幼發拉底河的灌溉方法一直具有重要地位。它們被稱為「淹灌」或「水窪灌溉」，將土地浸沒於水中，且仍是世上許多地方最常見的方法。但到了 20 世紀中葉，一系列灌溉技術不斷發展，幫助農民更精確、更有效地灌溉，從而節省用水並減少對氣候的影響。滴水灌溉和噴灌 2 種方法都能更精確地用水，可盡其所能配合作物成長所需：滴水灌溉可達 90% 的施灌效率，噴灌的準確度則有 70%。也就是說，每滴水可產生更多價值，提高灌溉生產力，且整體用水更少。

更有效率地利用農場的水有許多好處。除了減少能源需求與碳排放，作物產量也有所提高，且耕種成本下降、土壤侵蝕狀況好轉。較不潮溼的田間環境使害蟲減少。因為用水需求降低，更可以保護地表水和地下水資源，水資源利益相關者之間的衝突也有緩解之可能。此外，滴水灌溉可以應用於各種地理景觀。然而執行面有其劣勢。更具效率與更精確的灌溉需要更大面積的基礎設施，因為這不只是打開水龍頭而已，這代表需要更高的資金成本以及後續的維護，可能使價低的糧食作物無法負擔此項技術。

作物在不同的生長階段需要的水量不同。藉由調節灌溉，另有一種具效率的現代方法，讓農民及時監測並滿足作物的需水量。調缺灌溉的方法與水的可

2050 年前農田灌溉之排名與成效

減少二氧化碳	淨成本	可節省淨額
13.3 億噸	2,162 億美元	4,297 億美元

變應用相似：當農作物處於較耐旱階段時，農民可以減少灌溉，這種策略性的缺水壓力實際上可以提高作物品質。感應器也正在改變灌溉風景：它們自動監測土壤溼度並控制灌溉系統，減少農民為猜測灌溉量而瞎忙。在可以將雨水或逕流引入灌溉系統的地方，農民可以採用另一種有效利用水的方法。

滴水灌溉和噴灌都是成熟的技術，過去 20 年裡，利用滴水灌溉和其他「微型」灌溉的農田面積增加了 6 倍，從大約 400 萬英畝增加到至少 2,550 萬英畝。雖然繼續增加中，但總量不到全球灌溉土地的 4%。目前為止，此技術大部分出現於美國、紐西蘭和部分歐洲國家，而低收入區域則有待開發。亞洲採用傳統灌溉的面積最大，因此也是最具機會改善農業用水的地區。

要使這項技術普及，最大障礙是採購及安裝成本，價格使得滴水灌溉和噴灌超出許多小農所能負擔的範圍。新的低成本滴水灌溉技術正試著改變這種狀況，另外還有指定用途的貸款與補貼，因此採用率正在提高當中。灌溉基礎設施也需要專門知識，教育與培訓可以確

保農民擁有灌溉系統、知識及技能，以進行有效之利用。在設備成本下降、農業社區技術能力提高的情況下，改良後的灌溉系統對農耕和氣候皆是福音。

影響：目前世界各地採用噴灌和滴水灌溉的差異很大，從高收入國家的 42%，到亞洲和非洲的低收入國家的 6%。我們的分析假設利用改良式灌溉的面積從 2020 年的 1.33 億英畝增加到 2050 年的 4.48 億英畝。採用增加率最高的地區將是亞洲。目前亞洲占全球灌溉面積的 62%，其中只有 4% 的土地採用微灌溉。2050 年前，這樣的成長率可以避免 13.3 億噸的二氧化碳排放、節省 900 加侖的水和 4,297 億美元。

■德爾博斯奎農場（Del Bosque Farms, Inc）的總裁喬‧德爾博斯奎在加州法爾博（Firebaugh）的杏仁果園檢查用於滴水灌溉的水管。

大自然隱藏的另一半
大衛・R・蒙哥馬利、安妮・比寇

　　長期以來，農業產業一直認為我們餵飽人類的唯一方式是利用化學肥料、殺蟲劑，以及最近的基因改造種子。傳統觀點認為生物業或有機農業無法養活世界——這些只是小農的特殊做法，對全球的食物需求而言是不切實際的。在這段節錄中，大衛・蒙哥馬利和安妮・比寇概述了科學如何「證明」植物在吸收化學物質後成長最佳的歷史——所有工業化農業的基礎，以及如何養活飢餓世界的普遍教義。

　　如同蒙哥馬利和比寇所說，因為當時人們仍不了解土壤壽命的角色，因此這個領域的科學是不完整的。19 世紀和 20 世紀大部分時期的農業學家和土壤科學家都不知道微生物在土壤中的作用。在缺乏這方面知識的情況下，化學肥料對農業產量的影響之理論是不會受到批評的，因為它確實維持並增加產量，尤其是在土壤退化的土地上。然而，工業化農業帶來昂貴代價。20 世紀中後期，施用化肥與農藥的農法導致土壤碳、表土和腐殖質持續流失，造成水汙染、使作物更容易受蟲害、產生溫室氣體（一氧化二氮和二氧化碳），以及海洋死區。

　　土壤中的大量細菌，對土壤健康、生產力、水滲透率、耐旱度、抗蟲性和水質等有很大的影響，這是一個產生生命的社群，其過程複雜且不可思議。蒙哥馬利和比寇在他們的同名書中非常具有說服力地寫出這是「大自然隱藏的另一半」。《Drawdown》提及的所有土地使用方法，都能強化碳封存、提高生產力和生態系統服務，因為它們與生命過程並行。如同你將在「可喜的未來」這一章裡的「微生物農業」所見，世界最大的農業公司正競相了解微生物解決方案，並為之取得專利和商業化，以遏制以農業化學為基礎的工業化農法所引起的 150 年土地退化。

　　1634 年，比利時化學家和內科醫生海爾蒙特（Jan Baptist van Helmont）開始研究土壤肥力與植物生長這個謎樣的世界。然而，這不是他安排時間的首選。身為一名受過訓練的煉金術士，他相信自然物體擁有能夠吸收和排斥物質的自然力——而且可以藉由觀察和實驗來理解。因為拒絕在解釋自然現象時為教會背書，他與教會發生衝突；憤怒的宗教法庭軟禁海爾蒙特，指責他以無禮傲慢的態度調查上帝的作品——自然——如何運作。

他善加利用被困在家中的數年，開始思考一顆小小的種子如何長成一棵大樹。植物如何成長，無法以肉眼觀察。因為不相信植物會吃土的普遍看法，他秤重後在一個裝有 200 磅乾燥土壤的盆子裡種了一株 5 磅的柳樹苗。然後他什麼也沒做，就只是澆水，讓樹苗慢慢成長；這是一個被軟禁在家的人所能進行的完美實驗。過了 5 年，他重新秤重，發現樹多了 164 磅，而土只流失了 2 盎司（56.7 公克）。因此他得到這個結論：樹靠水成長。

受其發現之鼓舞，海爾蒙特展開廣泛的實驗。其中之一為焚燒 62 磅的橡木炭，小心地收集並秤重，得到 1 磅灰燼和 61 磅氣體（二氧化碳）。燃燒木材產生灰燼不令人意外，但產生氣體──更不用說量如此大──卻是新發現。在此之前，如果說出一株植物的大部分是由看不見的氣體所形成，會招致嘲笑。

又過了一個半世紀，研究植物生理學的瑞士化學家索緒爾（Nicolas-Théodore de Saussure）將這一切融合在一起。1804 年時，他重複海爾蒙特的實驗，仔細秤重並計算植物消耗的水和二氧化碳。他證明了植物之所以能成長，是因為在陽光下結合水與二氧化碳──我們稱這個過程為光合作用。索緒爾的發現顛覆了人們對土地肥沃度的了解。植物沒有從土壤中的腐植質中吸取碳，而是把它由空氣中拉出來！這個逆轉挑戰數世紀以來的觀念，即植物藉由吸收腐植質（腐爛的有機物質）而生長。儘管如此，索緒爾的研究仍然違反直覺，畢竟，那麼多世代以來的農民都知道糞肥能協助植物生長。

（……）

自然哲學家認為土壤有機質或腐植質──土壤頂部、腐爛植物下的深色薄層──以某種方式幫助植物生長。由於這種神祕的材料直接餵養植物，使此種想法能夠普及。直到實驗發現腐植質不會溶解在水中，才使植物可以直接由腐爛的有機物質中吸收養分的想法受到懷疑。而如果植物無法由根部吸收腐植質，那麼如何利用它來成長？

因為遇到瓶頸，當時的科學家不再堅持植物直接由腐植質中吸收養分，德國化學家尤斯圖斯‧馮‧李比希（Justus von Liebig）採納這個想法，並率先質疑腐植質學說。1840 年工業革命席捲而來，他發表一篇具影響力的農業化學論文，他在論文中推斷土壤有機質中的碳不會促進植物生長，因為正如索緒爾所示，植物從空氣中的二氧化碳中獲取所需的碳。李比希利用當時標準的分析方法，並於燃燒前後為植物物質秤重，發現植物灰燼富含氮與磷。假設在灰燼中所留下的物質能使植物以作物獲得養分，似乎是合理的。在他看來，這一發現為植物科學家們找到長期追尋的答案──土壤化學是土壤肥力的關鍵。

■堪薩斯州土地研究所（Land Institute）的農藝學家傑瑞‧格拉弗（Jerry Glover）展示在原生草原中多年生禾本植物根系生長的程度。

李比希和他的學生很快就確定植物生長必需的5個關鍵元素——水（H_2O）、二氧化碳（CO_2）、氮（N）和2種岩石衍生的礦物元素磷（P）和鉀（K）。然後他們得出結論，有機物質於創造和維持土壤肥力並無重要作用。推翻普遍存在的腐植質理論，李比希在現代農業的核心引入土壤肥力的觀點。

讀了歐洲農民以最近進口的海鳥糞為退化的土壤施肥後所達致的爆炸性作物增長的報導，你很容易就能理解李比希的化學理念為何具有吸引力。1804年時，德國探險家亞歷山大・馮・洪堡德從祕魯海岸的島嶼將此魔法物品的樣品帶回歐洲，除了含有大量的磷，這種白色岩石的含氮量是大多數糞便的30倍。

19世紀末，在祕魯鳥糞島被開採而後遭遺忘之前，廣泛施用化學肥料已成為農業生產的指南，並深入人心。

（……）

（但結果卻發現）有機質是土壤的命脈，是原始地下經濟體系的貨幣。土壤渴求有機物質，這解決了部分謎團，讓我們知道為何它消失得如此迅速。在你的腳下，微生物和更大的生命形式創造了複雜且充滿活力的社區，在那裡，一切都有雙重角色——吃與被吃。這些只能在顯微鏡裡看到的勤奮角色，它們不只分解有機物質，同時也是植物所需的養分、微量元素與有機酸的供應者與傳遞者。因此，雖然植物不直接吸收有機物質，但它們確實吸收了以有機物質為食的土壤生物的代謝產物。李比希一生當中有大部分時間對有機物質無關緊要這個觀點感到滿意，但現在我們知道實際與他所想的不一樣——土壤生物角色吃重，能保持土壤肥沃與滋養植物。

當微生物分解死亡的植物和動物，它們將生命重要的組件重新置入循環中，包括三大元素——氮、鉀、磷——及所有其他對植物健康很重要的主要營養素和各種微量營養素。此外，微生物可以將營養帶回到所需之處——植物的根。

我們才剛開始意識到植物根系和土壤生命之間獨有的、古老的連繫。根據估計，住於土壤中的物種，我們所知只有1/10，土壤生態學直到現在仍與古代天文學非常相似，僅限於用肉眼所能看到的恆星。大自然隱藏的另一半在地球的皮膚上起作用，將土壤與死後的植物、動物編織成一張生命的地毯，成為繁榮的微生物世界之基礎。由於觀察土壤中所發生的一切具有難度，關於長久以來地底下的世界所發展出來的堅固關係網絡，我們還有許多需要學習之處。

■節錄自大衛・R・蒙哥馬利與安妮・比寇合著之《大自然隱藏的另一半：生命與健康的微生物根源》。經 W. W. Norton & Company, Inc. 授權使用，版權所有。

管理型放牧

2050 年前管理型放牧之排名與成效

減少二氧化碳	淨成本	可節省淨額
163.4 億噸	505 億美元	7,353 億美元

從長遠來看，放牧動物創造了非凡的環境。研究非洲東部的塞倫蓋提平原（Serengeti plains）和放牧水牛的美國高草草原（tallgrass prairies），就能清楚知道這點。在原始草原仍然未被開發的地方，土壤含碳量高，且可達 10 英尺深。當同一塊土地被一遍又一遍地耕犁或放牧家畜時，土地會隨著時間而退化並失去土壤碳。

管理型牧場模仿草食性動物在野地遷徙的模式。草食動物群聚在一起以保護自己和幼獸免於遭掠食者傷害，嚼食多年生和一年生的草本植物頂部，並以腳蹄撥動土壤，混入尿液和糞便；他們不斷移動，過一年才會再回到原來的地方。牛、綿羊、山羊、麋鹿、駝鹿和鹿等動物是反芻動物，這些哺乳類動物所吃下的纖維會在牠們的消化系統中發酵，然後以甲烷生成菌分解之。反芻動物共創（cocreate）世界上最廣闊的草原，從阿根廷的彭巴草原到西伯利亞的猛獁草原。若將這些動物圈養在籬笆內，就完全是兩回事了。更糟糕的是，

■北達科塔州布朗牧場上的圍牧。

如果你把牛養在飼育場，並測量牠們對環境和氣候的影響，會發現牠們跟煤並列為對地球危害最甚的原因之一。但顯而易見的是，當在草原上對牛和其他反芻動物進行整體管理時，可能是對土地最好的事情。

法國生物化學家和農夫安德烈·瓦桑（André Voisin）於 1957 年首度提出管理型牧場的好處這項理論。瓦桑研究化學和物理學，但他實際上是植物和動物生理學家。當他在第二次世界大戰後回到自己的農場時，對乳牛和草之間的關係產生了興趣。我們很容易將這件事視為理所當然：草長大、被吃掉、乾枯，然後再次成長。瓦桑注意到，農藝師非常注意該種哪種牧草、該如何施肥，以及何時澆水，但很少或根本不考慮動物和草之間的互動。草被整株吃掉了嗎？草只被吃一次嗎？動物們吃太多草了嗎？在被多次食用之後，草的狀況如何？草恢復了嗎？在不同牧養方式的牧場上，動物體重增加有何差異？瓦桑檢視放牧的種種枝微細節。透過這些觀察結果——撇開降雨等其他變因——他發現乳牛如何吃草是牧場健康和產量的主因。

當牛持續吃草時，存於根中的養分會逐漸消失，直至完全耗盡。植物會消失，土壤的養分亦然。這就是過度放牧；根據一些估計，世界上有超過 10 億英畝的土地處於這種狀況。過度放牧的衝擊導致人們相信，如果將動物移走，土地就會恢復。事實不然。無論是野生或馴養，當草食性動物離開時，土地會惡化。過度放牧所造成的破壞模糊了放牧時所發生的事情——土壤健康衰竭、土壤碳流失。

進行研究時，瓦桑瞄準 2 個關鍵變因：動物在特定草地上吃草的時間長短，以及在動物返回前，土地休息的時間長短。能夠讓牛與草達到最佳關係的方式，後來被稱為管理型放牧。有 3 種基本的管理放牧技術能夠改善土壤健康、碳封存、保水度和牧草產量：

1. 改良型連續放牧調整標準放牧方法（基本上是不進行管控的牧場），並藉

■ 蓋博·布朗在一大片的覆蓋作物中：大蕉（plantain）、白蘿蔔，一年生黑麥草、黑小麥、深紅三葉草、鐘穗花與扁豆。

由減少每英畝的動物數量來避免過度放牧。

2. 輪牧。系統性地將牲畜移至新鮮的小圍場或牧場，使已經放牧過牲畜的牧場能恢復生機。

3. 適應性多重小圍場放牧，有時被稱為圍牧（mob grazing），是三者中最密集的。它讓動物在小型圍場間接二連三地移動，動物離開之後，土地獲得時間恢復——在溫暖潮溼的氣候中是 1 個月，在較涼爽乾燥的地方則是 1 年。

研究報告這 3 種方式的一系列影響。研究的整合分析顯示放牧所產生的影響在很大程度上因當地的氣候、土壤顆粒大小以及主要草種而異。改良型放牧通常每英畝可以封存數百磅碳，但在某些情況下，每英畝可多達 3 噸。當計入甲烷和一氧化二氮的排放時，淨封存量會低許多。然而牧場占世界農業用地的 70%，且各種地理景觀皆適於管理型放牧，如果能大規模採用，能產生極大影響。

從常規放牧到密集式放牧的轉變，涉及 2 種制度間的過渡期。常規放牧的農場不使用殺蟲劑、除草劑、殺菌劑和肥料，而農業公司不太可能研究和資助這些決定。長期擁護者的執行結果證實了過渡期約需 2 至 3 年的時間，此時間長度與大多數質疑倡議者所提出之結果的研究大約相同。北美洲的農民們只於特定單一農場執行，因此未被包含於對管理型放牧所進行的研究或同儕審核的論文之內。被提出來的許多好處在地理、牧場、農場類型及氣候方面一致，並根據短期觀察結果而有不同結論。

採用管理型放牧的農民說，曾經乾涸的常流河已經恢復。在 1 至 2 日輪換密集的農場上，牛隻的豢養力增加了 200 ～ 300%。原生草種重新長出，讓雜草無處可生。牧場不必播種，省下時間和燃料；也不須耕地，省下燃料和設備費用。牛的行為改變了，牠們不是在過度放牧、布滿殘根的牧場周圍虛度光陰，而是迅速移動並在此過程中吃掉雜草（農民們發現它們富含蛋白質），因此減少或消除控制雜草的需求。

世界各地都持續試驗管理型放牧，有些牧場主人利用社群網路和面對面會議來分享他們正在學習的內容。沒有照著書本做的技巧。當放牧的步調快與密集，而休眠期較長時，結果似乎有所改善。草中的蛋白質和醣類增加，使得土壤中的微生物獲得更多碳糖，菌根菌的生長就越好。菌根菌會分泌一種叫做球囊黴素的黏性物質，將富含有機質的土壤聚成小顆粒，形成帶有空洞的易碎土壤，這些空間可以讓水流於其間。採行此法的牧場主人們指出他們的土每小時可以吸收 8 英寸、10 英寸和 14 英寸的雨水，而過去在硬化的土壤中，只要 1 英寸的雨水就會導致積水和侵蝕。雖然氣候行動主義者們大量討論碳封存率，

但在前頭帶路的農民和牧場主人們並未以此封存碳或影響氣候，他們增加碳來創造健康的土壤和牲畜，許多碳含量為1%者，現在增為 6 ～ 8%，甚至更高。

採用管理型放牧的農民表示，由於生產率提高，以及減少除草劑、殺蟲劑、肥料、柴油和獸醫的成本支出，因此收入顯著增加，而且農場重拾生機──成群的鳴禽、原生松雞、狐狸、鹿，以及蜜蜂、蝴蝶等授粉昆蟲都回來了。儘管放牧方式變得更加密集，但訪談還是說明了，即使在同一塊土地上有更多的動物需要照料，農民還是擁有更多時間。雖然美國農業部以保守的立場含糊其

辭，但極力主張將碳轉移到牧場土壤中的是農民自身。

威爾‧哈里斯（Will Harris）是在美國東南部最貧窮的郡之一──喬治亞州克萊郡（Clay County, Georgia）──經營白橡樹牧場的第四代農民。經過半世紀的化學密集型技術，出於「日益增長的傳承意識和責任感」，哈里斯開始將家庭農場轉變為一個整體和人性化的系統。他捨棄玉米飼料，不施打賀爾蒙與抗生素，然後停用殺蟲劑和肥料。他說：「現在我每天所想的，都是怎樣才能讓這片土地變得更好？」

白橡樹採用模擬塞倫蓋提自然放牧模

式的輪牧方式，非常明確地規定大型反芻動物後面是小型反芻動物，然後是鳥類。也就是，乳牛後面是綿羊，然後是雞和火雞，它們都在自己的牧場內自由活動。農場的功能更像是一個生態系統，動物展現了哈里斯所說的本能行為；白橡樹團隊將整個放養方式視為一個活生生的有機體。哈里斯不以每英畝的最大產量來衡量農場是否成功，而是注重健康、長壽、與自然共行──從長遠來看，這是能獲利的事業。至於封碳率，哈里斯說他的 1,250 英畝土壤中，高含碳量的有機物質比附近傳統農場的土壤高 10 倍，而他們的土壤類型與降雨量都相同。

蓋博·布朗在北達科塔州俾斯麥東部經營布朗牧場，他採用高密度放牧技術，在 100 座小圍場間移動數百頭牛，在有些牧場之間移動的間隔不到一天。他在其中一塊土地上未利用任何外部添加，於 6 年內將土壤有機質從 4% 提高到 10%，每英畝增加了 50 噸碳。他對其農法改變做了最好的說明：「當採用慣行農法時，我每天醒來時都必須決定今天要殺死什麼；但現在我醒來，決定協助讓那些生物過得更好。」關於改變的源頭，他同樣清楚：「你不用改變華盛頓特區（首都）。消費者才是驅動力。」

影響：與標準放牧法相比，藉由強化碳封存，此解決方案在 2050 年前可以封存 163.4 億噸二氧化碳。請注意，這並沒有減少目前由牧場所釋放的 100 億噸甲烷。30 年內，採用管理型放牧的面積必須從 1.95 億英畝增加到 11 億英畝。2050 年前，以 505 億美元的額外投資，收益為 7,353 億美元。

■在一年一度的塞倫蓋提遷徙期間，白髯牛羚群聚集在一起。我們在這張照片中所看到的，是幾乎所有牧群動物都會做的事情，即在連續移動的同時，相對地靠在一起。藉由集中在一起，動物可以保護幼獸免受土狼、獅子及其他在遷徙過程中跟著牠們的掠食者的傷害。管理型放牧利用圍欄和短輪牧時間模仿牲畜們在天然牧場上的行為，以提升動物健康與土地再生力。

女人與女孩

本章與數字的關係不大。本章所提出的解決之道聚焦於人類多數──51% 的女性。因為氣候變遷並非中性的，所以我們特別為女性列出一章。由於不平等的現狀，女人與女孩們在面對氣候變遷的衝擊時特別脆弱，從疾病到天然災害皆是。同時，女人與女孩們是成功處理全球暖化問題的關鍵性角色，對全人類的恢復力也很重要。正如你將在本章所見，因性別差異而出現的限制與排斥對所有人而言都是傷害，平等對所有人都有利。本章的解決之道說明加強女性的權利與福祉可以改善全人類的未來。

女性小農

　　低收入國家的農業有一條性別鴻溝——同樣在農地上工作的男性與女性所能享有的資源與所擁有的權力大不相同。平均而言，女性占農業勞動力的43%，並在較貧瘠的土地上生產60～80%的食用作物。女性栽培田間作物（field crops）或果樹作物（tree crops）、照顧家禽家畜、打理家中菜園，但通常不受薪，或者薪資較低。她們當中有大部分是4.75億戶小農家庭

的成員，這些小農家庭經營不到5英畝的土地以貼補家用；這些女性同時也是全球最貧窮、最缺乏營養的人。她們各有不同的人生故事，但都有個關鍵共通性：比起男性，她們所能享有的資源較少——從土地到受教權與技術。即使她們的工作能力與效率和男性相等，但財產、資源與協助的不公平意味著：女性在同等的土地上工作，產量卻較少。若能弭平性別鴻溝，將能改善女性與其家

庭及社群的生活，同時能處理全球暖化問題。

根據聯合國糧食及農業組織（FAO）的報告，如果所有女性小農能取得相等的生產資源，她們的產量將能提升 20～30%，低收入國家的農業總產量將能增加 2.5～4%，而全球營養不足的人口將能減少 12～17%，將有 1 至 1.5 億人免受飢餓之苦。也有幾個研究指出，若女性能獲得與男性相同的資源——而其他條件保持不變——她們的產量會超越男性 7～23%。弭平性別鴻溝也能控制碳排量。如果能善加利用小面積的農業土地，便不需與森林爭地，而且以再生農法取代農藥的土地亦能成為二氧化碳的儲藏地。

土地所有權是女性小農所面對的性別鴻溝的中心。極少有國家試著打破性別疆界上的土地擁有權數據，但這些數據揭發潛在的不公平：只有 10～20% 的土地擁有者是女性，而擁有土地的女性也持續面對土地不受保障的挑戰。許多女性因法律之故，不能合法擁有或繼承土地，使得她們在做決定時處處受限，甚至土地會被奪取。印度馬赫巴布納加爾區（Mahabubnagar）的欽達奇拉克什米（Kindati Lakshmi）有這麼一句話：「擁有一塊地能讓我們有尊嚴地活著並免於飢餓。唯有賣命獲得土地，我們才能生存。」把這句話放到現實層面，女性的金錢與信用管道較少，沒有資金代

減少二氧化碳	淨成本	可節省淨額
20.6 億噸	數據變數太多無法估計	876 億美元

表沒有肥料、農具、水與種子。她們居於次級的地位也讓她們在取得技術資訊、接受農業代表協助、取得農業合作社會員資格與銷售販賣產品時受限。當越來越多男性移居都市尋求農業外的收入時，女性成為低收入國家耕作的重心，然而她們卻無法對正在耕作的土地做出任何能改善效益的決定或投資。她們的責任加重了，但權力與資源並未跟上。

雖然當地的複雜性挑戰一體適用的政策，但已被證實的干預指出目前的體系無法為女性做到的面向。曼徹斯特大學教授、《自己的土地》（*A Field of One's Own*）一書作者畢娜·阿噶瓦（Bina Agarwal）提出幾點必要的做法：

- 認清並確認女性為**農人**，而不只是**家庭協助者**——因為這個觀念打一開始便損害女性的地位。
- 增加女性擁有土地的管道，並確保清楚、獨立的使用權——而不是與男性斡旋或受男性控制。
- 改善女性接受訓練與取得原本缺乏的資源的管道，提供她們心裡所想的特

定需求——尤其是微型信貸。

- 關注女性所耕作的作物與其利用的耕作系統之研究與發展。
- 發展為女性小農設計的革新制度與合作管道，例如集體耕作。

阿噶瓦的最後一條極有力。當女性集體耕作、學習、募資與販售，便能成為規模經濟，並且結合其影響力、技術與天賦。她們也能共享勞力、資源並在嘗試新作物或耕作技術時分攤風險，最後成功創新並提升產量。這些結果對翻轉全球暖化非常重要，也是農人們必須儘速適應的。

如同所有的小農，多樣性的耕種對長期的年產量有所助益，地力恢復較快，也較易成功。數十年來，農企業與政府部門藉由合成肥料、殺蟲劑、基因改造種子來提升技術，但這些技術讓許多小農蒙受農產品市場崩塌、蟲害、土壤貧瘠化等危機。相反地，藉由農林混作與間作等方式使作物多樣化，（或在許多狀況下）就不需要某些或任何化學產品來增加地力。女人——與男人——需要的不只是達到年產量的支援，而是能抵抗氣候變遷抗衡的**穩定**年產量。聯合國糧食及農業組織指出：「若不協助廣大的小農族群採用可維持地力、適應氣候變遷的耕作方式，要杜絕全球貧窮與終結飢餓，就算不是不可能，也很困難。」

為因應全球人口不斷增加——預估2050年前會達到 97 億人——必須提升農產量（同時減少食物浪費與飲食轉變）。保護未開發的森林而限制耕地，人類就必須增加每一小塊地的產量。如果不關心小農，就無法實現在等量的土地上種植更多食用作物的目標，而小農當中有許多是女性，她們的耕作需求長期以來都被忽視。性別平等程度較高的國家有較高的穀物產量，性別不平等程度較嚴重的國家則產量較低。如果女性小農擁有平等的土地權與資源，她們就能種植更多的作物，一整年都能提供家人更好的餐食，也獲得更多家戶收入。當女人賺得更多，她們會再投資90% 的所得於家人與社區的教育、健康和營養；而男性只會投入所得的 30～40%。舉例來說，在尼泊爾加強女性的土地擁有權，兒童的健康也改善了。透過這個方法，人類的福祉與氣候緊緊相連；對平等有利的，就對所有人類的生計有利。

影響：這個方式之所以能減少碳排放是因為避免砍伐森林、增加女性小農的產量。如果女性的資金與資源和男性相近，我們根據文獻資料可假設每塊土地的產量足以增加 26%。如果女性管理約9,800 萬英畝的土地，且獲得同等的協助，並達成 26% 的目標，就能在 2050年前減少 20.6 億噸的二氧化碳。

家庭計畫

2050 年前家庭計畫之排名與成效

減少二氧化碳　　見下方影響
596 億噸

　　讓女性經由選擇而非意外生子，並且計畫家庭規模與生產間隔，是自主與尊嚴。低收入國家的 2.14 億女性表示她們想擁有選擇是否懷孕與何時懷孕的能力，但缺乏學習避孕知識的必要管道，因此每年有 7,400 萬次意外懷孕。在高收入國家，也存在相同的需求，包括美國也有 45% 的意外懷孕機會。全球高品質家庭計畫服務保障自願懷孕的基本權利，並已對女性與兒童的健康、社會福利及預期壽命產生正面且有力的影響。所有性別的社會與經濟發展利益都很龐大，而且對於她們自己來說，值得採取迅速和持久的行動。家庭計畫對減緩溫室氣體排放亦有連鎖反應。

　　1970 年代早期，保羅・埃爾利希（Paul Ehrlich）和約翰・霍德倫（John Holdren）發表知名的 IPAT 公式：環境衝擊＝人口數 × 富裕程度 × 科技水準（*Impact = Population × Affluence × Technology*）。簡而言之，此公式說明人類所受的環境衝擊是數量、消費水準與所利用的科技類型之涵數。多數處理全球暖化的方法都聚焦於利用科技與取代石化燃料的其他能源。有些人集中精力於富裕程度，目標是減少消費欲望，尤其是在富裕國家。儘管全球都同意人口越多就會造成地球更大的壓力（但壓力並不平均），處理第三個因數——人口——仍然具有許多爭議。每個人都會消耗資源並製造碳排放，而住在美國的人所造成的影響比居住在烏茲別克與烏干達的人高出許多。碳足跡是很常見的話題。留下多少足跡並非因為對家庭計畫與環境健康的連結之擔憂，這原本就是嚴苛殘酷的——馬爾薩斯[49]由最糟的一面做了這樣的分析。然而，當家庭計畫的焦點放在提供醫療保健服務與滿足婦女所陳述的需求時，自主權、平等與幸福即為我們的目的；地球所能獲得的好處則是我們意料之外的結果。

　　拓展家庭計畫的範圍有許多挑戰：從提供符合不同文化且能被接受的基本避孕法到性教育與生育知識；從遠方的衛生所到對醫療照護者的敵意；從社會與宗教規範到性伴侶反對生育控制。目前全球面臨 53 億元的資金短缺，無法提

---

49. 英國人口學家與政治經濟學家，全名湯瑪士・羅伯特・馬爾薩斯（Thomas Robert Malthusian）。其著作《人口學原理》對後世影響深遠。

供婦女自認需要的生育照護。

　　然而仍有令人動容的成功故事。伊朗在 1900 年代執行一個計畫，是有史以來最成功且最受讚揚的家庭計畫。這個計畫完全出於自願，宗教領袖參與其中、教育大眾，並提供免費的避孕工具，10 年內生育率便減半。在孟加拉（Bangladesh），馬特拉博（Matlab）醫院首創挨家挨戶推廣女性健康工作者到家服務婦女與其子女的方法，這項方法拓展到全國後，生育率從 1980 年代的 6 名子女下降至目前的 2 個孩子。這 2 個例子與其他成功的故事告訴我們，只提供避孕工具是不夠的。家庭計畫還需要社會的力量加以鞏固，例如現在許多地方都在廣播或電視上播放連續劇，以改變什麼是「正常的」或「正確的」觀念。

　　在家庭計畫議題上靜默了超過 25 年之後，政府間氣候變遷小組在 2014 年的綜合報告中增加了生育健康服務，並且指出人口成長是影響溫室氣體濃度的重要因素。不斷成長中的證據亦指出家庭計畫對建立恢復力有額外的好處，能夠協助社群與國家處理並適應由全球暖化所引發的無法避免的變化。因為現存的不公平，以及當疾病與天然災害等衝擊出現時，女性承受著不成比例的痛苦，家庭計畫對女性也有好處。然而這個主題在許多國家與習俗中仍是禁忌，受傳統觀念影響，人們認為提高人口限制或者用任何方法減少人口都冒犯人類生存價值。對於一個正在暖化、漸趨擁擠的星球，可能有第二個方法：為了尊

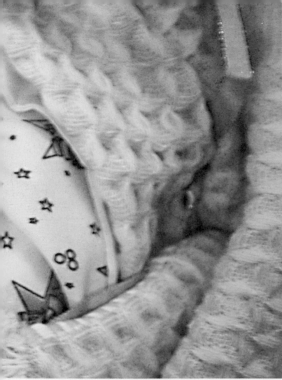

■ 2016 年，剛出生 3 天，襁褓中的瓦利德（Waleed）在加薩走廊（Gaza Strip）南邊拉法鎮（Rafah）家中。瓦利德是在加薩出生的第 200 萬人，加薩是被夾在埃及、以色列與地中海間的飛地（enclave）[51]，最寬處僅有 7.5 英里，卻是世界上人口密度最高的國家之一。

道德運動。

影響：為不超過聯合國 2015 年發布全球人口於 2050 年前為 97 億人之預估[50]，關鍵因素為採納生育醫療保健與家庭計畫的程度增加。如果未能投入精力於家庭計畫，尤其是在低收入國家，全球人口可能達於預估之最高值，也就是再多 10 億人。我們設計這個模組的基礎是比較這二者的差異：不怎麼重視或未投注於家庭計畫的世界利用多少能源、建物空間、食物、垃圾、運輸，以及另一個能讓全球人口止於 97 億人之世界。結果發現可以減少 1,192 億噸的碳排量，低收入國家平均每個使用者的年成本為 10.77 美元。因為女孩的教育對執行家庭計畫有重要影響，我們將總潛在減碳量的 50% 分別歸於這兩個解決方案——每一個方案是 596 億噸。

重人類生命，必須確保所有人都有能夠精力充沛地成長的家庭。藉由家庭計畫推崇女性及兒童尊嚴，與集權政府透過國家政策強制生育力下降或提升無關，也與富裕國家（這些國家的碳排量最高，卻要其他地方的人別再生小孩了）的政府部門或激進主義分子無關。家庭計畫最重要的精神是自由、為女性開創機會與確認基本人權。目前家庭計畫方案只受到 1% 的海外發展協助，但如果低收入國家能致力於配合這個計畫，這數字可以加倍，使之成為對地球有利的

---

50. 聯合國於 2015 年 7 月 29 日發表《世界人口白皮書：2015 年修訂版》（*World Population Prospects: the 2015 revision*），指出即使出生率下降，但 2050 年時，全球人口將由 73 億人增加至 97 億人，2100 年甚至可能增為 112 億人。
51. 在某國境內，但主權屬於另一國的土地。

女性教育

事實證明，女性教育與全球暖化有極大關聯。受較多年教育的女性所生育的子女數較少且子女較健康，並能積極管理其生育健康。2011 年《科學》期刊發表人口分析，指出女性教育對人口成長的影響。這份分析根據南韓由世界上教育最不普及的國家之一攀升至教育最發達的國家此一情況，詳盡描述其「捷徑」（fast track）場景。如果所有的國家都能達到相似的比率，而且女性的小

學與中學註冊率都達 100%，那麼比起目前的註冊率，2050 年前全球的未入學人數將少於 8.43 億。根據布魯金斯研究所（Brookings Institution）[52]的報告：「未入學與接受 12 年學校教育的女性，其子女差異為 4 至 5 名。而我們也可以很明確地看出世界上女子無受教權的地區，人口成長是最快速的。」

在最貧困的國家，人均溫室氣體排放量是低的，人們沒有足夠的能源可以適

---

52. 美國重要且值得信賴的智庫之一，成立於 1916 年，主要進行社會科學議題之研究，如外交政策、政府治理、都市政策、全球經濟發展等。

■肯亞在教育上成就非凡，有超過 80% 的兒童（包括男孩與女孩）進入小學就讀，但中學的註冊率無論男女都掉至 50%，貧窮是低註冊率的主因。受社會經濟規範之影響，當經濟壓力出現時，男孩擁有受高等教育的優先權。

當地消毒所使用的水、在夜間閱讀或學習，或者為自己的小生意供電。有 11 億人過著完全沒有電的生活。馬達加斯加（Madagascar）每人排放 0.1 噸的二氧化碳，而印度則是 1.8 噸。在低收入國家，人均排放量僅占美國每人每年 18 噸的極小部分。然而改變這些國家的生育率將能對全球社會的每個層面都有多重好處。

　　諾貝爾得獎者與女性教育推動者馬拉拉·優薩福扎伊（Malala Yousafzai）曾說過：「一個孩子、一位老師、一本書與一枝筆，就能改變這個世界。」有大量的證據支持她的信念：首先，受過教育的女孩可以獲得較高薪資，並且向上流動，對經濟成長有所貢獻。女性生產時的死亡率下降，嬰兒的死亡率也下降；她們非自願或於童年時被迫走入婚姻的機率減少；因為疫苗，她們感染愛滋病毒與愛滋病發作（HIV/AIDS）和得到瘧疾的機會降低了；她們的小塊農地產量增加，家人也獲得更好的營養；她們在家中、在工作場所、在社會上都更有權力。教育是她們應享的權利；是女孩與女人們、她們的家人與社群能過上活躍生活的基礎；是打破在世代間不斷循環的貧窮最有力的工具；同時能藉由控制人口成長來減少碳排量。一份 2010 年的經濟研究指出，投資於女性教育「在所有現存的減碳方法中，極具成本競爭力」，也許減少 1 噸碳排放僅需 10 元。

　　在面對氣候變遷的衝擊時，教育也能

提升恢復力——當暖化越趨嚴重時，我們所需的能力。在低收入國家，家庭與社群生活的中心是女性與大自然體系的強烈連結。女性經常扮演管理與經營食物、土壤、樹木與水的角色，而且越來越重要。當受過教育的女孩成長為女人，她們就能結合傳統知識與由文字世界所獲得的資訊。當未來的日子與以往不同時——新的疾病使果樹枯萎、菜園中土壤的成分改變、播種的時間不同，受過教育的女性便能結合各種知識，觀察、理解、重新評估並採取行動，以支撐自己與仰賴她們的人的生活。

教育也讓女性能夠面對最劇烈的氣候變遷。一份 2013 年的研究發現，讓女性接受教育「是為了減少天災所引起的傷害時，最重要的唯一社會與經濟因素」。**最重要的唯一因素**。這個結論源於自 1980 年起對 125 個國家的經驗所做的調查，並呼應其他的分析。受過教育的女孩與女人較有能力處理天然災害

與極端氣候條件所帶來的衝擊，因此當災害來臨時，較不會受傷，移居他鄉的可能性小，死亡機會也較低。這樣的優點也延伸至她們的小孩、家庭與長輩。

在過去 25 年裡，全球社會對女性教育有了深入了解。有許多阻撓女性理解自身受教權的難題，然而全球女性都為了在教室中爭取一個位置而努力不懈。經濟上的阻礙包括家庭缺乏能力繳交學費或購買制服，以及女孩必須優先從事的是取水、撿柴薪，或者在市場攤位工作、到田裡耕種。文化上的阻礙則在於傳統觀念認為女孩應該照顧家庭而不是學會讀寫、年輕時就應該結婚，或者當資源有限時，應該先讓男孩上學。阻礙也與安全有關：學校離家太遠，使得女孩蒙受在上放學途中受到性暴力的風險，更別說在學校也有相同危險。殘障、懷孕、生產，或女性割禮（female genital mutilation）也可能是阻礙。

阻礙真實存在，但解決之道亦然。最

有效的方法可同時處理受教權（可負擔的學費、就近入學與適於女性）與受教品質（優良教師與良好的學習成果）。支持並延續女性受教的流動社群是很有力的催化劑。《為何讓女孩受教育》[53]一書詳細列出 7 個彼此相關、會影響女孩受教的領域：

1. 讓學費是可負擔的。
   例如提供家庭津貼，以讓女孩上學。
2. 協助女孩克服健康障礙。
   例如提供除蟲治療。
3. 減少上學時間與距離。
   例如提供女孩自行車。
4. 讓學校更加女性親善。
   例如為年輕母親開設育兒課程。
5. 提升學校品質。
   例如增加薪資聘請更多更好的教師。
6. 增加社區參與度。
   例如訓練社區教育活動者。
7. 在緊急狀況時支持女孩的教育。
   例如在難民營開辦學校。

目前全球有 1.3 億名女孩的受教權不受承認，這樣的狀況在中學最嚴重。在南亞，可以讀中學的女孩不到一半——1,630 萬人，在撒哈拉沙漠以南非洲讀中學的女孩不到 1/3。全球有 75% 的女孩能上學，而只有 8% 完成中學學業。目前全球資助就學計畫的金額約每年 130 億元。鑑於女性教育與氣候變遷的關係，用於減緩與適應氣候變化的資金能使我們快速地應用這項解決方案。教育需求的資金與已證實的因應氣候變化的方法之間可能有強大的連結。此外，讓投注於女性教育與家庭計畫的資金同步，將能互相補足並彼此增強。教育是基於所有人類均有天生潛能的信念，當論及氣候變遷時，支持每一個女孩的遠景，就能塑造更好的未來。

影響：這兩個解決方案——讓女孩受教育與家庭計畫——會影響家庭規模與全球人口。因為這兩個解決方案之間實際的作用無法估量，我們所設計的模組將潛在總影響的 50% 分別歸於其中之一。我們假設這些影響需花 13 年的學校教育，從小學到中學。根據聯合國教科文組織（UNESCO）的報告，若能終結每年 390 億元的資金鴻溝，低收入與中低收入國家的普及教育將能成功，也就能在 2050 年之前減碳 596 億噸。投資於此的回收是不可限量的。

---

53. 出版於 2015 年，作者為傑納．斯佩林（Gene Sperling）、蕾貝卡．溫斯洛普（Rebecca Winthrop）、克莉絲蒂娜．夸克（Christina Kwauk），書籍全名為 *What Works in Girls' Education: Evidence for the World's Best Investment*。

建築與都市

關於都市的思維經過一輪循環——從將都市歸咎為破壞環境者，到認為只要都市環境經過適當的設計與管理，便能成為生物以及文化方舟，人類在此對地球造成的影響最小，而且有教養、具創意、保健康。這一顯著的轉變始於作家珍‧雅各（Jane Jacobs）和景觀設計師伊恩‧馬哈（Ian McHarg）在 1960 年代的作品，並傳遞給建築師、都市首長、設計師和開發人員，他們協助世人重新想像自然之母與人類共存的都市生活。建築物和更廣泛的城市棲息地已經成為一種創新的形式，這種創新和雨水、能源、照明、設計與影響有關。珍妮‧班亞斯（Janine Benyus）等生物學家現在正在思考如何規劃都市，使都市在空氣、水、植物、動物、傳粉與碳封存等方面都較其所在之原始土地更具成效。都市不再是退化的根源或起因，而是變得對環境再生與人類福祉有益。

淨零耗能建築

　　曾經是工程挑戰和怪異建築的方法，已經成為全球都可採用的工法。淨零耗能建築的淨能源消耗量為零，其自身所生產的能源與一年中使用的能源相等。在某些月份，它所生產的電力可能有剩餘；而在其他時候，它可能需要電力。大體說來，它能自給自足。除了使用較少能源，淨零耗能建築在災害和停電期間更具適應力，是根據需要而更仔細地設計的建築，並在整體上降低運轉成本。

　　設計淨零耗能建築代表追溯能源使用至其源頭。有多種方法可以減少建築物的能量負荷。儘量利用日光，減少照明；設計能鼓勵人們在樓層之間行走的空間，而不是搭電梯；使牆壁、窗戶和天花板具有最大的絕緣率（R-value），以在冬季保持溫度、在夏季維持涼爽。

設計能夠在太陽較低的冬季月份吸收陽光、在夏季太陽接近直射時製造陰影的百葉窗和窗簷。電致變色玻璃根據熱度、陽光以及室內外溫差改變其不透明度。如果窗戶在你旁邊，那麼可以利用智慧型手機上的應用程式調整。熱交換器戰略性地安裝於能確保所有零星熱量皆可被利用之處。以建築物的座向和巧妙的開窗位置達成被動式太陽能利用。空調模仿自然界的通風原理，如白蟻丘和地下熱質量，創造自然對流和涼爽的微風。

　　當淨零耗能建築仍是新穎的事物時，有節制地訂定建築目標並將淨零耗能建築視為冒險的實驗是可理解的。而今日，建築師在世界各地推出超乎尋常的建築，淨零耗能建築也愈加普遍。一家新英格蘭的建築事務所拒絕非淨零耗能

建築的委託，被問及時，合夥人表示這是為了維持聲譽。

有許多淨零耗能社區正在設計與興建中，例如夏威夷的可負擔住房計畫 Kaupuni 村，和德國弗萊堡（Freiburg）的 Sonnenschiff 太陽能城，其生產的能源為其消耗之 4 倍。麻薩諸塞州的劍橋市已制定一項計畫，到 2040 年所有建築物都將達到淨零耗能。加利福尼亞州正在提議修改其建築規範，要求所有新的住宅建築在 2020 年前達到淨零耗能——接著是 2030 年前所有新的商業建築達成此目標。現在芝加哥有一家沃爾格林藥妝店是為淨零耗能建築。較新的淨零耗能建築物的優勢更進一步：零耗水和零垃圾。它們收集雨水，並在現場將汙水處理成為可堆肥的形式。

淨零耗能建築的概念起源於生物體。大多數時候，建築物被視為設計的部件與待拼湊的零件，以滿足功能之需——而不是被視為系統來設計。尤其是當工程師有不當誘因，例如他們為避免未來麻煩，會計算建築物所需的空調系統，然後將系統容量加倍。有些專業人員所得的薪酬以總體建設成本為基礎——亦即以建物的可用空間而非建物效率來計酬。一旦典範轉移，建築物、地點、天氣、太陽弧和居住者都被視為一個系統。建築物像生物一樣呼吸，它們吸吐空氣。它們需要能量，但就像大自然中的生物，不製造垃圾——所有的消耗都

適量，且發生在正確的時間與地點。

當美國綠建築協會於 1993 年首次設定更高的建築標準時，可說是世界上第一個要求高於政府標準的商業組織。由建築師傑森・麥克李南（Jason McLennan）所領導的卡司卡迪亞綠建築協會（Cascadia Green Building Council），認為淨零耗能建築（ZEBs）的設計遠遠超過能源與環境先導設計（LEED）。他們開始推廣淨零耗能概念，最終出現國際未來生活研究所（International Living Future Institute）和生態建築（Living Buildings）的想法。2005 年，也就是麥克李南與建築師鮑柏・柏克白（Bob Berkebile）一起成立生態建築挑戰（Living Building Challenge）的同一年，建築師艾德・馬茲里亞（Ed Mazria）宣布 2030 挑戰賽，所有建築物分階段在此之前達成碳中和目標。自宣布之後，2030 挑戰賽受利用淨零耗能建築技術的鄉鎮市區、都市、州和國家採用。自挑戰訊息發布以來，為了達成 2030 年的目標，美國建築部分的能源消耗量連續 11 年下降，減少 1.85 京（18.5×1000^5）英熱單位

■位於科羅拉多州巴薩爾特（Basalt）咆哮叉河（Roaring Fork River）北岸的落磯山研究所創新中心（Rocky Mountain Institute Innovation Center）是一座淨零耗能建築。這棟兩層樓、15,600 平方英尺的建築利用整合性專案交付（IPD）的軟體與模型建造，IPD 是一個可複製的過程，可供該國類似規模的商業建案使用。雖然位於美國最寒冷的氣候區之一，但是隔熱的建築外殼為 R-50 牆和 R-67 屋頂。[56] 它的屋頂上裝有 8.3 萬瓦的太陽能光伏系統，提供比建築設計所需更多的能量。該建築設計的使用水量小於落於該址的雨和雪。儘管科羅拉多州目前還不允許使用灰水[57]，但安裝了灰水系統，以期待州立法規之改變。為了節省供暖與空調能源，此中心聚焦於使人員感覺涼爽或溫暖，而不是改變空間溫度。他們處理影響人類舒適度的 6 個因素：溫度、風速、溼度、著衣量（clothing level）、活動程度、周圍表面的溫度。集中於處理這些因素，該中心具有較一般商業建築更廣的舒適氣溫範圍——華氏 67 度至 82 度（攝氏 20 度至 27 度），而傳統的商業建築範圍為華氏 70 度至 76 度（攝氏 21 度至 24 度）。這減少了 50% 的能源消耗，取消了空調系統，並且只在最冷的日子才需要小型供暖系統。

（BTUs）[54]，相當於 1,209 座 250MW 燃煤發電廠。

影響：本頁面上方無統計數字，因為淨零耗能建築物是多種獨立解決方案的拼接。它們利用智慧型窗戶、綠屋頂[55]、高效供暖、降溫、供水系統、較好的隔熱、能源配送與儲存，與先進的自動化。在我們的分析中，這些都有各自的數據。如果以單一解決方案計算淨零耗能建築物的效益，假設 2050 年前有 9.7% 的新建築物為淨零耗能建築，則整合起來可能減少 71 億噸二氧化碳。

54. 英制熱能單位，為將 1 磅水從華氏 39 度提升至華氏 40 度所需之熱能。
55. 即於屋頂進行綠化植栽，以達隔熱降溫、保留雨水、吸收二氧化碳、減少食物里程、創造生態跳島等效益。
56. R 值為隔熱材料之隔熱性能。
57. 灰水即家庭生活廢水，來自洗碗、洗澡、洗衣後的廢水。

宜於步行的城市

2050 年前宜於步行的城市之排名與成效

減少二氧化碳	淨成本	可節省淨額
29.2 億噸	數據變數太多 無法估計	3.28 兆美元

人類是步行生物，生來要走路、散步。歷史上大部分時間裡，步行是主要的（如果不是唯一的）交通方式，所有城鎮的設計都適於步行漫遊。想像一下佛羅倫斯或馬拉喀什，想像一下杜布羅夫尼克或布宜諾斯艾利斯；在你腦海裡遊走巴黎。由於大量製造汽車，以及設計（或重新設計）城市和郊區空間以滿足汽車之需求，步行的價值在 20 世紀初期至中期發生了轉變。這個轉變對健康、社區和環境產生重大影響，但不必繼續占主導地位。

在現今世界上許多城市，「適宜步行度」（walkability）再次成為受歡迎的詞彙，這在很大程度上要歸功於都市主義運動倡導設計良好、可居與永續的都市。適於行走的城市，包括街道、社區在內，於設計規劃時優先考量雙腳步行（通常也適合腳踏車）而非四輪汽車，他們將對汽車的需求減到最低，並選擇不依賴汽車。這個行人導向的都市環境復興運動對今日的世界至關重要，因為步行可以減少開車導致的溫室氣體排放。根據都市土地協會（ULI），在適宜步行的緊密式發展都市[58]，人們所導致的溫室氣體排放可減少 20 ～ 40%。

城市規劃師與作家傑夫·史貝克（Jeff Speck）寫道：「行人是一種極脆弱的物種，是城市宜居煤礦中的金絲雀。在適當的條件下，這種生物會茁壯成長。」史貝克的「可行走性一般理論」說明了讓人們選擇行走所必須滿足的 4 個標準：徒步旅行必須「實用」，幫助個人滿足日常生活中的某些需求；徒步旅行必須讓人感到「安全」，免於汽車和其他危險因素之威脅；徒步旅行必須「舒適」，能吸引步行者到史貝克所謂的「戶外起居室」；徒步旅行必須是「有趣」的，美好、充滿活力與多變。換句話說，徒步旅行不僅僅是從 A 到 B 二點間可應付的距離，也許是步行 10 至 15 分鐘。他們具有「步行吸引力」，這要歸功於同時步行者的密度、土地和房地產的混合利用，以及為步行者創造引人入勝的環境之關鍵設計元素。

在思考步行這個概念時，往往將重點放在徒步旅行者身上。然而，連結基礎

---

58. 緊密式發展都市為密集且多樣性的都市，可因應氣候變遷、提高能源使用與空間效益。雖因社會經濟、文化特性之差異而難有統一的定義，但必須混合利用土地、具大眾運輸發展導向、規劃可行便利的街道與鄰里網絡、擁有維繫生態的綠化系統。

■布宜諾斯艾利斯的聖特爾莫區（San Telmo barrio）始終是一個宜於步行而且熱情的區域，人們聚集在鵝卵石街道上的咖啡館和商店。這裡的古老教堂、骨董店、小巷弄與藝術家，吸引來自世界各地的遊客。這裡的氣氛和三個街區外的七月九日大道（Avenue 9 de Julio）完全不同。七月九日大道貫穿布宜諾斯艾利斯，交通繁忙，大型零售商店對人類散發出冷淡氣息。

設施的網絡——人們行於其間或其上之處——是必要的，以使步行旅行安全、便利與使人嚮往。那是什麼樣的風景？絕不是住家、咖啡館、公園、商店和辦公室雜漫地四處散布；這些場所相互混合，其分布密度使人們可以步行抵達；人行道很寬，保護行人免受呼嘯而過的車輛之威脅，且在夜間光線充足、白天綠蔭相連（這在炎熱潮溼的氣候區相當重要）。人行道之間彼此有效相連，也許延伸至完全無車區域。利用以適當間隔興建之安全的行人穿越道直接連接，使得道路、步道或水道上的興趣點（points of interest）易於抵達。在街道上，建築物傳遞生活的熱情，並產生安全感。優質的街道邀請人們走到室外。步行路線可以很輕易地與腳踏車道或大眾運輸結合，不同的移動模式之間具有良好的連接性。可以利用其他運輸基礎建設的一小部分成本來實現上述需求，且適於步行性同時強化對大眾運輸系統之利用，從而提高其成本效益。

許多能打造永續城市的事物也使都市更適合居住，而且也許沒有比適於步行更甚者。這就是為什麼環保主義者發現他們自己要求與經濟學家和流行病學家有一樣的變化。宜於步行的城市吸引居民、企業和遊客，當地商人則受益於更多的步行顧客流量。這樣的都市讓來自各行各業、無論收入高低的人聚在一起，從而提高公平性和包容性。隨著步行的人增加，緩解了交通擁擠，因交通而產生的急迫感和汙染減少，汽機車事故量下降。走路（和騎腳踏車）的人越多，這些行進方式就越安全；身體活動次數增加能促進健康與幸福，並解決肥胖、心臟病和糖尿病等普遍存在的問題。社會互動更頻繁，鄰里安全提升，創造力、公民參與以及自然與地方間的連繫亦進步中。宜於步行的城市更愜意、更具吸引力，使居民更幸福、更健康。健康、繁榮和永續發展可以攜手前行。

隨著世界城市人口不斷增長，宜於步行的城市景觀將變得越來越重要。預計到 2050 年，城市居民將占世界人口的 2/3。建設將會增加，以配合人口成長。目前有太多城市仍然缺乏步行空間，或步行空間不足。太多的市政政策仍然以低密度、郊區式的發展為主，而不是多元利用高密度社區，這樣的選擇可能會使社區在未來陷入長久的困境。都市投入步行基礎設施的資金一直未見增加，

在低收入國家，大約 70% 的城市交通預算用於汽車導向的基礎設施，但大約 70% 的旅行為步行漫遊或利用大眾運輸。這些趨勢與人們的需求相背，目前生活在宜於步行之處的需求往往超過能提供此種生活的都市。

要滿足宜於行走性的所有潛在需求，房地產政策、土地使用分區條例和市政政策都需要改變。以形式為基礎的管制（Form-based codes）取代傳統的單一用途分區，例如能源與環境先導設計（LEED）之社區開發，以及 Walk Score 等為適於行走性評等之指標，已經發揮作用。像「步行校車」這樣的做法，讓孩子們一起走路上學，可以在生命早期建立行走習慣。當城市最終能使散步、閒逛和走路再度成為最吸引人的移動方式時，宜於行走的都市就是最成功的了。

影響：建築環境的 6 個面向：需求、密度、設計、目的地、距離和多樣性，都是宜於行走性的關鍵驅動因素。我們的分析將人口密度作為宜於行走的街區之代表。隨著城市變得越來越密集，城市規劃師、企業組織和居民投資於上述 6 個條件（6Ds），那麼在 2050 年前，目前利用汽車移動的比例中，有 5% 可改為步行。這種轉變可減少 29.2 億噸二氧化碳排放量，並減少購置汽車與保養等相關成本 3.28 兆美元。

自行車基礎設施

自從自行車首度進入19世紀的歐洲，成為喜愛運動的男士的休閒活動以來，一直是改變的動力。在短短幾年內，自行車便極風行，且易於取得並廣受喜愛。自行車讓青少年可以在社區裡來來往往，與社會各階層有所接觸，遠離道德的監視。自行車賦予女性移動自由，並協助重新定義服裝和女性氣質。極力爭取女性投票權的蘇珊·B·安東尼在1896年說過：「讓我告訴你，我對騎自行車的看法：我認為這件事是世界上最能解放女性的事。」

20世紀初汽車問世後，人們將注意力轉移到這種4個輪子的運輸工具上，甚至歐洲的自行車首都如阿姆斯特丹，在20世紀中也由汽車居主導地位。但今日自行車似乎正進入另一個黃金時代，因為都市試著緩解交通壓力、使天空不受遮蔽，都市居民尋求可負擔的交通工具，因活動量少所引起的疾病，以及日益嚴重的溫室氣體，也讓人不得不正視人類所面臨的窘境。作為這些相互連接的輪輻的樞紐，自行車可再次成為社會變革的動力。

英國作家羅伯·佩恩（Rob Penn）說：「自行車可以在適當的路面上騎行，花同樣的力氣，速度是步行的4至5倍，因此它成為有史以來最有效、最能自行提供動力的交通工具。」在幾乎零排放的狀況下，自行車對延緩氣候變遷亦非常有效。但即使佩恩大力讚揚自行車，卻也發現阻礙自行車重拾勝利的障礙：「適當的路面」，也就是適合騎自行車的基礎建設。就像行人和汽車，自行車需要考慮周到的基礎設施。許多研究試圖找出能夠支撐安全與大量騎自行車的重要元素，一次又一次之後，確定在都市或小鎮，自行車道網絡與騎自行車之盛行具有緊密關聯。這些自行車道越平直、彼此間的連結越方便，騎自行車的意願也越高。自行車和汽車交會處的十字路口、圓環、連結點之設計是否細心，對安全和車流至關重要。舉例來說，在紅燈處，騎自行車者可以在排隊的汽車之前停等，這麼一來他們可以清楚地被看見，並且可以在任何轉彎的汽車之前先往前行。其他重要的基礎設施包括安全的停車處、良好的照明、車道綠化，以及通往需求性高的目的地，包括大眾運輸站。公平性至關重要：有些城市帶著偏見，僅在優先區域（areas of privilege）投資自行車基礎建設。

自行車基礎建設的作用在於創造安全、愉快、令人滿意的騎行環境。騎自行車者——研究指出女性尤其如是——希望與汽車分開。但只靠硬體基礎設施

是不夠的。在丹麥、德國和荷蘭等自行車普及之處，計畫與政策促進社會基礎建設，以作為補充。新的教育主張將目標放在騎自行車者和駕駛汽車者，並以更嚴格的法律來保護騎自行車者。對擁有與利用汽車設定更多限制，使自行車更具吸引力，研究亦指出都市自行車共享計畫如巴黎的 Vélib'，或者舉辦能提高意識的活動如波哥大的 Ciclovía，都能使騎自行車的人數增加。工作場所具淋浴設備，使流汗通勤（sweaty commutes）變得可行，零件與維修之價格合理也可增加自行車購買意願。詳盡的城市設計可解決建築環境中對自行車友善度至關重要的密度、可接近度和

連結性問題。

1967 年，一名荷蘭官員表示騎自行車等於自殺，但狀況即將改變。二次大戰後，荷蘭的發展轉向以汽車為中心，生活型態隨之改變，直到因交通事故而死亡的人數越來越多，而且多起傷及兒童，因此在 10 年之內引發一場運動，改變政府作為，並使荷蘭發展轉向。阿姆斯特丹、鹿特丹與烏特勒支現在是世

■ 哥本哈根被認為是世界上最宜居的城市，很大程度是因為它是最適合騎自行車的城市。30% 的哥本哈根人利用將近 18 英里的自行車道上班、上學、上市場，並在連接哥本哈根和其郊區的 3 條自行車超級公路上暢行；目前還有 23 條這樣的超級公路正在興建中。與幾乎所有歐洲城市一樣，哥本哈根在 20 世紀的大部分時間裡都是適於自行車的。二次大戰後到 1960 年代，這座城市受到汽車之汙染且交通擁擠，因此市民們拒絕汽車，重新開始騎自行車。今日，這座城市證明了自行車基礎設施的能耐。

界上知名的自行車勝地。在阿姆斯特丹，自行車數量為汽車數量的 4 倍。

同樣地，哥本哈根投資於自行車基礎設施的金額，也使騎自行車變得輕鬆快捷。這些基礎設施包括「綠波計畫」（green wave）在內的創舉——主要道路上的紅綠燈與自行車通勤者同步，因此他們可以一路維持相同的速度。

數字會說話：在丹麥，有 18% 的在地移動是在兩個輪子上完成的，在荷蘭則是 27%。相較之下，在為汽車瘋狂的美國，只有 1% 的移動利用自行車。但美國的自行車成長仍有希望：2000 至 2012 年期間，全國各地的自行車通勤率增長了 60%，在投資較多於自行車基礎設施的俄勒岡州波特蘭市等地，同一時期的自行車通勤率從 1.8% 上升到 6.1%。因為在城市裡，有 40% 的汽車行車長度不到 2 英里，因此大部分可以利用自行車抵達。

正如荷蘭歷史所提醒我們的，在我們開始為全能的汽車塑造和重塑都市之前，所有城市都曾經是自行車城市。山丘與炎熱、風暴與酷寒將永遠帶來挑戰，但騎自行車的大多障礙，完全受市政當局所控制。真相如此：基礎設施越多，騎自行車的人就越多。自行車騎士越多，文化常規就越容易改變——騎自行車是簡單、聰明、時尚的，而社會獲

得大量回報，包括乾淨的空氣所能帶來的健康益處，以及人們在生活中獲得更多運動的機會。

然而，投資是關鍵詞。在大多數地方，自行車基礎設施仍然只占用交通運輸公共基金的一小部分——但比例是可調配的。騎自行車引起了人們對安全性的擔憂，這很合理，但是高比例的騎自行車、較多的自行車基礎設施與降低死亡風險間，有非常清楚的關聯。當人們離開 4 個輪子的交通工具並騎上二輪的自行車時，基礎設施與數據間就存在安全性。從歐洲的新自行車公路，到地區性的自行車挑戰，騎自行車可以減少二氧化碳排放，同時恢復其經濟的、有益健康的、異想天開的、甚至改變遊戲規則的地位。

影響：2014 年，全世界有 5.5% 在城市裡的移動靠騎自行車完成，在某些城市裡，騎自行車比例超過 20%。我們假設 2050 年前，全球比例可由 5.5% 增加至 7.5%，取代以目前習慣的運輸方式移動的 2.2 兆延人英里（passenger-miles）[59]，可避免 23.1 億噸的二氧化碳排放。建設自行車基礎設施而非道路，市政府和納稅人可以在 30 年節省 4,005 億美元，所節省的終身成本為 2.1 兆美元。

---

59. 為客運量之單位，用於表達運具載運乘客時的燃料效率，即每人每英里所消耗之燃料。

綠屋頂

2050 年前綠屋頂之排名與成效

減少二氧化碳	淨成本	可節省淨額
7.7 億噸	1.39 兆美元	9,885 億美元

從上方鳥瞰，大多數城市都是灰色、棕色和黑色屋頂拼湊而成。但俯視德國斯圖加特或奧地利林茲的某些地方，許多屋頂很容易被誤認為是小公園或草地。它們是綠色或「活生生的」屋頂的明證，這項現代運動在過去 50 年中開始發展，尤其在歐洲。它們喚醒更久遠以前的歷史，回到維京時代的鼎盛時期，當時此種屋頂首次在斯堪地那維亞半島流行。將現代挪威倒轉回到 9 或 10 世紀，你會發現點綴著草皮屋頂的景觀，現在稱為「torvtak」[60]。

現在，一般的屋頂是無法令人愉悅的、死氣沉沉的地景，通常只有一個目的：保護建築物與其下方居民免於惡劣天候。為了扮演好這個角色，屋頂必須承受陽光、風、雨和雪的打擊。在炎熱的天氣裡，它們可以承受比周圍空氣高出華氏 90 度（約攝氏 32 度）的氣溫，因此下方的地板難以冷卻，且造成都市熱島效應。這種城市比附近的農村和郊區明顯更熱的現象，對年幼、年長或生病的居民特別有害。從另一個角度來看，綠屋頂是名副其實的空中生態系統，旨在利用自然生態系統的調節力量，並在此過程中減少建築物的碳排放。

具有生命的屋頂景觀有賴於一系列精心設計的分層，以確保屋頂本身受到保護、雨水被過濾並排出、植物可以茁壯成長。如果以投資最少為目的，它們可能會有一層薄薄的土壤，織出一面簡單的地毯，上有豐盛、自給自足的地被植物，如景天屬植物。這些開花多肉植物通常被稱為佛甲草，在位於密西根州迪爾伯恩的福特卡車工廠上方，覆蓋超過 10 英畝。綠屋頂也可以是集約栽培系統，以維持成熟的花園、公園或農場，人們可以在此休息、消遣、種植花卉或食物，這也是為何布魯克林一度荒廢的屋頂會成為都市農業聖地的原因。綠化類型不同，投資成本多寡、對結構的要求、安設與維護方式亦不同。

雖然綠屋頂的前期成本高於一般屋頂，且必須維護，但成本回收具吸引力，長期而言，此成本投資具競爭力，以使用年限平均之，有時甚至較一般屋頂低。土壤和植被具隔熱作用，可全年調節建築溫度——夏季降溫、冬季保

60. 挪威文，「草皮屋頂」之意。

■由史蒂芬・布倫艾森（Stephan Brenneisen）博士設計，位於瑞士巴塞爾（Basel）的州立醫院（Cantonal Hospital）的綠屋頂俯瞰城鎮和萊茵河。該建築建於 1937 年，於 1990 年施設綠屋頂，其設計模仿萊茵河河岸。植被屋頂有兩塊礫石區域，以吸引鳥類；還有景天屬植物、藥草植物、苔蘚以及一片大草原。其上散布著大樹枝和石頭，以提供遮蔽，並監控鳥類、蜘蛛、甲蟲、瓢蟲、大黃蜂等。

暖。由於暖器與空調所需的能源減少，溫室氣體排放量和其代價都會降低。在種有植物的屋頂下方的建築物，冷卻時所需的能源可減少 50%。綠屋頂還可利用土壤與生質能封存碳、過濾空氣中的汙染物、減少雨水逕流、支持都市中的生物多樣性，並解決都市熱島問題，不僅有利於綠屋頂下方的樓層，也有益於附近建築物。由於植被保護屋頂本身不受惡劣天候和紫外線的影響，綠屋頂的壽命是一般屋頂的 2 倍。

在綠屋頂附近生活、工作或玩耍的人們，享有更多自然之美與更大的幸福——因為人類生來就喜愛親近自然世界，具有熱愛生命的天性。與此同時，建築開發商、屋主和經營者得享更高的房產吸引力和價值。綠屋頂將人們在地面上喜歡接觸的東西帶到高處經常被浪費的空間。土地通常是都市裡最有限的資源，但綠屋頂可以創造許多英畝的綠色空間，同時提供改善氣候變遷的機會。看看芝加哥市政廳或新加坡南洋理工大學的綠屋頂，就可以想像綠屋頂有多麼大的機會出現在建築物上方。這些指標性計畫和其他示範性成果——例如公車站上方，行人和過往車輛可見之處——都能爭取更多群眾支持。

德國等實施熱點教我們關鍵的一課：綠色屋頂的施設補助措施，與鼓勵或強制安設綠屋頂的建設政策，是增加綠屋頂的雙重驅動因素。金錢補助與政策規定這兩種方法可以刺激更多人採用綠屋頂，讓綠屋頂更普遍。例如新加坡為提高綠色比例，政府承擔綠屋頂安裝成本的一半；芝加哥快速通過有綠屋頂的建物許可；和雨水控制與保留有關的法規也可刺激綠屋頂之採用。此外，清楚一致的工業標準和有能力的建築師、工程師與建商，可以確保品質。2016 年 10 月，舊金山成為第一個採用綠屋頂法規的美國城市，自該年起，新建案屋頂空間的 15～30% 必須綠化、使用太陽能，或兩者兼有。其他城市應該效仿。關心建築物內部和建築物頂部的生物，目前由貧瘠屋頂拼湊而成的世界，可以開出繁盛的花，將都市轉變為維生系統。

涼屋頂是綠屋頂的近親好友，其影響相似，但利用不同的方法，有不同的阻礙和成效。「Reflection」（反射）一詞來自拉丁文的「折回」，涼屋頂即利用此原理。當太陽在 99 度日（degree-day）[61] 照射傳統的深色屋頂時，只有 5% 的太陽光被反射回太空，剩下的會使建築物和周圍的空氣增溫。然而涼屋頂能將高達 80% 的太陽光反射回太空。涼屋頂有多種形式：淺色金屬、木瓦（shingles）、磁磚、塗層、覆膜等。無論使用何種技術，在日益城市化和暖化的世界中，將太陽光送回原來的地方而不是吸收它，非常重要。涼屋頂不僅可以減少建築物所吸收的熱量，也可以減少用於冷卻的能源，還可以降低都市溫度。最近的研究顯示，當熱島效應特別強烈、甚至能夠致命時，涼屋頂減輕都市熱島效應的能力更加明顯。都市仍持續發展中，因此，讓它們更乾淨、更宜居、對人類福祉更有利，是必要的。

相較於綠屋頂的施作成本較高，亦需要特殊技能，涼屋頂相對便宜、簡單，安裝方式接近一般屋頂，因此可行性很高。雖然需要定期清潔以維持最佳反射率，但維護需求低得多。儘管如此，仍須考慮其環境背景。涼屋頂可能產生眩光，造成鄰居困擾，而其影響力亦取決於當地氣候。較熱的地方能由冷卻效果獲益較多，而在寒冷的月份較不會因保溫效果降低而受苦。在較冷的氣候區，綠屋頂的保溫效果可能全年更優。

涼屋頂不是新概念，但被採用的速度很慢。它們正在美國和歐盟擴展中，也在其他地方受到越來越多關注，偶爾有官方承諾。加州一直是最大擁護者，10 年前便將涼屋頂納入該州建築能效標準「Title 24」當中。加州的成功為我們展現前方的道路，包括法規、政府退款與獎勵計畫的重要性。涼屋頂的技術發展也極具前景。傳統的建築美學與所謂的「白色屋頂」相悖，但現在涼屋頂的材料有多種顏色，可調整的反射角度也可以解決它們在冬季的不利影響。為了不只是「折回」太陽光和溫度，同時減少排放，涼屋頂前景可期。

影響：在模擬綠屋頂和涼屋頂時，我們考慮了每種技術的區域應用。如果 2050 年前綠屋頂覆蓋 30% 的屋頂空間，涼屋頂覆蓋 60%，那麼全球將有共 4,070 億平方英尺的高效屋頂。總合起來，這些技術以 1.39 兆美元的成本可以減少 7.7 億噸的二氧化碳排放，30 年下來可以節省 9,885 億美元，終身節省 3 兆美元。

---

61. 「度日」可以冷卻度日與增熱度日兩種方式測定之。冷卻度日為估計空氣調節所需之能量，以華氏 75 度（約攝氏 24 度）為基礎，日平均溫度每超出 1 度，即為 1 冷卻度日。增熱度日則為燃料消耗之指示，在美國以逐日平均溫度在華氏 65 度（約攝氏 18 度）以下之每 1 度作為增熱度日。

LED 照明

與其他尖端技術一樣，LED（發光二極體）的歷史也鮮為人知。其起源可以回溯到德國物理學家費迪南德·布勞恩（Ferdinand Braun）在 1874 年發明的二極體——在某一方向導電的晶體半導體。自那時起，二極體就發展出數百種重要的應用方式，使得日常生活中需要插入插座、打開電源、觀看與驅動的一切能夠運作。其中一項重要發現是二極體在某些情況下會發光。雖然 1907 年就首次觀察到其發光條件，但科學家們當時並沒有發現這種裝置的實際用途。1960 年代，奇異公司、德州儀器和惠普這三家公司開發、申請專利並應用二極體於商業用途。1994 年，3 位日本科學家發明了高亮度 LED 燈泡，並因此於 2014 年獲得諾貝爾物理學獎。

照明有 3 種主要類型，每種都有不同的發光機制。白熾燈泡在真空中以電荷加熱鎢絲。螢光燈利用電弧誘導游離氣體發射 UV 光，接著被塗覆於燈管的磷光體吸收，磷光體再發出可見光。LED是固態的，透過稱為電致發光的過程，產生會放出光子（光的單位）的帶電電子。

白熾燈泡效率很低，它們被比作會發出微光的空間加熱器。LED 燈泡發散大量光線，更像是微電腦或反向工作的太陽能電池板。太陽能板將光子轉換為電子，LED 將電子轉換為光子。太陽能板和 LED 具有相同類型的半導體，但 LED 包含電路板。電燈開關就像鍵盤，當打開電源時，LED 所需能量比發出相同光量的白熾燈泡減少 90%，較緊密型螢光燈少一半，且不含有毒的

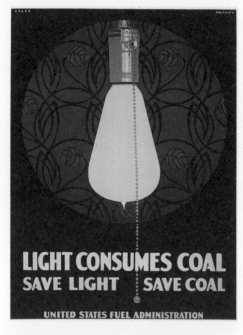

■在美國政府的委託下，戰時工業委員會（War Industries Board）在第一次世界大戰期間創立許多戰爭機構，包括美國燃料管理局（United States Fuel Administration）。此機構由前總統詹姆士·加菲爾德的兒子哈利·加菲爾德領導，其工作為確保基礎工業獲得充足的能源供應。除了這張精美的新藝術風格海報，該機構還創造了日光節約時間，並已在歐洲實施。

汞。最重要的是，LED 燈泡的使用壽命比以上兩種燈泡都長——如果每天開啟 5 小時，可使用 27 年。也就是說，投資於將舊照明燈具改為 LED 的金額，可回收 10 ～ 30%。

在 1960 年代剛開始商業化時，LED 被用於電子、顯示器和聖誕燈。而今日，它們被叢聚、分組和排列，以製作各種實用和強力的燈。利用擴散器，它們可以照亮廣大的區域或強烈聚焦；它們有標準底座，可以旋入傳統插座。現在有各式各樣的 LED 照明工具，所以無論商業或住宅用的任何類型燈泡，都能以 LED 燈泡代之。LED 將所消耗能源之 80% 都轉化為光，而不是像舊技

第 33 名

2050 年前家用 LED 照明之排名與成效

減少二氧化碳	淨成本	可節省淨額
78.1 億噸	3,235 億美元	17.3 兆美元

第 44 名

2050 年前商業用 LED 照明之排名與成效

減少二氧化碳	淨成本	可節省淨額
50.4 億噸	-2,051 億美元	1.09 兆美元

■ 墨西哥 Cueche 塔拉烏瑪拉族（Tarahumara）的一位女士在家中 LED 燈籠旁。想像一下你的房子晚上沒有照明，再想像一下即使是一盞 LED 燈會有多幸福。如果每晚使用 5 個小時，1 顆燈泡可以使用 27 年，使其成為地球上最便宜的照明形式。

術那樣轉為熱，因此能減輕空調負荷。

LED 的問題不在於它們是否會成為標準照明燈具，而是什麼時候可以。目前 LED 的價格是每瓦當量[62]白熾燈和螢光燈的 2 至 3 倍，但迅速降低中。目前前期成本仍是低收入家庭的障礙，但當他們使用更便宜的燈泡時，最終卻必須支付更高的電費。而且儘管目前要價較高，但 LED 為沒有電力的家庭創造優勢，利用小型太陽能電池即可點亮低耗能的 LED 燈，取代昂貴的煤油燈，也能免於接觸有毒煙霧和避免排放大量溫室氣體。對於無電網連接的家庭和社區，太陽能 LED 燈對生活經濟產生有利影響。加利福尼亞大學勞倫斯伯克萊國家實驗室（Lawrence Berkeley National Laboratory）指出，「人類中有 1/6 的人每年花在照明上的費用高達 400 億美元（占照明總能源花費的 20%），但僅獲得電氣化世界 0.1% 的照明度」。另一方面，太陽能 LED 產品在購買後 1 年內即可回收成本。僅在印度一國，就有近 100 萬個太陽能照明系統協助學生完成家庭作業、讓接生診所有效運作、日落後仍然能做生意。可是當日落後，仍有超過 10 億人生活在黑暗中。LED 在解決氣候變遷與貧困問題上，同樣重要。

LED 也正藉由街道照明改變都市空間。LED 路燈可以節省高達 70% 的能源，並大幅降低維修成本，也就是說，都市可以使用成本能打平的 LED 來汰換舊的低效能路燈。LED 可以「調整頻率」以為人類提供健康益處（在高速公路上提高警覺性，或在住宅區引入睡眠誘導光線），並保護野生動物（例如防止鳥類和海龜因人造光而迷路）。

太陽能 LED 燈對人類福祉和經濟發展的影響，證明了人工照明在日常生活中扮演重要角色。它將人類活動時間延伸到日落後，並擴展未受陽光照射的空間供人類利用。因此，照明是人類生活中不可或缺的部分，它占全球用電量的 15%──超過全球所有核電廠總發電量。照明需求也在增加中，利用 LED 滿足此需求非常重要，因為可以同時減少能源使用與二氧化碳排放，並降低花費。致力於轉向此技術的國家已經照亮道路、獲得回報，並使所有人都能負擔得起。

影響：我們的分析假設 LED 將在 2050 年前普及，包括 90% 的家用照明市場，以及 82% 的商業照明。由於 LED 取代效率較低的照明，因此住宅區可避免 78.1 億噸的二氧化碳排放，商業建築中則可避免 50.4 億噸的二氧化碳排放。此處未計入的額外收益將來自以太陽能 LED 技術取代無電網區域的煤油照明。

62.Equivalent，即等量。

熱泵

2050 年前熱泵之排名與成效

減少二氧化碳	淨成本	可節省淨額
52 億噸	1,187 億美元	1.55 兆美元

富蘭克林（Benjamin Franklin）可能是唯一研究冷卻科學的外交官。當時是 1758 年，他在英國劍橋試圖減少喬治王和美國殖民地之間的緊張關係，但也找到時間進實驗室。他和英國化學家約翰·哈德里（John Hadley）對某位蘇格蘭科學家 10 年前的發現很感興趣：易揮發的液體於蒸發時所出現的副效應——冷卻。基本原理是較高能量（較熱）的分子先蒸發，留下較低能量（較冷）的分子。在劍橋，研究人員的設備有一個裝滿乙醚的燒杯、一枝水銀溫度計和一個風箱。將溫度計浸入乙醚之後，他們使勁操作風箱，讓液體儘快蒸發。某次實驗中，溫度計上的讀數降至華氏 7 度（約攝氏負 14 度），且固化成冰，使實驗暫停。富蘭克林寫信給一位朋友：「人們可能會看見在溫暖的夏日將一個男人凍死的可能性。」這麼說是誇大其詞了，但這位著名的博學之士再次走上正確的道路，他是否已經預見其洞察力所能帶來的影響？

倫敦政治經濟學院名譽退休教授葛溫·普林斯（Gwyn Prins）認為，空調成癮是美國「最普遍，但最不為人注意的流行疾病」——美國用以維持建築物涼爽的電量等於整個非洲所有用電量。

要理解這種狀況很容易：石化燃料豐富而廉價，加上沒人擔心溫室氣體排放或全球暖化，而且無論在家中或辦公室，涼爽的溫度都是受歡迎的安慰劑。有批評者認為文明世界不應該走上空調這條路，現在必須遠離之。或許是這樣沒錯，但要大家遠離空調不太容易。世界各地的人們最大的願望便是舒適的空調——這些人當中的許多人生活在亞洲和非洲的炎熱地區。僅就人口統計資料便能了解本世紀對空調的需求大增，一項研究預測 2100 年之前將增加 33 倍。中國的經驗預告此種增長：在 1995 至 2007 年的 10 年間，中國城市裡裝設空調的房屋從 7% 增加到 95%，並且很快將超過美國，成為空調的主要消費者。

當主題是保育和效能時，空調占據大部分頭條新聞，但暖氣同樣容易受到低效能的影響，也是必須改善的重點。全球建築業使用的能源約占全球總發電量的 32%，而其中超過 1/3 用於暖氣和冷氣。有許多團體分析提高效能的可能性並預測了結果，獲得 2 點共識：若溫室氣體排放量採用基線（BAU）[63]排放量，

---

63. 另即什麼都不做，完全不採取任何可將溫室氣體減量的作為。

來自暖氣與冷氣的溫室氣體排放量將產生螺旋式擴張；將冷暖氣提升最高效率，可以減少耗能 30 ～ 40%。

提高效率的方法唾手可得，而且不一定需要高科技。例如：連結建築物內部之溫度設定與外部氣溫以及人類舒適度的智慧自動調溫器就能起作用，但通常不受重視。風扇的速度非常重要，卻常常未被正確設置。從外面通風的環境中回收熱空氣或冷空氣的熱交換器至關重要。以低技術干預的方式改造現有結構，成本更高，但應該在任何新建築中強制規定。它們能節省開銷、避免不舒適感，並減少排放，與恆溫器結合，在夏季時調高溫度設定、冬季時則降低溫度，可以大幅提升能源效益。

有一項技術脫穎而出──熱泵。熱泵可滿足全球供暖和降溫需求，若由可再生能源供電，幾乎零排放。大多數人家中有另一種形式的熱泵，即冰箱。冰箱的運作原理與熱泵相同。冰箱和熱泵都有壓縮機、冷凝器、膨脹閥和蒸發器，並且都將熱空氣由低溫空間傳遞到高溫空間。亦即在冬季時由外面吸熱並將其送入建築物，夏季時熱氣從內部被抽出並往外送。熱源或熱匯（heat sink）可以是地面、空氣或水。以空氣為熱源的熱泵在溫帶氣候中效果最佳，因為當室外溫度低於攝氏4.5度時，效率會下降。但是若建築物隔熱良好，則低至攝氏零下5度時，新技術仍具效力。在斯堪地

那維亞和日本北部等地區，利用地下相對恆溫的地源熱泵是首選。

雖然成本可能很高，而且效率因當地氣候而異，但熱泵易於採用、易於理解，並已在全球使用。熱泵可以為室內供暖、降溫與提供熱水──這些都來自一個聯合裝置。在效率方面，熱泵具有獨特的優勢：每消耗 1 個單位電力，就能轉換成高於 5 個相同單位的熱能。根據國際能源總署所稱，若有 30% 的建築物可以安裝合適的熱泵，可以減少全球二氧化碳排放量 6%。這將是目前市場上所有技術中具有較大貢獻者之一。當熱泵與可再生能源和為提高效率而設計的建築結構搭配時，不僅可以移動熱空氣，亦可將地球帶至 drawdown 的境界。

影響：住宅和商業建築空間的冷暖氣需要超過 13,000 兆瓦時（terawatt-hours）的能量，估計到 2050 年將增加到超過 18,000 兆瓦時。此類能源消耗來自現址燃燒燃料和電力系統──從燃氣爐到空調機組。高效熱泵將燃料消耗降至零，並以更少的電力來供暖和冷卻。目前熱泵的採用率低於市場的 0.02%，但我們估計因為 2050 年前成本將持續下降，可達 25%，因此採用率能快速增長。用於傳統技術之外的成本為 1,187 億美元，營運成本在 30 年內可能省下 1.55 兆美元，在熱泵失去效力前則可達 3.5

兆美元。在這種情況下，可減少二氧化碳排放量達 52 億噸。

■奧地利當地一家公用事業公司 Stadtwerke Amstetten 的董事羅伯特‧西默（Robert Simmer）站在一座熱泵前面；該熱泵用於收集和回收下水道的能源。

智慧型玻璃

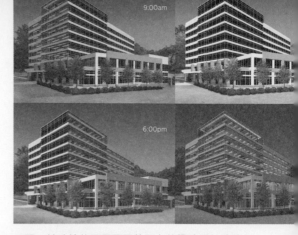

玻璃窗是羅馬人的發明，安裝於公共浴池、重要建築和巨富家中。羅馬玻璃雖然非常不透明，但原本由以動物皮、布料或木頭來阻擋不利天候向前移動一大步。「window」一詞來自維京語「vindauga」，意思是「風之眼」；玻璃窗曾經是奢侈品，現在已成為全球建築之標準配備，為建築環境帶入光線並開展視野，且不受天氣影響。

但是窗戶真的會將天氣狀況引入屋內，讓室內的人感受到熱與冷。在維持室內溫度和隔絕室外氣溫方面，窗的隔熱效率比隔熱牆低許多——取決於牆和窗戶的類型，差異可能達 10 倍或更多。如果在冬季拍攝一般房屋的熱圖像，窗戶將因熱損失而發亮。U 值（U-value 或 U-factor）為量測窗戶保暖性能之單位，標示流入或流出的熱能。單塊透明玻璃之 U 值可能為 1.2 至 1.3，二塊玻璃之間若有空隙，窗口的 U 值下降到 0.5 至 0.7。U 值越低越好（另有一作用相仿的 R 值，測量對熱流的**阻力**，因此，與 U 值相反，越高越好）。

多層玻璃不是提高窗戶效能的唯一方法。反射表面幾乎是透明的低輻射（low-e）鍍膜，能進一步降低窗戶 U 值；在兩片玻璃之間充入絕緣氣體（通常是氬氣或氪氣）也能達到此效果。扎實密

■同一幢建築物兩面不同牆面上的電致變色玻璃在一天中的 4 個不同時間對光的不同反應。當著色時，可減少太陽輻射和工作場所眩光及空調負荷，同時維持室內日光照明。感應器甚至即時天氣數據將凌駕白天的設定，並允許更多的入射光。以演算法為建築物編寫程式，以反應溫度和光照的季節性變化，但亦可由用戶桌面的智慧型手機控制單片玻璃，以調整強光、光線和顏色。

封的高品質窗框可防止空氣散逸。結合這些技術，能穩定地提高效率，並降低窗戶對建築物供暖與供冷的負面影響。依據美國能源之星計畫（U.S. Energy Star program）對窗戶的評等，最具效能的窗戶 U 值約為 0.15 至 0.2。

另有一種更能適應天候的技術「智慧型玻璃」，使窗戶能因應天氣即時做出調整。在化學中，變色是導致材料改變顏色的所有過程，電力觸發變色稱為電致變色，熱觸發為熱致變色，光觸發為光致變色。電致變色玻璃是 1970 年代和 1980 年代由丹佛（Denver）附近的國家再生能源實驗室、加州的勞倫斯柏克萊國家實驗室與其他研究機構的研究人員所開發。使其得以電致變色的，是一層薄薄的奈米級金屬氧化物，僅人類

頭髮厚度的 1/50，其精確配方因製造商而異，且藉由研究而不斷發展中。施加電壓時，離子移動到另一層，使玻璃的顏色和反射性改變。電致變色玻璃可以智慧型手機或平板電腦調整，與室內照明一樣可切換。

最高階的電致變色窗戶可分散光和熱，以獲得最佳性能。在寒冷的冬日，來自太陽的可見光及其熱輻射都可以穿透窗戶；在夏季時，可以啟動玻璃以允許可見光進入，同時阻擋熱。或以微小差異的電壓，反射光與熱，使房間變暗而不需要關閉百葉窗，甚至不需要安裝百葉窗。（波音 787-9 夢想客機即使用電致變色玻璃代替窗簾。）

熱致變色玻璃是不需要電力的類似技術，根據室外溫度，它會自動從透明轉換為不透明，然後再回復。這是窗戶的「情緒戒指」。光致變色玻璃的運作原理類似，因所接觸的光線多寡而變色，某些眼鏡鏡片使用相同的化學原理。這兩種玻璃都具有一個明顯的優點，即不需任何動作，但也都缺乏電致變色玻璃的適應性和控制選項。可應使用者需求調整的智慧型窗戶具有減少照明的電力負荷，以及提高暖房與冷房效率的額外好處。

在日本，測試電致變色玻璃的結果發現，在炎熱的天氣裡可降低冷卻負荷 30% 以上。加州的 View 公司則表示，其電致變色系列產品與傳統窗戶相比，

2050 年前智慧型玻璃之排名與成效

減少二氧化碳	淨成本	可節省淨額
21.9 億噸	9,323 億美元	3,251 億美元

可減少 20% 能耗。但電致變色玻璃的價格高出 50%，為其主要缺點。如果不需要安裝窗簾和百葉窗，並且使用更小、更具效能的空調裝置，也許能彌補一些成本。在氣候炎熱地區或陽光大量曝晒的外牆上，電致變色玻璃的成本效益可能最大。隨著市場需求增加，價格應該會繼續下跌。可切換的智慧型玻璃曾經是出現於 1982 年的《銀翼殺手》（*Blade Runner*）等電影中的新奇技術，將成為未來幾年提高建築物效率的常見工具。

影響：智慧型玻璃是新興的解決方案，目前僅有 0.004% 的商業建築採用之。我們假設智慧型玻璃的成長主要出現於高收入國家的商業領域，2050 年前新商業建築的採用率可達 29%。冷房的潛在能效估計為 23%，照明為 35%，兩者都會因當地氣候和建築位置而異。使用智慧型玻璃可降低能源消耗，並因此減少 21.9 億噸的排放量。財務成本高達 9,323 億美元，30 年的營運成本可節省 3,251 億美元，使用壽命結束前節省 3.6 兆美元。

智慧溫控器

　　恆溫器是安裝在牆上的不顯眼的盒子或球體，因此很容易被低估，但在許多建築物中，它是供暖和冷卻的能量控制中心。根據歐盟執行委員會（European Commission）所稱，為溫帶住宅、商業和工業建築供暖所消耗之能源占歐盟能源使用半數。僅住宅恆溫器就能控制美國能源消耗的 9%。能夠提供屋主、租戶和建築管理者即時回饋，且更具智能、可以程式編寫、連接感應器的恆溫器正成為控制能源使用所不可或缺的工具。目前大部分恆溫器需要手動操作或預設編程，但研究發現人類在有效地做到這兩項中的任一項都極不可靠。想像一下，如果房屋只在需要的時間、地點與符合需求的程度內進行供暖和冷卻而不需要任何繁重的工作——這就是 Nest Learning Thermostat 和 Ecobee 等智慧溫控器的強大功能。就能夠學習和獨立運作而言，它們是「聰明的」，能避免人類行為的反覆無常，且進行更可預測的節能。

　　儘管存在近 2 個世紀，恆溫器技術在過去 10 年間才出現了極微小的創新。

Nest 由一群前 iPhone 工程師開發，於 2011 年上市，他們看到將智慧型手機的思維帶入過時的家庭溫控的機會。因為演算法和感應器之故，下一代恆溫器可以長時間收集並分析數據。使用者仍然可以調整溫度高低，但這些設備會記住使用者的選擇與使用習慣。智慧溫控器易於安裝且操作簡單，以電子恆溫器所缺乏的功能適應日常生活的動態特性——人們不總是遵循可預測的時間表作息，有些日子提早下班，有些晚上在外面待得久一點。智慧溫控器可偵測人數、學習住戶喜好，並使住戶更有效地使用能源。最新技術還整合了需量反應（demand response），可以在能源使用巔峰期、價格高點與排放量高峰時減少消耗。更全面的家庭管理系統也控制熱水。淨效應：住宅更節能、更舒適，運作成本更低。

如果家中有暖通空調（HVAC）[64] 系統和寬頻，而住戶擁有智慧型手機，智慧溫控器便成為高效的互連裝置。2 年多來，Nest 研究室（Nest Labs）研究其恆溫器對能源使用和節省成本之影響，根據公司白皮書，3 項獨立的研究產生類似的結果：暖氣節能 10 ～ 12%，中央空調節能 15%。如果住家與建築物內或地區微電網相連，則各個恆溫器可以提供數據以使整個系統更有效率。

減少二氧化碳	淨成本	可節省淨額
26.2 億噸	-742 億美元	6,401 億美元

智慧溫控器起源於北美並傳到歐洲，目前占比極小，僅潛在市場的 2%，使用率能否提高，取決於一個關鍵因素：成本。既然已經有恆溫器，使用者需要很好的理由和較低的障礙，才會選擇購買與安裝新的恆溫器。較低的價格和獎勵辦法，可以鼓勵使用者更換現有的恆溫器。隨著技術發展與競爭加劇，以及一些公用事業公司提供獎勵辦法，價格應該下降（即使以目前的價格，智慧溫控器也能在不到 2 年的時間內回收成本）。修訂後的建築法規將有助於提高採用率，而能同時監控一氧化碳和煙霧的恆溫器也可能吸引消費者注意力。

影響：我們預計 2050 年前，在連接網際網路的家庭中，智慧溫控器的使用率可以由 0.4% 增加到 46%，也就是將有 7.04 億戶家庭安裝。因為減少能源使用而避免 26.2 億噸二氧化碳排放。投資報酬率很高：智慧溫控器可以在 2050 年前為其使用者節省 6,401 億美元的水電費。

---

64. HVAC 為暖氣（heating）、通風（ventilation）與空氣調節（air conditioning）之首字母縮寫。

區域供熱

　　密度是都市的關鍵性特徵。緊密的城市空間讓我們可以步行和騎自行車移動，將人與思想混合在一起，創造出豐富的文化馬賽克。這種密度還可以使都市建築的高效供暖與冷卻成真，在區域冷暖供應（district heating and cooling，DHC）系統中，中央工廠藉由地下管道，將熱水和／或冷水引入許多建築物。熱交換器和熱泵將建築物與配電網分開，從而集中供暖和冷卻，而恆溫器保持獨立。DHC 不是在每個結構都有小型鍋爐和冷卻裝置，而是集體供熱，效率更高。

　　最早的區域供暖例子是羅馬，以熱水為神殿、浴場，甚至溫室供暖。其現代化形式可追溯到 1882 年，當時紐約蒸汽公司（New York Steam Company）開始在曼哈頓繁忙的街道下抽取熱氣，為客戶提供區域供暖服務。工程師柏希爾・霍利（Birdsill Holly）首度在其位於紐約洛克波特（Lockport）的地產上測試此項發明，並迅速傳播到美國許多城市。加拿大約莫在同一時期開始實施區域供熱；多倫多大學於 1911 年安裝此系統（校園仍然是安裝 DHC 的熱門地點）。1930 年代前，蘇聯持續建設網絡，以將工業製程中所產生的熱傳遞到家戶。1970 年代石油危機期間，北歐城市開始投資區域供熱。

　　丹麥的哥本哈根已成為 DHC 的全球傑出代表。現在，它以世界上最大的區域供暖系統滿足了 98% 的需求，此系

■荷蘭國王威廉－亞歷山大（Willem-Alexander）參加位於皮爾莫倫德（Purmerend）的生物加熱站 BioWarmteCentrale 之開幕儀式。其每年利用 11 萬噸生物質，為 2.5 萬人提供 80% 的綠色能源。

統所使用的能源來自火力發電廠與垃圾發電廠的廢熱（在未來幾年，生物質將完全取代火力發電）。自 2010 年以來，哥本哈根還利用松德海峽（Øresund Strait）寒冷的海水，以與熱管道平行的管道輸送海水，進行區域供冷。這兩種方式都是 DHC 如何利用創新資源，將廢物流（waste streams）轉化為收益流（revenue streams）的例子。

哥本哈根燃料來源的不斷轉變，凸顯 DHC 的主要優勢：一旦配送網路就位，便可利用各種不同能源。地熱、太陽能熱水或永續的生質能可以取代煤。都市廢熱——從工業設施到資料中心再到家庭廢水——可以被收集並重新利用。DHC 確實在全球以各式各樣且越來越乾淨的模式而漸受重視。在建物等級上也許不具成本效益的再生能源，可以利用於市政等級。DHC 的集體供應，創造可省錢的規模經濟，同時，建築物效能提升，能降低長期的供暖與冷卻需求。

與獨立的供暖和冷卻系統相比，東京的區域供暖系統減少一半的能源使用和二氧化碳排放量——這是另一個 DHC 潛力的有力例證。雖然這是一種經過嘗試與檢驗的技術，尤其是在北歐，但世界許多地方仍然不了解此系統，而高昂的前期成本與複雜的系統亦阻礙其發展。到目前為止，雖然世界上炎熱地區的都市增加，地球也越來越熱，但區域冷卻比區域供暖更不普遍。世界上最大的區域冷卻系統之一在巴黎，能讓藝術愛好者在羅浮宮和奧賽博物館舒適地參觀，並保護所收藏的大師作品。

無論是利用區域系統供暖、冷卻或兩者兼有，要擴大此解決方案的規模，市政府扮演至關重要的角色。市政府參與規劃、監督、投入資金與基礎建設，以及設定能源和排放目標，以上都會影響區域系統的可行性。城市決策者可以是——而且在某些部分已經是——集中和有效地為世界都市供暖和降溫的重要因素。

影響：以區域供暖取代現有之獨立的熱水系統與空間供暖系統，2050 年前，可減少 93.8 億噸的二氧化碳排放，並節省 3.54 兆美元的能源成本。我們的分析估計目前採用率為供熱需求的 0.01%，在未來 30 年內會增加至 10%。雖然天然氣是目前區域供熱系統最普遍的燃料來源，但我們只模擬會隨著時間變得更加普遍的地熱和太陽能等替代能源的影響。

第 **27** 名

2050 年前區域供熱之排名與成效

減少二氧化碳	淨成本	可節省淨額
93.8 億噸	4,571 億美元	3.54 兆美元

垃圾掩埋場甲烷

甲烷是一種強大的分子。在一個世紀中，其所產生的溫室效應影響高達二氧化碳的 34 倍。垃圾掩埋場是甲烷排放的主要來源，占世界總量的 12%，相當於 8 億噸二氧化碳。但甲烷也是一種燃料。垃圾掩埋場甲烷可以被收集起來，作為一種相當乾淨的能源，用以發電或生熱，而不是逸散到空氣中或被當成廢棄物直接消失。此舉有雙重的氣候效益：防止垃圾掩埋場排放溫室氣體，並取代原本可能使用的煤、石油或天然氣。

世界各大城市每年創造 14 億噸固體廢棄物，2025 年前總量可能達到 24 億噸。以全球為範圍，我們至少送了 3.75 億噸固體廢棄物至垃圾掩埋場，主要是在已開發國家。這種結果遠不如更永續的廢棄物轉換方法：減量、再利用、回收和恢復。儘管如此，將垃圾運送到一個環境衛生的垃圾掩埋場，仍遠甚於棄置在會排放汙染物、汙染水源並影響健康的露天垃圾場；不過露天垃圾場仍然普遍存在於低收入國家，而且直到 20 世紀時，大多數地方都如此。

大多數送到垃圾掩埋場的廢棄物為有機物質：食物殘渣、庭院裝飾品、廢木材、廢紙。剛開始時，嗜氧菌會分解這些東西，但隨著垃圾一層一層疊上來，被壓實與覆蓋，最後被密封，氧氣被耗盡。缺氧時，厭氧細菌接手，分解過程產生沼氣、約等量混合的二氧化碳和甲烷，以及少量其他氣體。二氧化碳會成為自然循環的一部分，但甲烷是人造的，因為我們將有機廢物傾倒入衛生掩埋場。理想的狀況是我們採用不同的方式：回收利用紙張、食物殘渣製作堆肥或送進甲烷消化槽；當廢棄物不被埋葬時，可以創造真正的價值。但只要垃圾掩埋場越堆越高，就必須處理從中排放的甲烷。即使我們立即停止掩埋垃圾，掩埋場現址仍會在未來數十年繼續汙染。

處理沼氣的技術相對簡單。多孔管被分散配置，送入垃圾掩埋場的深處以收集氣體，氣體通過管道輸送到中央收集區，在那裡被排出或燃燒。更好的是，可以淨化之，並作為發電機、垃圾車之燃料，或混入天然氣。以垃圾掩埋場所收集到的氣體發電並非沒有缺點：燃燒過程中所產生的汙染物會降低當地空氣品質，而這對於受霧霾之苦的城市來說，是嚴重的問題。儘管如此，此法仍優於使用原始石化燃料，且有減少氣味和爆炸或火災之風險的額外好處。（完全乾淨的可再生能源得勝。）

不同的垃圾掩埋場所產生的甲烷量不

等，可收集量亦然；量越多，就越容易有效收集。根據一份對美國垃圾掩埋場的研究，在封閉的場地收集甲烷，效率比大量接收廢棄物但開放的掩埋場高17%，但開放式垃圾掩埋場由於有新鮮的堆積物，因此細菌分解活躍，導致有超過90%的甲烷排放。因此，雖然萃取井可以更徹底地虹吸封閉與覆蓋在垃圾掩埋場裡的氣體，但我們最需要注意的最大罪魁禍首，是繼續收集垃圾的地方。

垃圾掩埋場不一定是排放溫床。作為垃圾減量及將垃圾轉化到更有價值的用途的全方位策略之一部分，垃圾掩埋場應該被設計、管理，並制定甲烷回收規章——此點重要性越來越高。重大的問題提供龐大的機會，帶來真正的成果。

2050 年前垃圾掩埋場甲烷之排名與成效

減少二氧化碳	淨成本	可節省淨額
25 億噸	-18 億美元	676 億美元

影響：此解決方案位於廢棄物結構的底部。隨著飲食改變、廢棄物減少、回收和堆肥率增加，垃圾掩埋場的廢棄物將會減少。無法，或不應該在廢棄物轉製能源設備中燃燒的東西，最後手段即為進入垃圾掩埋場。然而上述解決方案不會在一夕之間受全球採用，因此我們假設收集垃圾掩埋場甲烷將繼續發揮作用。燃燒垃圾掩埋場甲烷以發電，可以減少相當於25億噸二氧化碳的排放量。

■密西根州立垃圾掩埋場收集甲烷的井口。

隔熱

　　「Insulation」（隔熱）一詞的拉丁文字根「insula」，意思為「島嶼」。就熱流動而言，使建築物成為島嶼正是隔熱的目標。熱總是由較溫暖的區域流動到較冷的區域，直到達致熱平衡。為了維持建築物的溫度在攝氏 19 度至 25.5 度的理想範圍內，這種熱流動的模式是主要挑戰。夏季時，熱空氣滲入室內，導致空調超時工作；冬季時，溫暖的空氣逸出，通往沒有暖器的閣樓和地下室，經由煙囪往上離開建築物，或者穿過窗戶和門周圍的空隙，因此供暖系統更加吃力。為了隔絕不必要的熱氣增加或減少，並保持舒適的室溫，我們使用更多的能源，無論是天然氣還是電力等燃料。根據美國綠建築協會的說法，空氣滲透占用於供溫和冷卻房屋的能源之 25～60%，而這些能源都被浪費了。藉由更好的建築外牆隔熱結構，可以減少熱交換、節省能源並避免排放。

　　使隔熱有效的是它的耐熱能力：如何有效地抵抗熱傳導（透過材料直接進行熱交換）、熱對流（在氣體或液體中的熱循環）和熱輻射（藉由電磁波傳遞熱量）。R 值是測量熱阻之數據，因其類型、厚度和密度以及安裝在建築物中的

■隔熱不是新技術。北方的村民與農民利用草坪屋頂已有 1 千年。這是位於冰島和挪威之間大西洋上的小群島法羅群島（Faroe Islands）的傑格夫（Gjogv），在「暖季」期間平均氣溫為攝氏 11.6 度。

位置與方式而不同；R 值越高越具隔熱效力。理想情況下，建築物的隔熱層應覆蓋所有平面：底層地板、外牆與屋頂，並且能持續避免熱橋效應——藉由其他建築材料（如螺樁和小梁）而傳遞的熱。漏氣與通風也會影響隔熱性能，這就是為什麼密封間隙和裂縫對更有效的建築外牆而言至關重要。

隔熱是提高建築物節能效率最實際與最具成本效益的方法之一——無論是用於新建築中，或是改造通常密閉度不佳的舊建築物。隔熱的成本相對較低，但可減少水電費，同時隔絕溼氣和改善空氣品質。隔熱材質非常多樣，玻璃纖維是最常見的，可能是毯狀棉絮或是鬆散的填充物；塑料纖維可以製成類似的產品。石綿（mineral wool）不是羊毛，而是由玄武岩或鼓風爐渣製成的；回收的報紙成為纖維隔熱材，密集地填充入孔洞中。聚苯乙烯隔熱材料從硬板延伸到噴霧性泡沫；另外還有天然纖維，例如大麻、綿羊毛與稻草。反射屏之設計目的為解決輻射熱。隔熱材料以改善性能和更永續地生產為目標，持續創新，例如利用廢禽羽毛阻隔空氣的能力。

1990 年代初期，德國的「Passivhaus」（英文為 Passive House，被動式節能屋）採用嚴格的建築方法和標準，專注於節約能源，將隔熱能力帶至極限，比傳統的房屋高 90%。這種方法積極為建築物建造密閉的外牆，由上、下、四面八方

減少二氧化碳	淨成本	可節省淨額
82.7 億噸	3.66 兆美元	2.51 兆美元

隔絕內外，因此得到嚴格密封的結構。當地面有雪時，暖空氣不會洩漏；酷暑來臨時，冷空氣不會逸失。有些被動式節能住宅效率非常高，以相當於一台吹風機的熱就能加溫。以厚實、超絕緣的地基、牆壁和屋頂，造出類似保溫瓶的建築外牆；密封所有的裂縫、接縫；處理傳導熱橋效應，並使用高性能的三窗格窗戶。積極減少供暖和冷卻所需的能源，為滿足在現址利用可再生能源之需求奠定基礎，並實現淨零耗能的最終目標。被動式節能屋有極高的隔熱標準，大多數建築物無法在短期內達到標準。但是受財政獎勵、建築效率需求與個人興趣之增加的鼓勵，隔熱材料可以在減輕建築物施加於地球的負荷一事發揮關鍵作用。

影響：以隔熱材改造建築物，是減少供暖和冷卻所需能量的經濟有效之解決方案。如果 54% 的現有住宅和商業建築安裝隔熱材料，則可避免 82.7 億噸的二氧化碳排放，其施作成本為 3.66 兆美元。但隔熱設施可持續 100 年或更久，終身節省之金額可超過 4.2 兆美元。

整修

帝國大廈從未打算成為綠色建築,它本來就計畫好是高大的。因工業巨頭們競相建造「世界上最高的建築」而誕生,只花 1 年多的時間就拔地而起,於 1931 年 5 月 1 日正式開放。當時的總統赫伯特・胡佛(Herbert Hoover)在華盛頓特區為其進行點燈儀式。帝國大廈以鋼鐵、石灰岩和花崗岩建成,直到 1972 年都擁有最高建築的名號,曾經是虛張聲勢的典型代表,現在則藉由整修以在建築環境中實現能源效率而成為典範——亦即處理要讓多少冷熱空氣進入或逸出建築物、利用何種內部系統為在建築物內活動的人供暖或供冷,以及建築物之照明方式等問題。

如果不將白天和黑夜都有人類活動於其中的建築物納入範圍,就無法解決全球暖化問題。以全球而論,建築物占能源使用量的 32%,以及 19% 與能源相關的溫室氣體排放量。美國建築物的能源消耗量占全國總消耗量的 40% 以上。它們利用電網或天然氣管線來供暖、冷卻和照亮建築物內的空間,並為各種電器和機器供電。而所使用的能源中有多達 80% 被浪費,例如燈和電子設備不必要地開啟、建築物外牆的縫隙使得空氣滲入和逸出。

對綠建築的關注主要集中在新的建築設計,有各種標準——例如能源與環境先導設計(LEED)、國際未來生活研究所的淨零耗能建築、來自同名研究中心的德國 Passivhaus,以及加拿大自然資源部(Natural Resources Canada)開發的 R-2000,都具體說明如何從一開始就好好地設計,從還在製圖桌上未進入現實生活之前,就能避免浪費能源。雖然重要的是期許並塑造未來的建築,但修整現有建築物同樣重要,而且不僅僅是商業建築。美國有 1.4 億棟建築,其中 560 萬棟是商業建築,這些建築在能源減量使用一事具有最大潛力。新建築物以每年 1 ~ 3% 的速度取代舊建築物,因此大部分現有建築仍將存在 15 至 20 年。

加速改造是帝國大廈努力的核心動力。紐約市已承諾 2050 年前減少 80% 溫室氣體排放量。為了達成目標,建築必須進行整修。在 21 世紀初期,帝國大廈單日所使用的能源等於 4 萬戶家庭能源消耗量的一日總和。由私人、慈善單位和非營利團體之間共同合作的改造計畫,目標在減少 40% 能源消耗。

帝國大廈將省下 440 萬美元的能源成本,並避免超過 10 萬噸的溫室氣體排放。該建築的 6,514 面窗戶是提高效率的關鍵。為了避免浪費和節省金錢——

價值超過 1,500 萬美元——它們在現場重建，於現有玻璃窗之間放置一層隔熱薄膜。雖然裝飾藝術風格與文化特徵使得帝國大廈成為佳例，但減少 38% 的能源消耗只是個開始。位於芝加哥的威利斯塔（Willis Tower）建於 1970 年，藉由整修節省 70% 的能源消耗。現在也可以對舊建築物進行淨零耗能整修。在美國，面積超過 46 平方公尺的建築物有 8 千幢，如帝國大廈和威利斯塔。另有其他需要整修的 1.395 億棟建築，不應被轉移焦點，而節能、投資報酬率

第 **80** 名

2050 年前整修之排名與成效

以可再生能源、LED 照明、熱泵、隔熱等來計算成本與可節省金額

和創造就業機會也將有非凡價值。

整修是一種益於理解的做法，良好的建築性能數據使其效能越來越高。因建築物不同，整修的回收期平均為 5 至 7 年。如果貸款用於綠化建築物，房利美（Fannie Mae）等地產抵押貸款機構將

■初建於 1931 年的帝國大廈進行 5.3 億美元改造期間，一名接待員坐在服務檯後。她背後裝飾藝術風格的圖片見證 6,500 扇窗戶以及供暖冷卻和照明系統之更換，最後達到節能 38% 之成效。

增加 5% 的商業抵押貸款。然而，現有商業建築的升級翻修率僅以每年 2.2% 的速度增加。這種狀況是真正的不動產了，共同的障礙就是金錢。然而錢是能回收的，因為投資報酬確實存在。現在每個城市都有顧問，指導客戶進行任何需要的整修，並協助安排融資。大多數公用事業公司也提供諮詢，並具體指定各種設備、照明選擇、變速泵，以及可以將能量保持在地下並將錢放入口袋的各種供暖與冷卻替代選項。另一種回收報酬型式很少被提到：整修後的建築物擁有更高的入住率。

承租者需要健康的綠色空間，而且在現今大多數城市中，承租者願意為此支付更多費用。研究指出人們在設計優良的綠色工作場所中更具創造性與工作效率，也更快樂，雇主們發現要招募和留住人才更容易。喬納森・羅斯公司（Jonathan Rose Companies）等開發商在紐約到俄勒岡州波特蘭市之間尋找並購買市區的老舊辦公大樓，進行整修，然後出租。整修後，工作空間的品質與吸引力提升，需求隨之增加。整修可延長建築物的使用壽命並提高其價值。綠建築無論新舊，都是較佳的生活與工作場所，也值得擁有。

對能夠看到商機的人來說，翻修的潛力無窮。根據洛克菲勒基金會和德意志銀行氣候變化商店（Deutsche Bank's climate change shop）的市場規模分析，在美國投資 2,790 億美元於住宅、商業與公共機關建築之整修，10 年後可省下超過 1 兆美元的能源開銷，相當於該國每年電力支出的 30%。在此過程中，全國各地將出現累積後超過 330 萬年的工作機會，美國的排放量也將減少近 10%。

為了達致可能的大規模經濟利益和減少排放，對全世界樓層總面積 1.6 兆平方英尺的建築物（其中 99% 不是綠建築）進行逐層翻修可能不夠。落磯山研究所正在芝加哥試驗更大規模的方式：將整修範圍限制在一系列高效以及能廣泛應用的方法、在精確的分析基礎上採取額外措施、同時承接多棟建築物之整修工作以獲得規模經濟。早期的結果顯示此方法可以降低整修成本 30% 以上，並在 4 年內獲得回報。我們需要的正是這種努力，能連繫人與能源、福祉、經濟以及大氣的未來。

影響：與淨零耗能建築一樣，我們的模擬沒有提供數據。建築物擁有者整修現有的住宅與商業空間，安裝更好的隔熱、進階的供暖與冷卻設備、升級的管理系統等。這些解決方案都應單獨計算，因為沒有任何整修會完全一致，預測成本和能節省的金額幾乎是不可能的。

供水

2050 年前供水之排名與成效

減少二氧化碳	淨成本	可節省淨額
8.7 億噸	1,374 億美元	9,031 億美元

水很重。要將其從源頭抽送到處理廠以儲存和配送，需要大量能源。事實上，電力是城市內處理和配送水的主要成本動因，其總額暗含於水費帳單中，但這些帳單沒有說明水如何在都市系統內流動。公用事業使用「無收益水量」（non-revenue water）[65]一詞來描述進入水道與最終流出水龍頭後之間的差距。據世界銀行估計，每年因漏水而損失 8.6 兆加侖，高收入和低收入國家各約占一半。

在配送過程中損失的水被稱為「無收益水量」，揭示了公用事業和市政當局的危機：沉淪的底線。同樣岌岌可危的是，為了將水抽送至用戶端而消耗不必要的數十億度電所產生的碳排放，然而這些水卻因為裂隙而損失。將這些洩漏和損失減至最低，代表應更節約地使用能源，同時將水作為稀有資源來好好保護。

在許多地方，老化的基礎設施與惡化的管道和閘門是挑戰。但是除非出現極端的狀況，或公共衛生面臨風險時，大規模地更換管道和閘門在經濟上不可行也不必要；提高供水效率在很大程度上反而取決於管理方法；讓位於供水系統末端、打開水龍頭的人們知道我們面對何種壓力，對建全的系統來說同等重要。借用《紐約時報》的描述：「穩定、適度的輕微壓力最好──就像人體（的血液流動）一樣。」壓力過高時，水會尋找逃逸之處；壓力太低時，水管可能吸入周圍的液體和汙染物。水公司面臨的正是一種必須「恰到好處」的壓力。他們常見的做法之一是在較大的系統內建立「計量小區」（district metered areas），每一區都有一個特殊的閥作為看門人。

即使在一流的壓力管理之下，還是會漏水。以浪費的角度來看，使供水服務中斷或淹沒街道的爆裂性漏水實際上並不是最糟糕的：因為它們會引起注意並立即進行補救工作。更大的問題是較不容易偵測的、長時間的細微漏水；機警而澈底的檢查以及迅速解決是關鍵。有許多工具和技術可以協助掃描和精確定位漏水處，在系統相對安靜的夜間時段最有效。不斷進步中的感應器和軟體有

---

65. 因漏失、被竊或未精準計費計量之水量。

助於漏水檢測與壓力管理。事實上，《紐約時報》報導「英國有一群聰明、沉迷、有遠見的工程師，在 1990 年代初期展開『國家漏水計畫』」後，因為這項開創性的工作，整個行業便開始解決水資源損失的問題。他們的方法和技術現在遠遠超越英國。

世界各地都存在水資源損失的問題。在美國，估計有 1/6 的水消失於供水過程。低收入地區的損失通常高得多，有時占供水總量的 50%，光是將這些損失減半，這些水就足以供應約 9,000 萬人之需。菲律賓首都馬尼拉就是只做這件事，成功減少一半的損失，水公司能夠再多為 130 萬人提供服務，並且幾乎每個人都能獲得每天 24 小時供水。

到目前為止，像馬尼拉一樣成功的故事寥寥無幾，即使在高收入國家也難以達致成功。公用事業往往未能解決失去水的問題，因為其體制缺失或技術能力不足。他們沒有被鼓勵或被要求必須採取行動，甚至當成本高昂時，會建造新的處理設施，因為這麼做更容易、更令人有感。承認漏水問題代表著承認管理出了問題，可能引起客戶和政治家的憤怒，因此公用事業公司不願意這樣做，但越來越大的壓力迫使他們必須這麼做。由於可能需要金融投資和卓越的工程設計，世界銀行—國際水協會（World Bank–International Water Association）夥伴關係等全球支持工作至關重要。

市政當局的高水位條款是：除了提高公用事業的效率和改善客戶經驗，解決漏水問題是獲得新的供應量以為不斷增加的人口提供服務的最便宜方式。這些相同的做法使市政供水系統更能適應水資源短缺，這是在逐漸暖化的星球上越來越常見的事件。可以利用提高供水效率來面對氣候變遷問題並處理其影響——既積極又具保護性的解決方法。

影響：僅模擬壓力管理和主導漏水控制的影響，我們估計到 2050 年全球水資源損失可再減少 20%。改善抽送配水可能減少 8.7 億噸二氧化碳排放。到 2050 年前，總安裝成本為 1,374 億美元，公用事業的營運可能節省達 9,031 億美元。執行這個簡單的解決方案可以在 30 年內節省 215×10^{15} 加侖的水。

建築物自動化

建築物是以靜態結構為偽裝的複雜系統，其間滿是穿行的能源——在供暖和空調系統、電線、熱水、照明、信息和通信系統、資訊與電信系統、安全門禁系統、火災警報器、電梯、電器和水管暗管之間。大多數大型商業建築都有某種形式的以電腦為基礎的中央建築管理系統，該系統可以監控、評估上述系統，把握提高能源效率的機會，同時改善居住者經驗。但手動的建築管理系統易受人為錯誤影響。不是將自動化系統擺著考慮，而是實際採用，可以確保提高效率，從而降低一般建築物的耗能10 ～ 20%。

建築物自動化系統（BAS）是建築物的大腦。BAS 建築物配備感應器，不斷掃描和重新平衡，以達到最高效率。例如：當周遭無人時，燈會關閉、窗戶會開啟以通風改善空氣品質和溫度。傳統系統會告訴建築管理者應採取什麼行動，像汽車的儀表板，但有自動化系統的建築物會自行採取行動，就像自動駕駛汽車一樣。新的建築物可以從一開始就配備 BAS，較舊的建物可以進行整修以安裝 BAS 並從中獲益。

BAS 的市場正在拓展中。自動化系統之所以能逐漸受到歡迎，是因為其對居住者的福祉和工作效率的影響，以及節能與降低營運維修成本。自動化系統有助於提高暖房效能、照明舒適度以及室內空氣品質，從而直接影響住戶滿意度。

根據世界綠建築協會的報告，室內空氣品質可以使工作效率提高 8 ～ 11%。對維修人員來說，當建築物內出現狀況時，BAS 可以更容易找到問題，並快速修復。藉由自動化集中和簡化所有系統的管理時，所需的工作量減少。尤其是對綠建築來說，BAS 可以測量和檢驗關鍵的建築指標，以確保和維持可能受人為或其他因素影響的效率。綠建築可以具有高效率等級，但只有在額定功率與實際操作能互相配合時才有效。

然而 BAS 之採用存在障礙。對企業而言，能源支出通常是小型成本動因，而非尋求大量節省成本之處。BAS 要具有價值，就必須在付出高昂的前期成本後快速獲得高回報。如果未能獲得預計的回報，就像在某些狀況底下，要讓BAS 取得更廣泛的可信度就不容易。房東與租戶間的約定是另一項挑戰。當建築物擁有者與居住者不同時，將效率提到最高的動力就會減弱：前者決定建築物的系統，而後者承擔能源使用的成本。考慮到租戶滿意度和續租率的影響，他們更可能願意分攤與舒適度有關

的花費。

　建築物的靜態結構使人們很容易遺忘它們對氣候變遷的影響。根據政府間氣候變遷小組的報告，建築物約占全球能源使用量的 1/3，以及全球溫室氣體排放量的 1/5。建築物自動化系統是控制能源使用的強大解決方案之一。重要的是，它們避免了調節恆溫器等可能使效率發生階段性變化的個人行為。為了滿足當地和國家對建築效能的要求，BAS 的必要性越來越高。隨著建築本身變得越來越複雜——分散式發電、外遮陽、調光玻璃等—— BAS 的精密度也必須不斷成長；這些系統是建築物所需的「神經網絡」。

第 45 名

2050 年前建築物自動化之排名與成效

減少二氧化碳	淨成本	可節省淨額
46.2 億噸	681 億美元	8,806 億美元

影響：BAS 可以使供暖和冷卻效率提高 20%，照明、電器等用品的效率提高 11.5%。將這些系統從 2014 年 34% 的商業建築面積擴大到本世紀中葉的 50% ——增加成本為 681 億美元——建物擁有者可以節省 8,806 億美元的營運成本，且可避免 46.2 億噸的二氧化碳排放。

土地利用

Drawdown 一詞說明了大氣中溫室氣體濃度的降低。有 2 種方法可以達成此目標：快速減少人為排放，以及廣泛採用經過驗證的陸地與海洋方法。這些方法可以從空氣中拉下碳，隔離並封存數十年甚至數百年。為了正確衡量與陸地有關的方案之影響，我們將其拆解為不連續的解決方案。在食物一章中包含 13 種與糧食生產有關的解決方案，本章則詳述其他 9 種解決方案。我們首先評估全世界土地使用情況，然後計算如果土地利用方式不同，或者如果專門用於放牧或種植的技術改變，會發生什麼事。雖然不含於估算中，但此研究生動地展示 22 種方法全部都是無悔的解決方案。執行這些方案可以增加土壤含水量、雲量、作物產量、生物多樣性、就業機會、人類健康、收入和適應力，同時大大減少農地對化學肥料和殺蟲劑的需求。

保護森林

　　所有森林類型中最重要的是原始森林，即大家所知的老生林（old-growth forest）或原生林（virgin forest）。例如加拿大卑詩省（British Columbia）的大熊雨林，以及亞馬遜和剛果的雨林。這些森林已經成熟，擁有成熟的樹冠和複雜的林下樹木，因此成為地球上生物多樣性的最佳寶庫。森林含有 3,000 億噸碳，然而卻在收穫「可永續」的幌子下持續遭砍伐。研究表示，一旦完整的原始森林開始被砍伐，即使在永續森林管理系統下，也會導致生物生存危機。

　　森林曾經覆蓋地球上廣大的土地，人類的入侵相對可以忽略。1 萬年前，石斧砍伐了樹木，但狩獵採集者不需要大量的木材。隨著農業扎根和定居的生活型態出現，情況開始發生變化。到了西元前 5500 年，受農業滋養之惠，文明和民族國家開始在所謂的肥沃月彎興起。最早的鐵器、書寫系統和農作物是由古代伊拉克人與其他中東民族所發展出來的。以野生小麥、豌豆、水果、綿羊、豬、山羊和乳牛為食物，人口開始膨脹。豐富的食物剩餘支持藝術、政治、統治權、法律、數學、科學和教育。

　　然後發生什麼事？砍伐森林、土壤侵蝕加速，雨水不再滋養森林土壤，而是沖走它們。隨後發展出來的灌溉使土壤鹽化，在農作物曾經蓬勃發展的地方出現弱鹽田；在乾燥土壤上過度放牧，導致土壤隨風而去。在古伊拉克及其周圍地區發生的事，正在全球上演。現在世上許多衝突地區的森林遭砍伐：敘利亞、南蘇丹、利比亞、葉門、奈及利亞、索馬利亞、盧安達、巴基斯坦、尼泊爾、

■科莫德熊（Kermode bear）是大熊雨林原住民欽西安人（Tsimshian people）的靈熊；大熊雨林是加拿大卑詩省（BC）綿延 250 英里的沿海溫帶雨林。科莫德熊很少見，但如同照片所展示，牠們會在鮭魚季出現於溪流和瀑布附近享受盛宴，此時較容易被發現。由於迄今為止最成功的禁伐運動之一──大熊雨林運動（Great Bear Rainforest Campaign），這片森林大部分未受破壞。1984 年始於格里夸灣（Clayoquot Sound），第一民族（First Nations）[66] 與關注環保的非政府組織設立封鎖線以抗議授予麥克米倫·布洛戴爾公司（Macmillan Bloedel）伐木權。經過 22 年不屈不撓的努力，卑詩省長簡蕙芝（Christy Clark）於 2016 年 2 月宣布由第一民族、木材公司和環保組織之間所達成的協議，將保護 1,580 萬英畝森林中的 85%。

---

66. 加拿大境內數個原住民族之通稱。

菲律賓、海地和阿富汗。所有人類都因為人為毀林、毫無節制地砍伐薪材、過度放牧、土壤侵蝕和沙漠化而受苦。以下地區已失去其原始林地的 90% 或更多：緬甸、泰國、印度、婆羅洲、蘇門答臘、菲律賓、巴西的大西洋沿岸森林（Mata Atlântica forest）、索馬利亞、肯亞、馬達加斯加和沙烏地阿拉伯。

2015 年時，估計全球樹木量為 3 兆棵，此數字遠高於原本之預期，但每年遭砍伐的樹木超過 150 億棵。自人類開始耕種以來，地球上的樹木數量減少 46%。（目前森林覆蓋地球表面 1,540 萬平方英里，約占陸地面積 30%。）中國黃河的顏色是黃土高原的土壤遭受侵蝕所造成的，這是森林砍伐和過度放牧數世紀的後果。歐洲的森林從 17 世紀到 20 世紀遭砍伐，美國在 19 世紀和 20 世紀也做了相同的事。20 世紀，在中美洲、南美洲、東南亞和非洲為了牧場而伐木燒林，以及為了棕櫚油而砍伐樹木，造成嚴重破壞。根據世界自然基金會（WWF）的資料，全球持續在每分鐘失去面積相當於 48 個足球場大的森林。

因砍伐森林和相關的土地利用變化所產生的二氧化碳排放量，估計占世界總量的 10 ～ 15%。以二氧化碳排放而言，上述排放量從 2001 年到 2015 年下降了 25%，但在 2050 年之前，為了使糧食產量增加，森林砍伐率可能再次攀升。

不是必須在現有的農地和牧場生產更多的糧食，就是得將更多的森林和其他生態系統轉為生產糧食之用。

除了無法利用樹木留住地上生物碳，含於土壤中的地下碳也隨著森林砍伐而大量排放。當以火燒作為清理土地的方法，以及改變地下土壤碳密集的泥炭地時，尤其如此。據估計，森林轉為農田或牧場，導致土壤碳減少 20 ～ 40%。

停止所有砍伐森林的行為，並修復森林資源，可以抵銷全球碳排量達 1/3。許多政府和私人倡議都把這個結果當作目標，在全球執行某種程度的多元方法，這些方法包括公共政策和強制執行現有的反伐法令、保護原始土地（indigenous lands）；真正永續的伐木與農業方法；以及許多計畫，讓富裕國家和公司支付各國維護熱帶森林的費用。

最主要的功績報酬方案（pay-for-performance program）是聯合國的減少毀林以及森林退化所致之排放量（REDD+）方案，此方案於 2005 年開始成形。2014 年的《紐約森林宣言》（New York Declaration on Forests） 提出資助計畫，獲得 40 個國家和近 60 家跨國公司支持，此外尚有其他方案。森林碳夥伴基金（FCPF）是一個旨在協助 REDD+ 的成果之跨部門力量，已經成立 2 個總額近 11 億美元的基金，用於獎勵森林國家保護與增加森林碳庫

■同時身為人權律師的法國天主教牧師亨利‧德‧羅齊爾（Henri des Roziers），可能成為巴西大地主們的下一個目標，這些地主們一心要將雨林的部分地區變成牧牛場。暗殺他的價格據猜測約為 3.8 萬美元。

存、減少森林砍伐與延緩森林退化。這份提供給地主、森林居民和其他支持者的獎勵，旨在使保護森林比砍伐森林更具經濟優勢。

森林保護的好處非常多元：非木材產品（獸肉、野味、糧草、飼料）；侵蝕控制；由鳥類、蝙蝠和蜜蜂提供的免費授粉與蚊蟲控制，以及其他生態系統服務。然而，對於過往在森林覆蓋的土地邊緣努力謀生的人群來說，保護森林的好處是難以理解的。生活在森林邊緣的人是關鍵角色，必須提供某種形式的補償和其他謀生方式，讓他們從中獲取林分[67]的價值。

熱帶森林是 2/3 陸生動植物的棲息地，是無法取代的生物多樣性寶庫。它們是新藥物遺傳物質的來源，其中 1/4 直接或間接來自藥用植物，或者以植物的傳統用途合成新的複合物。這些價值難以量化或想像，而其益處可能無法立即得見。

要有效地進行拯救森林行動，需要對下列事項的集體認知：生態、全球暖化的危機、政治意願、當地支持與公正有力的政府管理。在這方面，沒有任何一國能與巴西匹敵。1998 年至 2004 年期間，巴西的伐林、燃林達到高峰，損失 12 萬平方英里的森林，此面積與波蘭國土相當；然而在接下來的 10 年中，巴西積極採取多管齊下的策略，使損失減少 80%。巴西制定強而有力的執法政策，並（與德國合作）採用世界級的科學監測儀，包括出現新的森林砍伐行為即觸發警報的衛星照片。巴西修訂所有權法，允許定居者在不砍伐森林的前提下主張所有權，以及確立土地登記程序。在帕拉州（Pará），因為零森林砍伐，所以土地登記從 2009 年的 500

---

67. 森林內部之樹種組成、林冠層次、林齡、鬱閉度等具有一致性之結構，且與周圍有明顯區別的一片森林。

處擴大到目前超過 112,000 處，占該州
62% 的私人土地。此外，巴西扣留了毀
林率高的政府企業之信貸，提供資金致
力於永續發展和減少森林砍伐的計畫，
以及提高已經作為農業使用的土地之生
產力。

同樣重要的是，大豆貿易商自願承諾
禁運由最近砍伐的土地所生產的產品，
以及 2009 年 3 家最大的亞馬遜肉類加
工商和綠色和平組織之間所達成的協
議，此協議設法禁止向砍伐森林的供應
商採購。2013 年，做出承諾的供應商
達 93%，95 家屠宰場中有 65 家簽署零
森林砍伐承諾。這段時間當中，牛和大
豆的產量一直都在增加。

挪威於 2008 年設立基金以獎勵達
成所設定之降低森林砍伐率的國家，
2015 年，巴西獲得這筆總額 10 億美元
獎金的最後 1 億美元。聯合國環境規
劃署前執行長阿希姆·史坦納（Achim
Steiner）說：「毫無疑問地，巴西已與
過去澈底道別，並且相信森林保育可能
是在處理氣候問題時國際合作的重要機
制。」然而，儘管仍然嚴格執法，但在
2016 年時，為農業目的而遭砍伐的森
林面積又有小幅度增加。沒有人可以解
釋為何故態復萌，但所呈現的訊息非常
明確：被稱為牛的「洗錢者」也是狡詐
的，森林保育運動的關鍵是堅定不移的
意志和承諾。

■數世紀以來，馬來西亞的熱帶硬木一直很受歡
迎，過去 20 年裡需求量也一直很大。與此同時，
木材公司不僅由銷售木材獲利，還增設棕櫚油農
園來提升收益。大部分伐木都是非法的，盜用土
地亦然，且帶來毀滅性後果。伐木使馬來西亞絕
大多數雨林退化或遭破壞，其森林砍伐速度比任
何熱帶國家都快。紅毛猩猩是最聰明但極度瀕危
的靈長類動物之一，牠的棲息地正是雨林，但據
估計婆羅洲熱帶雨林只剩下 20%。這張照片讓我
們看到充滿泥沙的美里河（Miri River），因為上
游伐木而使河水變為橙色，被人字形繫繩繫著的
小直徑樹木暗指森林在禁伐前無法復原。

亞馬遜絕對是世界上最大的單一自然資源，雨林正以將在 40 年內消失的速度遭砍伐。挪威率先資助森林保育的做法是一種典範。很難估計拯救森林需要多少「成本」。一項研究斷言，每年 500 億美元——約為世界軍事支出的 3%——可減少 2/3 的熱帶森林砍伐。將碳封存的影響加總後，會發現解決全球暖化問題最有效的方法之一是同時進行森林保護與修復熱帶和溫帶森林。

影響：每保護 1 英畝森林，都能解除森林遭受破壞和退化所產生的威脅。在 2050 年前，多保護 6.87 億英畝的森林，此解決方案可以避免 62 億噸二氧化碳排放總量。也許更重要的是，此解決方案可以使受保護的森林總面積達到近 23 億英畝，確保估計的碳封存量為 2,450 億噸碳，約當於釋放到大氣中 8,950 億噸以上的二氧化碳。本模擬不預測財務，因為非屬土地所有者層級。

海岸溼地

　　沿著海岸邊緣，陸地和海洋在淺灘與鹹水交接處相遇，這裡有鹽沼、紅樹林和海草。除了南極洲，世界上每個大陸都有這些沿海溼地生態系統。它們是魚類的幼兒園、候鳥的攝食場、抵禦風暴巨浪與洪水的第一道防線、提升水質的天然過濾系統，以及含水層之補給。它們和陸地一樣，分布於此的植物地上部分與地下根部和土壤中都封存大量的碳。

■大沼澤地國家公園的鋸齒草和百合花。這裡是
一個複雜的熱帶溼地區域，為了甘蔗與開發被排
乾超過 125 年。和法國卡馬格（Camargue）和
南美洲帕他納魯（Pantanal）溼地並列為世上最
大的溼地之一，是石灰岩棚上雨水豐沛的草原。
緩慢流動的水流過草叢，去除汙染物，使之成為
一個高效的水處理系統。2000 年國會立法之後，
即使政治阻力不斷，但人類歷史上最昂貴、最複
雜的環境修復工作就此展開並持續至今。

2050 年前海岸溼地之排名與成效

| 減少二氧化碳 31.9 億噸 | 全球成本與能省下之金額資料變數太多，無法定論 |
| 封存二氧化碳 533.4 億噸 | |

雖然沿海溼地吸收碳好幾個世紀，也許是好幾千年，其長期儲存的碳量是熱帶森林的 5 倍（主要在深層溼地土壤中），但這種「藍碳」（blue carbon）——因濱海而得名——多年來一直被忽視。根據《自然》期刊（Nature），僅僅只是紅樹林的土壤就可能封存相當於 2 年多的全球排放量—— 220 億噸碳，如果失去這些生態系統，將有很大一部分碳逸散到大氣中。多虧了研究和倡導工作，狀況正逐漸改變。國際社會越來越了解這些未受重視的碳匯，以及它們所面臨的壓力。

在人類歷史上，「溼地」通常意味著「荒地」——以耕種至經營農場為目的，用以築堤、疏濬、排水的地方。這些沿海生態系統遭受諸多苦難：噴灑防蚊藥物、汙染物，以及泥沙逕流、木材開採、入侵物種與石化燃料工業之運作。它們被批准改建為養蝦場、棕櫚園、公寓大樓和高爾夫球場。過去幾十年裡，世界上超過 1/3 的紅樹林已經消失。隨著全球人口增加和食品需求成長的雙重影響，溼地的壓力將相對增加。

無論沿海溼地消失與否，都將影響氣候變遷。當它們未受人類摧殘且健康時，沼澤、紅樹林和水草草甸吸收並保存碳。由於植物快速生長且缺乏氧氣，死亡植物的枯幹迅速積聚，並在潮溼和厭氧條件下緩慢分解，產生富含碳的土壤。根據《自然》期刊的報導：「世界上大約有 2.4 ～ 4.6% 的碳排放被海洋中的生物體捕捉和隔離，聯合國估計其中至少有一半封存在『藍碳』溼地。」當這些生態系統退化或遭受破壞時，這種吸收碳的過程並不只是簡單地停止而已，沿海溼地會接著成為強大的排放源，釋出大量長久以來被封存的碳。

隨著人們意識到藍碳在抑制（或促成）氣候變遷的作用，溼地應付氣候變遷的重要性也越來越明顯。由於冰山融化和熱膨脹導致海平面上升，以及風暴活動增加，威脅沿海社區，而在面對波浪沖擊和湍急水流時，海岸線生態系統是重要保護。當防洪堤、水壩、堤岸等人造障礙物被證明越來越不足時，沿海溼地的作用尤其真確。因為溼地具有屏蔽和緩衝功能，確保它們目前健康並能適應未來非常重要。

當然，最佳方法是在沿海溼地可能受到破壞前保護之，並密封其所封存的碳。因為 1971 年《拉姆薩爾溼地公約》（Ramsar Convention on Wetlands）的推動，政府監管和非營利計畫正在協助保護重要溼地，如印尼的瓦蘇爾國家公園（Wasur National Park）和佛羅里達州的大沼澤地國家公園（Everglades National Park）。指定保護區的重要性持續存在，但保留大片土地可能具有挑戰性，而且成本高昂，因為這意味著減少可用於農業或可開發的區域，而這通常是個敏感的問題。像切薩皮克

灣（Chesapeake Bay）的史密森尼環境研究中心（Smithsonian Environmental Research Center）這樣的團體正在建立一個與最大限度地封碳有關的科學體系。

除了指定保護區，復育已經退化的沿海溼地也具有可行性，雖然它們作為碳匯的有效性無法與未受損害的溼地相比。復育的成果從簡單地讓生態系統自行回復，到人為補救堤壩、溝渠、排水和開發所遺留下來的影響。從長遠來看，被動修復通常較便宜也更有效，但當溼地嚴重退化時，可能需要高強度的行動來幫助潮水自由流動，並使自然棲息地蓬勃發展。從德拉瓦灣（Delaware Bay）到荷蘭的海岸，「充滿生機的海岸線」重現自由自在的潮間帶。除了移除諸如道路等基礎設施以培育活躍的海岸線，還可以提供拓展空間予沿海溼地。隨著海平面持續上升，這些生態系統將需要遷向內陸更高的地方，而定居的人類可能阻礙這種轉變。

與陸地上的碳封存成果相比，沿海地區的碳封存工作尚處於初期階段。自2008年以來，一群歐洲公司一直在塞內加爾活動，花費數百萬美元於復育紅樹林並獲得碳額度（carbon credits）以抵銷國內排放。當地人（主要是婦女）在傳統上共同擁有的土地種植數千萬棵樹，這些土地提供木柴、魚、軟體動物等資源。他們後來發現，碳額度將被出售，公司將由他們的低薪工作中獲利；他們還驚訝地發現自己再也無法獲得重新植栽的沿海地區的關鍵資源，以免聚集的蛤蜊和木材干擾新的樹木和碳匯過程。與此同時，村民們正體驗重建海洋緩衝區、保護土地免受浪與風的侵蝕、復育鳥類、猴子、獴的棲地與重要的幼魚棲息地所帶來的多重好處。

塞內加爾的情況在全球皆然：人類的生計和沿海生態系統以複雜的方式交織在一起，需要更深度地理解。為了公平地對待處理全球暖化問題的各種方法——藍碳或其他——需要從業者的紀律和觀察員的警惕。投資於沿海溼地的工作若做得好，回報可以是多元的、在地的和全球的。保護沿海生態系統可使大氣受益、增強生物多樣性、提高水質，以及在暴風雨時提供保護、尊重當地社區的權利和福祉，以上諸項同時發生。

影響：在全球 1.21 億英畝的沿海溼地中，目前有 1,800 萬英畝受到保護。如果到 2050 年能再增加 5,700 萬英畝，那麼可因此減少排放以及持續封存 31.9 億噸的二氧化碳。雖然面積有限，但沿海溼地含有大量碳匯，保護它們可以封存大約 150 億噸的碳，這些碳如果釋放到大氣中，與至少 530 億噸的二氧化碳相當。

熱帶森林

■燃燒仍是亞馬遜地區清理土地的首選方式，以便為牛群騰出空間。這種方式是一種錯覺，因為稀薄的酸性土壤會迅速自然分解並失去肥力。這張照片拍攝於玻利維亞東北部的朗多尼亞州（Rondonia State）。

近幾十年來，位於北緯或南緯 23.5 度以內的熱帶森林遭受大面積砍伐、分割、退化以及動植物枯竭。森林曾經覆蓋全球 12% 的陸地，現在只占 5%，且在許多地方森林仍繼續遭受破壞。然而，無論是消極或刻意進行的復育工作，都是目前逐漸增長中的趨勢。根據 2011 年對全球森林碳匯的研究：「熱帶地區擁有世上最大的森林面積、最劇烈的當代土地利用變化、最高的碳吸收，但不確定性也最大。」不過即使在森林持續遭受砍伐的情況下，熱帶森林的再生也能每年封存高達 60 億噸的二氧化碳，相當於全球每年溫室氣體排放量的 11%，或美國的溫室氣體總排放量。

當我們失去森林時——主要是為了拓展農業或人類定居，二氧化碳會排放到大氣中。光是損失熱帶森林，就造成人類活動所引起的溫室氣體排放的 16～19%。復育森林則恰恰相反。隨著森林生態系統恢復生機，樹木、土壤、落葉和其他植物會吸收並封存碳，將之帶離全球暖化的循環。雖然多樣性無法與原始森林匹敵，但復育後的森林支持水循環、養護土壤、保護棲息地與傳粉媒介，提供食物、藥品和纖維，並為人們提供居住、探險和敬拜的場所。隨著氣候持續變遷，社區面臨適應其衝擊的挑戰，這些生態系統的產品和服務將變得更加重要，對於經常被忽視、居住於森林邊緣的農村居民而言更是如此。

減少二氧化碳	全球成本與能省下之金額資料
612.3 億噸	變數太多，無法定論

■哥斯大黎加的蒙特維多雲霧森林保護區（Monteverde Cloud Forest Reserve），包含 2.6 萬英畝的原始森林，可能擁有世界上最多樣化的生物群落。它是由貴格會農民所命名的，這些農民為避免被徵召參加韓戰，從阿拉巴馬州搬到哥斯大黎加（當時哥斯大黎加剛廢除軍隊，成為他們選擇此處的原因）。從那時起，蒙特維多就是他們的綠山。

根據世界資源研究所（WRI），世界上已有 30% 的林地遭完全砍伐，另有 20% 的林地退化。WRI 的研究團隊指出「全球有超過 20 億公頃（49 億英畝）的林地具復育機會，面積比南美洲更大」。這片林地當中有 3/4 最適於「馬賽克」森林復育方法，融合森林、樹木和農業用地。在人口較稀疏的地區，高達 12 億英畝的土地已經成熟，有樹冠茂密的大型森林，可以完全復育。森林復育的機會龐大，其中大部分位於熱帶地區。

復育代表採取行動，幫助受損的森林生態系統恢復原狀和功能，讓植物群落與動物回到森林，有機體與物種間的互動再次活躍。森林重新取得多元角色，正如比爾·麥奇本（Bill McKibben）在 1995 年記錄美國東海岸森林之復育時所寫：「重要的不只是樹木量，還有森林的品質。」一般而言，生態系統受到的傷害越大，復育的複雜性和成本就越高。最近的研究顛覆了長期以來對遭受嚴重砍伐的熱帶森林之假設：事實上，它們比我們過去所認為的更能迅速恢復。在 66 年的中位時間（median time）內，熱帶森林中的生物量可以回復到原始森林的 90%。

復育或重建熱帶森林的具體做法不止一種。最簡單的方法是自種植農作物或築壩等非森林用途釋出土地，並讓幼齡

林遵循自然再生和繼承的過程自行成長。保護措施可以避免火災、侵蝕或放牧等壓力。其他的方法則更強化，例如種植原生樹苗以及除去入侵物種，這些方法為重要物種提供成長苗壯的機會，並加速自然生態過程，對土壤嚴重退化以及缺乏天然種子庫的地方——例如附近的森林或種子仍在地下——至關重要。隨著幼苗成長，它們可以增強土壤健康、提供樹蔭讓雜草不生、吸引鳥類和其他散播種子的生物，進一步協助復興和隨後的自然再生與承續。

當修復森林生態系統時，人類系統關乎其成敗。仍能擁有完全未受破壞的景觀的日子已經消失。因為在今日人口稠密的世界中，森林和人類很少孤立地存在，復育森林不僅意味著使其再度擁有健康的生態，還必須在社會與經濟上可行，能具有價值更好——成為當地社區全體的驕傲和利潤之來源，並提供飲食育樂。由氣候角度來看，減碳的全球效益應該符合適應全球暖化與其影響之當地效益。如果無法取得這些彼此相關的利益，復育可能無法順利開始，或者更糟的是，可能會因為後續的傷害而使投資逆轉；如果要維持下去，當地社區將與正在成長的東西有利害關係。

鑑於人與森林之間相互連繫，出現一個特殊的復育體系：森林地景復育（forest landscape restoration）。這個由聯合國糧食及農業組織提出的方法，意為「將景觀視為一個整體……一起觀察不同的土地利用方式，它們之間的連繫、互動，和多元的（復育）干預」。這代表森林復育沒有單一公式。當然，種植樹木是必不可少的干預，但 FLR 堅持權益關係人及其參與是同樣重要的。（在糧農組織制定的 10 項復育指導原則中，只有 1 項是「植樹」。）使復育成為合作的過程，可以確保復育工作是與當地社區共同完成，並以社區為受益者，解決森林遭受破壞的根本原因，滿足一系列有時相互競爭的目標，重拾生命力的森林獲得擁護者而非挑戰者。僅靠領導階層無法進行森林復育工作；其始終必須靠在地的力量才能完成。

今天，我們可以說出一個名副其實的全球森林復育運動，其發展的關鍵是 2011 年那一年，當時波昂挑戰（Bonn Challenge）設定一個雄心勃勃的目標，要在 2020 年前復育全球 3.7 億英畝（1.5 億公頃）森林。2014 年《紐約森林宣言》確認此目標，並加上在 2030 年前增加全球 8.65 億英畝（3.5 億公頃）復育林地的累計目標。（這些目標伴隨著其他聚焦於優先停止砍伐森林的目標。）如果全球能在 2030 年前復育 8.65 億英畝的森林，將能從大氣中拉下 120 至 330 億噸的二氧化碳，同時提供無數其他產品和服務。

根據最近的分析，雖然不一定需要積極的森林復育，但此類型復育通常每英

畝成本為 400 至 1,200 美元，這些金額不包括土地成本，而且根據所植樹種、使用的方法、起始條件和計畫規模有所不同。從現在至 2030 年，復育 8.65 億英畝森林可能耗資 3,500 億美元，亦可能多達 1 兆美元。投資於此所能獲得的報酬會更高。根據國際自然保護聯盟（IUCN）的估計，「若達成 3.5 億公頃（8.65 億英畝）的目標，每年可以從水域保護、提高作物產量與森林產品中獲得 1,700 億美元淨利，（同時封存）高達 17 億噸二氧化碳當量」。

復育森林最主要的機會在熱帶地區的低收入國家，然而這些國家無法負擔所需的投資金額，這些成本也不應該落在他們身上，因為森林復育的好處為全球所有人類提供價值與服務。所有人類都是權益關係人，而有些人需對氣候變遷的問題負更大的責任。

復育熱帶森林對發展至關重要。森林是收入來源──從木材到觀光；森林關乎糧食安全──從叢林肉類到作物授粉；森林提供能源──從薪柴到流內發電；森林關乎健康──從乾淨的水到病媒蚊控制；森林關乎安全──從避免坍方到控制洪水。它們是人類生存和幸福的動態引擎。這些多重利益激發有力的區域和國家承諾，對熱帶森林進行復育。AFR100 是非洲區域恢復森林覆蓋的倡議（African Forest Landscape Restoration Initiative），致力於在 2030 年前恢復非洲大陸 2.47 億英畝的退化土地，此面積為德國國土的 3 倍。從 2005 年到 2015 年，亞馬遜的森林砍伐率降低 80% ── 這曾經是無法達成的壯舉 ── 巴西正在復育 2,900 萬英畝以上的森林；復育是既可獲得國家發展獎勵，又可獲得國際碳匯補償的手段。

由於復育森林是一種強有力的解決方案，因此承諾和資金必須成為全球優先事項。而且由於復育工作可能成功，也可能失敗，因此分析其原因、擴大利用最好的辦法、消除不起作用者，是重要的。所有倡議都必須尊重土地權，尤其是原住民的土地權，應該妥善規劃、專業且嫻熟，同時確保有效執行強而有力的政策。成功與否取決於改變土地使用方式以及減少肉類消耗，因此我們可以在不拓展農業面積的狀況下養活不斷成長的全球人口。19 世紀和 20 世紀的主要故事之一是龐大的林地損失，但我們能讓林地之復育和重建成為 21 世紀的故事。

影響：熱帶地區的 7.51 億英畝退化土地理論上可以恢復為連續的完整森林。利用「波昂挑戰」和《紐約森林宣言》中目前的估計與承諾，我們模擬復育的土地可能有 4.35 億英畝。藉由自然再生，承諾進行復育的土地每年每英畝可以封存 1.4 噸二氧化碳，總計到 2050 年共可封存 612.3 億噸二氧化碳。

竹子

在菲律賓的起源神話中,第一個男人馬勒卡(Malakas,意指強壯的人)和第一個女人瑪干達(Maganda,意指美麗的人),分別從竹子的兩半出現。這是許多以竹子為主的亞洲起源神話之一,而人類種植竹子,並發展出超過1千種用途。竹子還有一種利用方式,就是處理全球暖化。竹子能夠很迅速地將碳封存於生物質和土壤中,比幾乎任何其他植物都更快地將碳帶離空氣,並且可以在條件惡劣的退化土地上茁壯成長。在適當的環境中,某些種類的竹子在其一生中於 1 英畝的土地上可以封存 75 至 300 噸碳。

竹子是不需要照顧的植物。世界上成長最快的十大植物名單當中,浮萍、藻類和葛藤沒有機會奪冠。春天時,你可以坐在竹子旁邊,看著它每小時長高超過 1 英寸,在一個生長季內就達到全高,此時可以收成以製紙漿,或在 4 至 8 年內成熟。竹子被砍下來後,會重新萌芽並再次生長。全球有超過 5,700 萬英畝的土地上種植人為管理的竹子。

雖然只是禾本科植物,但竹子有水泥的抗壓強度以及鋼的抗拉強度,幾乎用於建築物的各個層面,從框架到地板到屋頂板,還有食物、紙張、家具、自行車、船、籃子、織物、木炭、生物燃料、動物飼料,甚至水管。雖然竹子的價值在亞洲廣受理解(在中國為「歲寒三友」之一),在世界上大部分地區仍被認為是無用的植物,但它的多種用途,包括碳封存,使其成為世界上最有用的

植物之一。

　　竹子是禾本科植物，所以含有稱為植物岩（phytoliths）的微小二氧化矽結構。植物岩由礦物組成，比其他植物材料更不易分解。它們儲存的碳可以隔離於土壤中數百或數千年。植物岩與竹子快速的成長率結合，使其成為一種有效的碳封存工具。竹子對碳的影響還不只

2050 年前竹子之排名與成效

減少二氧化碳	淨成本	可節省淨額
72.2 億噸	238 億美元	2,648 億美元

如此，因為它能替代棉花、塑膠、鋼鐵、鋁和混凝土等高排放材料。作為製紙用之紙漿的替代品，竹子所生產的紙漿量是傳統松樹園所產的紙漿之 6 倍。

　　竹子可能造成生態問題。竹子在許多地方是入侵物種，可能產生對當地生態系統的不利影響，故應注意選擇適當的地點並管控其拓展。竹子還可能具有與用於造林的單一栽培樹種相同的缺點。藉由專注於退化土地的商業用途，特別是在陡坡或侵蝕嚴重的土地上，即有可能將竹子的正面影響發揮到極致——實用的產品、碳封存以及避免替代材料的排放，同時儘量減少負面影響。

影響：目前有 7,700 萬英畝土地種植竹子，我們假設將再於 3,700 萬英畝退化土地或廢棄土地增加種植面積，將活的生物質和長壽竹產品計算在內，碳封存量為每英畝每年 2.9 噸。如果用竹子代替鋁、混凝土、塑膠或鋼鐵也可避免排放，這些排放量不包括在 2050 年前封存的 72.2 億噸二氧化碳中。初期投資 238 億美元，30 年後可以獲得 2,648 億美元的收益。

阻止沙漠的人
馬克・赫茲加德

研究指出，關於氣候變化的新聞或廣播內容，有 98% 是消極的，而且基本上是悲觀的。這篇摘錄來自馬克・赫茲加德（Mark Hertsgaard）的《炎熱：在地球上再活 50 年》（*Hot: Living Through the Next Fifty Years on Earth*），其所報導的新聞是不同的——這是一個關於在更嚴苛的降雨條件下，逆轉沙漠化的故事。這個故事的主角是亞庫巴・薩瓦度哥（Yacouba Sawadogo），在非洲布吉納法索被稱為「阻止沙漠的人」。這是一個關於解決方案如何起於地方實踐、來自了解土地的人的故事，這些人是對所謂的樹木間作有重要發現的農民。樹木間作已經存在幾千年，不是一個新發現，全球暖化帶給世界的禮物之一就是回歸過去的動力，找到人類已知並了解的做法。在西方，有一個長久存在的前提，即必須協助非洲「發展」。為了解決貧困而出現的西方援助與發展模式已經受非洲人及許多研究否定，卻仍然存在。馬克的作品提到非洲的人們正發展這 3 件事：樹木、莊稼與智慧。外國的援助、一袋袋基改玉米和救濟款來來去去，但若要成功處理全球暖化問題，我們應該學習信任各地人民的能力，以便在合作的基礎上了解後續發展，並設想以地方為基準的解決方案；無論有多少善意，都不應強迫他們接受我們自己的解決方案。

——保羅・霍肯

亞庫巴・薩瓦度哥不確定自己年紀多大。他的肩膀上掛著一把斧頭，輕鬆優雅地邁步穿越他農場的樹林和田野。但近距離看可以發現他的鬍子灰白，而且原來他有曾孫，所以他至少 60 歲，也許接近 70。這代表他在 1960 年之前出生，當時，現在被稱為布吉納法索的國家剛脫離法國而獨立，這解釋了為何他從未學過讀寫。

他也沒學過法語。他以深沉、不疾不徐的聲音說出他的部落語言莫爾語（Mòoré），偶爾用短暫的咕噥聲暫停句子。雖然不識字，亞庫巴・薩瓦度哥是以樹木為基礎的農法的先驅，在過去 20 年當中改變了西沙黑爾（western Sahel）地區。

薩瓦度哥：「關於氣候變遷，我有話要說。」與當地大多數農民不同，他對氣候變遷一詞有所了解。他穿著一件棕色的棉質長袍，坐在為養珠雞的欄圈提

■亞庫巴‧薩瓦度哥

供遮蔭的合歡樹和棗樹下方。兩頭乳牛在他腳下打瞌睡，山羊的咩咩聲飄蕩在傍晚的靜謐空氣中。以當地標準來說，他位在布吉納法索北部的農場規模很大，占地 50 英畝，好幾代以來都屬於他的家族，但在 1980 年代可怕的乾旱之後，其他家人放棄這片土地。當時年降雨量減少 20%，大大削減整個沙黑爾地區的糧食產量，使大片稀樹草原變成沙漠，並導致數百萬人因飢餓而死亡。薩瓦度哥無法想像離開農場。他淡淡地說：「我的父親埋葬在這裡。」他認為 1980 年代的乾旱標誌著氣候變遷之始，而他可能是對的：科學家們仍然在分析人為的氣候變遷始於何時，有些人將之回溯到 20 世紀中。無論如何，薩瓦度哥說他已經適應更炎熱、更乾燥的氣候 20 年了。

薩瓦度哥以身為創新者為榮，說：「在乾旱那幾年，人們發現自己處於如此糟糕的境地，以致他們必須以新的方式思考。」例如當地農民長期以來一直在挖掘他們稱之為「zai」的淺坑，這些淺坑收集稀少的降雨，使之集中在作物的根部。薩瓦度哥將他的 zai 挖大一點，希望能夠收集更多雨水。但他說自己最重要的創新是在乾季時於 zai 添加糞肥，他的夥伴們嘲笑這種做法是浪費。

薩瓦度哥的實驗證明：作物產量適時增加。但最重要的結果是他沒有預料到的：由於糞肥中含有種子，樹木開始在他成排的小米和高粱中發芽。隨著一個又一個生長季，樹木——現在有數英尺高了——使小米和高粱的產量明顯增加，也讓退化的土壤恢復生機。薩瓦度哥告訴我：「自從我開始採用這種恢復退化土地的技術，無論豐年或歉收，我的家人都享有安全的糧食。」

沙黑爾西部的農民以較富裕地區經常忽略的祕密武器而達致顯著的成功：樹

木。不只是種下樹木，而是培育栽植樹木。荷蘭阿姆斯特丹自由大學的環境專家克里斯・雷伊（Chris Reij）研究沙黑爾地區農業問題已有 30 年，他與其他研究此技術的科學家表示，樹木和作物混作——他們稱之為「農民管理大自然再生」（FMNR），或所謂的混農林業——帶來一系列的好處。例如：樹木的樹蔭和其巨大體積可以減輕酷熱與強風帶來的傷害。雷伊說：「以前農民有時不得不播種 3、4、5 次，因為風沙會覆蓋或破壞幼苗。」他是一位白髮的荷蘭人，有著傳教士的熱情。「用樹木減緩風的影響並固定土壤，農民只需播種一次。」

葉子則有其他用途。葉子落地後，可以保護根部、提高土壤肥力，在其他食物量很少的季節，也可以作為牲畜的飼料，在緊急情況下，人們也可以吃葉子以免挨餓。

薩瓦度哥開發的改良式穴植和其他簡單的集水技術使更多的水滲透到土壤中。令人驚訝的是，1980 年代乾旱之後暴跌的地下水位現在又開始充水。雷伊說：「1980 年代，布吉納法索中部高原區的地下水位平均每年下降 1 公尺。自 1980 年代後期 FMNR 和集水技術成為主要的農業技術以來，儘管人口不斷增長，許多村莊的地下水位仍上升至少 5 公尺。」

有些分析師將地下水位上升歸因於 1994 年開始增加的降雨量，但雷伊補充說：「這沒道理，因為地下水位在此之前就開始上升。」研究記錄了尼日某些村莊也有相同現象，在 1990 年代初至 2005 年間，大規模的集水措施協助提高地下水位 15 公尺。

隨著時間推移，薩瓦度哥越來越迷戀樹木，現在他的土地看起來不像農場，而像森林；雖然是一片由樹木所組成的森林，但以我的加州眼光來看，卻相當稀疏也不協調。樹木可以收成——修剪樹枝然後銷售，接著它們重新生長；樹木對土壤的益處使得更多樹更易於生長。薩瓦度哥解釋：「你擁有的樹越多，所得就越多。」木材是非洲農村的主要能源，隨著樹木覆蓋範圍擴大，薩瓦度哥的木材可用於烹飪、製造家具和建築，因此他的收入增加，而且多樣化了——這是關鍵的適應策略。他說樹木也是天然藥材的來源，在現代醫療保健缺乏且昂貴的地方，也是不小的優勢。

「我認為樹木至少是氣候變遷的部分答案，我試著跟其他人分享這些訊息。」薩瓦度哥補充說：「根據個人經驗，我的信念是樹木就像肺一樣。如果我們不保護它們，並增加它們的數量，世界末日就會到來。」

薩瓦度哥不是特例。在馬利（Mali），於成排的農地之間種植樹木的做法似乎四處可見。根據鄰近的農民薩利夫・阿里（Salif Ali）所說，隨著成功的消

息流傳開來，混農林業已遍布整個地區。「20 年前，在乾旱之後，我們的情況非常危急，但現在我們的生活好多了。」他說：「以前，大部分家庭只有一座穀倉，現在，雖然耕種的土地沒有增加，但能有 3、4 座穀倉。牲畜的數量也增加了。」頌揚了樹木所提供的諸多好處之後——樹蔭、牲畜飼料、乾旱時的保護、木柴，甚至野兔和其他小型野生動物的回歸——我們小組的一名成員無法置信地問薩利夫：「我們能在這裡找到任何不進行這種混農林業的人嗎？」

薩利夫回答道：「老天保佑。現在每個人都這麼做了。」

澳大利亞傳教士和發展工作者東尼・李諾度（Tony Rinaudo）是所謂的農民管理大自然再生最初的倡導者之一，根據他的說法，「混農林業最棒的一點在於，它是免費的。農民們不再把樹木視為無用之物，而開始視之為資產。」但只有當樹木對他們有利時，他們才這麼做。

當人們親眼看到結果，並開始採行混農林業，此種農法便開始廣大傳播，從農民到農民、從村莊到村莊。直到美國地質調查局的葛瑞・塔潘（Gray Tappan）將 1975 年的航空照片與 2005 年同一地區的衛星影像進行比較後，才明顯看出混農林業的普及程度。雷伊、李諾度和其他倡導者對衛星證據感到驚訝，他們之前不知道在這麼多地方有這麼多農民種了這麼多樹。

雷伊說：「這可能是沙黑爾地區乃至整個非洲地區最大型的正向環境轉型。」結合衛星證據、地面調查和軼事類型證據，雷伊估計，僅在尼日，農民種植了 2 億棵樹，修復了 1,250 萬英畝土地。他說：「許多人認為沙黑爾只不過是個前景黯淡的地方，我自己也可以說出許多愁雲慘霧的故事，但是沙黑爾的許多農民現在過得比 30 年前更好，因為他們進行混農林業這樣的革新。」

雷伊補充說，混農林業擁有如此大的能量，而且可永續發展的原因，在於非洲人自己擁有這項技術，而這種技術只是一種知識，即在作物的旁邊培育樹木能帶來許多好處。蓋布爾・庫利巴利（Gabriel Coulibaly）在我們實況調查後的會報上說：「在這次旅行之前，我一直在思考若要增加糧食產量，需要哪些外部投入。」庫利巴利是馬利人，曾擔任歐盟和其他國際組織的顧問，他補充說：「但現在我看到農民可以自己創造解決方案，因此使這些解決方案具有永續性。農民能利用這項技術，所以沒有人可以由他們身上奪走。」

混農林業的成功並不依賴外國政府或人道主義團體的大量捐款——捐款往往無法具體化，或者在資金吃緊時可能被撤回。千禧村計畫（Millennium Villages program）的重點是非洲各地的

12 個村莊，免費提供他們所謂的發展基石：現代種子和肥料、挖掘乾淨的水井、衛生診所。雷伊說：「如果你造訪他們的網站，眼睛會充滿淚水。他們在非洲消除飢餓的願景非常動人。問題是，它只能在少數選定的村莊短暫地執行。千禧村需要持續的外部投入，不僅僅是肥料和其他技術，還有所需的資金，因此這不是一個永續的解決方案。要外面的世界向所有需要它們的非洲村莊提供補貼，或者免費提供肥料和鑽孔服務，這是難以想像的。」

然而，局外人確實可以發揮作用。外國政府和非政府組織可以鼓勵非洲政府進行必要的政策革新，例如認可農民對樹木的所有權；他們能以非常低的成本資助基層訊息共享，這樣的資助已經使得沙黑爾西部的混農林業有效地拓展。雖然農民已經盡最大努力提醒同儕注意混農林業的好處，但關鍵援助仍然來自雷伊和李諾度等少數活動家以及沙黑爾

生態（Sahel-Eco）和澳洲世界展望會等非政府組織。雷伊說，這些倡導者現在希望透過一項名為「重新綠化沙黑爾」（Re-greening the Sahel）的行動，鼓勵其他非洲國家採用混農林業。

如果人類要避免氣候變遷發展至無法控制的地步並管理之，就必須追求最佳選擇。看起來混農林業必定是其中一種選擇，至少對於人類社會中最貧困的一群成員而言是如此。「讓我們看一下非洲已經取得的成就，並以此為基礎。」雷伊強調：「最後，非洲將如何發展取決於非洲人的行為，因此他們必須自行經歷此一過程。就我們而言，我們必須了解非洲的農民所知甚多，因此我們也可以向他們學習。」

多年生生質能源作物

2050 年前多年生生質能源作物之排名與成效

減少二氧化碳	淨成本	可節省淨額
33.3 億噸	779 億美元	5,419 億美元

春季播種、夏季成長、秋季採收。這樣的節奏在人類農業歷史上持續了 1 萬年。這是我們所知的生產週期，但並非所有作物皆如此。園丁們很清楚多年生植物和一年生植物之間的區別：水仙花一季一季開花，而大理花需要一整年的努力。在這種程度上，是品味和時間的問題。而在農民的田地上，更重要的動力正在發揮作用：與一年生植物相比，多年生植物可能可以避免養分流失、侵蝕土壤、噴灑化學肥料和運用耗費大量柴油的設備。生質能源作物提供以多年生植物取代一年生作物的機會，並在此過程中減少碳排放。

利用植物材料來產生能量的方法有很多種：燃燒產生熱或電、厭氧消化產生甲烷，並轉化為乙醇、生質柴油或氫化植物油作為燃料。在運輸系統中，生質能源占燃料消耗量的 2.8%；在電力部門，它占總數的 2%。預計整個生質能源陣容將增長。

用於生質能源的植物材料是一年生還是多年生（或廢棄物）讓一切大大不同。美國在生產液體生質燃料方面居於世界領先地位，全國種植的玉米有 40% 變為乙醇。由於必須投入大量能源，這種一年生作物的巨額補貼對氣候的影響甚微或根本沒有好處。以玉米提煉乙醇可能會威脅供水並提高食品價格，且對減少排碳完全沒有任何幫助。

多年生的生質能源作物可能有所不同。只要適當耕種，與玉米提煉乙醇相比，它們可以減少 85% 的排放。柳枝稷、羽絨狼尾草和芒草是強壯的草本植物，所需的水和養分比糧食作物更少，且可年復一年地收穫而不需播種。短輪伐期的木本作物如楊樹、柳樹、桉樹和刺槐的壽命為 20 至 30 年，可以透過稱為「矮林作業」（coppicing）的程序採收：在植物尚未長高時砍伐，使殘存的主幹、根株迅速再生。最重要的是，多年生植物對土壤碳的影響與一年生植物的影響大不相同。如果現有的一年生生質能源作物以多年生植物取代之，便可藉由封存產生淨正貢獻（net-positive contribution）。此外，許多多年生植物是可種植在不適合糧食生產的退化土地上之主要候選植物。與玉米和其他一年生植物相比，多年生植物的植物材料之生產作業程序較少，而且它們可以預防侵蝕、有更穩定的產量、較不易受害蟲侵害，並支持傳粉媒介與生物多樣性。

關於生質能源的激烈辯論仍持續中——它是否能夠以及在多大程度上對氣候有利，同時不會危及糧食供應或侵占森林。生質能源的故事並非單一的，而多年生植物雖然很少被討論，卻是生質能源的關鍵。這並不表示它們是萬靈丹。鑑於我們使用的能源數量以及我們必須生產的食物，根本沒有足夠的土地可以滿足我們對植物燃料的所有需求。但這不是非一即二的主張：我們需要許多解決方案來扭轉全球暖化。如果太陽能和風力等更高效率的可再生能源可以取代石化燃料，就應該選擇它們。當談到較難處理的飛機燃料等用途時，生物能源可以成為重要的替代品。經過仔細思考並妥善執行，多年生作物所提煉的生質能源在許多解決方案中是值得關注的。

影響：多年生生質能源作物為生產生質能源提供原料，使減少排碳成為可能。因為它們取代一年生作物原料並封存更多土壤碳，在 2050 年前，它們對氣候還可以產生 33.3 億噸二氧化碳的影響。我們的分析預計 2050 年前，多年生作物將從目前的 50 萬英畝增加到 1.43 億英畝。多年生作物的種植成本高於一年生作物，但 30 年後的回收可能達到 5,419 億美元。

■因為能在一個季節增長到 10 英尺高，芒草有時被稱為象草。圖為農夫於收割期在芒草田裡。

泥炭地

2050 年前泥炭地之排名與成效

減少二氧化碳 215.7 億噸	全球成本與能省下之金額資料 變數太多,無法定論
封存二氧化碳 1.23 兆噸	

謝摩斯・黑倪(Seamus Heaney)在 1969 年〈沼澤地帶〉(Bogland)一詩中寫道:「土地,它自身就是仁慈的黑色奶油。」黑倪詩中寫的是愛爾蘭,但他的詩是全球泥炭地——或泥塘、沼澤——的鮮明象徵。它們不是堅實的土地也不是水,而是介於兩者之間。泥炭是一種濃稠、骯髒、吸飽水的物質,由死亡和腐爛的植物組成。它經過數百年甚至數千年的發展,由溼地苔蘚、草和其他植物的混合物在幾乎無氧的情況下,於活的植物層下慢慢腐爛。此種酸性、厭氧的環境保存人類遺骸,即鐵器時代及其之前的「泥沼遺屍」(bog bodies)。若有足夠的時間、壓力和溫度,泥炭就會變成煤炭。

■本圖為已適應泥炭地的諸種植物。這些植物包括莎草、苔蘚、肉食性茅膏菜、蘭花、沼澤桃金孃以及許多其他在充滿水而缺乏養分的環境中茁壯成長的植物。

泥炭層的深度由 2 英尺到 60 英尺以上,含有大量的碳,標準的碳含量超過 50%。由於這個原因,再加上可及性,泥炭是第一種被廣泛使用的石化燃料。從愛爾蘭到芬蘭再到俄羅斯,用泥炭燒製的乾燥磚塊來加熱、烹飪,最後用於發電,已是古老的習慣,在某些地方仍然存在。泥炭是 17 世紀荷蘭黃金時代的關鍵,它是產量豐富、廉價且易於運輸的能源,使荷蘭的工業和國際市場上的商品生產得以蓬勃發展。雖然目前這些獨特的生態系統僅覆蓋地球陸地面積的 3%,但它們儲存的碳僅次於海洋,是全球森林所儲存的碳之 2 倍,估計為 5,000 至 6,000 億噸。儘管近幾十年來森林受到越來越多的關注,但社會正在意識到泥炭地作為碳匯的寶貴作用……只要它們保持溼潤。

為了使泥炭地有效地儲存碳,必須種

植植物以行光合作用來吸收和儲存碳，同時需要能產生厭氧條件的水，避免碳逸散後再次進入大氣層。全球泥炭地中的 85% 具有重要的保水性。作為完整的古老生態系統，它們可以有效地收集碳，同時吸收與淨化水、防止洪水，並支持從狐狸到猩猩的生物多樣性。透過土地維護和火災預防來保護泥炭地，是管理全球溫室氣體的絕佳機會，而且相較之下，這是具有成本效益的方法。雖然未受破壞的泥炭地確實會釋放一些甲烷，但它們所封存的碳遠超過它們所釋放的甲烷。

當然，虹吸和封存碳的能力有其缺點。這些溼地每英畝的碳含量比其他生態系統高 10 倍，如果遭受破壞，這些溼地就會變成強大的溫室煙囪；而 15% 的溼地已經發生這樣的狀況。當泥炭暴露在空氣中時，它所含的碳會被氧化成二氧化碳。形成泥炭可能需要數千年，但遭受破壞後，只要一點點時間就能釋放其所儲存的溫室氣體。乾燥的泥炭地占世界陸地面積的 0.3%，但所產生的二氧化碳排放量是人類造成的二氧化碳排放總量之 5%。

泥炭地遭受破壞的原因很多。這些沼地生態系統主要分布在北半球的溫帶至寒帶氣候區中，覆蓋北美洲、北歐和俄羅斯的大片地帶，以及印尼和馬來西亞等熱帶、副熱帶氣候區。在東南亞，泥炭地遭受破壞的主要原因為森林火災，以及為了種植棕櫚油與紙漿用的樹木，而且還在增加中。實際上，這就是印尼的溫室氣體排放量如此之高的原因。當因為土地利用變化和林業所產生的排放量包含在國家總量中時，印尼和印度與俄羅斯一直是世界前五大排放國。隨著全球暖化加劇，泥炭地火災的風險也在增加。在氣候較溫和的地區，開採泥炭為燃料、取泥炭土（peat moss）為園藝商品，以及將泥炭地排水以用於木材生產和放牧是罪魁禍首。

雖然不如在泥炭地開始遭受破壞之前就保護它們有效，但恢復乾燥和受損的泥炭地是必不可少的策略。首要任務為重新潤澤——為此過程如此命名是恰當的：藉由留住水和提高地下水位來使廣大的泥炭地重新溼透。換句話說，也就是防止水流失並讓水重新漫過土壤。一旦泥炭地再次潮溼，就能抑制氧化與遏止碳的釋放。「溼地種植」（Paludiculture）一詞來自拉丁語：意為「沼澤」的「palus」，和意為「種植」的「cultura」。藉由培育生物質以保護和再生泥炭，並以此為基礎來進行溼地種植工作。這是植被腐爛後的巧妙創造，可以隨著時間的推移更新泥炭層，並可用以種植某些作物，例如橘子和茶樹。總之，復育工作應該有助於生態系統再次完整。

保護泥炭地的工作仍處於起步階段。繪製地圖和監控非常重要：了解它們的

位置和現狀，才能以知識指導行動。但科學家仍有許多需要學習之處。2014年，有團隊在剛果共和國的偏遠地區發現與英格蘭面積相當的沼澤，而我們尚不清楚泥炭地如何應對氣候暖化。發展維續或恢復其生態完整性的獎勵措施是關鍵，尤其當必須放棄種植糧食作物或木材等經濟收益時。從瑞典到蘇門答臘，已經出現各種國內和跨國倡議，以保護並修復泥炭地。這些倡議包括澈底保護未受破壞的泥炭地、禁止進一步排水以重新潤澤的計畫、喚起公眾意識的活動以及培訓負責管理的人員。數千年來，泥炭地一直是神聖的、儀式性的空間——有時被視為通往眾神的門戶。今日若我們對泥炭地有相似的崇敬心態，便可確保由死亡和腐爛所形成的泥炭層可以繼續擁有賦予生命的力量。

影響：如果 2050 年前泥炭地的總保護面積從 790 萬英畝增加到 6.08 億英畝，或者目前所有未受破壞的泥炭地的 67％，則可以避免 215.7 億噸二氧化碳排放。6.08 億英畝泥炭地可以保存 3,360 億噸二氧化碳，如果釋放到大氣中，大約是 1.23 兆噸二氧化碳。雖然泥炭地僅占全球陸地面積的 3％，但它們是有機物質含量最高的土壤，如果遭受破壞，會釋放大量的碳。本模擬不預測財務收益，因為它們不發生在土地所有者層面。

■從無人機上拍攝到的愛爾蘭開採後的泥炭地。泥炭地生態系統覆蓋了愛爾蘭共和國的 17%，並且自羅馬時代以來便以人工開採作為燃料和冬季供暖用的泥炭——以「在泥炭中工作」而聞名。如今，國有公司 Bord na Móna 利用機器取代人工，使得沼澤地遭受不可挽回的破壞。2015 年該公司宣布將在 2030 年前逐步淘汰所有泥炭開採，並轉向永續的生質能、風力和太陽能發電。

原住民土地管理

　　儘管原住民的生活方式對氣候的影響最小，卻是受氣候變遷影響最嚴重的群體之一。由於其生計與土地關係密切、殖民歷史和社會邊緣化，因此特別容易受環境變化的負面影響。他們的家園可能位於較脆弱的地區，如原始森林、小型島嶼、高海拔地區和沙漠邊緣。隨著生態系統的變化，這些群體正做出回應——利用在地知識、傳統做法和科學技術，調整其生計和管理當地資源。除了適應他們特有的條件，他們正將全球暖化減輕到一定程度，使每個人受益。

長期以來，原住民群體一直是對抗毀林、開採礦物、石油和天然氣，以及單一作物種植區擴大的前鋒。他們的抵抗可以避免陸地碳排放，並維持或增加碳封存量。傳統的原住民習俗和土地管理方式可保護生物多樣性、維持一系列生態系統服務，並捍衛豐富的文化和傳統生活方式。原住民與其社區所擁有的土地占所有陸地面積的 18%，其中包括至少 12 億英畝的森林（約占全球林地的 14%）。這些森林含有 377 億噸碳儲存量。

對原住民群體來說，氣候變遷的影響大於地理景觀；氣候變遷挑戰他們的人權、文化、大量知識和習慣治理（customary governance）。政府間氣候變遷小組已經意識到氣候變遷對這些群體的獨特影響，以及在擬定適應與遏制氣候變遷的策略時，傳統知識和科學可以做出重要貢獻。全球有諸多倡議正努力支持原住民與地方社區的有效參與，

第 **39** 名

2050 年前原住民土地管理之排名與成效

減少二氧化碳 61.9 億噸	全球成本與能省下之金額資料變數太多，無法定論
封存二氧化碳 8,493.7 億噸	

以使傳統知識和做法成為全球暖化的解決方案——這些解決方案與當地環境相關，且能滿足最弱小群體的需求。

傳統制度有其潛力，能藉由一連串的做法來增加地上和地下碳儲存量，並減少溫室氣體排放。在地原住民社區於生態系統內採用火耕、游耕、農林混作、畜牧、漁業、狩獵採集以及傳統森林管理等許多不同的生活方式。這些文化中有許多長期以來和大自然循環與資源共存，在某些情況下，即使是在居住了數千年的地方，也沒有消耗這些資源。

家庭菜園。家庭菜園經常出現在靠近森林的社區，是一種小規模的農業形式，自遠古以來就在世界許多地方實行。南亞和東南亞的家庭菜園占耕地很大一部分，印尼約為 1,270 萬英畝，孟加拉為 130 萬英畝，斯里蘭卡為 260 萬英畝。家庭菜園系統為實踐者和景觀帶來多種優勢，例如有效的養分循環、高生產力、多樣的作物組合以及維持社會和文化價值。這些多樣的系統有助於維持生物多樣性、滿足當地糧食安全、保護水土資源。與單一作物生產系統相

比，家庭菜園的碳封存潛力更高，其封存率與成熟林分相當。

農林混作。農林混作系統結合樹木和作物，可以封存大量的碳。農林混作系統經過充分研究，因下列特質聞名：保護土地免受土壤侵蝕、能使有機物質和土壤養分再循環、保護小農之收入，免於單一作物受市場和天氣影響，以及維持物種高度多樣性。

游耕。游耕是另一種原住民所採行的農法，每年輪換耕地。「游耕」一詞指的是每年燃燒和清理林地以供耕種之用，接著休耕一段時期，以讓土地再生。因為效率低，且對森林與土壤造成破壞，各國政府試圖禁止游耕，然而研究指出，相對於改變土地用途，游耕不是人為毀林的主因，而且相較於一年生作物或農園，游耕能封存更多的碳。

畜牧。全球各地的原住民牧民應付廣大且通常條件嚴苛的牧場，有效地利用這些系統以滿足生計，並維持能大量封碳的生態系統。牧場約占全球陸地面積的 40%，是世上面積最大的單一土地利用方式。這些土地中的大部分長久以來由原住民群體利用與管理，於其上進行狩獵、採集、放牧和季節性農業。以放牧為生的原住民群體具有游牧特色，是一群高流動性人口，生活在人口密度低的地區。牧場至今仍支持 1 至 2 億牧民生計，這群牧民管理全球超過 12 億英畝的牧場。這些系統具有生物多樣性

和高生產率，可以封存大量的碳。文獻指出這些土地儲存世界上 30% 的土壤碳，在改進牧場管理方法的條件下，到 2030 年可以封存更大量的碳。此外，在類似的環境中，每英畝的放牧土地比商業牧場或固定式的牲畜飼養更具生產力。相較於其他土地利用系統，如種植一年生作物和生質能源作物，暫時性的放牧牲畜有助於封存可能釋放到大氣中的碳。

由於氣候變遷和遊牧民族現代化的壓力，傳統畜牧系統目前受到威脅。牧民們對地方、區域和國家經濟有重大貢獻，但從古至今持續面臨消極對待。他們的生命運作系統和文化被認為效率

低、技術低、荒謬的、原始的和破壞環境的。這些根深柢固的觀點強化了試圖剝奪牧民的土地和傳統習俗的政策，例如以國家之力迫使傳統牧場國有化。最糟的狀況是，這些對牧民的刻板印象可能產生種族偏執，並可能導致強迫遷離和違反人權。游牧和傳統牧場管理方法仍存在於世界大部分地區，而牧民們面對定居與現代化的社會和政治壓力。諸如自治區保護協定、認可土地所有權或還土地於原住民等現代協定，有助於確保牧民繼續使用牧場的權利。

野火管理。由於種種原因，全球人類自古至今持續實踐野火生態學（fire ecology）。整個北美洲的美洲原住民利用燃燒管理廣泛的土地，這些方式被記錄在歷史和考古證據裡。他們以複雜的燃燒技術為橫跨廣大地景的某些食物來源、動物與植物創造有利的環境。在太平洋西北地區，原住民族利用野火管理來影響一系列生態系統——從開墾森林到牧場——以創造棲息地並提升有益植物和動物物種的產量。在澳洲北部，原住民族利用能調節季節性火災的技術。火被用於保持森林和鄉村地區空曠、控制植物生長、趕走野獸，並依從文化義務。傳統的野火管理在乾燥季節初期進行小範圍燃燒來清除植被，此舉可降低自然或人為火災的強度。

社區林業。原住民與社區管理林地已

有數百年歷史，這些林地有些受政府正式認可為屬於原住民族或當地社區所有，並由其管理，有些則否。然而許多由原住民或其社區所管理的林地受傳統習俗或習慣法影響。估計全球有 4 至 5 億人依賴森林為生，其中有 6,000 萬人是拉丁美洲、西非、東南亞的原住民。無論所有權歸屬，據估計受公共管理的林地達 80 億英畝。

有許多做法可視為原住民或社區森林管理，包括休耕管理、馴化物種的森林棲地、神聖的樹林、選定的森林物種與樹木栽植和集約森林管理。原住民管理包括個別森林管理法，涉及社區森林使用和保護的集體決策過程。失去森林權與不穩定的土地權，對森林砍伐和原住民或社區管理林地之退化有重要影響。大量研究表明，與所有權未受保障的類似森林相比，所有權確定的社區森林之森林砍伐率較低，且產生更健康的生態系統。社區管理有助於降低森林劣化率、增加生物量、提高封存率、減少來自森林的排放。在 118 個評估所有權和森林變化之間關聯的案例中，發現保障所有權與森林正向產出和減少森林砍伐有關。在另一項研究中發現與未受管理的森林相比，社區管理的森林平均每年每英畝增加 2 噸碳儲存量。

儘管林地面積有減少的趨勢，全球劃分給原住民族或由原住民族所擁有的森林已從 2002 年的 9.51 億英畝增加到 2013 年的 12 億英畝。這些土地占所有林地的比例從同期的 10.8% 增加到 15.4%。雖然全球趨勢似乎是積極的，但原住民和社區森林的國家級比例差別很大。

儘管比例差異很大，但考慮到支持原住民和社區森林劃定與所有權的政策持續增加的趨勢，這些名目下的全球森林總面積和比例都將擴大。除了對森林權的法律認可，政府也必須採取行動，確保提供技術援助、使原住民族參與決策過程、社區規劃、驅逐非法定居者，以及促進社區森林管理，以加強森林安全。為了提升原住民族土地管理，必須有能支持所有權的政策環境和政府合作，以保障地權。

影響：原住民族有 13 億英畝土地所有權，雖然他們生活於其上和所管理的土地更多。我們的分析假設在由原住民所管理的土地上，碳封存率較高、森林砍伐率較低。如果到 2050 年前，受到所有權保障的林地增加 9.09 億英畝，其所避免的森林砍伐，可減少 61.9 億噸二氧化碳排放。此解決方案可使原住民管理的森林總面積達到 22 億英畝，確保預估的 2,320 億噸碳儲存；這些碳如果釋放到大氣中，約當於 8,500 億噸以上的二氧化碳。

溫帶森林

2050 年前溫帶森林之排名與成效

減少二氧化碳 226.1 億噸	全球成本與能省下之金額資料變數太多，無法定論

世界上 1/4 的森林位於溫帶地區，介於緯度 30 度到 50 度、55 度之間，大部分位於北半球。有些是落葉林，於冬季月份落葉；其他是常綠林。19 世紀末時，溫帶森林成為森林砍伐的中心。整個歷史過程中，99% 的溫帶森林在某種程度上被改變了——原本種滿繁盛的樹木，轉為農業之用，受發展之破壞。然而森林能迅速恢復。它們是動態系統，不斷從自然或人類所造成的影響中恢復，即使可能需要數世紀才能回復完整的生態。

由於木材依賴進口，農業生產力提高因而不再利用過去整地後的土地、改善森林管理辦法，並進行有意識的保育工作，目前溫帶森林正大片復甦。這些趨勢使得某些劣化和遭砍伐的土地免於其他土地利用方式，無論是被動允許或取得積極協助，都得以復育。全球 19 億英畝的溫帶森林現在是一個淨碳匯。生物量密度上升和總面積增加，代表這些生態系統每年吸收大約 8 億噸的碳。藉由復育，會有更多封碳的機會。根據世界資源研究所的數據，還有超過 14 億英畝的土地可供復育——無論是大規模的鬱閉林，或者是混合林、樹木稀少之地，以及農業等土地用途。

世界資源研究所、國際自然保育聯盟和南達科塔州立大學合作製作了全球《森林地景復育機會地圖集》（Atlas of Forest and Landscape Restoration Opportunities），量化並可視化我們的前景。在目前的和潛在的森林覆蓋地圖圖層之間切換，美國東半部和歐洲大陸從斑點變為深綠色。此地圖集將 84% 的愛爾蘭劃分為大規模或混合復育的機會區。翡翠島（Emerald Isle）曾幾乎完全被森林覆蓋，但到了 18 世紀，它大部分的林地被改建為牧場。在已經開展的趨勢之基礎上，美國有大量的復育機會，從 1990 年代到 21 世紀，美國林地所提供的碳匯成長了 33%。美國的東海岸是復育的大本營，因為古老的阿帕拉契山脈的森林從喬治亞州一直延伸到緬因州，其面積持續擴大，森林健康狀況亦獲得改善。被遺棄的農田一直是主要推動力，森林在過往的田地裡緩慢成長——這是被動恢復的例子。

雖然溫帶森林不像熱帶森林一樣遭受大規模砍伐的威脅，但仍然因為發展而支離破碎。逐漸變暖的世界帶來新的挑戰，復育工作充滿阻力。由於溫帶森

林面臨越來越大的壓力，有人認為這是一個「大渾沌」的時代。溫帶森林正經歷更炎熱的氣候與更頻繁的乾旱、更長的熱浪、更嚴重的森林大火，以及越來越嚴重的病蟲害。這些干擾可能結合起來，超越溫帶森林所擁有的恢復力，並取代過度開發，成為森林永續性和健康的主要威脅。復育工作需要不斷進化，才能應付這些難關。

預防森林消失一定比試圖復育森林以及在被夷平的土地上重新植林更好，因為即使經過復育，也不可能完全回復原始的生物多樣性、結構與多元程度，而且一次砍伐所造成的碳損失，需要數十年的時間才能封存相同的量，因此復育無法取代保護。

影響：我們預計藉由自然再生，溫帶森林的復育將再拓展 2.35 億英畝，雖然遠低於復育熱帶森林的面積，但到 2050 年前仍然可以封存 226.1 億噸的二氧化碳。

■在紐西蘭南島峽灣國家公園（Fiordland National Park）裡的青苔、蕨和南部山毛櫸樹。占地 300 萬英畝的森林景觀橫越山頂到海洋，其間有湖泊和雨林。據說峽灣地區的降雨量以公尺為單位。陡峭的斜坡、深邃的溝壑和不間斷的水分，使這裡成為最難以棲息的土地，直到 1952 年成為國家公園。

樹的祕密生命
彼得‧渥雷本

好幾年前，我在我管理的森林裡的老山毛櫸保護區之一，偶然發現外形奇特的石頭，上面長滿苔蘚。回想起來，我發現自己曾多次經過，卻沒注意它們。但那一天，我了停下來，彎腰看個仔細。這些石頭的形狀極不尋常：輕微彎曲，帶有鏤空區域。我小心翼翼地拉起其中一塊石頭上的苔蘚，發現在下面的是樹皮。所以，這些不是石頭，而是老木頭。我對這「石頭」的硬度感到驚訝，因為櫸木在潮溼的地上要不了幾年就會腐朽，不過，最令我驚訝的是，我無法舉起這木頭。它顯然以某種方式附著於地。

我拿出我的摺疊小刀，小心翼翼地刮掉一些樹皮，直到看見一層綠。綠色？這種顏色只出現在葉綠素中，使嫩葉發綠的顏色；葉綠素也會儲存在活著的樹的樹幹中。這可能只意味著一件事：這塊木頭還活著！我突然注意到其他的「石頭」構成一個獨特的圖案：它們排成一個直徑約為 5 英尺的圓圈。我偶然發現的是一個巨大的老樹樁的粗糙殘幹，剩下的就是最外緣的殘餘部分。內部在很久以前就已完全腐爛成腐殖質，清楚地表明這顆樹木至少在 4、5 百年前倒下，但殘幹怎麼能繼續存活這麼久呢？

活的細胞必須以糖為養分，它們必須呼吸、必須成長，至少一點一點地成長，但沒有葉子就無法行光合作用，便不可能成長。地球上沒有任何生物可以長達數百年不進食，即使是樹木的殘幹也無法，更不用說只能自力更生的樹樁。很明顯地，這個樹樁身上有其他我所不知道的事發生，它一定是獲得周遭樹木的協助，明確地說，是周圍樹木的根。調查類似情況的科學家發現，可能是根部末端周圍的真菌系統自遠方提供援助，促進樹木間的營養交換，或根系本身可能相互連接。以我偶然發現的樹樁來說，我無法找到原因，因為我不想在周圍挖掘，以免傷害舊的樹樁，但有一件事是清楚的：周圍的山毛櫸輸送糖分到這樹樁，讓它得以延續生命。

如果你看路旁的堤防，可能會了解樹木如何藉由根系相互連接。雨水經常沖走這些斜坡上的土壤，使地下網絡暴露於外。科學家在德國哈茨山脈發現，這確實是一種相互依存的例子，同一林分裡同一物種的樹木，大部分藉由根系彼此相連。營養交換和在需要時幫助鄰居似乎是規則，因此可以得出結論：森林是互相連結的超級有機體，就像蟻群一

樣。

當然，這麼懷疑也說得通：樹根是否只是漫無目的地在地下延展，碰巧遇到同種的樹根時就連接起來。一旦連結在一起，他們就別無選擇，只能交換營養。他們創造了一個看似社交網絡的連結，但他們所經驗的只不過是單純的施與受。在這種情況下，偶然巧遇取代充滿情感的積極支持形象，儘管偶然巧遇為森林生態系統帶來好處。但大自然複雜得多。根據杜林大學（University of Turin）馬西莫・馬非（Massimo Maffei）的說法，植物——包括樹木在內，完全能夠區分自己與他種植物的根，甚至相近物種的根。

但為何樹木是群居的生物？為何它們與自己的物種分享食物，有時竟然可以滋養它們的競爭對手？原因與人類社會相同：合作有好處。一棵樹不是一片森林；光靠一棵樹無法建立穩定的局部氣候，只能任由風及天氣擺布，但是，許多樹木可以聯合起來創造生態系統，可以調節極端溫度、儲存大量水分，並產生豐潤的溼氣。在這個受保護的環境中，樹木可以活得很久，為了達到這個目標，無論如何樹群都必須保持完整。如果每棵樹都只照顧自己，那麼有很多樹都無法活太久。經常性的死亡會導致樹冠層出現許多大間隙，使得風暴更容易進入森林並將更多樹木連根拔起；夏季熱浪也會直達森林地面，帶走水氣，

每棵樹都因此受苦。

因此，每棵樹對樹群來講都很寶貴，應該儘可能活得久一點。這就是為什麼即使生病的樹也能得到支持與滋養，直到康復。下一次，情況也許相反，現在支持其他樹木的樹，可能需要援助。粗壯的銀灰色山毛櫸的此種表現，讓我想起一群大象。如同象群，牠們也照顧彼此，幫助病弱者重新自立；牠們甚至不願放棄死亡的同伴。

每棵樹都是樹群成員，但其成員資格等級不同。例如：大多數的樹樁會在幾百年內（對樹木來說，這時間很短）腐爛成腐殖質並消失。只有少數的樹木能活數百年，就像我剛剛說的那顆覆著苔蘚的「石頭」。差別何在？樹的社會和人類社會一樣有次等公民？看起來似乎如此，雖然「階級」這概念不適於此。更確切地說，是連結的程度——甚至可能是情感——決定樹的同伴能提供多少程度的協助。

只要看看樹冠頂層就能了解。樹會延伸其分枝，直到碰到鄰近相同高度的樹分枝末端。它不會長得更寬，因為這個空間中的空氣和更好的光線已經被占走。然而，它會大力強化擴展出去的分枝，所以讓人覺得樹上正進行推擠比賽。但是，一對真正的朋友從一開始就會小心，不會在彼此的方向上長出過壯的枝條。樹木不想奪走彼此的機會，所以它們只會在樹冠的外圍長出粗壯的分

枝，也就是「非朋友」的方向。這些夥伴們的根經常緊密相纏，有時甚至會一起死亡。

樹根延伸到很遠的地方，是樹冠的2倍多，因此，相鄰樹木的根系無法避免地彼此交纏——雖然總是會有一些例外。即使在森林裡，也有遺世獨立者——想要與其他樹毫無關聯的隱士。樹群會只因為這種反社會樹不加入團體而無法彼此警告嗎？幸運的是，不會。因為通常有真菌作為中間人，以確保消息快速傳播。這些真菌像光纖網路電纜一樣，它們的細絲穿透地面，以令人難以置信的密度織出一片網。一茶匙的森林土壤中就含有很長的「菌絲」，過了幾世紀，單一真菌就能覆蓋許多平方英里，並將整個森林織入網中。真菌網路將訊號從一棵樹傳到另一棵樹，幫助樹木交換與昆蟲、乾旱和其他危險有關的消息。科學界採用一個由《自然》期刊所創的詞彙，源自希瑪德博士（Dr.

Simard）發現的遍布森林的「樹木全球資訊網」（wood wide web）。我們才剛開始研究樹木們彼此交換什麼訊息，以及訊息量有多少。例如：希瑪德發現即使不同的樹種將對方視為競爭對手，仍會彼此接觸。真菌也有自己的理念，似乎非常贊成調解和公平分配訊息與資源。

在樹冠之下，連續劇與動人的愛情故事上演中。這是我們家門口最後一片大自然，在這片大自然裡，有冒險旅程等著我們體驗、有祕密等著我們挖掘。誰知道呢？或許有一天，我們能解譯樹木的語言，獲得更精采的故事材料。在我們能理解樹木之前，你下次在森林中漫步時，盡情發揮想像力吧！畢竟在許多情況下，你所想像的離真實不遠。

■摘錄自彼得・渥雷本著，《樹的祕密語言：學會傾聽樹語，潛入樹的神祕世界》，2016（灰石出版）。

植樹造林

樹木在成長過程中以光合作用合成和隔離碳的能力，使植樹造林成為暖化時代的重要解方。在至少持續 50 年沒有任何樹木的地區創造新的森林，是植樹造林的目的。劣化的牧場和農田，或其他因採礦等用途嚴重敗壞的土地，都是適於策略性地種植樹木與多年生植物的妥善之地。因此，受侵蝕的斜坡、工業區、廢棄土地、高速公路安全島和各種荒地，幾乎任何無人看管或遭遺忘的空間，都可以協助減少大氣中的碳。

最成功的造林計畫為種植本土樹種者。然而，改種有多種形式——從密集種植各種本地樹種，到引入單一異國樹種，例如生長快速、世上栽種最廣的輻射松（Monterey pine）。無論組成如何，它們都可以作為碳匯，吸收、儲存碳，並將碳分送到土壤中。每年能封存多少碳，視樹種、地點、土壤條件和結構等細節而定。

牛津大學最近發表的一篇文章保守估計，植樹造林可以在 2030 年時達到每年減少 10 至 30 億噸二氧化碳的效果。全球可用以植樹造林的土地面積是關鍵變數，而且是難以預測的變數，受人口、飲食、作物產量和生質能源需求等因素影響。雖然造林計畫有顯著的封碳潛力，但無論是新的或古老的森林都很

■這是俄勒岡州尤馬蒂拉（Umatilla）一個典型的單層人造林，以 8 英尺為間距，種植三角葉楊（cottonwood），以強制樹木向上、無節地生長。

容易受火災、乾旱、害蟲和人為砍伐破壞。

目前為止，人工栽植為造林計畫之大宗，且於全球擴展當中，其目的為木材和纖維，以及逐漸增加地出售碳補償。（雖然人工林只占森林總面積 7%，卻生產約 60% 的商業用木料。）人工林一直存在且仍然有爭議，因為它們的動機通常純粹為經濟利益，很少考慮土地、環境或周圍社區的長期福祉。有些人造林取代天然林或其他重要生態系統，然後支持層級低得多的動物群——由鳴禽到蝸牛。人造林易受疾病影響，通常得利用化學藥品來控制蟲害，

2050 年前植樹造林之排名與成效

減少二氧化碳	淨成本	可節省淨額
180.6 億噸	294 億美元	3,923 億美元

且會汙染地下水，就像中國的三北防護林計畫「綠色長城」。隨之而來的是忽視或刻意違反當地和原住民社區的權利與利益，特別是在以外國資金取得土地以造林的低收入國家；這樣的狀況導致對植樹造林的強烈反擊，以及對《巴黎協議》之後由利潤推動的外國農地熱（land rush）之擔憂，而強迫遷移、文

■由松樹，白楊和其他快速生長的樹木所組成的單一樹種單層造林，其中一些樹木經過基因改造以加速其生長。雖然單層人造林能大量封碳，但由於缺乏生物多樣性，以及酸化土壤的速度，它們相當於樹棲沙漠。下圖所見是宮脇造林法或所謂的模擬森林，一種模仿天然森林而發展的造林技術，形成一個多層森林，由不同的上層、中層和下層樹木、灌木和植物組成，一個可持續百年或更長時間的生態系統。這種造林方法具有較高的生物多樣性、更具生產力，並且封存更多碳。然而，它不適用於在同一時間砍伐所有同齡樹木的工業林場。

化剝奪和違反人權等狀況可能同時發生。

這些議題是我們必須努力以使人造林更能長期持續下去的部分原因，這些努力包括禁止改變天然林用途的第三方認證。但我們無法否認造林所能提供的好處。除了生產木材和封碳的用途，林場還具有「人工植林保育效益」：它們可以在實際上減少對天然林的砍伐。2014年的一項研究計算出，由於人造林的關係，全球天然林砍伐減少 26%。由世界自然基金會所提出的「新世代人造林」（New Generation Plantations）等倡議正努力確保設計良好的人造林與納員管理法（inclusive management）[68]成為主流，以使人造林的優點（和商品）最佳化，同時確保生態系統和社區的完整性。由於人造林已為大多數人所接受，世界自然基金會等團體知道使私人公司與政府等關鍵角色感興趣，以及辨識劣化土地是否適於造林，是非常重要的事。多重用途的人造林可以滿足各種社會、經濟和環境目標（包括在工作機會不多的地方提供工作），但必須考慮這些目標而後構思與執行。

人造林絕非唯一的選項。僅種植單一樹種的林場經常引入具有潛在負面影響的入侵物種，為了對抗單一樹種所導致的生態沙漠，傑出的日本植物學家宮脇昭（Akira Miyawaki）設計出一種完全不同的植樹造林方法。1970年代和1980年代，為了更了解日本的原生林，宮脇研究了日本的寺廟和神社所種植的樹木。數十年來，也許是幾個世紀以來，原生橡樹、栗樹和月桂樹幾乎完全被為了取得木材而由海外引入的松樹、檜木和雪松所取代。他發現這些假的原生森林無法適應氣候變遷，因此利用名為潛在天然植被的德國技術，成為創造真正的原生森林的熱情擁護者。目前他已經在全球種植超過 4,000 萬棵。

宮脇造林法通常在缺乏有機物質的退化土地上，將許多原生樹種和其他原生植物種植在一起。隨著樹苗成長，自然淘汰發揮作用，最後出現具有豐富的生物多樣性且具適應力的森林。以宮脇法造林，只在開始的頭兩年需要除草、澆水，其後可任其自然生長，然後只需10至20年便可成熟，不像在自然條件下的天然林需要好幾百年。在空間相同的範圍內，它們的生物多樣性比傳統人造林高 100 倍，密度高 30 倍，同時封存更多的碳。它們提供美化、棲息地、食物和海嘯保護。

我們認為植樹造林得有大片土地，但任何地方的小塊土地都能造林。受

---

68. 使具不同觀點者聚集在一起，並欣賞彼此的觀點，以促進政策之設計與執行；其管理者要能營造機會，以不同管道使相同網絡內關心相同議題但意見不同者有機會共同解決問題。

到宮脇造林法和豐田裝配線生產方式的啟發，企業家夏爾瑪（Shubhendu Sharma）的植林公司 Afforestt 正在開發一種客戶安心方法，讓任何人都可以在任何小塊土地上建立森林生態系統。在一片 6 個停車位面積的土地上，一座 300 棵樹的森林可以成真——成本就跟買 1 隻 iPhone 一樣少。

印度「森林之子」札達夫・佩楊（Jadav Payeng）在世界上最大的河島馬久利（Majuli）上獨立造林，占地 1,300 英畝。札達夫沒有任何補貼或資金援助，以傳統知識為基礎來種植原生物種，在布拉馬普特拉河（Brahmaputra River）完全裸露的沙洲上，為自然再生鋪路。今天，札達夫的森林是許多花卉與動物的家園，令人驚豔，同時也是控制島上侵蝕的自然方式。

許多植樹造林的主要地區都位於低收入國家，這些國家往往存在多面向的影響機會。建立新的森林可以吸收碳並支持生物多樣性，滿足人類對木柴、食品和藥材的需求，並提供生態系統服務，如防洪和抗旱。讓當地社區了解森林的社會經濟與環境效益並加入造林計畫，是成功的關鍵。因為植樹造林需要多年的努力，能實現這一目標的是提供前期成本、開發林產品市場，以及確保明確的地權，以維繫造林和最終收成間的連續性。新興的地理空間和遙感技術，以及可移動的地面驗證可以作為強大的監測工具，以確保人造林健康。利用這些方法不僅可以減少大氣中的碳，亦能以生態健全、社會公正和具經濟效益的方式建立新的森林。

影響： 至 2014 年為止，有 7.09 億英畝土地用於植樹造林。另有 2.04 億英畝的邊際土地上用以建立木材用森林，2050 年前可以封存 180.6 億噸的二氧化碳。在邊際土地上植樹造林，間接避免原本在傳統系統中進行的砍伐。施作成本為 294 億美元，到 2050 年，這一額外的木材用人造林面積將為土地所有者帶來超過 3,923 億美元的淨利潤。

運輸

運輸有利有弊。你將在本章找到能夠顯著提高燃油效率的解決方案，適用於仍依賴石化燃料的飛機、火車、輪船、汽車和卡車。然而，除非能減少利用這些運輸方式，使用率增加將抵銷改善的能源效率。本章所列之解決方案亦包括將運輸轉為不使用石化燃料。電動汽車的效能是以汽油為燃料者的 4 倍，當以目前的價格利用風力驅動時，汽油的電當量是每加侖 30 至 50 美分。自行車則是不需要燃料的移動方式。運輸的使用度和持續性無法與人們生活、工作和娛樂的方式及地點切割，未來的 2 個主要影響將是都市環境的設計和減少過度消費。

■俄羅斯莫斯科花園環道（Garden Ring）的夜間巔峰時段。

巴西庫里奇巴（Curitiba）在建立公車網絡時並未考慮氣候變化。1971年，一位名叫傑米·雷勒（Jaime Lerner）的年輕建築師由當時的獨裁政權任命，成為這座城市的市長，但雷勒卻不如當局所以為的遵守專制政權的命令。當然，有創意的人極少服從。當時，地鐵和輕軌受到城市規劃者的青睞，但雷勒發現建立任何需要鐵軌的系統都太昂貴且太慢。（他的名言是：「如果你想要的是創新，就將預算砍掉1個零；如果你想要的是永續發展，就砍掉2個零！」）

雷勒發明一種替代方案，將目標放在完全跟不上潮流的東西──公車，但他賦予公車鐵路的優勢，主要的優勢在於和主要道路平行的專用車道──獨立的通道讓公車不需與汽車爭道，且建造成本比鐵路低50倍。然後，在1990年代

初期，庫里奇巴的巴士站被重新設計得更像地鐵站，使乘客動線更流暢。乘客不再是上車付款，而是預先在車站付款；公車也不再只有單一入口，而有數個。[69]現在這些標誌性的管狀車站遍布全市（並成為這座城市的代表），每天載運200萬人次旅客（倫敦地鐵每天平均載運300萬人次）。

庫里奇巴率先推出以公車捷運（BRT）而聞名的系統，此模式被複製於整個拉丁美洲（例如波哥大著名的TransMilenio）以及全球200多座城市。BRT是大眾運輸模式之一，目前正與汽車競奪乘客量與里程數。無論其模式為何，大眾運輸都以其規模而擁有排放優勢。當有人選擇乘坐電車或公車而不是駕駛汽車或招計程車時，即可避免溫室氣體排放，以科技術語來說，就是模式轉變（modal shift）。

69. 庫里奇巴市的公車為多車廂聯結的加長型公車。

運輸占全球排放量的 23%，都市交通是最大的單一來源而且排放量增加中——主因為汽車的利用率正在上升。當然，第二次世界大戰前，大多數運輸都是大眾運輸，直到汽車成為高收入國家大眾負擔得起的商品。來自固定路線和時刻表的優先權從過去便具有很大的吸引力——且將繼續如是，而以汽車為中心所設計的都市和郊區空間使固定路線與時刻表變得越來越重要。汽車與雜亂無章的都市成為共謀者，尤其是在美國。在美國有大眾運輸系統的大都會區裡，不到 5% 的日常通勤者會利用大眾運輸。相較之下，新加坡和倫敦有一半的移動是靠大眾運輸進行的。在低收入國家，雖然新興經濟體的汽車使用率正在上升（即使在庫里奇巴），但大眾運輸仍然是都市交通的主要模式。無論是作為 BRT 系統的一部分，或是與其他車種搭配利用的公車，都是全球最常見的公共運輸方式。

除了減少碳排量，大眾運輸系統還有許多優點。最顯著的也許是緩解交通壅塞：大眾運輸能以較少的碳足跡運送更多人次，而地鐵等運輸形式則將大量旅客整批由道路轉移至獨立的軌道上。倫敦地鐵（Underground）和曼谷空中捷運（Skytrain）都直接以第二個優勢為

2050 年前大眾運輸之排名與成效

減少二氧化碳	淨成本	可節省淨額
65.7 億噸	數據變數太多無法估計	2.38 兆美元

名。開車的人較少，事故和死亡人數亦較少，司機、乘客和行人都更安全。由於大眾運輸所需的空間比以汽車為中心的系統少（僅考慮停車位即可），可以為其他較高水準的用途保留較多的都市土地——綠地、住宅、商業空間和更實用的活動。總體而言，空氣汙染減輕。長久以來，公車一直由會產生汙染的柴油引擎驅動，然而較新型的公車更乾淨，其中一些以電或天然氣為燃料。

大眾運輸還有一個重要的社會優勢：為無法開車的人——小孩和老人、身體有殘疾者——以及無力負擔汽車者提供服務，因而使都市更加公平。雖然並非只有這些人利用公車，但他們可能是被排除於移動權之外的人，而大眾運輸是

■一列東行的大都會快捷線（Metropolitan Area Express）輕軌列車停靠在俄勒岡州波特蘭市中心的亞曼希爾街（Yamhill Street）和第二大道。

公共廣場的形式之一，各式各樣的人們於此相遇並共享空間。如同亞當·高普尼克（Adam Gopnik）在《紐約客》雜誌所提到的：「一列火車就是一個小型社會，帶著人們大致準時地、幾乎不停地前往某地，途中眾人大致上共享同一扇窗，有共同的視野和一個目的地。」──這是獨特的公民體驗，以及移動方式。

儘管有其優勢，但大眾運輸仍面臨並持續應付各種挑戰。汽車具有很強的吸引力，在許多地方的文化意義上是根深柢固的（年輕世代狀況較輕微），要改變習慣很困難，尤其是必須花更多力氣、更多時間或更多錢才能改變行為時。大眾運輸在利用度高而且效率好、具吸引力的地方最成功，關鍵要素在於利用多種交通工具時能無縫轉乘，例如以同一張卡片支付地鐵、公車、公共自行車和共乘服務，或以智慧型手機的應用程式來規劃利用多種交通工具的移動。除了吸引乘客，大眾運輸還依賴都市整體設計。都市的密度是關鍵因素，以確保人們生活和工作的距離夠近，能利用大眾運輸轉乘（眾所周知的第一哩／最後一哩問題）以及實現高使用率使運輸系統得以獲利同時具有效益。空蕩蕩的公車並非解決之道。達成這種密度可能代表有些城市需要進行基礎改造和「再稠密化」，而仍在發展中的都市有機會提前計畫。緊湊的都市空間可以較低成本輕鬆成為連通的都市空間。

即使在理想的條件下，投資於運輸基礎建設也可能具有財政或政治上的挑戰，但這些投資能帶來好處。大眾運輸的優點歸於所有都市居民，不只是利用大眾運輸者（而缺乏大眾運輸所帶來的負擔則無人能躲過）。如果沒有將金錢投資於公車、地鐵和有軌電車，或者可能需要這些大眾運輸的地方，那麼模式轉變可能會朝向私家車以及隨之而來的交通壅塞和汙染，而非低排放量的交通選項。與騎自行車和步行──以及適於這兩種模式的基礎建設──搭配，大眾運輸可以在城市中融入移動性、宜居性和公平性。移動是身為人類的根本能力，為了必要性、樂趣或好奇而從這裡到那裡。流動性為個人生活和整個城市帶來活力，不需要為了實現它而失去氛圍。

影響：隨著低收入國家的財富增加，在都市中移動時利用大眾運輸的比例預計將從 37% 下降到 21%。但如果大眾運輸的利用度在 2050 年前不減反增，成為 40%，這項解決方案可以減少汽車所排放的 65.7 億噸二氧化碳。我們的分析包括各種大眾運輸工具（公車、地鐵、有軌電車和通勤火車），並檢視旅客所支付的費用（比較擁有與駕駛汽車和購買大眾運輸票券二者）。

高速鐵路

2050 年前高速鐵路之排名與成效

減少二氧化碳	淨成本	可節省淨額
14.2 億噸	1.05 兆美元	3,108 億美元

為了慶祝奧運，1964 年世界上第一輛高速「子彈列車」開始營運，行駛於東京至大阪間，總長度約 320 英里。如今，它是世界上最繁忙的高速鐵路，每天服務超過 40 萬名乘客。根據國際鐵路聯盟（International Union of Railways）的統計，全球高速鐵路超過 18,500 英里。目前建造中的鐵路完成後，高速鐵路長度將增加 50%，另有超過數千英里的高速鐵路正在計畫與考慮中。中國目前擁有最多高速鐵路路線——占全球 50% 以上——日本和西歐居於其後。中國、日本和南韓推出高速鐵路的進階版——磁浮列車，利用磁力將火車從支撐結構上抬起，以驚人的平穩和安靜程度快速推進列車——大約以時速 270 英里，奔馳於上海和遙遠的機場間。

高速鐵路（HSR）幾乎完全由電力驅動，而不是柴油。與開車或搭飛機相比，是在相距數百英里的兩點之間移動的最快方式，所減少的排碳量則高達 90%。HSR 的市場優勢在於 7 小時或更短的移動時間；車站位於都市和大型市郊中間，而且目前的安全問題較不繁重。為了發展，新型列車擁有舒適的車廂、良好的視野和完整的連結。HSR 的長期成功奠基於中距離（4 小時）高密度的廊道。在西歐和亞洲的某些熱門市場中，快速列車占這些路線上整體旅行業務半數以上。HSR 的路線有倫敦—巴黎、巴黎—里昂和馬德里—巴塞隆納。2013 年，全球高速鐵路的載客量達 2,200 億延人英里，約占鐵路市場的 12%。

美國自詡在麻薩諸塞州鄉村和羅德島州擁有 28 英里的高速鐵路，由美國鐵路（Amtrak）的 Acela 提供載運服務。加州可能是最歡迎高鐵的州，選民們贊成以 100 億美元作為此最先進系統的頭期款。對完成後的加州高鐵系統的預測顯示，它每年可減少 36 億英里的汽車行駛距離，相當於每天減少在路上跑的汽車 30 萬輛，可消除 220 萬噸溫室氣體。儘管如此，這項計畫仍進展緩慢且持續存在阻力。計畫於 2028 年完工，但沒有人預期能順利完成：成本估算由 330 億美元增加 2 倍，成為 680 億美元。

主要障礙之一是成本。如同所有新車站，列車本身也非常昂貴。軌道造價通常為每英里 1,500 萬美元至 8,000 萬美元，還有橋梁、隧道與高架橋。

■ 2016 年 1 月 19 日，日本 JR 東海（JR Central）新幹線子彈列車抵達東京車站。日本鐵路車輛製造商一直與 JR 集團合作，以其用於新幹線子彈列車系統的技術與標準，擴大全球業務。德州 Texas Central Partners 公司計畫明年利用新幹線子彈列車技術在休士頓和達拉斯之間開始建設德州中央高速鐵路。

美國鐵路估計在東北走廊（Northeast Corridor）建造時速 220 英里的高速鐵路系統，將可能耗資約 1,500 億美元。時速較低的 160 英里系統造價只稍微低一點。考慮到這些數字，必然產生政府補貼和消費稅，但反對者以需要補貼作為高鐵不具經濟效益的證據。但是，任何評估都應包括未建造高速鐵路時的成本，因為所有的運輸系統都享有重大的政府補貼，只不過暗含於我們所不知道的地方。是大眾，而非私營企業，為新的高速公路、舊高速公路的新車道、更

大的機場、交通壅塞、浪費掉的時間以及更大量的溫室氣體付出金錢與代價。任何高鐵計畫所能避免的公眾成本，都必須從系統的資金成本中扣除。

高鐵的支持者表示，高速列車將終結對石油的依賴並帶動大量減少排放量。但這些是不切實際的期望；高速鐵路需要高旅次才能達到收支平衡。世界上只有某些地方有足夠的人口密度能支持高鐵。只有在能取代可觀的空運與汽車客運旅次時，營運中的高鐵的碳足跡才會低於飛機和汽車。另一個必須考慮的因素是：建設高鐵與大量溫室氣體排放有關，尤其是搭築能夠支撐高速行駛的列車的軌道時需要大量水泥（飛機跑道和道路亦同）。

高鐵勝過飛機、汽車和傳統鐵路的優勢之一是隨著時間推移，更有可能利用較乾淨的能源。因為全球各國政府推動無碳發電，高鐵可以變得越來越乾淨，但當電動車輛越來越普及，汽車行駛的排碳量越來越低，此一優勢的影響必然相對減弱。然而空運不太可能在效率方面取得重大進展，因此只要高速鐵路的乘客數能滿足或超過預期，每一乘客所產生的排碳量即較少。

此外，高鐵可以成為明智開發（smart growth）的重要因子，並協助振興市中心。高鐵與市中心的大眾運輸車站共享站體的輻軸式設計，以及附近規劃適當的多用途區域，對更廣泛的氣候、健康和社會利益有所助益。作為永續交通的一部分，高速鐵路可增加減少排放之效益。

擴增以高鐵移動的機率有其他經濟和環境效益。例如：旅客由傳統鐵路轉向高鐵，將有更多的鐵路路線可用於貨運，可降低以柴油為動力的卡車運輸貨物之成本與減少溫室氣體排放，並有助於經濟成長。其他優點包括搭乘高鐵較汽車和飛機輕鬆和舒適，以及可能為更多人開啟移動的可親性。這些額外的好處很難包含在傳統的效益—成本分析中予以量化，但進一步的研究可能會發現它們有利於高鐵的規模，使之成為基礎建設發展的最佳選擇。

影響：如果高鐵建設和乘客量繼續維持預期的速度，此解決方案可以在 2050 年前減少 14.2 億噸的二氧化碳排放量。全球高鐵軌道共長 6.4 萬英里，平均行程長度為 186 英里，每年載運 60 至 70 億名乘客。以區域而言，大部分影響將來自亞洲，尤其是中國。如果高鐵集中在城市間利用率高的短程航線區域，影響可能更大。施作成本高達 1.05 兆美元，然而，營運 30 年後能省下 3,108 億美元，高鐵基礎建設服役終生則能省下 9,800 億美元。

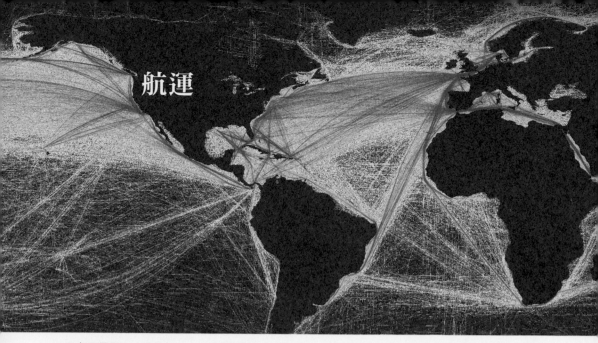

■每天需要 500 萬桶燃料,才能使商船在這張地圖所顯示的路線上移動。於 1 年的時間內累計,國際船運排放超過 8 億噸二氧化碳或其他等量溫室氣體,是全球各類運輸排放總量的 11%。

航運

以重量來算的話,全球貿易的貨物有 80% 以上都是從一地漂浮到另一地。9 萬艘商用船隻——油輪、散裝船以及貨櫃船,使貨物運輸在 2015 年超過 100 億噸。在受地形限制而無法搭建有效率的鐵路系統之處,船隻是我們將材料從一地移動到另一地最省碳的方式。以飛機飛行相同的距離運送相同數量的貨物,所排放的二氧化碳是船運的 47 倍。儘管對世界經濟而言,航運是必不可少的,然而它在很大程度上是隱形的。

跨海運輸石油、鐵礦、稻米和跑鞋所產生的溫室氣體排放占全球 3%,隨著全球貿易持續成長,排放量也會增加。視經濟與能源變動,預估排放量在 2050 年可能會高出 50 ～ 250%。雖然

世人給予車輛排放量相當大的關注,但海運對氣候的影響並未成為優先考慮事項。不過狀況開始改變,產業界、政府與非政府組織正在研究如何不帶著如此高的排放量進入公海。

由於航運的載貨量龐大,因此提高運輸效率會產生相當大的影響。一切始於船隻的設計,效能最高的船隻較其他船更大、更長。這些船隻沒有不必要的結構,而且使用輕量材料,有些新型船隻在尾部有鴨尾——由船尾向下突出的扁平延伸部分,以減少阻力——從船體底部排出氣泡,在行進時「潤滑」水道。僅這兩項創新就可減少 7 ～ 22% 的燃料使用量,實際數據視船的類型而定。高效能船隻可能在船上額外安裝機器,

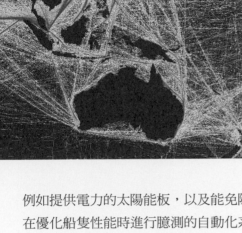

減少二氧化碳	淨成本	可節省淨額
78.7 億噸	9,159 億美元	4,244 億美元

例如提供電力的太陽能板，以及能免除在優化船隻性能時進行臆測的自動化系統。有些設計和技術僅適用於新船，其他的則可用於改造時——這尤其重要，因為目前運行中的船隻可能持續服役數十年。

有數項重要工作旨在改善船隻設計和船上技術。2011 年時，國際海事組織（International Maritime Organization，負責使航運更加安全和排碳量更少的聯合國機構）為新造船訂定船隻能效設計指標（Energy Efficiency Design Index，EEDI）。與汽車的燃油效率標準一樣，EEDI 要求新船滿足最低效能水準，並隨著時間提高標準。永續航運倡議組織（Sustainable Shipping Initiative）是 15 家主要航運公司、世界自然基金會和未來論壇智庫（Forum for the Future）之

間的夥伴關係，共同致力於在 2040 年前創造完全永續的航運業。2011 年，優良船舶認證組織（RightShip）和碳作戰室（Carbon War Room）合作為新舊商用船隻制定由 A 到 G 七級的溫室氣體排放等級系統（Greenhouse Gas Emissions Rating），每艘船均以其他船隻的二氧化碳汙染為基礎進行比較。如同其他專業指標，此評級方案透明化，並解決提高船隻效率的關鍵挑戰：誘因分歧。由於運送貨物的公司支付大部分燃料費用，船東缺乏升級船隻的誘因，尤其在無法立即感受船隻性能提升時。溫室氣體排放等級系統創造新的槓桿點：尋求降低成本和綠色供應鏈者，可以有選擇船隻的根據。已經有 20% 的全球貿易利用此系統，還有銀行、保險公司和地方港務局，例如不列顛哥倫比亞省的兩家港務局為更乾淨、評級更高的船隻提供港務費用折扣。

維修和操作對船隻的燃油效率也有重要影響。技術可以簡單如由螺旋槳上去除碎屑，或用類似鯊魚皮的塗層使船殼表面平滑。海洋生物很容易在船體上落腳，增加船隻重量、產生阻力並降低燃

油效率，此種生物汙垢會增加 40% 的燃料消耗。鯊魚粗糙的齒狀鱗片可防止藻類和藤壺附著在船殼，利用鯊魚皮的這些特性，佛羅里達大學教授安東尼・布倫南（Anthony Brennan）開發一種仿生塗層，以保持船殼清潔，使航行更順暢。這是諸多技術和方法中的一種，可以使貨船更具流體動力也更節能。

降低船隻的運行速度——這個行業稱之為「減速航行」（slow steaming）——所降低的油耗比其他任何方法佳，高達 30%。2009 年全球經濟衰退的好處之一是慢速航行已經成為整個行業的標準。路線以及天氣規劃也很重要。當設計、技術、維修和營運的小型收益被集體應用時，先進船隻的效率是老舊船隻的 2 倍。簡言之，現有的提升效率的方法可以在 2020 年前減少航運排放量 20 ～ 40%，2030 年前減少 30 ～ 55%。

除了改善氣候健康，提高航運效率對空氣品質和人類健康亦很重要。船隻由等級較低的釜底燃料油驅動，這是煉油業的渣滓，含硫量是汽車和卡車所使用的柴油的 3,500 倍。船隻聚集的港口城市最容易受到船隻噴發至空氣中的亞硝酸和硫氧化物以及懸浮微粒的影響。研究人員將每年死於心血管和肺部疾病的 6 萬人歸因於船舶排放的懸浮微粒。有些港口要求船隻在靠岸時改用燃燒時較乾淨的柴油——這種做法可以有效減少人類暴露於船隻所排放的有害汙染物的機會。同樣地，有更多港口要求靠埠的船隻使用岸上電力，而不是使用自備的燃油發電機供電。

由於設計的創新和溫室氣體排放等級系統，這個行業正在發生變化。然而，海洋船隻的排放不包括在全球氣候變遷協議中，也沒有建立或商議其全球排放目標。2016 年 10 月，國際海事組織召開會議並將所有與限制碳排放有關的討論延緩至 2023 年——由於預計海運業在 2050 年將占全球碳排放的 17%，此一推緩被認為太久了。每年運送數兆美元的貨物，使得這些以海運運輸貨物的公司成為必須為排碳負責的行業。優良船舶認證組織和碳作戰室的計畫可能是在可行的時間內減少全球碳排放的方法。減少航行時的溫室氣體排放仍為自願行為，僅憑這一點，推動改革的速度仍不夠快。與魚、建築、食品和木材一樣，可能是需要乾淨航運認證的時候了。效能有利於改善。燃料成本是船隻營運的主要支出，因此運輸公司、利用船運的公司，以及終端購買貨物的企業和消費者都希望使用盡可能少的燃料，因此能降低碳排放。

影響：若整個國際航運業的效率提高 50%，2050 年前可以減少 78.7 億噸二氧化碳排放。這可以在 30 年內節省 4,244 億美元的燃料成本，並在船隻退休前節省近 1 兆美元。

電動汽車

第 **26** 名

2050 年前電動汽車之排名與成效

減少二氧化碳	淨成本	可節省淨額
108 億噸	14.15 兆美元	9.73 兆美元

自從第一輛樣車於 1828 年出現以來，電動汽車的故事已寫下傳奇近 200 年。1891 年，亨利·福特在底特律的愛迪生照明公司為湯瑪斯·愛迪生工作。愛迪生和福特成為事業上的終生好友，並在福特職業生涯早期支持並鼓勵他建造以汽油為動力的汽車。諷刺的是，愛迪生致力於製造更好、更便宜的電池，其中一些是專為電動汽車設計的。有次，他扭轉局面，寫道：「電就是我們所需。沒有讓人困惑的諸多機關發出嗡嗡聲和磨轉齒輪。沒有引擎強力燃燒的那種幾乎稱得上可怕的不確定震動和隆隆作響。不會有水循環系統故障的狀況——沒有危險、沒有會發出惡臭的汽油，也沒有噪音。」

年輕的福特沒有被說服，繼續創造 Model A 和 Model T。1914 年，售價 360 美元的汽車銷量超過 25 萬美元，但在那一年，愛迪生的刺激似乎產生效果了。福特因為愛迪生很快地即將推出一款價格低廉、重量輕的電池而宣布將與愛迪生合作推出一款電動汽車——Edison-Ford。幾個月甚至好幾年過去了，因為愛迪生無法在這款輕巧耐用的電池取得成功，Edison-Ford 永遠不會上市。

事實上，電動汽車並非由任何單一個人所發明的，而是在發生於整個國家的一連串突破之後逐漸演變而來。19 世紀初期，英國、荷蘭、匈牙利和美國的發明家都創造了各種類型的小型電動汽車（EVs），但是直到本世紀後半葉才出現第一批能實際上路的電動車。1891 年，來自愛荷華州的化學家威廉·莫里森（William Morrison）製造一輛 6 人座、時速達 14 英里的車。該世紀末，美國的車輛有汽油、電力和蒸汽驅動。由於各種原因，電動汽車的銷售超過汽油和蒸汽動力汽車：它們不需要手動起動、不用換檔，而且行駛距離比蒸汽動力汽車更長。就像今日的電動汽車，它們較安靜也沒有汙染。

到了 1920 年代，由於道路網的改善，美國人移動的距離更遠，因此相較於汽油車行駛範圍較短的電動汽車開始出現限制。與此同時，汽油車對大眾的吸引力提升：亨利·福特開始大規模生產，使其比電動汽車便宜。查爾斯·凱特寧（Charles Kettering）發明電啟動器，不再需要手搖啟動器，以及在德州發現原油，使一般消費者能夠負擔得起汽油

車。從那時起，內燃機引擎一直居於汽車界的主導地位。今天道路上超過 10 億輛汽車讓大氣付出昂貴代價。幸運的是，目前有超過 100 萬輛電動汽車在路上行駛，兩者之間的影響有顯著差異。

世界上 2/3 的石油消耗用於為汽車和卡車提供燃料。運輸所產生的二氧化碳排放僅次於發電，占所有排放量的 23%。隨著發展中國家的工業化，預計到 2035 年前汽車數量超過 20 億。電動汽車由電網或分散式再生能源提供動力，包括搭載燃料電池於車上發電的氫動力汽車。較之汽油動力汽車，它們的效率約為 60%，也就是約為 15%，電動汽車的「燃料」也較便宜。NISSAN 的全電動汽車 LEAF 將能以 1 度電行駛 3.3 英里。如果在深夜每度電 7 分美元時充電，相當於每加侖石油 0.72 美元。如果 LEAF 以相當於每加侖石油的量行駛 23 英里，與日產 Versa 每加侖 2.3 美元行駛 34 英里相比，則可節省 69% 的成本。

每加侖汽油的二氧化碳排放量為 25 磅，而 1 度電的排放量為平均 12.2 磅——若電力來自電網，則二氧化碳減少 50%；若電力來自太陽能，二氧化碳排放量減少 95%。

電動汽車成為購車首選的狀況越來越多，在不到 10 年的時間內，銷量大幅成長 10 倍。從 2014 年到 2015 年，銷量從 31.5 萬輛增加到 56.5 萬輛，主要是因為中國人的支持。全球 2/3 的電動汽車銷量來自三大小客車市場：美國、中國和日本。2016 年當電動車領導者特斯拉所開發的小型 Model 3 立即接到 32.5 萬輛預訂單時震驚整個汽車業，當時每輛車都有 1,000 美元的訂金。為了鞏固其地位並降低成本，特斯拉已在內華達州建造世界上最大的鋰離子電池工廠。世界各國政府亦鼓勵購買電動汽車，其中包括提供 7,500 美元補助金的美國。美國和中國現在要求政府購車時至少 30% 是無碳排放的車輛。印度希望到 2030 年時全電動車輛——並且給予獎勵以實現此目標。

電動汽車將破壞汽車和石油的經營模式——美國最大的 2 個經濟部門——因為電動汽車製程較簡單、可動部分較少，而且幾乎不需要維修也完全不需要石化燃料。但此種破壞不會很快來臨，因為電動汽車仍然只占汽車總銷量的一小部分。這種不平衡反映在可購得的汽車類型：汽油動力車款有數百種，但到目前為止電動車款只有 35 種。在電聯火車、地鐵和工業裝置（堆高機等）的悠久傳統之上，重型車輛市場的變化迅速得多。因為成本可攤銷，商業經營者更有能力也更願意投入額外的資本。擁有車庫，可以輕鬆地進行改裝以滿足充電需求的車隊經營者，是轉換為全電動卡車、貨車和汽車的當然候選人。成千上萬的電動公車和送貨卡車，包括部分

UPS 和聯邦快遞的車隊，在北美、亞洲和歐洲各都市的街道上行駛。中國有超過 17 萬輛電動公車，倫敦具代表性的雙層巴士也即將加入電動車行列。

有什麼隱情嗎？以電動車來說，是「里程焦慮」（range anxiety）。為了使第一批電動車擁有實惠的價格，這些車款的電池設計為每次充電的行駛距離不到 100 英里。目前典型的常見的行駛距離是 80 至 90 英里，插電式複合動力車可以在不充電的情況行駛約 50 英里。這距離足夠完成 90% 的移動，包括每日通勤，雪佛蘭這麼描述旗下車款 Volt。這數字將能變得更好，汽車製造商承諾 2017 年行駛里程可達 200 英里。

距離問題的最終解決方案是充電站分布網。2012 年至 2014 年間，全球站點增加 1 倍以上，有超過 10 萬個充電處，而且隨著需求增加，充電站數量也將快速增加。充電站本身並不昂貴，每個充電埠的價格在 3,000 美元到 7,500 美元之間。當電最便宜時，他們可以在非尖峰時段為汽車充電，或者在電網有豐裕的太陽能或風力時，為車子「加油」。購物中心和連鎖商店在他們的出口安裝充電埠。應用程式將能精確地定位最近的公用或私人充電站。充電網絡將擴展、創新與進步，緩解里程焦慮，同時提供 21 世紀電網所需的電力存儲功能。

對電動車市場的預測莫衷一是。幾十年內路上會有 1 億輛電動車嗎？1.5 億輛？彭博以 2015 年的銷售額增加 60%，預測接下來 25 年，累計銷售量會在 2040 年達到 4 億輛，其中包括 35% 的新銷售額。還有待觀察的是，當電動汽車和自動駕駛汽車都成為四輪車的軟體平台，它們之間的合作將如何發揮作用。蘋果和谷歌正致力於汽車設計，若有這回事，你可以肯定它們不會是你的標準電動汽車。電動汽車的創新速度證明它們是未來的汽車。對關心全球暖化與二氧化碳排放量的人來說，問題在於未來抵達的速度。

影響：2014 年，電動汽車的銷售量為 30.5 萬輛。如果 2050 年前電動汽車利用率增加到總延人英里的 16%，則可以避免燃燒燃料所產生的 108 億噸二氧化碳。我們的分析考慮來自發電的排放量，以及生產電動汽車較內燃機引擎汽車較高的排放量。由於電池成本下降，我們預期電動汽車價格將略微下降。

共乘

■乍看一眼，這種共乘形象是最不負責任的示範。知道吉普車停了下來，車上的人們擺姿勢，展現幽默。我們呈現這張照片的另一個原因是：車輛和移動如木材與漁業一般，是珍貴的商品。富裕國家的人們常將汽車視為理所當然，短距離移動或辦日常瑣事也開車。我們選用此張照片，以表達移動之價值，以及若我們要擁有資源，就必須共享資源。

　　1908 年福特 Model T 上路以來，人們汽車裡載的，就不僅僅是家人和朋友而已。2015 年，牛津英語詞典將「共乘」（ride-share）這個動詞加入官方詞庫。這是為舊有習慣所新增的詞。共乘是有相同起點、目的地或中途停靠站的司機或乘客間的搭配，做法很簡單，就是將座位坐滿（不包括由陌生人駕駛的計程車等服務，雖然這類行為也常常被稱為共乘）。第二次世界大戰時，為了共同利益而出現最早的共乘，之後共乘俱樂部興起。當時美國人被恐嚇：「如果車上**只有你一人**，旁邊會坐著希特勒！」共乘是為了節省資源以供戰爭之

用，雇主負責協調司機和乘客的配對，通常是利用工作場所的布告欄。1970年代出現石油危機，加上公眾越來越關心空氣汙染問題，出現另一輪由雇主發起、政府資助的行動。為了節省燃料，高乘載車輛（HOV）專用車道鼓勵人們一起搭車，共乘被暱稱為「slugging」（揪團），此種臨時共乘在華盛頓特區的通勤者中開始流行。1970年代是共乘的極盛時期，有1/5的人以這種方式上班。

在美國人口普查局於2008年要求大家共乘時，共乘上班的趨勢已大幅減少。儘管在1990年代和21世紀初期努力鼓勵共乘作為處理交通壅塞和空氣品質的方法，仍只有10%的美國人共乘通勤。但是由於全球經濟不景氣、智慧型手機與社交網路之普及，以及都市千禧世代對擁有汽車的興趣下跌，共乘再次獲得青睞。由於氣候危機，這種復甦像及時雨。當有相同的行程時，人們分攤成本、緩解交通、減輕基礎建設的負擔、減少通勤壓力，同時減少每人的排放量。今天，美國開往上班途中的100輛汽車中，只有5輛車載著另一位通勤者。想像一下，如果這個數字只是輕微地改變一下會有什麼影響──司機每週有一天成為乘客，只要一天就好。藉

第75名

2050年前共乘之排名與成效

減少二氧化碳	不需成本	可節省淨額
3.2億噸		1,856億美元

由解決「第一英里至最後一英里」的挑戰，弭平經常存在於A點、大眾運輸、B點之間的缺口，共乘還可使其他形式的轉乘更加可行。

雖然這不是新興的想法，但新的科技趨勢促進當代的共乘。智慧型手機讓人們分享即時的位置和目的地訊息，與他人配對並安排最佳路線的演算法每天都在進步。因為使用社交網絡的自在增強信任感，因此人們更有可能與他們沒見過面的人搭乘同一部車，或者向陌生人敞開車門。藉由達到所需的臨界質量（critical mass）[70]以確保可靠性、靈活度和便利性，受歡迎的共乘平台可以在需要的時間和地點找到共乘車輛──這在過去是持續存在的限制。實際上，不管是一次性的共乘，或者以長期為基礎，配對需求相近者是眾多點對點商業模式的焦點。BlaBlaCar[71]使其在20個國家的2,500萬會員能夠在長途旅行時共乘。UberPool和Lyft都利用將人們

---

70. 達到臨界質量點後，整個情況會自動持續下去。
71. 法國付費共乘平台。

依相同方向或相鄰目的地連結在一起的演算法，將乘客沿著上車處和下車處分組。Uber 僅在中國就有每個月 2,000 萬趟共乘的營運量。以揪團為技術基礎，谷歌的 Waze 自從 2015 年起便開始在以色列將通勤者們配對以共乘，目前則在舊金山試行此概念（Lyft 在灣區測試一個類似的通勤功能，但效果不佳）。擁有密集的用戶群，這些公司可以嘗試有趣的事情，斷定如果司機可以賺錢或節省時間，將分享空位；如果乘客可以省錢省事，將很樂意分攤費用。

讓人們在車上多載一、二個人並不容易。如同過去一個世紀所得到的證據，當石油價格便宜時，共乘數就減少。雖然共乘的利益顯而易見，但大量的免費或廉價停車場，以及渴望擁有自主權、隱私和便利性，也使人們選擇獨自移動。從這個意義上來說，獨自駕車似乎是社會學家羅伯特・普特南（Robert D. Putnam）所說的「單人保齡球」現象的一種形式，即現代生活中社會資本和社區的衰落。在涉及陌生人的情況下，感受到安全風險也可能是一種遏止因素。好消息是，當乘客和司機連結在一起時，社區、人與人間的關係以及參與感，會在此過程中受到催化。除了四處移動，共乘讓人們產生想像。對許多人來說，汽車似乎是日常生活中不可或缺的物品，但有些人開始出現將移動作為一種可取得的服務的概念。當汽車被更

多人共同利用、作為共享而非每個人所必須擁有的資產時，你可以看見這樣的未來——汽車總量減少的世界。

所以當在路上移動的車子仍有空位時，要如何填滿這些空位？石油定價策略和城市設計等領域的宏觀變化，必定會對未來的共乘產生影響，但其成功的關鍵在於更具機動性、更靈活而且更經濟實惠。這代表如同現在一樣，科技將對共乘的未來產生重大影響，尤其是可協助取得成功必備的大量用戶。如果沒有量，世上最好的演算法也無法運作；而雖然商業利益可能受影響，但跨平台共享數據能獲得最有效的配對。除了企業家和電腦工程師，雇主和政府也有其角色，就像他們在美好的昔日共乘中所扮演的，以政策促進並鼓勵共乘，從共乘費用的稅前方案，到共乘的通行費和停車優惠。最後，如果和陌生人一起坐上車可以跟坐在自己車裡一樣輕鬆與合理，也許還有其他優點，共乘便可自我增強，同時減少排放。

影響：我們對共乘的預測只關注美國和加拿大的通勤上班者，這兩國的汽車擁有率和單人駕駛率都很高。我們假設汽車通勤者的共乘率由 2015 年的 10% 上升到 2050 年的 15%，每次共乘人數由平均 2.3 上升至 2.5 人。共乘不需施作成本，可以減少 3.2 億噸二氧化碳排放量。

電動腳踏車

2050 年前電動腳踏車之排名與成效

減少二氧化碳	淨成本	可節省淨額
9.6 億噸	1,068 億美元	2,261 億美元

電動腳踏車在中國非常流行。此趨勢可回溯到 1990 年代中期，當時中國迅速發展中的都市制定嚴格的反汙染法規，試圖挽救世界上最髒的都市空氣。現在，數千萬人騎電動腳踏車上下班，中國的電動腳踏車擁有者人數是汽車車主的 2 倍。據一位專家的說法，這是「歷史上最大的替代燃料車輛採用量」。因此，中國占全球電動腳踏車銷售額的 95% 不足為奇。但是因為都市居民尋求方便、健康且經濟實惠的方式於擁擠的都市中移動，並且在此過程中抑止碳排放，此種踏板馬達混合動力車亦在世界許多地方興起。

半數的市內移動不到 6 英里，對電動腳踏車而言是容易抵達的距離。但很少有人住在地形完全平坦、氣候絕對溫和的地方，可以輕鬆地騎腳踏車。有些人年齡較大或者身體狀況不允許，有些人必須長程通勤或受時間限制，還有些人得在沒有大量出汗的情況下抵達目的地。因為在騎士背部提供強風，電動腳踏車使得上坡更容易應付、速度更加快捷、較長的行程更可行。如果有電動輔助器，對傳統自行車接受度低的人可能會再度考慮。事實上，隨著電動腳踏車的效率越來越高以及越來越負擔得起，電動腳踏車正吸引更多人放棄汙染較嚴

重的交通方式，例如單人駕駛。

2012 年售出的 3,100 萬輛電動腳踏車有多種外型和類型。有些是附大籃子的沙灘腳踏車，有些造型時尚具運動風格，是二輪版的特斯拉，也有許多看起來更像是機車。無論具有何種風格，它們都利用相同的基本技術。在電動腳踏車上，仍然由踏板轉動曲柄，帶動旋轉車輪的鏈條。但這些典型的腳踏車零件並不是單獨運作的，它們配有一個由小型電池驅動的馬達，可以提高速度——通常上限為每小時 20 英里，或者在腿痠時提供輔助（如果沒有速度上限，電動腳踏車可能太快，無法安全地在自行車道上行進）。

當然，這個電池利用最近的插座充電，電可能來自火力發電或太陽能發電。這代表著電動腳踏車無可避免地比一般腳踏車或步行具有更高的排放量，但它們仍然優於汽車，包括電動汽車和大多數大眾運輸工具（擁擠的火車或公車有時在每一延人英里的表現可以比電動腳踏車更好）。談到碳，自行車騎士所切換的移動模式有很大的影響。隨著

其他自動車輛不再使用內燃機引擎，而且發電轉向可再生能源，電動腳踏車目前所有的可觀排放優勢將會縮小，但仍然存在。

電動腳踏車的電池是效率的核心，亦是挑戰。電動腳踏車價格昂貴，是傳統腳踏車的 5 倍，甚至往往更多。電池是主要的成本動因，但根據使用類型，電池的範圍很廣。在中國，密封式的鉛酸電池占主導地位，雖然使電動腳踏車更便宜，但也造成環境汙染問題，尤其是電池回收通常不固定。鋰離子電池解決這些汙染問題並提高性能，但成本卻高得多。隨著電池技術進步和規模擴大，

■德國柏林一位自行車技師從他的自行車店出發，試騎最新型的電動腳踏車。

價格得以下降,電動腳踏車將更具吸引力。為了跟上腳步,有效的電池回收是迫切必須的。

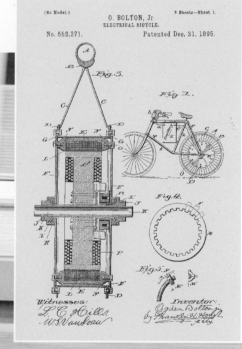

我們對 1895 年首次申請電動腳踏車專利者所知不多。他是俄亥俄州的發明家奧格登‧博爾頓（Ogden Bolton）,他的設計雖然在超過 125 年前就出現了,卻相當摩登、極具魅力。也有人努力開發電動兒童用三輪車。現在,電動腳踏車正追隨非電動腳踏車的當代進展。在未來幾年,電動腳踏車將受益於為普通兩輪車和騎乘自行車而設計的基礎設施,以及成長中的騎乘自行車的文化氣質。但它們有一般自行車所沒有的管理上的複雜性——特別是可允許騎乘的時間和地點。由於電動腳踏車的形式和功能多樣,政策制定者一直苦於如何確定其道路通行規則（或自行車道）。使騎乘電動腳踏車的規則明確、一致,且安全可行,將有助於其發展。電動腳踏車已是全球最普遍與最暢銷的替代燃料車輛。由於電動腳踏車是目前世界上最環保的電動車輛,這種普及預示它們將持續成長。

影響:2014 年,電動自行車騎士移動的距離約有 2,490 億英里,大部分里程出現於中國。根據市場調查,我們預測 2050 年前,每年的移動量可增為 1.2 兆英里。改變使用汽車的習慣有助於此種增長,而在亞洲和高收入國家將最有前景。這項解決方案可減少 9.6 億噸二氧化碳排放量,到 2050 年前為電動腳踏車車主節省 2,261 億美元。

汽車

2013 年，全球約生產 8,300 萬輛汽車，這些車幾乎每部都有傳統的內燃機引擎——這是工業革命的經典發明，讓石化燃料轉為動能並釋放溫室氣體。在美國，所謂的「輕型」車輛占年排放量 15% 以上；運輸部門占全球因使用能源而產生的碳排放量之 1/4，而輕型車輛在其中具重要作用。

在 2013 年的新車中，有 130 萬輛為裝有電動機和電池及內燃機引擎的混合動力車，以提高燃油效益並降低排放量。這種結合整併優勢並彌補缺點。汽油或柴油引擎在維持高速行駛（於高速公路行駛）時表現出色，但難以克服停車再啟動之慣性；而電動機在低速時，以及由停止到再啟動時都具有極佳效率。他們還可以在汽車等紅燈怠速時讓空調與配件繼續運作，不需引擎；收集在剎車時通常以熱量形式釋放的動能並將其轉換回電能；並提高引擎性能，使其體積更小、效率更高。在引擎效能不佳時，電動機就強；反之亦然。

混合動力車的名字即來自此種搭配，代表內燃機引擎只需完成部分工作，因此汽油只需提供所需的部分能源。電池儲存的電力增強汽車效能，使得每加侖能行駛更多英里——或每公升更多公里，而且行駛期間的排放量較少。根據國際能源總署的報告，混合動力車的燃油效益比只有引擎的汽車高 25 ～ 30%

■ 2007 年，通用汽車在底特律車展（North American International Auto Show）上推出插電式電動混合動力概念車 Chevrolet Volt Concept Car。根據通用汽車對此概念車之估計，該車的電動馬達可以獨立行走 40 英里，之後內燃機引擎開始運轉以發電，為電池補給，並延長里程至 640 英里。如果充電一晚，並每天行駛 60 英里，那麼燃油效率可達驚人的每加侖 150 英里。

（若主要行駛於都市，數字更大）。電動汽車不斷發展，將成為未來主流。但混合動力汽車是目前的關鍵，主要是因為它們沒有受到全電動車所面臨的問題之阻礙——從有限的行駛里程到需要額外的基礎設施。在整個社會轉向不需石化燃料驅動的車輛之前，混合動力是我們所擁有的提升車輛燃油效率的最佳技術。

TOYOTA 的 Prius 幾乎就是「混合動力」的代表，於 1997 年在日本開始銷售。這是第一款商用混合動力汽車，但最早在近一個世紀前便已發表。1900 年，費迪南·保時捷（Ferdinand Porsche）以他的電動汽車設計為基礎，結合電池驅動的輪轂馬達和 2 個汽油引擎，開發出 Lohner-Porsche Semper Vivus——「永存不朽」——它「可以完

減少二氧化碳	淨成本	可節省淨額
40 億噸	-5,987 億美元	1.76 兆美元

全靠電池行走更長的距離，直到電池必須充電時，內燃機引擎才開始工作」。今天，同樣的基礎技術出現在雪佛蘭的 Volt 和現代汽車新推出的 Ioniq。保時捷於 1901 年在巴黎車展首度公開混合動力車原型，之後升級改裝為 Lohner-Porsche Mixte，並在該年年底前售出其中 5 輛。Mixte 的技術複雜性使其售價和維修成本居高不下，且那個時代的電池價格昂貴又笨重。最終，保時捷的混合動力車無法與傳統汽油車競爭。

由於技術複雜、電池、成本等問題，以及石油價格低廉，20 世紀大部分時間，混合動力車的技術被束之高閣並萎靡。過去 20 年它再度出現並有所成長，歸功於世界上成熟經濟體和中國現在所採用的燃油效率標準。這些標準最初由美國於 1975 年制定——平均燃油效率標準（Corporate Average Fuel Economy，CAFE）。截至 2014 年止，全球 83% 的汽車市場都有燃油效率規定，這些強制性的基準，迫使汽車製造商努力處理燃油效率問題。由於引擎熱損失、風阻與摩擦阻力、剎車、怠速和其他影響性能的因素之共同影響，汽油

車所消耗的石油中,平均只有 21% 使汽車前進。在由此產生的力當中,95% 為汽車提供動力,而不是傳動器。從本質上來說,用於汽車的能源中有 99% 都是浪費:為了移動一個 150 磅重的人,它移動共重 3,000 磅的鋼鐵、玻璃、銅和塑膠。

混合動力汽車在某種程度上減少此類低效率。除了混合動力,還可以縮小引擎體積、車身製為流線型、採用更輕的材料,並調整運動部件以減少摩擦。因為這些用於降低燃料消耗的附加技術僅能達致幾個百分比的作用,所以比起傳統汽車上的獨立技術,它們對混合動力或完全電氣化的汽車而言是較佳的補強。

燃油效率標準、石油價格、新車類別,以及高效能汽車的差異化稅率等金融獎勵措施,都會影響混合動力汽車的接受度。隨著燃油效率法規愈加嚴格,混合動力車和全電動車將占有更多市場。它們的成長也取決於價格,具體來說,是電池的價格。混合動力車的價格較傳統汽車更高,但隨著電池成本下降,它們的競爭力越來越強。國際能源總署估計混合動力增加了 3,000 美元的差額負擔,但車主看到了在車子報廢前的燃料成本降低所能帶來的整體成本下降。儘管如此,較高的前期成本仍可能

令人望而卻步。同時也擔心混合動力車可能會使車輛行駛里程大幅增加,進而增加整體燃料消耗量。然而,研究顯示,這種所謂的「反彈效應」[72]通常較小,僅涉及個人移動的幾個百分點。

目前全球有超過 10 億輛汽車,到 2035 年,將超過 20 億輛。儘管共乘、共享汽車、遠端辦公和公共運輸都有所成長,但汽車不會消失。人們仍然受汽車提供的自由、靈活、便利和舒適所吸引。我們能否在汽車數量增加的同時——尤其是在中國和印度等新興經濟體——也減少排放?混合動力車被稱為革命的先鋒,促進燃油效率並挑戰汽車業的創新,但只有當混合動力車能為全電動汽車開路時,這樣的稱號才是真實的。雖然世界上 97% 的汽車仍然只有內燃機引擎,但這個數字正在改變當中,而且可能會以更快的速度朝向沒有引擎的全電動汽車發展。

影響:根據現況發展趨勢預測,2050 年將有 2,300 萬輛混合動力汽車上路,不到汽車市場的 1%。我們預測 2050 年的成長將達到市場的 6%,或者是 3.15 億輛混合動力汽車。這些成長後的 3.15 億輛汽車在 2050 年前可減少 40 億噸的二氧化碳排放量,並在 30 年內為車主節省 5,680 億美元的燃料和使用成本。

---

72. 因技術提升而節省能源成本,導致消費增加。

飛機

2050 年前飛機之排名與成效

減少二氧化碳	淨成本	可節省淨額
50.5 億噸	6,624 億美元	3.19 兆美元

移動的自由是不可否認的社會利益，也是全球經濟不可或缺的一部分，但因為飛行而產生的汙染物（二氧化碳、氮氧化物、凝結尾中的水蒸氣、黑碳）不是。世界上第一趟商業飛行為飛越佛羅里達州坦帕灣的 23 分鐘航程，在此之後一個世紀，航空業已成為全球運輸和全球排放的固定角色。2013 年售出 30 億張以上機票，航空旅行的成長速度超過任何其他形式的運輸，包括客運和貨運都在成長中（大約有半數的貨物以客機的「機腹」載運，另一半，則由特定的貨機運輸）。全球約有 2 萬架飛機服役中，至少占每年排放量的 2.5%。預計到 2040 年將有超過 5 萬架飛機升空，且飛行頻率更高，若要減少排放，就必須大幅提升燃油效率。

能源效率趨勢朝著正確的方向發展，主因為燃料占航空公司營運成本的 30～40%，而購買飛機的決策往往受效率影響。從 2000 年到 2013 年，美國國內航線班機的燃油效率提高 40% 以上；同一時期，使用重型飛機的國際航班之燃油效率提高了 17%。這樣的進步主要歸功於飛機，而航空公司也力求最大化每架飛機的載客量。推進技術、符合空氣動力學的飛機外形、輕質材料及改進操作方式可將效率再往前推進。

與所有運輸工具一樣，引擎是可能性的關鍵項目。噴射機引擎吸入空氣，空氣經增壓後與燃料混合燃燒。燃燒所得的能量既可以轉動引擎的渦輪機，也可以產生推力。引擎前部的工業強度渦輪風扇將一些空氣引入引擎核心，以支持此過程。它們還可以在引擎核心周圍轉移空氣，提高推力與效率並降低噪音。具有高進氣率的引擎可提高燃油效率約 15%。對引擎製造商普惠公司（Pratt & Whitney）來說，在其渦輪風扇引擎設計中增加一個齒輪，可以使燃油用量再減少 16%。這個齒輪允許引擎風扇獨立於引擎渦輪之外運轉，因此它能以最佳速度旋轉來獲得更好的進氣量。其他公司利用複合陶瓷來減少燃料用量。它們具有高耐熱性，可使燃料在較高溫環境下更有效地燃燒，同時還可減少引擎重量。勞斯萊斯則利用堅固輕質碳纖維於其最新一代輕型飛機。假設可以解決重量所帶來的挑戰，那麼混合動力和電池供電的引擎可以帶來更澈底的改變。

在談到飛機設計時，改變可以是局部的或整體的。波音（Boeing）稱之為「翼

尖小翼」，而空中巴士（Airbus）稱之為「鯊鰭小翼」——如鳥類般上翹的尖端，可以改善機翼的空氣動力——減少新型和改裝後的舊型飛機的燃料使用量達 5%。一個翼彎曲向上，第二個翼彎曲向下，雙叉彎刀式小翼（以彎曲的彎刀命名）可以再減少燃油用量 2%。小翼是目前提高飛機效能的設計基礎。

美國國家航空暨太空總署（NASA）正與研究型大學和企業工程團隊合作，進行更多更廣泛的發展：引擎的位置、機身的長寬高、機翼的位置，甚至對機身進行全面重新設計。例如：波音公司和 NASA 正在合作開發一種類似蝙蝠的飛機，將機翼無縫地融入飛機機身。目前有 6% 的等比例模型機在 NASA 的次音速風洞中飛行，但真正的飛機要在 10 年後才能升空。這兩個組織也正在開發以撐臂或桁架提供額外支撐的更長、更薄、更輕的機翼。將引擎移到飛機尾部，就能有更輕巧的機翼。估計顯示諸如此類較巨大的重新設計，可以使效率提高 50～60%。它們預示不久之後的飛機樣貌。

藉由簡單的操作移轉，利用滑行、起飛、降落支持燃料消耗，現有的飛機可以節省可觀的燃料。飛機在地面的時間占整個運輸時間的 10～30%，麻省理工學院的研究發現，以單一引擎滑行而非兩架引擎，是減少地面燃料消耗的最有效方法，在登機門與跑道之間移動的

燃油消耗可以降低 40%，每年為一家大型航空公司節省 1,000 至 1,200 萬美元。雖然耗時較長，但在引擎關閉的狀態下拖曳飛機是另一種高效滑行策略；飛機持續性下降也能獲得牽引力。它們藉由減少飛機在低空飛行的時間來節省燃料，因為低空飛行時效率最低。飛機也可利用機上電腦與另一架飛機通訊，有效地自我進行空中交通管制，並排除缺乏效率的迂迴飛行路徑。另一組研究人員最近調查飛行員在滑行和航行期間對行為經濟學的利用。若機長能每月取得燃油效率數據以及目標，和對其個人的回饋時，改善燃油效率之實踐度提高 9～20%；每減少 1 噸二氧化碳排放量，該航空公司便節省 250 美元。

由於飛機在可預見的未來將繼續依賴液體燃料，因此對飛機生質燃料的投資正在增加，如由藻類製成的生質燃料。碳作戰室稱永續航空燃料為「最具挑戰性的減排機會」，也是「航空碳中和成長的最大潛力」。雖然目前已有飛機生質燃料可供選擇，但成本高、供應量有限、基礎設施差。碳作戰室明確指出機場為整合大規模需求和協調供應的關鍵，該組織正努力賦予可行的商業模式生命。但就目前而言，生質燃料對航空排放的影響仍無法確定。

雖然燃油效率對航空公司而言具有明顯的經濟優勢，但相關法規也可發揮作用。當國際潔淨交通委員會（ICCT）

調查燃油效率與航空公司收益之間的關係時，發現這種關係不是必然結果，更不是因果關係。事實上，2010 年收益最高的美國航空公司是燃油效率最低的。正如 ICCT 所說明的：「只靠燃料價格可能不足以（成為）效率之動因……固定設備之成本、維修成本、勞資協議和網絡結構都可能產生反向壓力。」要求航空公司提供燃油效率數據將是為創新和政策制定提供訊息的第一步。航空公司和航線的燃油效率等級將有助於消費者和投資者做出更明智的選擇。由於不同航空公司之間的運營方針差異極大，因此政策可以促進並鼓勵採用更一貫且有效率的營運方式。

多年來，飛機（和船隻）對氣候變遷的影響不受國際法規控制。這種情況在 2016 年 10 月有所改變；當時 191 個國家同意透過國際空運碳抵銷與減排計畫（CCORSIA）來抑制航空業碳排放。該協議不是制定排放上限或依排放量收費，而是將航空公司納入計畫——初期是自願的——以封碳計畫來抵銷飛行排放（2020 年的排放量將是大多數必須抵銷的排放量之基準）。其目的在透過減少此產業的排放量，為航空公司提供更大的利益：藉由提高燃油效率，航空公司可以避免抵銷之成本，預計約占航空公司年收益的 2%。為了使此產業取得充分進展，還需要其他的改變手段。

■ NASA 長久以來一直是未來飛機設計最重要的實驗者，他們相信新的設計可以在未來幾十年為航空公司節省 2,500 億美元。除了減少 70% 的燃料和汙染，這些原型機所產生的噪音比傳統客機低 50%。這張照片裡的飛機是數種 N+3 設計中的一款——可以在未來使用三代的飛機。這款 MIT 所設計的概念機被稱為雙泡泡（Double Bubble），在雙倍寬的機身尾部設置 3 架引擎，使機翼更小更輕。引擎置於機尾，可以縮小體積並減輕重量。大型飛機上的每項優化設計對其他組件都具有串聯優勢，因此能達成突破性的效率。

影響：本分析將焦點擺在最新、最省油的飛機；以小翼、較新的引擎和較輕的內裝改裝現有飛機；以及讓老舊機型提早退役。30 年後，可減少 50.5 億噸的二氧化碳排放，並節省 3.19 兆美元的飛機燃料和營運成本。其他提升效率的方法可以產生額外的減排量與節省成本。

卡車

英特飛公司（Interface）已故創辦人與執行長，也是企業永續發展的代表人物雷‧安德森（Ray Anderson）曾說過：「你沒用來燃燒的那加侖石油、柴油、燃料油，或者那噸煤，就是最環保的。」

把**最環保**一詞換成**最便宜**，同樣適用。最便宜的那加侖或那噸，就是你不用來燒的，所以不必花錢買。這是節省資金與避免汙染的結合，是能源效率的核心辦法。對全球卡車運輸業而言，這種金

融和環境利益的整合，在氣候變遷時代尤其貼切。

卡車運輸的前身為四輪貨運馬車，直到第一次世界大戰期間，卡車才開始隆隆運轉，成為軍隊運輸的重要工具。改良的卡車技術與更好的道路，使卡車更適於運輸。1930 年代柴油卡車問世，1950 年代大幅發展，目前負擔大約半

2050 年前卡車之排名與成效

減少二氧化碳	淨成本	可節省淨額
61.8 億噸	5,435 億美元	2.78 兆美元

數的陸上貨物運輸。卡車運送美國國內近 70% 的貨物總重——每年超過 80 億噸，即使貨物由鐵路或水上運輸，通常還是必須利用卡車開始和結束運送過程。

在美國和世界各地運送所有貨物都需要大量柴油燃料。僅在美國，卡車每年就消耗 500 億加侖柴油，它們所產生的溫室氣體，就像它們的體積一樣龐大。卡車僅占美國車輛的 4%，以及車輛總里程的 9%，但它們消耗的燃料超過 25%。以全球而論，公路貨物運輸占總排放量的 6% 左右。近幾十年來，運輸所產生的碳排放量激增，卡車的排放量更大大超越個人交通。隨著收入增加，貨物運輸頻率似乎也在增加，公路貨運排放量預計將持續提高，因此大幅改善效率成為迫切之需。

有 2 種主要方法可用於降低運送每噸貨物所用的燃料比例：以新式卡車設

■ MAN 的 Concept S 卡車油耗較傳統的 40 噸卡車減少 25%。聯結卡車／拖車組合利用空氣動力學設計，以減少摩擦力。它還可以防止二輪車騎士被拖到車輪下，前擋風玻璃則大大提高司機的視野和安全性。

計建造車輛，以已經上路的大型貨車運送。2011 年，歐巴馬政府首度頒布 2014 年至 2018 年間新生產的重型卡車燃油效率標準。第二步目標在持續創新並採用省油技術。以上需要更好的引擎和空氣動力、更輕的重量、更少的輪胎摩擦阻力、混合動力和引擎自動熄火。一流的自動傳動裝置可以克服人工駕駛時不良的駕駛習慣。以 2010 年美國的卡車價格計算，為新卡車投資一套典型的現代化設備約需 3 萬美元，但每年可省下的燃料成本幾乎一樣多。擁有某些技術後，投資回收期極短，只需 1 至 2 年。

聯結車在路上行駛多年，大多存在於低收入國家，美國平均只有 19 輛。由於卡車的使用年限長，處理現有車輛的效率至關重要，尤其是在世界上卡車車齡過大而且效能極低的地區。有許多方法可以減少能源浪費並提高燃料性能：改進卡車的空氣動力、安裝防怠速裝置、升級以減少摩擦力、改變傳動裝置、整合自動定速控制裝置。每種方法或設備本身的影響可能相對較小，但當它們一起運作時，可以產生可觀的影響。

改善現有卡車的效率，成本相對較低，但可帶來龐大的投資回報。根據碳作戰室的報告，對美國典型的重型卡車而言，若減少 5% 的燃料使用量，每年可省下超過 4,000 美元。複合的成本節約在一個行業中非常重要，而這個行業的油箱與底線緊密相連。儘管如此，前期投資的資金仍是一個挑戰，尤其對經常難以獲得融資的小型企業而言。誘因分歧也可能成為一個問題：當應該支付效率升級費用的業主不負擔燃料成本時，就失去為車輛升級的動力。缺乏關於各種效率技術的性能表現之可靠數據，是另一個障礙——碳作戰室和其他組織正在努力改變這種狀況。

除了使新的和現有的卡車更有效率，優化從 A 點到 B 點的最佳路線、避免空車行駛，以及培訓和獎勵節省燃料的司機，可以減少總行駛里程並提升每加侖行駛里程。從長遠來看，將此行業轉變為利用低排放燃料或電動引擎的卡車勢在必行。生產承載量更重的更大卡車也能有所進展。在此過程中，整個社會將受益於空氣汙染的減少——二氧化硫、一氧化二氮和懸浮微粒，這些都為許多都市地區帶來災害，並影響公眾健康。從自願進行卡車改造到以國家政策規定燃油效率標準，持續致力於提高公路貨運效率將對整個產業和氣候有利。

影響：如果到 2050 年前，採用省油技術的卡車由 2% 增加到 85%，此解決方案可減少 61.8 億噸二氧化碳排放。投資 5,435 億美元，可在 30 年內節省 2.78 兆美元的燃料成本。

遙現技術

2050 年前遙現技術之排名與成效

減少二氧化碳	淨成本	可節省淨額
19.9 億噸	1,277 億美元	1.31 兆美元

1942 年，科幻小說家羅伯特·海萊因（Robert Heinlein）的短篇小說〈Waldo〉讓遠距呈現——利用技術，由遠處進行互動——的概念誕生於世。已故的麻省理工學院教授馬文·閔斯基（Marvin Minsky）是人工智慧（AI）領域的領導者，即由海萊因所創造的原始系統中獲取靈感。這樣的靈感似乎非常適合閔斯基，他認為自己在 AI 領域的工作便是「在科學與虛構等量的世界中活動」，並坦然接受實用主義和想像之間的灰色區域。他在 1980 年的一篇文章中首度使用遙現（telepresence）一詞，並明確表達其願景，即讓個人擁有居於遠方，並能在該處採取行動的感覺。他這麼描寫當時即將出現的科技：「你的遠端存在擁有巨人的力量，或者外科醫師的靈巧。」

閔斯基還確定了遙現領域持續努力解決的核心問題：「發展遙現的最大挑戰，是實現『存在』感。遙現能否成為實際物品的真實替代品？」許多人會說沒有什麼能比得上面對面接觸，但遙現的目標就是非常近距離的接觸。整合一系列高性能的視覺、聲音和網路技術與服務，地理上相隔遙遠的人能獲得親身體驗的許多最佳面向，並進行互動。想像一下 Skype 或 FaceTime 的加強版。

當可以遠距存在和運作時，移動的需求就變得不那麼必要，這就是遙現對氣候的潛在影響。在全球商業往來和國際合作的世界中，如果人們在不同地方也能一起工作，就可以避免因移動而造成的碳排放。根據 CDP（前身為碳揭露計畫 Carbon Disclosure Project），藉由啟動 1 萬個遙現機組，美國和英國的企業到 2020 年前可減少 600 萬噸二氧化碳排放——「相當於過去每年 100 萬輛小客車所造成的溫室氣體排放量」——並在此過程中節省將近 190 億美元。

這個世界的進展未如閔斯基在 1980 年所想像，但現在遙現技術以各種方式和多種環境設定應用於生活中。由公司行號和學校到醫院與博物館，虛擬互動正開啟新的可能性。利用遠端臨場機器人（telepresence robot），外科醫生可以即時為罕見手術提供建議，無需從奧斯汀（Austin，德州首府）前往安曼（Amman，約旦首都）。聚在雪梨和新加坡的遠距會議室裡，主管們不需飛行也可討論收購案。已經熱情接納遙現技術的公司發現雖然並非所有旅行皆可

免去，但可以省下許多趟。除了避免碳排放，遙現還有許多其他好處：不需旅行當然能節省成本，員工也不須苦於安排行程；更高效的遠距會議，培養能更快做出決策的能力；以及強化不同地域間的人際關係。

為了充分實現這些優勢，需要大量的初期投資，金額高於標準的視訊會議。但是即使遙現系統的初期成本和後續花費較高，但它們的利用率往往很高，使得每次使用的成本能分攤投資成本，因此投資可以很快回收，只需 1 至 2 年。遙現技術還依賴強大的網路基礎設施、熟練的技術支撐和專用空間，因此需要使用特定的會議室。一旦安裝了遙現技術，公司可以藉由教育課程鼓勵員工利用之，並制定不旅行的政策，追蹤和獎勵使用率。當簡易度、可靠性和效能提升，成本就會下降。但對科技的採用以及伴隨而來的行為改變——使用並好好利用之——仍然需要時間。隨著趨勢持續、出現改良的技術、降低成本和減少排放的壓力增加，以及更多人獲得遙現的正面經驗，採用率應該會上升。越來越有可能的是，我們將無需前往任何地方就能上班，潛在的碳排放也將留在原處固定不動。

影響：因為避開商務航空旅行所造成的排放，遙現可以在 30 年內減少 19.9 億噸二氧化碳排放。這個結果是以 2050 年時遙現技術取代 1.4 億趟以上的商務旅行為前提。對於組織而言，投資遙現系統可節省 1.31 兆美元，並因減少不具生產力的移動時間而省下 820 億美元。

火車

火車行駛於鐵軌上，但他們依靠燃料運行。大多數火車依賴燃燒柴油的引擎，有些依賴電。近幾十年來，火車已經很穩定地改善它們的燃油效率。1975年至2013年間，鐵路客運的能源消耗減少63%，貨運的能源消耗減少48%，排放量分別下降了60%和38%。儘管如此，2013年鐵路仍占運輸部門的排放量之3.5%，超過2.6億噸二氧化碳。鐵路載運全球8%的旅客和貨物，因此持續提高鐵路運輸效率是必要的。

鐵路公司已採用一系列技術與營運方針。隨著舊機車頭退役，更高效的車型取代之，許多車型採用較佳的空氣動力設計。這些車型當中包括油電混合火車，利用柴油電力引擎和電池，其效率與混合動力汽車相近，可節省10～20%的燃料。有些列車正配備再生式剎車系統，可以收集並利用原本以熱的形式喪失的能量；以及「停走技術」，可以抑制怠速時的燃料使用——就像高效能汽車一樣。美國國鐵（Amtrak）利

■通用電氣進化系列的Tier 4混合動力機車頭在德州沃思堡（Fort Worth）工廠噴漆前。這一系列柴油電力機車頭在排放方面是世界上效率最高的機車頭之一，微粒物質和一氧化二氮較其前身Tier 3減少70%（Tier 4符合自2015年1月1日起生效的美國環保局新機車頭標準）。而且能以1加侖燃料載運1噸貨物500英里。這個重達44萬磅的龐然大物的設計可負荷相同重量，空氣動力對已經提高的效率幾乎不會有影響。這個機車頭利用再生剎車系統，可收集並存儲電池中的能量，以及8千種其他節省燃料的解決方案。這個44萬磅的龐然大物能以1加侖燃料運送1噸貨物500英里。引擎中的感應器收集即時數據，以診斷並提高性能和效率。我們可以發現許多Tier 4機車頭在洛杉磯和西雅圖之間的鐵路走廊上運輸貨物。

用再生式剎車降低 8% 的能耗，在整列火車上分配機車頭的動力也改善燃料使用。

較好的車廂——更輕、更符合空氣動力、能容納更多貨物、配備低扭矩軸承——可以增強機車頭性能。消除車廂間的差距可以減少阻力，而且更長、更重的列車往往更有效率。鐵軌本身可以被潤滑以減少摩擦，但即使擁有高效能的設計，列車的行駛方式仍然至關重要。軟體可以控制列車速度、間距和時間，並提供效率訊息與「指導」機車工程師以提高性能。

電動火車的數量正在增加，但減少排放的程度取決於供電的電網效率。根據國際能源署的說法，「鐵路電氣化可以在火車服役期間提高 15% 的效率」。隨著發電轉向可再生能源，鐵路有可能提供幾乎零排放的運輸服務。與此同時，提高火車的能源效率，無論是柴油驅動或電動，都可以降低成本使其更具競爭力，尤其是運送貨物時。如同落磯山研究創新中心所說：「〔火車〕是〔世界上〕最古老的交通平台之一……每加侖搬運的貨物 4 倍於卡車，而且通常成本更低。」成本優勢可能促使公司行號以火車而非卡車運送貨物，從而由貨物的大規模運輸減少排放（當然，在發電轉向可再生能源之前，中心悖論將持續存在：許多貨運火車載運煤和石油，因此較佳效率可能對石化燃料公司

2050 年前火車之排名與成效

減少二氧化碳	淨成本	可節省淨額
5.2 億噸	8,086 億美元	3,139 億美元

的底線有利）。

19 世紀初蒸汽火車頭在英國開始運轉時，1 部火車頭可以在 1 小時內拉運 6 輛煤車和 450 名乘客 9 英里。與馬車相比，速度驚人。現在，1 部柴油火車頭可以用 1 加侖燃料運輸 1 噸貨物超過 450 英里。1980 年時，1 加侖柴油只能運送相同的貨物 235 英里。中國、歐盟、印度、日本、俄國和美國共占鐵路運輸所導致的排放量之 80%，代表少許的政策干預可能產生巨大影響。由於火車每年繼續運送 280 億乘客和超過 120 億噸貨物，該是整個行業追隨最具效率的領導者的時候了。

影響：全球鐵路電氣化的鐵軌長度共 16.6 萬英里。如果 2050 年前增加到 62.1 萬英里，可減少 5.2 億噸只因運送貨物而燃燒燃料所導致的二氧化碳排放。額外的電氣化成本可能達 8,086 億美元，30 年內可節省 3,139 億美元，在基礎設施的整個生命週期內節省 7,750 億美元。高使用率的路段可以降低淨成本。

材料

20 世紀關於材料最重要的見解來自生物學家約翰‧陶德（John Todd），他創造了「垃圾即食物」這則短語。這恰好是所有生命系統的運作模式，但在陶德進行觀察時，它與製造業的真實面完全對立。從那時起，工業取得進步，負責任的公司現在密切關注材料來源，以及他們的產品在使用壽命終了後的處理方式。也就是說，整個社會開始重新設計與構想用於產品與建築物的材料，以及能夠減量使用材料與再利用、回收材料的方法。當然，這裡不包括最新發現，但本章詳細介紹對扭轉全球暖化而言極度重要的常見方法與技術。為了強調此事實，最佳解決方案列於本章。

家庭廢棄物回收

■蘇丹的達薩納赫人（Dassanach）是世界上較完整的文化群體之一。他們曾經是牧民，由於失去原始牧場，現在主要以農業為生。無論傳統與否，達薩納赫女性具有驚人的創造力，可以回收被丟棄的物品，如瓶蓋、錶帶和 SIM 卡，製成頭飾和項鍊。隨著小城鎮和酒吧出現在他們位於奧莫河（Omo River）附近的定居處，瓶蓋增加——數量如此豐富，所以女性開始販售頭飾給遊客。

20 世紀之前，回收不需要名字。因為資源有限，為了物盡其用，人們避免浪費、修復破損的物品，並找到給予其他物品第二生命的方法。直到 1960 年代，在廢棄物管理的背景下才開始使用「回收」一詞，但它很快就成為之後現代環保運動的標誌。汙染探測器（Pollution Probe）是加拿大一個早期且具影響力的環保組織，創造「減量、再利用、回收」（reduce, reuse, recycle）這一標語。「3R」成為處理消費端浪費與限制材料流向垃圾掩埋場和焚化爐的口號——先減量，然後再利用，**然後才是**回收。現在，家用品回收是將材料引回價值鏈的有意義方式，同時在此過程中緩解氣候變遷。

隨著全球快速都市化，都市垃圾的增長越來越快。在過去的一個世紀裡，廢棄物增加 10 倍，專家預測到 2025 年將再次雙倍成長——這是收入增加與消費增加的共同副產品。這些廢棄物中至多有一半是家庭製造的，而且往往是地

方政府的責任。收入較低的城市是這一規則的例外，主要是非正式的拾荒者系統，而不是高感性和高科技（high-touch and high-tech）的廢棄物收集與處理。丟棄的物品包括食物、庭院垃圾、紙張、厚紙板、塑膠、金屬、衣物、尿布、木材、玻璃、灰燼、電池、家用電器、油漆罐、機油、消耗性物品等等。雖然各地丟棄的物品種類差異很大，但在高收入國家中，紙張、塑膠、玻璃和金屬占廢棄物一半以上——而且它們全都是可回收的物品（許多不太常見的物品因為具有毒性，或者是高價零件，都應該回收利用）。

可回收的家庭廢棄物是否被回收會影響溫室氣體排放，因為利用回收材料製造新產品通常可以節省能源，還可以減少資源開採，將其他汙染物減至最低量，並創造就業機會。例如：以回收鋁鍛造產品，所消耗的能源比使用原始材料少 95%。當然即使是像鋁這種最有效的回收物品，本身也不是沒有排放的。目前收集、運送和加工主要由石化燃料提供動力。儘管如此，當考慮到汙染時，回收仍然是在處理排放問題時管理廢棄物的有效方法。

重新利用和回收廢棄物的過程有時稱為**價值轉換**，此詞意指取得物品被丟棄時所保留的價值（「丟棄」是不

2050 年前家庭廢棄物回收之排名與成效

減少二氧化碳	淨成本	可節省淨額
27.7 億噸	3,669 億美元	711 億美元

當用詞）。實際上，回收的材料有 2 種價值來源，可以是商品，也具有積儲功能[73]。第一個是我們通常能想到的，例如紙張中的纖維可以再加工為紙漿。此類商品價值使拾荒者持續撿拾、鼓舞回收業者，並將波士頓或布宜諾斯艾利斯的壓縮保特瓶一貨架一貨架地送往中國；此價值帶動全球的可回收材料市場。第二個，也是經常被忽略的回收價值是收集價值，它吸收將廢棄物送往垃圾掩埋場或焚化爐所帶來的經濟、社會與生態成本。在這兩種方式中，轉移利用可以創造價值、節省一系列成本、創造收入——尤其是金屬與紙張。

全球各都市的回收率差異很大——回收率為評測廢棄物成功再利用的比例，通常包括堆肥。讓落後者與領先者保持一致是目前我們所擁有的機會。有趣的是，許多低收入都市與其非政府系統的回收率已經可與高收入國家的正式系統相比擬。印度德里和荷蘭鹿特丹的回收率大約都是 1/3；常有資料證明舊金山和澳洲的阿得雷德為回收率的

---

73. 如後所述，回收的材料可吸收、保留原本用以銷毀的成本，如同儲存槽（sink）。

表率，達到 65% 或更高，但菲律賓奎松市和馬利的巴馬科也有此成果。值得注意的是，非體系內的回收通常可以支撐都市貧困人口的生計（雖然存在健康問題），並且為資源短缺的城市省下用於廢棄物管理的經費。諸如奈及利亞的 Wecyclers 等微型企業，利用載貨腳踏車提供家庭回收服務，是越來越重要的參與者。

先驅性的高收入都市已經知道如何使官方的住宅區回收成功。提高公眾意識是必須的，但永遠不夠。雖然沒有萬無一失的配套措施，但最有效的系統使回收變得容易，並且可以利用獎勵金來推動。例如在舊金山執行的「丟多付多計畫」（pay-as-you-throw），向家庭收取垃圾送到垃圾掩埋場的處理費用，但免費帶走可回收物品和堆肥；舊金山將快速增加但經常被忽視的廢棄物——衣物——也包含其中。可以廣泛利用要求消費者在購買時支付可贖回的押金的機制——從保特瓶到電子產品皆是——以提高回收率。有一種常見的方式產生不同的結果。許多市政府現在提供大型路邊垃圾桶，將不同種類的可回收物放置於同一個回收桶，以容納更大量的單流回收（single-stream recycling）物品。額外的空間助長更多「具創意」和「如我願」的利用方式——這裡有園藝水管、那裡有保麗龍容器——造成汙染，使得回收處理成本提高。

家庭廢棄物的回收面臨另一項新的挑戰：垃圾自身的組成。從汽水瓶到嬰兒食品容器都經過「輕量化」。新設計所需要的成本較少，且可降低運輸成本（通常還能減少溫室氣體排放），但它們同時也難以回收，而且需要更大量才能獲得販賣效益。一旦成為回收者可靠的收入，報紙數量就會大幅下降。這些變化伴隨著全球商品市場無法避免的波動，使得這個行業保持警覺。儘管如此，「零廢棄物」的運動仍然持續中。採用德國開發的綠點標籤系統（Green Dot / DerGrünePunkt）者不斷增加，從製造商那裡取得資金以支付回收和再利用成本。成長中的還有官方所訂定的更高回收率目標，例如歐盟計畫 2030 年前達到 65%。回收和另兩個 R——最重要的減量與再利用——將成為管理廢棄物，以避免全球暖化加劇的關鍵因素。

影響：家庭與工業廢棄物的回收是一項模擬的解決方案，包括金屬、塑料、玻璃和其他材料，如橡膠、紡織品和電子廢物。紙製品和有機廢棄物以獨立的廢棄物管理解決方案處理。減少排放是由於減少因垃圾掩埋而產生的排放，以及以回收材料取代原始材料。大約 50% 的回收材料來自家庭，如果全球平均回收率增加至可回收廢棄物總量之 65%，家庭廢棄物回收到 2050 年前可以減少二氧化碳排放 27.7 億噸。

工業回收

第**56**名

2050 年前工業回收之排名與成效

減少二氧化碳	淨成本	可節省淨額
27.7 億噸	3,669 億美元	711 億美元

取得、**製造**、**丟棄**——工業時代的運作模式。**取得**所需的資源，將其**製造**成商品，丟棄副產品，最終**丟棄**使用過的商品。現在，新的循環思維開始取代這種邏輯。在大自然中，處處可見循環。水和養分在封閉的迴圈中移動，沒有浪費；被丟棄的物品反而成為資源。借鑑大自然的智慧，循環的商業模式將舊貨和廢料視為新產品的寶貴資源。他們開始重新引導始自原料、終於垃圾掩埋場和焚化爐的線性流程，讓工業系統更像生態系統。公司可以將廢棄物送去回收，也可以自行回收。藉由減少材料的使用，開始回收再利用廢物，它們可以減少取得、運輸和加工原材料所造成的溫室氣體排放。而且由於全球經濟目前使用的材料遠超過地球能夠再生的速度，因此這種做法可以同時解決資源短缺的考驗。

至少有一半的廢棄物產生於家庭之外，有時甚至更多。工業和商業廢棄物的來源五花八門：各式各樣的製造業、

■ 2012 年，製造方塊地毯的全球性公司英特飛與倫敦動物學會（Zoological Society of London）建立夥伴關係，共同探索一個不尋常的問題：製作地毯如何解決世界上的不平等？答案在這篇文章的兩張照片中。英特飛購買散落在珊瑚礁和環礁上的廢棄漁網，並聘僱發展中國家沿海社區的人們，這些漁網是海上 64 萬噸廢棄捕魚工具中的一些，它們持續捕捉和殺害魚類（幽靈漁撈）。直到現在，當地社區都沒有回收或處理舊漁網的方式。該計畫的團隊為 Net-Works，核心在於社區銀行，協助管理資金、貸款、清理沿海地區、銷售商品後存款和提供當地保育工作資金。丟棄的漁網由 Aquafi[74]加工，將尼龍從廢棄物轉化為100% 回收的地毯紗線。英特飛接著將紗線融合於一系列設計之中，其中一種如你在此所見，模擬漁網被回收處的水紋。截至 2016 年，已有 35個社區成立 Net-Works 團隊，收集 137 噸廢棄漁網，並為 900 戶家庭提供小額貸款和銀行業務服務。

---

74. 義大利紗線製造商。

建築工地、礦場、發電廠和化工廠、商店、餐廳、旅館、辦公大樓、體育賽事和演唱會場地、學校、醫院、監獄、機場等等。它們全都是利用並丟棄商品的場所。它們所生產的廢物流包括來自食物和園藝的一般廢棄物，以及紡織品、紙張、厚紙板和其他包裝材、塑料、玻璃和金屬。還包括大量的工業固體廢棄物，如混凝土、鋼鐵、木材、灰燼和輪胎，以及電子廢物——電腦、螢幕、印表機、電話等，還有更多資訊時代的廢棄物，及含有有毒物質，包括汞、鉛和砷在內的廢棄物。世界上大多數的電子廢棄物都流入低收入國家，這些國家的法規和執法都很鬆懈，黑市亦極猖獗。這些廢棄物並非全都能找到第二春，至少現在還沒有，但其中很多都可以。

有許多工作正協助終結商業和工業廢棄物的循環（有些也影響家庭廢棄物）。生產者延伸責任（EPR）是越來越受歡迎的政策，它使企業不只負責創造商品，還負責使用後的管理。否則公眾必須承受廢棄物所帶來的壓力。EPR可以純粹是金融上的，向生產者收取回收和再利用的費用；EPR也可以是實質的，讓生產者直接參與回收和再利用的過程。自2006年以來，荷蘭人一直利用EPR進行包裝。如果存在生產者「回收」法律，就有助於解決電子廢物問題。方塊地毯磚製造商英特飛等公司主動回收其產品，因此廢棄的地毯可以成為新產品的原料。戶外服裝公司巴塔哥尼亞（Patagonia）收集「磨損的衣服」進行修補，如果磨損得太嚴重則回收。但是，自願承擔這種責任的企業很少，使此種做法成為常規，可以鼓勵企業**現在**就思考**未來**會發生什麼，並使他們的產品更持久、更易於修復，並儘可能得以回收。換句話說，雖然在商品壽命結束時才需要回收，但最好從一開始就考慮周詳。

強化可回收和可重複利用之商品的交換是必要的。作為朝這個方向邁進的一步，美國材料市場（U.S. Materials Marketplace）成立於2015年，是二手

材料的媒人。此倡議積極辨識機會，並連結相關產業，於必要時調節企業間的交易。與此同時，回收的科學與過程必須不斷進步。瑞士建築師沃爾特·施塔赫（Walter Stahel）在《自然》期刊上寫道：「為了終止回收循環，我們需要新的技術來使材料解聚合、去合金、不層壓、脫硫、去塗層。」創新的轉換技術可顯著提升回收率。當然，回收利用只是必須策略中的一部分：以回收材料取代原始材料、更有效地利用材料，並藉良好的設計與堅固的結構延長產品壽命。垃圾不總是黃金，但越來越多證據顯示，當開始轉型並將循環性融入工業

時，可以獲得顯著的環境和經濟收益。

影響：如前所述，家庭回收與工業回收是同時模擬的。兩者的總額外施作成本估計為 7,340 億美元，運作 30 年可節省淨額為 1,420 億美元。平均而言，50% 的可回收材料來自工業和商業領域，若回收率為 65%，2050 年前可以減少 27.7 億噸二氧化碳。

■來自班塔延群島（Bantayan Islands）收集中心的婦女正在檢視她們的勞動成果——由 100% 回收漁網製成的方塊地毯。這些婦女清潔、稱重、分類漁網，之後將它們打包囤放，準備出口到宿霧市。

替代性水泥

在胡佛大壩與大古力水壩（Hoover and Grand Coulee dams）出現於美國西部之前好幾個世紀，偉大的混凝土造就了羅馬的橋梁、拱門、體育場和水道。羅馬的混凝土被用於建造宏偉的萬神殿，完工於西元 128 年，以其無筋混凝土所建成的重 5,000 噸、直徑 142 英尺的圓頂而聞名，近 2 千年後仍是世界上最大的圓頂。如果是以今日的混凝土建造，萬神殿可能在羅馬帝國衰落之前崩塌，在其落成之後的 300 年。羅馬混凝土含有沙子和岩石，與現代水泥一樣，但它與石灰、鹽水和來自特定火山的火山灰（pozzolana）混在一起。將火山灰與混凝土[75]混合，甚至可以在水面下施工。

混凝土的技藝和科學絕大部分與羅馬帝國一起消失了，直到 19 世紀才復興和進化。如今，混凝土在世界建築材料中居主導地位，幾乎在所有基礎設施中都能找到它的身影。它的基本配方很簡單：沙子、碎石、水和水泥，全部混合在一起後等待乾燥變硬。水泥——含有石灰、二氧化矽、鋁和鐵的灰色粉末——作為黏合劑，覆蓋砂和岩石並將之黏合，固化成為如石頭般堅硬的材料。

水泥還用於砂漿和鋪路石與屋頂瓦材等建築產品。水泥的使用度持續成長——很明顯比人口成長還快——使水泥成為世界上最常被利用的物質之一，僅次於

75. 原文使用羅馬混凝土的拉丁文名稱「opus caementicium」。

減少二氧化碳	原始成本	數據太不明確
66.9 億噸	-2,739 億美元	無法模擬

■萬神殿是一座羅馬神廟，在 2 千年前由馬庫斯‧阿格里巴（Marcus Agrippa）委託建造，並由哈德良皇帝於西元 128 年左右完成。在將近 2 千年後，其圓頂仍然是世界上最大的無筋混凝土圓頂。更令人讚賞的是，混凝土保持完整，堅固且幾乎永不過時。現在這是一座教堂，站在裡面，圓頂之眼在上方 142 英尺處。每年有 600 萬參觀人次。

水。

　　雖然水泥是基礎設施強而有力的原料，但也是溫室氣體排放的源頭。為了生產全球最常見的水泥種類波特蘭水泥（Portland cement），碎石灰石和鋁矽酸鹽黏土的混合物在大約華氏 2,640 度

（約攝氏 1,450 度）的巨型窯中烘烤。這麼做會觸發反應，將石灰石的碳酸鈣分解為氧化鈣——所需的石灰成分及二氧化碳即廢棄物。從窯的另一端出來的是稱為「爐渣」的小型塊狀物，冷卻後與石膏混合，然後研磨成我們所知的麵粉狀粉末——水泥。石灰石脫碳約占水泥業排放量的 60%。其餘的是使用能源的結果：製造 1 噸水泥所需的能量相當於燃燒 400 磅煤。加上這些排放量，每生產 1 噸水泥，就會有近 1 噸二氧化碳噴向天空。水泥業每年總生產量約 46 億噸，半數以上由中國生產，在此過程中產生年度人為碳排放量的 5 ～ 6%。

　　更高效的水泥窯和替代性燃料，如以多年生植物生產的生質燃料，可以協助解決燃燒時的排放問題。為了減少脫碳過程中的排放量，改變水泥成分是關鍵的方法。傳統的爐渣可部分以火山灰、

某些黏土、精細研磨的石灰石和工業廢棄物取代，即：高爐爐渣——在製造建造帝國大廈和巴黎地鐵的鐵時所產生的副產品，以及飛灰——來自燃煤發電廠的粉狀殘渣，建造胡佛大壩所使用的水泥中即含有飛灰。由於這些材料不需要窯燒加工，因此略過水泥生產過程中碳排放量最多、能源使用最密集的步驟。已經有超過 90% 的高爐爐渣被用以代替傳統爐渣。飛灰則是 1/3，而且比例可能會增加。視水泥的最終用途和飛灰類型，飛灰和波特蘭水泥的爐渣可以各種比例混合，飛灰通常占混合物的 45%。

我們的世界最終將擺脫煤電及伴之而來的排放，但只要煤炭仍被燃燒，飛灰水泥就是其副產品很好的利用方式，遠甚於將它們送到垃圾掩埋場或池塘。可取得性是關鍵因素。其狀況因地區而不同，它的情況各不相同，而且燃煤電廠即將除役的地方，就難以取得飛灰。雖然成本更高，但由過去的垃圾掩埋場開採飛灰，可能是未來的潛在來源。運輸成本和品質不一也是飛灰能否作為爐渣替代品展開新生活的決定性因素。作為煤的副產品，飛灰含有毒素與重金屬，因此對人類健康可能有不良影響。科學家們持續研究這些成分是否能安全地固鎖在混凝土中，或者有洩漏之疑慮，以及在建物壽命終結時可能出現的風險。

根據聯合國環境規劃署的統計，全球爐渣替代物的平均比例實際上可達（所有替代材料的）40%，每年可減少高達 4.4 億噸二氧化碳排放量。根據其特定的成分，波特蘭水泥的替代品不只對大氣有好處：它們較可行、需水量較少、質地更稠密、更耐腐蝕和防火，而且壽命更長；雖然它們硬化的速度較慢而且初期不那麼堅固，但它們最終的強度實際上更高。

政府和企業已經開始具體化爐渣替代品的可能性。根據區域標準，歐盟重新使用大部分可用的飛灰。在這些政策改變之前，利用率變數很大，在某些地方只有 10%。紐約市已經利用玻璃砂作為鋪設路面的新興替代材，可以從當地取得材料，並節省垃圾掩埋空間，是一種有望成長的創新。由市政等級到國際層面，訂定標準與產品規模是改變建築業做法的關鍵，並且推動在建造人行道、摩天大樓、道路和機場跑道時使用替代水泥。

影響：由於飛灰是燃煤的副產品，每噸飛灰產生的二氧化碳排放量為 15 噸，在水泥中使用飛灰只能抵銷這些排放量的 5%。即使如此，如果在 2020 年到 2050 年之間生產的水泥有 9% 是傳統波特蘭水泥和 45% 的飛灰的混合物，那麼 2050 年前可以減少 66.9 億噸的二氧化碳排放。生產時所省下的 2,740 億美元主要是由於水泥壽命更長。

冷媒控管

2050 年前冷媒控管之排名與成效

減少二氧化碳 897.4 億噸	淨成本 資料變數太多 無法定論	可節省淨額 -9,028 億美元

所有冰箱、超市冷藏展示櫃、空調都含有吸收和釋放熱量的化學冷媒，可以冷卻食物並使建築物和車輛保持涼爽。冷媒，尤其是氟氯碳化物（CFCs）和氫氟氯碳化物（HCFCs），曾經是消耗平流層（臭氧層）的罪魁禍首，臭氧是吸收太陽紫外線輻射的重要氣體。由於 1987 年的《蒙特婁議定書》，已逐步停止使用氟氯碳化物和氫氟氯碳化物（以及其他會消耗臭氧的化學物品，這些化學物品曾是噴霧罐和乾洗的必備物質）。從發現南極上空的大洞，到全球社會遵守法律規定的行為花了 2 年時間。現在，30 年後，臭氧層開始癒合。

然而，冷媒持續為地球造成麻煩。大量的氟氯碳化物和氫氟氯碳化物仍在空氣中循環，可能損害臭氧。替代它們的化學品，主要是氫氟碳化物（HFCs），對臭氧層的傷害極小，但它們加熱大氣的能力是二氧化碳的 1 千至 9 千倍，視確切化學成分而異。

2016 年 10 月，來自 170 多個國家的官員，聚集在盧安達首都吉佳利（Kigali），就解決氫氟碳化物問題達成協議。儘管挑戰了全球政體，但他們獲致非凡協議。藉由修訂《蒙特婁議定書》，全球將開始逐步淘汰氫氟碳化物之使用，2019 年由高收入國家開始，然後擴展到低收入國家——一些在 2024 年，另一些在 2028 年。作為替代品的氫氟碳化物已在市場上銷售，包括天然冷媒，如丙烷和氨。

與《巴黎協議》不同，《吉佳利協議》是強制性的，有特定的行動目標和時間表，以貿易制裁懲罰不遵守規定者，以及富裕國家承諾為轉型成本提供資金。這是在減少用量的道路上所取得的重要進展，當時的國務卿約翰‧凱利（John Kerry）稱這是「我們可以立刻為〔氣候〕所做的最重要的事情」。科學家估計該協議將減少全球暖化近華氏 1 度。

儘管如此，淘汰氫氟碳化物的過程將在多年內逐步展開，與此同時，它們將持續存在於廚房和冷凝機組中。隨著空調普及，尤其是在快速發展的經濟體中，在所有國家停止使用之前，氫氟碳化物使用量將大幅成長。據勞倫斯柏克萊國家實驗室（Lawrence Berkeley National Laboratory）稱，到 2030 年，全球將有 7 億個空調機組上線。所有這些作為都意味著並行行動是必要的：處理即將停止使用的冷媒，以及轉換即將

■墨西哥化學家馬里奧‧莫利納（Mario Josi Molina-Pasquel Henriquez），因發現並說明氟氯碳化物對臭氧層構成威脅，獲得 1995 年諾貝爾化學獎。他與諾貝爾核心研究員舍伍德‧羅蘭（Sherwood Rowland）合作，使人們發現氟氯碳化物在大氣中的存在以及外洩的氯原子如何破壞大氣臭氧。《蒙特婁議定書》即受他們的成果啟發，禁止使用氟氯碳化物，最後，有 197 個國家採用《蒙特婁議定書》的 2016 年吉佳利修正案，將於 2028 年逐步淘汰氫氟碳化物。氫氟碳化物對臭氧層的傷害極小，但已知是對人類影響最大的溫室氣體之一。

使用的冷媒。

目前冷媒在其生命循環中產生碳排放——製造、填充、應用和外洩，但在拋棄時造成的破壞最大。冷媒所導致的碳排放中，有 90% 發生於其壽命結束時。如果化學品（或使用它們的器具）未經過有效處理，它們會逸散到大氣中，並導致全球暖化，也就是說回收冷媒具有巨大的減緩暖化潛力。在小心地移除和儲存之後，可以純化冷媒，以便再利用或轉製為不會引起暖化的其他化學品；後者的正式名稱為破壞，是能夠明確減少排放的方法，昂貴又需技術，但必須成為標準做法。

美國的空調在不到一個世紀的時間裡，從奢侈品變成普遍的商品。如今，86% 的美國家庭擁有提供冷空氣的系統。即使仍非眾人皆有，但在短短 15 年的時間裡，中國都市裡的家庭普遍擁有空調系統。為什麼他們不擁有空調系統呢？在炎熱和潮溼的季節裡，空調可提高舒適度和工作效率，並在熱浪期間挽救生命。然而，對全球暖化的一大諷刺便是，保持涼爽的方法使得暖化更嚴重，而隨著氣溫上升，更依賴空調。類似的擴張出現在各種規模的廚房與整個食品生產供應的「冷連鎖」中使用冰箱。隨著冷卻技術提升、冷媒發展，對它們的管理勢在必行。《吉佳利協議》確保階段性變化即將來臨，其他針對現

有庫存的管理可以進一步減少排放。

影響：我們的分析包括藉由管理和銷毀流通中的冷媒所能達成的減排量。30 年內減少 87% 可能被釋放的冷媒，可避免相當於 897.4 億噸二氧化碳的排放。根據《吉佳利協議》逐步淘汰氫氟碳化物，可避免的額外排放量相當於 250 至 780 億噸（不包括在我們列於本章的總量）。避免冷媒外洩和銷毀冷媒的成本很高，預估 2050 年前淨成本將達 9,030 億美元。

■新加坡市中心，可以見到亞洲街道上隨處可見的空調室外機。

回收紙

■攝影師克里斯‧喬登（Chris Jordan）在 2011 年時利用 9,600 份郵購目錄創造了這個曼陀羅。它代表每 3 秒鐘就被印刷、運輸和遞送的郵購目錄數量，其中有 97% 在他們送達的那天被丟棄。這是名為「量化：美國人自畫像」的大型系列的一部分。這件作品是「3 秒冥想」。

記帳、寫故事、分享資訊、歷史紀錄、探索想法。生而為人就是要溝通，2千年來，起源於中國並逐漸傳向西方的紙，一直是這些行動的主要載體。自19世紀造紙工業化以來，紙張已成為普遍而廉價的商品。即使電子媒體某種程度轉移了對印刷的需求，全球紙張使用量仍在增加當中，尤其是包裝材料。今天，大約有一半的紙張只被使用一次，然後送到大家熟知的廢料堆中，但另一半被回收並重新利用。北歐的回收率達75%，韓國則在2009年達到90%的回收率。將世界其他地區的紙回收率提升到此程度或更高，為造紙業提供減少排放量的重要機會；據估計，造紙業的排放量高達全球年度總排放量的7%——高於航空業。

紙類回收改寫紙的典型生命週期，使紙的旅程變為圓形，而不是一條從伐木到垃圾掩埋場的直線。以一張標準的紙而言，由松樹的生物質所製成，其旅程的每一階段都產生排放：材料、製作、運輸、使用、丟棄。但再生紙可以連結這些階段，以介入和改變排放方程式，尤其是在開始和結束時。不依賴新鮮木材製漿——每砍一棵樹都會釋放碳——再生紙利用現有材料，在到達消費者手中之前就被丟棄，或者理想狀態下，在成為雜誌或作為備忘錄達到其預期目的之後。廢紙在垃圾堆中分解時不是釋放甲烷，而是找到新的生命。廢紙不是垃

2050 年前再生紙之排名與成效

減少二氧化碳	淨成本	可節省淨額
9 億噸	5,735 億美元	數據太不明確無法模擬

圾，而是寶貴的資源——太有價值，不能送到垃圾掩埋場或焚化爐。

一旦被回收，紙張可以重新加工。切碎、製漿、清潔、去除釘書針和塗料等汙染物，原本可能被埋在垃圾掩埋場的紙張可以變成任何類型的產品，從辦公用紙到報紙到捲筒衛生紙。與鋁等可回收材料不同，紙張無法不限次數地回收製成品質相同的產品。紙的纖維會隨時間分解，所以廢紙本質上會因其纖維較短、較弱而製成品質較低的產品。一張特定的紙可以重新加工大約5至7次。即使如此，回收利用仍是有效的替代方案，避免僅使用原始材料製造紙張。

再生紙的好處很多。森林得以倖免於砍伐，保持棲地完整，也許還能保護古老的生態寶藏。用水量減少，緩解日益緊縮的資源之壓力，進入水道的漂白劑和化學物品也較少。研究顯示，回收所創造的就業機會與經濟價值較垃圾掩埋或燃燒多，最重要的是，再生紙所造成的溫室氣體排放量遠低於原始紙張。能如何挽救氣候，取決於所使用的材料、所取代的原料，以及避開何種廢棄物處理方式。當然，製作任何紙張在某種程

度上都需要能源，原始材料和最終產品的運輸亦然。對原生紙漿和再生紙漿而言，工廠是否以可再生能源運作，或者是否利用永續的運輸方式，所造成的影響是相同的。

一項由歐洲環境紙業網絡（European Environmental Paper Network）進行的研究表示，每噸原生紙的製程中，平均排放 10.67 噸二氧化碳（或其他等量溫室氣體），而再生紙僅產生 2.92 噸。這差異超過 70%。最近的生命週期評估比較消費後的再生紙與原生紙漿紙張。分析發現，製造再生紙對氣候的影響只占原生紙的 1%。此外，與相同數量的原生紙相較，所需水量僅 1/4，製漿和造紙所需的能源亦減少 20～50%。

作為減少紙張使用總量時的補充，再生紙的例子非常清楚。製程效率較高、所需的上游資源較少，下游所產生的廢棄物和排放也較少。因為越來越多的廢紙被回收與再利用，砍伐與掩埋或焚化的需求就降低。但要讓再生紙獲致可能的規模，就必須降低成本；隨著產量的增長，可能達致此目標。而利用政策使傳統廢棄物處理方式不那麼具吸引力且價格昂貴，亦可促進回收。對永續性較低的替代品之補貼是不利於回收的因素，因此必須解決。從零售到批發，顧客需求對改變製紙業的投資方向也具有重要影響力。如果大家的共同關注有所成長，再生紙沒有理由無法占據市場主流。

影響：再生紙在 30 年內可以減少 9 億噸二氧化碳排放。由 2 個關鍵假設可以得出此結論：(1) 再生紙的總排放量比傳統紙張減少約 25%；(2) 到 2050 年，利用回收紙生產紙張的比例將從 55% 上升到 75%。雖然再生紙會增加用電，但若以原生紙漿製紙，砍伐、處理木材、製漿、造紙所產生的總排放量更高。此解決方案所減少的排放量尚不包含未被砍伐的樹木的碳封存量——如果再生紙使用量成長，即無須砍伐。

生物塑料

2050 年前生物塑料之排名與成效

減少二氧化碳	淨成本	可節省淨額
43 億噸	192 億美元	數據太不明確無法模擬

從石器時代到鐵器時代再到鋼鐵時代，我們以製造器物的主要材料來描述人類社會的不同時期。我們所處的時代可被稱為塑料時代，我們每年約生產 3.1 億噸塑膠，這是每人 83 磅，而預計到 2050 年，塑膠產量會成長 4 倍。從服裝到電腦，從家具到足球場，這項材料無處不在，而且幾乎所有的塑膠都是石化塑料，由石化燃料製成。事實上，全球每年石油產量的 5 ～ 6% 成為製造塑膠的原料。但是自然界到處都有構成塑膠的聚合物，不只是化石形式，專家估計目前 90% 的塑膠可以改由植物或其他可再生原料製成。這種生質基塑料來自土地，有許多可以回歸土地，且碳排放量通常低於其以石化燃料所製成的同類產品。

希臘文動詞「plassein」是塑膠（plastic）的字根，意思是「鑄造或塑造」。使塑膠具有延展性的是聚合物——具有鏈狀結構的物質，由許多原子或分子彼此連接在一起。大多數聚合物有一個主碳鏈，與氫、氮和氧等其他元素相連。我們可以合成聚合物，但也在我們周圍和體內自然生成，它們是每個生物體的一部分。纖維素是地球上最豐富的有機物質，是植物細胞壁中的聚合物；幾丁質（chitin）是另一種豐富的聚合物，存在於甲殼類動物和昆蟲的貝殼和外骨骼中。馬鈴薯、甘蔗、樹皮、藻類和蝦都含有天然聚合物，可以轉化為塑膠。

雖然石化塑料現在占市場大宗，但最早的塑膠材料是植物纖維素。19 世紀時，打撞球對美國和歐洲的富人們來說是必不可少的活動，撞球桌上的球是 100% 堅實的象牙，但市場太過貪婪，成千上萬的大象因為象牙被屠殺，而每隻象牙只能做幾顆撞球。這一潮流引發公眾強烈抗議，同時也使撞球業成本提高。撞球選手與大亨邁克・費蘭（Michael Phelan）提出一項挑戰：任何可以開發象牙替代品的人，可獲得價值 1 萬美元的黃金。此獎賞促使印刷工和修補匠約翰・衛斯理・海厄特（John Wesley Hyatt）開始測試各種可能性。他用棉花中的纖維素開發了一種稱為「賽璐珞」（cellulose）的物質。賽璐珞對撞球來說不夠理想——所以海厄特從未得到過錢，但它適用於梳子、手持鏡、牙刷柄和電影膠捲等產品。

亨利・福特還利用生物塑料的可能性，成立一個重點研究和開發計畫，專

■亨利·福特於 1941 年於密西根州迪爾伯恩推出第一款也是唯一的生物塑料汽車。這部車的靈感來自於因戰爭而導致的金屬短缺,以及結合工業與農業的想法。他當時已經在格林菲爾德村成立黃豆實驗室,也已經利用大麻籽油為這部汽車提煉燃料。框架是管狀鋼,車身是塑料,車窗是丙烯酸,由傳統的 60 匹馬力引擎提供動力。成品車比傳統的全鋼鐵車輕 1,000 磅。雖然建造這部車有部分是為了協助戰爭,但大多數汽車製造商在戰爭期間停止生產,生物塑料汽車也從未復甦。

注於利用大豆製作汽車零件。1941 年,福特推出他的大豆車,但他無法戰勝石化燃料的低價,以及大家對第二次世界大戰的全心關注。除了是世上第一種生物塑料,賽璐珞還觸發了里歐·貝克蘭(Leo Baekeland)發明膠木(Bakelite),是以石油製造的第一個塑膠產品。隨著石油化工業興起,膠木在 20 世紀初引爆石油聚合物潮流。忽然間,各種尺寸、形狀的產品都成為可能——耐用、輕巧,而且便宜。

就像許多石化燃料替代品一樣,生物塑料在 1970 年代石油危機重新燃起一些興趣之前被擱置一旁。隨著 1990 年代綠色化學出現,以及油價上漲,才開始認真生產商業用的生物塑料。如今,各式各樣的成分、屬性和用途的生物塑料正在生產或開發中。大多數用於各種不同的包裝中,但也出現在從紡織品到藥品再到電子產品等各種商品。「以生物為基礎」的那些至少有部分來自生物質。然而,生質基塑料不見得是可生物

分解的。由甘蔗或玉米製成的聚乙烯(PE)購物袋無法生物分解;但像你可能在免洗杯中找到的聚乳酸(PLA)等生物塑料,和可用於縫合的聚羥基脂肪酸酯(PHA),都是以生物為基礎的,而且在適當的條件下可生物分解。聚乳酸只會在高溫下分解,而不是在海洋或家庭堆肥箱中。對生物塑料的研究持續推動其原料、配方和應用的範圍。尋找合適的永續原料和避免石化密集型農業非常重要。

與石油塑料相比,生物塑料可以減少排放並封存碳。當原料利用廢棄的生物質時尤其如此,就像紙漿和紙張或生質燃料生產中所留下的那樣。為了能將氣候效益最大化,應考慮生物塑料的整個生命週期——從種植原料到報廢處置。除了減少溫室氣體,生物塑料還提供石油塑料缺乏的其他好處。有些具有技術優勢,例如適於 3D 列印的熱性能。可在低溫中生物分解的產品,也許有助於解決全球塑料垃圾危機,尤其是在河流

和海洋中。目前,有 1/3 的塑膠最終會進入生態系統,而只有5%能成功回收,其餘的被掩埋或焚燒。如果目前的趨勢持續下去,到 2050 年,塑膠將超過全球海洋中的魚類。

也許生物塑料面臨的最大問題是它們**不是**傳統的塑料。除非與其他的塑膠分開,否則生物塑料不能製成堆肥,也幾乎沒有能在花園的桶子裡製成堆肥者。它們需要高溫才能分解,或特殊的化學回收方式。如果生物塑料與傳統塑料混合,傳統的再生塑料會被汙染,使其不穩定、易碎、不實用。如果沒有自源頭分離和適當處理,除了進入垃圾場,生物塑料在大多數都市廢物流中都無處可去。

然而,快速轉型是可能的:杜邦(DuPont)、嘉吉(Cargill)、陶氏化學(Dow),三井(Mitsui)和巴斯夫(BASF)都正投資生質基聚合物,因為相信它們有一個強大的拓展平台。因為生物塑料是一種替代技術——可以取代現有材料的東西——它們因全球對塑料的需求而獲益。與此同時,生物塑料最大的挑戰在於必須戰勝石化塑料工業。當石油價格低時,加上經常缺乏規模經濟,生物塑料難以在小眾市場之外勝出。石化塑料還享有油管和油車的優勢,可達成更集中的生產。為了取得優勢,必須拉近原料生產和生物塑料製造之間的距離。生物質優先計畫和標的性的塑料禁止法規,也可以支持生物質聚合物的成長和塑料工業的發展。

影響:我們估計塑料的總產量,將從 2014 年的 3.11 億噸增長到 2050 年的至少 7.92 億噸。這是保守估計,如果趨勢繼續下去,加上其他來源,估計超過 10 億噸。我們模擬生物塑料大量成長,在 2050 年占市場 49%,可減少 43 億噸排放量。雖然技術潛力更高,但此解決方案在沒有額外的土地改變利用方式的前提下,受到可取得的生物質原料有限之限制。在這種情況下,生產生物塑料的成本在 30 年內達到 192 億美元。雖然對生產者而言,目前生產的成本較高,但正在快速下降中。

家庭節水

在家裡用水──淋浴、洗衣、為植物澆水──也會消耗能源。消毒和輸水都需要能源，需要時還得加熱水，並在使用後處理廢水。熱水占全球住宅能源使用量的 1/4。除了市政府採取水資源保護措施，還可以逐戶、逐個水龍頭解決效率問題。

美國人平均每天在家中用水 98 加侖，遠超過全世界其他國家的家戶用水量。大約 60% 的水用於室內，主要用於廁所、洗衣機、淋浴和洗手、洗菜等。30% 用於戶外，幾乎完全用於澆灌草

■ Nebia 淋浴蓮蓬頭經過 5 年的設計和開發，利用航太工程的霧化技術。這個蓮蓬頭產生數百或更多水滴，水滴量是面積相同的一般蓮蓬頭的 5 倍以上。與傳統蓮蓬頭相比，它的熱效率（你所感覺到的身體溫度）增加了 13 倍，而且減少 70% 用水量，與美國環境保護局的 WaterSense 蓮蓬頭相比則減少 60%。

坪、花園和植物——比任何其他住宅用途更多，即使澆花不是必需的。另外10%則是漏水。

要減少室內用水，有2項重要技術：省水馬桶和節水型洗衣機，可分別減少19%和17%的用量。換成低流量水龍頭和蓮蓬頭，並安裝更高效能的洗碗機，也有所貢獻。節水設備和低流量固定裝置總共可以減少45%的家庭用水量。加熱水的方法對相關的能源使用有巨大影響。美國環境保護局（EPA）估計，如果每100戶美國家庭中有1戶將舊馬桶換成新的省水馬桶，美國將能節省超過3,800萬度電——足以為4.3萬戶供電1個月。

這些技術具有一次性升級的優勢。如果屋主或房東願意投資並等待投資回收期，無需採取進一步行動。但個人行為也可減少室內用水量：將平均淋浴時間減少到5分鐘、洗衣機滿載再洗衣服、每戶每天少沖馬桶3次，上述每項可減少7～8%的用水量。當然，缺點是這些改變必須成為習慣，才能有長期的影響，而養成良好的習慣是眾所周知的挑戰。

戶外用水方面，收集雨水供植物之用、改種需水量少的植物、安裝更有效率的滴灌澆水系統或者完全關閉水龍頭，可以減少或取消澆花用水。

節水成功案例認證哪些方法有效。當地對用水的限制和要求安裝能有效供水

減少二氧化碳	淨成本	可節省淨額
46.1億噸	724.4億美元	1.8兆美元

的管道之政策也極有力。產品標章，例如EPA的水意識（WaterSense）計畫，可以提供資訊予消費者；而獎勵，即購買節能電器和固定裝置的折扣，可以刺激自願行動。所有這些措施都有雙重好處：能同時減少能源消耗和用水量。因為供水越來越吃緊，社區休戚相關。氣候變遷的影響正加劇人口壓力。例如在乾旱期間，灌溉的需求增加，而供應的質和量都下降。

此解決方案側重於直接減少家庭內用水量，但其他國內的選擇和技術也有間接影響。能源使用是很好的例子：核能和石化燃料發電長期使用大量的水進行冷卻——幾乎占美國總用水量的一半。1度電就與看不見的25加侖水有關。水與能源之間的密切關係意味著提高一方的效率往往會影響另一方。

影響：到2050年前，若低流量水龍頭和蓮蓬頭的採用率達95%，可以減少二氧化碳排放量46.1億噸，也能減少用於加熱浪費掉的水的能源消耗。擴大其他節水技術將能減少更多。我們僅為了計算節能而對熱水進行模擬。

明日新亮點

介紹未來動態的「明日新亮點」，是我們本書最愛的章節，篇幅原本可以更長。討論 80 種既有方案時，我們訂定明確標準：它們必須以豐富的科學資訊與財務資料，支持其成效與成本。然而，聚焦日漸減少的方案時，我們不認為單憑依賴既有知識與方法就能解決地球暖化。本章節將一窺未來與當前趨勢。本章介紹的發明與創新程度令人讚嘆，其全部潛力仍未可知。許多前瞻性的概念都是未能進一步被實現的科學計畫。不過，接下來要介紹的科技與方案，則可能成為名副其實的關鍵變數。

復育猛獁草原

雅庫特（Yakut）馬是一種多毛、矮小且粗壯的西伯利亞馬，彷彿是從電影《星際大戰》（Star Wars）中走出來的角色。雅庫特馬有著肥厚的脂肪層、超凡嗅覺，以及巨大且如岩石般堅硬的蹄，讓牠們能在冬天的黑暗之中，撥開積雪啜食枯萎的牧草，因此能在華氏負100度的北極圈內生存，並且提供了阻止永凍土融化的線索。

要維持地球涼爽，極圈周圍地區需要的是牧草而非樹木，引進草食動物則有助於牧草生長。這是謝爾蓋·吉莫夫（Sergey Zimov）與尼基塔·吉莫夫（Nikita Zimov）在更新世實驗公園（Pleistocene Park）中親眼見證的：牧草恢復生長，灌木與樹木則被抑制。草食動物創造了牧場，牧場則孕育草食動物。如果動物可以保護永凍土，並且協助逆轉北極圈的暖化趨勢、讓它開始冷卻呢？

■鄂溫克族的牧人驅趕森林地區的馴鹿穿越薩哈共和國的奧伊米亞康村。該村落位於俄羅斯的因迪吉爾卡河流域。鄂溫克族人以騎乘馴鹿及放牧而聞名。他們將特殊的鞍座置於馴鹿的肩膀，並且不裝設鐙子。他們藉由圖中的長棍保持平衡。

---

76. positive-feedback，原本封存於土壤與植被的二氧化碳，因為地球暖化被釋放至大氣層後，將加劇地球暖化的現象。

北極圈周圍地區埋藏著 1.4 兆噸的碳，是全世界森林的 2 倍之多。永凍土是一層厚實、長年結凍的底土，覆蓋北半球 24% 的土地。「永凍」卻不再是既定事實。它正在融解。溫度上升攝氏 1.5 度（華氏 2.7 度），永凍土將釋放大量的碳與甲烷進入大氣層。一旦超過攝氏 2 度（華氏 3.6 度），永凍土融化釋出的排放將成為正回饋迴圈[76]，加速全球暖化。

當馬、馴鹿、麝牛與其他棲息於寒冷北方的動物推開積雪，使底下的草皮暴露出來，此時土壤不再被積雪所隔離，並比氣溫低約華氏 3 至 4 度，這正是世界擺脫石化燃料所需的最小安全溫差。

吉莫夫父子負責鄰近俄羅斯契爾斯基（Cherskii）的東北科學站（Northeast Science Station），對於永凍土已有全面的研究與分析。他們在西伯利亞的科力馬河（Kolyma）流域創立更新世公園，展示數十年的研究成果：重新導入曾經棲息於北極圈周圍地區的各種草食動物，將可阻止永凍土融化。該提案的契機與意義在於：一旦實現，它將是本書100個方案裡頭，最大（最具潛力）的方案。

科力馬公路是通往科力馬河流域的道路。被流放至科力馬的囚犯，通常被認為無法撐過嚴寒的冬天。除了人類的骨骸，這片流域也埋葬了數萬具更早之前棲息於此的動物。計算骨骸讓我們知道每平方公里牧草上的平均動物數量：2至10萬年前，1平方公里的草地上，

住著1隻真猛獁象、5隻美洲野牛、8匹馬以及15隻馴鹿。麝牛、糜鹿、披毛犀、雪羊、高鼻羚羊（賽加羚羊）與駝鹿分布得更為廣泛。穿梭在這些動物之中的，則是狼、穴獅、貂熊等掠食者。每平方公里的牧草之上，約有總計2萬磅的動物，驚人的數字證明這片被視為邊緣、幾乎不適合居住的區域，有著強大的生產力。

今日，結凍的屍體因溫度上升而融化，蟲隻與細菌成群吞食這些腐爛的殘骸。永凍土因融化發出的惡臭是一個警訊，如果無法阻止融化，更大的危險即將降臨。永凍土融化的池塘，像是剛倒出的蘇打水般冒泡。如果你將一罐蘇打水顛倒放置並且攪取其中氣體，甲烷將如一盞煤油燈般燃燒發亮。深10公尺、含冰量豐富的土壤，是一座巨大的有機

物質儲藏室，其加熱原理也差不多。解凍的微生物復甦後，在分解有機廢棄物的同時，將釋放二氧化碳與甲烷。

科力馬河流域屬於更大的草原生物聚落，即猛獁草原（mammoth steppe）。猛獁草原曾是世界主要棲地之中最大的植物與動物群落。它由西班牙延伸至斯堪地那維亞，橫跨整個歐洲，直到歐亞大陸、太平洋陸橋與加拿大。在涼爽乾燥的 10 萬年期間，草原上絕大部分是野草、柳樹、莎草與草本植物，並且是數萬隻草食動物以及尾隨其後的肉食動物的棲息地。11,700 年前，它經歷一連串快速的變化。溫度上升、降雨增加，除了兩群因海水上升而留置於島嶼上的群落之外，真猛獁象絕種。草原縮小至極地周圍地區，圓葉樺、落葉松、苔蘚、漿果取代曾經滋養動物的大部分牧草。直至最近，科學家都推測猛獁草原群落減少是氣候變遷與牧草減少所致。跋涉並探索科力馬河流域的謝爾蓋則歸納出不同的結論。

謝爾蓋相信滅絕理論恰好相反、因果互換。冰河時期結束之前，獵人們擴散至歐亞大陸並進入美洲，為了捕食而追蹤、滅絕動物。俄羅斯、北美洲與南美洲的 50 種大型哺乳類在短時間內因狩獵而滅絕，特別是行動緩慢、多肉的真猛獁象。草食與反芻動物消失後，草原上的植物也改變了。牧草消失，並被矮樹與多刺灌木取代，不利於草食動物食用。

謝爾蓋認為，首先滅絕的顯然是猛獁象與草食動物，並因此改變景觀。因為猛獁草原生物減少發生的時代久遠，謝爾蓋的結論只是推測，不過他的推論立基於數十年來在西伯利亞寒凍地區的奔走與觀察之上。1831 年，亞歷山大‧馮‧洪堡德（Alexander von Humboldt）對於氣候變遷的描述，是他歷經俄羅斯與歐亞大陸漫長旅途後得到的結論，而非根據某個假設的理論。在觀察科學中，發生、出現了什麼，比起某件事物代表了什麼還重要。當你徹底檢驗、調查，並對某種現象、物種或是生態系統更熟悉時，便可理解事物代表的意義。謝爾蓋正是這樣的一個科學家。同儕科學家亞當‧沃夫（Adam Wolf）觀察，謝爾蓋在猛獁草原的經歷並未被團體迷思或是已發表論文所影響。他知道氣候變遷促使真猛獁象滅絕的理論是錯誤的。猛獁象的重量與慣性，足以摧毀落葉松、黑莓與圓葉樺，加上草食動物的壓力，可以防止植物組成的變化。

結毬果的溫帶森林——針樹林——的向北擴散，改變了氣候的動力。樹木與葉子吸收熱能，再輻射至土壤之中，而非藉由雪反射至空間之中。在 6 萬英尺的大氣層中，暖化的速度一致，但在地平面上，北極地區比溫帶及赤道地區的暖化速度更快，植物變化是其中一個原

因。

為了將動植物引入更新世公園，謝爾蓋必須向各方懇求、商借與購買。真猛獁象已經絕種很久。白令野牛與原生麝牛同樣也消失了。他自南方引進雅庫特馬。加拿大政府則捐贈野牛。他希望能從瑞典那裡獲得馴鹿，並從阿拉斯加導入更多麝牛。他購買古老的俄國坦克，於保留區內駕駛，如同猛獁象般摧毀灌木與落葉松之後，沿途將長出一排翠綠的雀麥。謝爾蓋需要一艘載滿 5 千隻加拿大野牛的船隻，以及全球碳稅來資助猛獁草原的復育。以每噸二氧化碳 5 美元的低價計算，結凍的猛獁草原價值 8.5 兆美元。

吉莫夫父子復育猛獁草原的提案，包含進步、多元的牧場放牧與再生農業，是一種可以逆轉長期地力退化趨勢的土地利用方式。人們難以想像北極圈周圍的荒蕪地區實際上是退化的地景，但這正是吉莫夫告訴我們的。今日動物的飼養總量接近 10 億噸，絕大多數被囚禁在動物工廠，並以資源減少、生物多樣性消失、土壤衰退、不健康的肉品以及氣候變遷為代價。復育猛獁草原一開始似乎是個艱澀的目標。實際上，它與其他復育計畫沒什麼不同，只是規模更大。野化荒蕪的北方土地，並讓動物回歸，讓牠們創造廣大、曾是主要棲地並有強大碳封存能力的草原，藉此實現土地再生的目標。一旦草食動物能夠自由

■雅庫特馬是一種生長在西伯利亞的耐寒品種，而且相當少見。牠的身長約 14 個手掌寬（1 手掌寬約 4 寸），是一種短小、精實且粗壯的馬。圖中是雅庫特馬的亞種，稱之為中科力馬。雅庫特族人在 13 世紀時將牠們帶來科力馬河谷。牠們利用蹄踢開積雪，食用底下的嫩芽，藉此熬過冬季。根據雅庫特族的神話，當時造物者正在分配世界財富，當祂來到西伯利亞的時候，凍僵的手令祂將所有東西落在這裡。這解釋了為什麼這個鑽石產地擁有豐富且不尋常的生物。

徜徉，地球就有能力孕育比現今農場、飼育場與動物農場多出 1 倍數量與重量的動物。除了少數的耐寒生物，猛獁草原並不適合居住，將它恢復至原始野生狀態將有非常多的好處。

牧場種植

即便擁有的農舍、樹木、20英里長的圍籬、3千隻羊以及2千英畝的農場付之一炬，這樣的經歷也是一種啟發。1970年代時，柯林‧賽斯（Colin Seis）自父親手中繼承祖父位於澳洲新南威爾士的維諾拉（Winona）農場。幼年，他看著父親運用新的農業技術增進收穫量與生產率，但是肥料、除草劑以及耕犁逐漸讓農田衰退。土壤酸化且變得緊實，表土深及4英寸，含碳量則不到1.5%。成本劇增、化學藥劑的使用增加、樹木枯黃，而且農場開始賠錢。接著，1979年的一場野火，使三代耕耘化為灰燼。

當柯林自大火燒傷中復原後，他發現自己與同為農夫的達爾‧克勒夫（Darl Cluff）身處酒吧。他們在各自的農場劃分區域，種植（一年生）作物，並在牧場放羊，這邊是牧草，那邊是穀粒。但是為什麼呢？牧場經常過度放牧，而穀物區的土壤因為每年的耕犁與耙地而變得乾燥，含碳量也越來越少。10杯啤酒下肚後，他們都想知道：為什麼一年生與常年植物不能同時種植在同一塊土地上？為什麼不能藉由在作物之間放牧的方式對土地施肥呢？

當晚浮現的構想，成為所謂牧場種植的基礎。種植作物的牧場土地，土壤永遠不會損壞。在常年生的牧草之中種植一年生的作物，創造出越來越健康的生態系統。非草本植物、真菌、牧草、草本植物與細菌之間的複雜關係，重新交織出一個生態網，並且促進土壤、作物、牧草與動物的健康、韌性與活力。農夫在同一塊土地上可以有2種收穫：穀物以及羊毛或肉品。

隔日早晨，當賽斯與克勒夫醒來之後，仍然認為這是一個好主意。賽斯立即停止使用肥料、除草劑與殺蟲劑；對於破產的他，這是一個簡單的決定。經歷了接下來幾年的過渡期，土地就像是一個酒鬼，原本成癮於磷酸銨，現在慢慢地康復了。初期，賽斯放任原生牧草在田地上生長，但是收穫並不出色。因為常年生植物的蛋白質較低，動物一開始也拒絕食用。鄰居並不看好賽斯，但他決定堅持。他開始在牧場中輪流採用大量放牧。事情開始轉變，利潤、生產率、動物與土壤狀況好轉。很快地，所有人都察覺農場的重生。成本減少了。賽斯不再需要使用燃料與化學物，每年省下6萬美元。土壤含水量與含碳量增加3倍。昆蟲肆虐的情況幾乎消失。飼養羊隻的利潤，隨著羊毛的收穫量與品質的上升而增加。鳥類與原生動物也開始出現。

　　如今澳洲超過 2 千座農場採用牧場種植，並且擴散至溫帶的農業地區。當世界越來越依賴一年生作物之際，想要恢復逝去的土壤沃度與含碳量，耕作方式必須變得永續、再生，對於農業學校與大型農業公司而言，這是難以想像的。牧場種植的奇特之處在於，它藉由雙重收穫（穀物與動物）增加土地的使用，同時減少衝擊並增加碳封存。

■柯林・賽斯

增強礦物風化

數十億年前，氮、水蒸氣與二氧化碳（或許還有一些甲烷）組成了地球的大氣層。當時尚未存在氧分子。吸收二氧化碳行光合作用的藍綠藻接著出現並且開始生產氧氣。從浮游生物到松樹，各式各樣的生命誕生，吸收二氧化碳並將它轉化為固體，這些物質再被分解，回歸土壤或沉澱於海洋。生物封存碳的循環，是造成冰河時期的部分原因：二氧化碳濃度降低，大氣層捕捉的熱能減少，導致溫度急劇下降。緊接而來的冰河時期使微生物的活動大幅降低，最後二氧化碳停止減少。數十億年後，活火山釋放二氧化碳進入大氣層，造成地球溫度上升，如此重複循環。換句話說，生物在地球暖化及冷卻之間，扮演了重

■位於阿拉斯加杜克島的超鐵鎂質橄欖石岩層。

要角色。

今日，由於美國太空總署（NASA）的研究，大眾可以觀看每年碳循環起伏的模擬影像。這些動畫生動地呈現了北半球植物在秋天尾聲、冬天，直至早春之際潛伏，同時人們使用燃燒石油的暖氣，排放二氧化碳。春天尾聲至早秋的這段期間，則正好相反。即便伐木、汽車、電器的使用持續增加排放，草皮、灌木、樹木以及溫水之中的藍綠藻仍可封存大量的二氧化碳——約為 5 ~ 6ppm（parts per million，百萬分點濃度），每年封存的二氧化碳總量約為400 億噸。

還有一個較為緩慢的碳循環。這個故事較不為人所知：地球經歷 37 億年，才達到今日非凡的生物多樣性；這段期間岩石封存數兆噸的二氧化碳。自然岩石風化每年移除大氣層中約 10 億噸的二氧化碳。地表上各式各樣的矽酸鹽礦物，被弱酸性的二氧化碳風化後，溶解於雨水之中，並將二氧化碳轉化為無機的碳酸鹽。這些碳酸鹽進入川流與海洋，最終形成含鈣碳酸鹽。

增強礦物風化指的是以永續的方式，加速上述過程的科技。橄欖石是其中一種能有效強化這種風化過程的矽酸鹽，它是一種淡綠色的礦物，蘊含豐富的鎂與鐵。其中一種增強風化的傳統方式是開採及碾磨含有橄欖石的矽酸鹽礦物，接著將石粉撒在土地與水中，讓土壤、

海洋與生物群成為加速風化的「反應爐」。我們可以策略性地將石粉運用在各種地貌之上，特別是農業土地、海灘，以及能量充沛的近海。強化風化的關鍵技術已被局部運用在農地與森林土壤的施肥以及酸度控制上。

利用強化風化來完全終止二氧化碳的積累需要投入極大心力，包括將數十億噸的礦物撒在大範圍的地表之上。謹慎選址並且利用現有的地表資源，例如昔日礦場的礦渣坑，將可持續封存可觀的排放，並將成本與風險最小化。增強風化的環境衝擊將可能對於環境與生物活動產生難以預料的負面效果，因此需要仔細監視與風險管理。

在熱帶地區的農業土地採用橄欖石礦物，可能產生很高的效果，因為這裡的土壤較為溫暖且溼潤，妨礙溶解的礦物也較少。廣泛而言，如果在 1/3 的熱帶土地上施用橄欖石，將可在 2100 年減少大氣中 30 ~ 300ppm 的二氧化碳。農業土壤的關鍵優勢在於它們已被集中管理，因此可以相對容易地進行監測，此外也已具備基礎建設。在熱帶農地上使用礦物的強化風化來改善土壤，對於農業生態系統有潛在的益處，因為石粉可以成為作物的肥料。

在溫帶地區，1 至 2 噸的橄欖石粉將可持續封存碳約 30 年。其他研究顯示適合施用橄欖石的地方是酸性土壤或酸雨地區，因為低酸鹼值將加速礦物的溶

解率。這些區域包括歐洲大部分地區以及美國與加拿大的部分地區。同樣地，風化也可用來恢復東歐損壞的森林，這裡因為數十年的燃煤而擁有全世界最酸的雨水。擁有關閉或是廢棄礦場的地區，自殘餘礦渣中取用礦物，將是有利於社區經濟發展的策略。

某些科學家認為橄欖石風化效率經常被低估，因為自然之中的風化速度比實驗室裡頭更快。一份研究顯示，昔日對於強化風化溶解效率的假設過分悲觀，並指出自然之中二氧化碳的封存量比實驗室多出 10 至 20 倍。加速風化的生物因素包括苔蘚、土壤細菌與菌根菌的影響，它們提供的糖基分泌物，能讓細菌更快地溶解礦物。

重大的限制因素包括實行強化風化的碳成本，以及應付大規模生產的基礎建設之資金成本。生產與粉碎橄欖石，讓它適合溶解二氧化碳，需要的能源抵銷 80% 的正面效益。需要的基礎建設包括新礦場、鐵道以及航運設施。這樣的規模有多大？ 1 噸橄欖石可以移除 2/3 噸的二氧化碳。為了封存 10 億噸的二氧化碳（約為 30% 的石油排放），每年需要開採、碾磨並且運送 160 億噸的礦物，比煤礦產業的產量 2 倍還多出一些。

「傳統」增強風化在土地（與海洋）之上施用磷酸鹽來攫取二氧化碳，現在則有替代方案。這項科技目前沒有名稱，不過已有概念驗證。冰島的雷克雅維克能源公司（Reykjavik Energy）以及美國能源局底下的太平洋西北國家實驗室（PNNL）進行的實驗，液態的二氧化碳被放置於地底下的玄武岩洞穴中。如同橄欖石風化，二氧化碳與玄武岩融合後，形成固態的碳酸鹽，即鐵白雲石。科學家將這個過程稱之為高速風化。負責亞利桑那州立大學抵銷碳排放中心（Center for Negative Carbon Emissions）的克勞斯·拉克納（Klaus Lackner）教授，將這樣的結果稱之為「重大進步」。他接著表示：「地上或是海平面之下的玄武岩如此充裕，如果能被利用，（二氧化碳）的儲存容量將不可限量。」

不過，強化礦物風化尚未經過實地測試。所有數據與預測都是根據實驗室資料、自然類比、資料分析與模擬。基本假設是開採並施用 1 噸的橄欖石，將可封存約 1 噸的二氧化碳。每噸的封存成本高昂，根據目前的分析，約在 88 至 2,120 美元之間。如同本篇所包含的許多方案，將此方案全球化似乎將產生不確定性、衝擊，甚至是抵銷其益處的潛在負面效果。不過，這跟在土壤上採用石灰或矽礦沒什麼不同，後者已運用於世界各地。從熱帶農地與酸化的溫帶土地上的實驗開始，橄欖石的應用可能將大有斬獲。

海洋永續農業

仰賴海藻生存的生物數量非常可觀。如果要描述這些棲息於海草之中的生物，需要極大的篇幅……我只能將這座壯觀的水中森林……與熱帶之間的陸地森林相比。不過我認為，任何國家的森林被摧毀，嚴重性都比不上海藻被摧毀所造成的多種類動物的死亡。

　　　　　　　──查爾斯·達爾文（Charles Darwin），節自《小獵犬號航海記》

　　比爾·麥吉本（Bill McKibben）在他1989年的著作《自然的終結》（The End of Nature）中描述自然不再是獨立於人類活動之外的力量，而是屈服於人為改變之下的過程，後者大部分的時候都對生命有害。近來科學家宣布文明已經進入新紀元，即人類世（Anthropocene），特色是人類支配地球環境。這也標示全新世（Holocene）的結束。這是一段氣候溫和且穩定的「黃金」時代，不會太冷或太熱，正好有利於人類文明的誕生。

　　關於人類活動的通常假設是，它讓自然惡化，無論意圖是否良善。但這並非總是正確。北美大平原地區內高莖草原的生產力，可以歸功於原住民野火生態學（fire ecology）的實踐。諾曼·麥爾斯（Norman Myers）在《第一手資料》（The Primary Source）中描述與一位民族植物學家前往位於婆羅洲（Borneo）一個「未被開發」的4千年原始林。兩人在某個地方待了一整天，

那位民族植物學家為麥爾斯指認高大的龍腦香樹與其他植物群。結果發現整片森林都是前一個冰河時代以前的人類所種植的。瑞士的生態農業學家厄斯特·高特許（Ernst Gotsch）致力於巴西被砍伐與沙漠化的土地，並且花費好幾年的時間，將它們恢復成蘊含豐富食物且茂盛的森林農場。在某部講述自己工作內容的影片中，高特許拾起深色且溼潤的土壤，宣稱：「我們種植的是水。」

　　換句話說，人類介入也可以增加野生動植物、土壤肥沃、碳儲存、多樣性、乾淨水源與降雨。我們這整本書都在探問人類是否可以扭轉地球暖化。要達到這個目標，必須翻轉已經消亡的生態系統。海洋永續農業也許是一個最不尋常的方法，卻無疑能夠提供一個解答。

　　通常我們不會將海洋與森林聯想在一起，不過如果你可以在海洋重新造林呢？布萊恩·馮·赫森（Brian Von Herzen）一生都為這個提案而努力。他擁有普林斯頓物理學學位以及加州理

工學院的博士學位，並有豐富的電子設計與系統工程顧問經驗。他為英特爾、迪士尼、皮克斯、微軟、惠普與杜比設計方案。探險的時候，他則駕駛雙引擎的西斯納天空大師 337 型（Cessna 337 Skymaster）橫跨大西洋。

消防隊廣泛使用 337 型作為偵察機。在一位冰河學家友人的請託下，馮・赫森於 2001 年飛越格陵蘭冰蓋的時候，尋找融池的蹤影。他發現幾個小的。2 年後再度造訪時，融池已達數百個之多。2005 年時更高達數千個。隔年，超過 6 英里長、100 英尺深的湖泊出現

了。2012 年，97% 的冰蓋表面已經融化。這讓馮・赫森開始專注利用唯一可能的方式來扭轉地球暖化：增加生命系統的初級生產（primary production），特別是海洋。初級生產是藉由光合作用吸收水中或大氣中的二氧化碳製造有機化合物的過程。這是由海洋之中蓬勃的微小漂浮植物完成，也就是海藻與浮游生物。一杯海水裡頭約有 2,500 萬隻這樣的生物。

我們討論的是海藻森林——位於離岸水面之下數十萬英畝的造林、漂浮在海洋中間的森林。今日，海藻森林覆蓋面

■海藻生態系統的生物數量相當驚人。像是海藻般分枝的珊瑚，會將每個海藻的葉片覆蓋硬皮；烏賊快速移動；顏色多樣的海鞘是無脊椎濾食性生物，牠們會附著在葉片之上。在光滑的表面你將看到海螺、帽貝、軟體動物以及蚌類。潛入隨波浪起伏的海藻景觀裡頭，將會發現磷蝦、蝦、藤壺、潮蟲、烏賊與螃蟹。海膽將會咬食莖部，狼鰻、海星與板機魚則會食用它們。此外還有飼料魚、胡瓜魚、鯡與銀漢魚。大型魚類則在海藻周圍環繞準備掠食牠們。（受達爾文的啟發）

積達 1,900 萬英畝。漂浮的海藻森林最終可以為世界大部分地區提供食物、飼料、肥料、纖維與生質燃料。它們的成長速度比樹木或竹子快上數倍。馮‧赫森希望藉由數千座新的海藻森林恢復亞熱帶海洋沙漠與其漁產量。他稱之為**海洋永續農業**。

海洋的現況不忍卒睹。大氣之中半數的二氧化碳被封存於海洋，造成表面酸化。地球暖化產生的熱能，超過 90% 被表層水吸收，此趨勢逐漸抹殺海洋生物鏈。讓海洋多產的原因是深海寒冷、富含養分的湧水。自然湧水出現在世界各地，例如：世界漁產量最大的紐芬蘭大淺灘，拉布拉多寒流與墨西哥灣暖流在此相遇，這種現象被稱為**轉向環流**（overturning circulation）。

海水溫度上升，海洋沙漠因此擴張。99% 的亞熱帶與熱帶海洋，大多缺乏海洋生命。海洋裡頭由風力與洋流驅動的生物泵一個個關閉。衛星圖像偵測到生物活動每年減少 4 ～ 8%，這比地球暖化模型的預估數字還高。

溫暖的海水減少斜溫層（thermocline）的轉向環流。斜溫層是海洋之中的溫度斜面。溫度上升的表層水增加，洋流趨緩或是停止，營養的湧水跟著減少或停止。浮游生物與海草的生產量急遽下降；水中的食物鏈因此衰退。浮游生物雖然微小，但是海中浮游生物與海藻每年 1% 的衰減卻是大事：他們占地球有機物質的一半，並且製造至少一半的氧氣。

馮‧赫森的提案將會恢復亞熱帶的轉向環流。在離岸與距離陸地遙遠的地方，採用大小 0.4 平方英里的海洋永續農業列陣（MPAs），將可重建整個海洋生態系統。這好比在沙漠重新造林，差別在於，沙漠在海洋裡頭。想像重量輕盈、由相互相連的管子組成的網格結構沉入海平面以下 82 英尺的深度，方便海藻附著其上。MPAs 可以拴在近陸地處，或在大海之中自行漂浮。由於距離水面夠深，即便是最大的貨輪與油輪都能通過，除了少許海藻，不會損傷其他東西。

附著於 MPAs 上的浮球隨海浪起伏，為生物泵提供動力，將海平面以下數百或數千英尺深的冷水向上傳遞。當營養豐富的海水來到受陽光照射的海面，海草與海藻吸收這些養分並且成長。緊接而來的就是所謂的營養塔（trophic pyramid）。隨浮游生物而至的還有水藻、更多的海藻與海草。這些滋養了草食魚類、濾食性動物、甲殼類與海膽。肉食性魚類食用較小的草食動物，海豹、海獅與水獺則吃牠們。最上層則是海鳥、鯊魚……以及漁夫。未被食用的浮游生物與海藻死去後，大部分沉積於深海，以溶解碳或是碳酸鹽的形式封存碳達數世紀之久。

通常海洋被認為是個流動的單一整

體，但這與事實相差甚遠。人類活動排放的碳，大部分被包容在深度 500 英尺以內的海洋，即所謂的透光層。這裡碳的累積速度比海洋其他地方都快。整體而言，海洋儲存的碳，是大氣層的 55 倍。從另一個角度來看，如果大氣中所有的碳被移至海洋中儲存，海洋增加的碳也不會超過 2%。因此，問題在於如何將表面周圍透光層的碳移至中間層與深海。海洋自然可以完成這個細膩的工作，將表層的碳移至深處，這樣的過程就是生物泵。海洋永續農業支持生物泵的運作，讓海洋能夠一如以往從事自己的工作。

種植海藻可以生產食物、魚、飼料、肥料（包括硝酸鹽、磷酸鹽與碳酸鉀）以及生質燃料。每 1 噸海藻封存 1 噸的二氧化碳。魚類數量將大幅增加；此外

我們將擁有更加多元、未被馴化、未受汙染，而且飽含 Omega-3 脂肪酸的魚類。成堆的 MPAs 將能保護海岸線免於颶風季節時的損害，因為它可以降低颶風所需的表層水溫以及能量。它也可以保護礁石免於溫度上升所導致的白化。颶風卡翠娜造成 1,080 億美元的損失，2015 年則有 22 個 4 或 5 級颶風，它將是有效降低損失的方案。每平方英里的材料成本預計為 260 萬美元。100 萬個 MPAs 將可持續使用 30 年，減少的二氧化碳約莫等同 12.1ppm，或是 1,020 億噸。經濟回報將超過 10 兆美元。理論上，因漁業恢復所產生的蛋白質將可供應地球上大部分人口的需求。使用 MPAs，人類或許可以恢復且增加魚類與海藻的生產力。

密集的混牧林業

混牧林業是農林業常見的一種形式，現今施作於全球超過 3.5 億英畝的土地上。理論很簡單：將樹木或灌木叢與牧草結合，藉此提高產量。比起其他系統，混牧林業中的牛隻成長得更快，並能提供更美味的肉質。牲口與減緩氣候變遷很少被聯想在一起，不過混牧林業封存的碳是純牧場的3倍；在熱帶地區，每英畝可封存 1 至 4 噸，溫帶地區則平均 2.4 噸。

如果使混牧林業更加密集會如何呢？例如添加更多牛隻、種植不同品種的樹木，並且輪耕速度更快？如果說這樣做對土地、氣候與人類健康有益，似乎違反直覺，但卻是千真萬確。大量資料顯示，傳統牛隻飼養系統，包括飼育場與加速肥化過程，是氣候變遷主要因素之一。難以置信的是，牧場主已經發展出一套密集的混牧林業系統，而且是碳封存最有效的方法之一。該方法首先在 1970 年代的澳洲被發展出來，接著傳播至熱帶地區，對於非專業人員而言，看起來像是一團混亂。對於習慣整齊的稻田以及一排排筆直的作物的人來說，密集的混牧林業看起來就像是未經梳理的叢林。在那些牧業與農業受到多變及不穩定降雨與溫度影響的地區，密集的混牧林業系統則充滿生命力。極端的氣候變化增加養殖牲口的風險，因為草地完全依賴降雨等自然資源。相對之下，密集的混牧林業藉由增加植物與動物密度的方式來加強適應能力。

大部分的密集混牧林業以快速成長、可食用的豆類灌木叢為核心。銀合歡（Leucaena leucocephala）以每英畝 4 千株的密度，與牧草及原生樹木交替種植。這樣密集的系統需要快速輪耕的牧草管理。它們採用電子圍籬，允許 1 至 2 日的牧場造訪，中間間隔 40 日的休息時間。樹木能夠擋風並且增加水涵養量，從而增加生物量。在熱帶，混合植物可以減少氣溫達華氏 14 至 15 度，從而增加溼度與植物的生長。在密集的混牧林業中，物種的生物多樣性加倍。放養率增加近 3 倍。以磅為單位，與傳統系統相比，每年每英畝的肉品量多出 4 至 10 倍。銀合歡內含的單寧酸似乎能夠保護蛋白質免於在牛隻反芻的過程中被破壞，並減少甲烷排放，這多少說明以混牧林業方式飼養的動物重量之所以顯著增加的原因。在乾季期間，則可收穫銀合歡種子，每英畝淨收入可達 1,800 美元。

在佛羅里達與許多地方，銀合歡是外來種，對於人類或馬等只有一個胃的動物而言具有毒性。美國與各地的熱帶高

地，正在嘗試使用其他物種。密集混牧林業的關鍵在於快速成長、高蛋白質的灌木，可以忍受動物大量食用並在短時間內重新發芽。在熱帶澳洲與拉丁美洲，銀合歡已通過考驗。

今日，密集的混牧林業施行於澳洲、哥倫比亞與墨西哥超過50萬英畝的土地上。生產者種植水果、棕櫚與林木來增加收入。聽起來好得不像話，但是資料還顯示一點：一項針對樹木、牧草與銀合歡交替種植的密集混牧林業的5年研究顯示，每英畝的碳封存率大約3噸，對於各種土地利用形式而言，這都是很高的數字。

人造葉

數十年來，一群科學家致力以人造樹葉取代自然光合作用並且直接從大氣之中創造燃料，能量則來自陽光。收益很明顯。幾乎所有能源都來自太陽，其中大部分源自於光合作用。（我們取得能源的形式，包括由植物而來的食物，以及植物的衍生物，例如石油、瓦斯、泥炭、煤、木頭與乙醇）。光合作用看似簡單：水、陽光、吸收二氧化碳並排出碳水化合物與氧氣。然而，單憑自然光合作用想要滿足世界對於能源日漸增長的需求，則是不可行的。

為了生產生質燃料而種植玉米、白楊或是柳枝稷，就能源效率而言，不利條件顯而易見。植物能毫不費力地轉換陽光，但是如果要將光子轉化為可使用的儲存能源，效率值僅 1%。以玉米為例，農夫必須以石油供能的拖曳機犁

■丹尼爾・諾賽拉

地、使用除草劑抑制雜草、以打穀機收割作物，並以卡車將作物載運至好幾英里外加工。玉米在加工廠內被研磨成泥，與酶和阿摩尼亞混合，煮熟以殺死細菌，液化後放入酵母發酵數日，將糖分轉化為乙醇。接著蒸餾並且分離物質。固體被分離出來，液體進入分子篩。

二氧化碳被截取並且出售給飲料製造商。添加變性劑使它無須被課稅且無法飲用，接著進入儲存槽，之後被放入油罐車載往精煉廠，然後加入汽油之中。

業界稱之為再生燃料，實際上是過度延伸再生燃料的定義。因為整個過程相當依賴柴油、石油、汽油、電力與補助。計算下來，以玉米為基底的乙醇，生產的能源只比製造過程所需能源多出一些。如果把使用土地時產生的排放、地下水的耗費、生物多樣性的喪失以及氮肥的衝擊計算進去，對於大氣層是否有益，就有爭辯的空間了。玉米最符合效益的用途是作為人們飢餓時的主食，而不是作為推動跨界休旅車的乙醇。

試想如果可以略過農場、肥料、拖曳機、卡車、加工廠與補助，無論你與水

源身處何方，都可以直接從水與二氧化碳中製造燃料。這就是丹尼爾·諾賽拉（Daniel Nocera）20 多年前發起人造葉計畫的目標。

諾賽拉是哈佛大學能源科學的教授。1980 年代早期，身處加州理工學院研究所的他便致力研究將水分離為氫與氧。他的計畫是想促進氫經濟。該科技的原始版本使用矽片，其中一面鍍有鎳鈷催化劑，當矽片放入水中後，將在其中一面的表層產生氫，另一面產生氧。早期媒體讚揚並誇大該科技可能的影響。諾賽拉預言該科技將對窮人有益。他表示氫氣可以用來煮飯，或是藉由燃料電池轉化為電力。但是一罐氫氣對於窮人有什麼用？沒有……除非他們有燃料電池，而這是一項昂貴的科技。科技上的突破卻在經濟上沒有可利用性。

氫氣是世界上最輕的物質，如鬼火般稍縱即逝。雖然 1 磅氫蘊含的能量比汽油多 3 倍，但是要取得 1 磅氫的過程相當棘手，並且需要高壓槽與壓縮機等設備。要生產足夠 1 個家庭使用的能源，需要 1 個膠合板大小的矽片，以及 3 個浴缸大小的儲存槽。諾賽拉專注於如何提供窮人平價的能源，卻很少想過窮人可以如何生產電力。儘管如此，他下定決心要想出一種人人都能享用的能源與科技，他將這個概念比喻為 1970 年代的「死忠粉絲」（Deadhead）。死之華樂團（The Gratefal Dead）在數十年

前就提出音樂共享這個最終摧毀產業的概念。該樂團允許並且鼓勵人們錄製他們的演唱會，至今仍有網站致力分享與交換這些歌曲。這樣的概念有可能適用於能源科技嗎？

諾賽拉認為如此。

他相信專注於那些對最貧困之人有益的科技，受益最多的將是整個社會。許多年來，他回應質疑的方式，就是指出如果投入人工光合作用的金錢與投資於電池的一樣多，突破將來得更快。

突破確實發生了。2016 年 6 月 3 日，諾賽拉與他的同事潘蜜拉·席爾瓦（Pamela Silver）宣布，他們結合了太陽能、水與二氧化碳，成功製造出蘊含高能量的燃料。他們採用兩種催化劑，從水中免費製造出氫，用於餵養能合成液態燃料的鉤蟲貪銅菌（Ralstonia eutropha）。用純二氧化碳餵養這種細菌，過程將比光合作用有效率 10 倍。如果二氧化碳取自空氣，效率也多出 3 至 4 倍。

直到最近，諾賽拉持續關注從無機化合物中產生氫氣。他與哈佛團隊不將氫視為提供給人類的能源，而是用來餵養細菌的能量原料，因此朝向原始目標邁進了一大步：利用太陽與水製造便宜的能源。對了，還有細菌。也許經濟上可行的人工光合作用，到頭來也不是完全人造的。

自動駕駛汽車

我繞著這輛神奇的車打量，最後決定坐上車……我爬進裡頭坐好，沒有方向盤與排檔桿讓我感到詭異。儀表板上有各種數字，某個東西在這輛機器裡頭滴答作響。一陣咔嗒咔嗒聲與引擎嗡嗡作響之後，車子緩緩駛離路邊，開往馬路上，加速，並在轉角處右轉。它減速並讓兩位女士穿越馬路，之後閃開迎面而來的卡車。坐在這東西裡頭並讓它自動載我四處打轉的感覺令人毛骨悚然。我突然意識到，自己獨自一人坐在陌生的機器裡頭，在陌生的街道與城市裡頭狂飆，速度太快以至於無法跳下車。很快地我便遠離自己所熟悉的出發地點。

——邁爾士·布魯爾醫生（Miles J. Breuer），1930 年代小說《樂園與鋼鐵》

　　自動駕駛汽車（AVs）也許是終極的破壞性科技。自動（autonomous）一詞源自於希臘的「autonomos」，意思是「擁有自己的法律」。套用在車輛上，意味著車輛有自己的法則，而非遵從你的命令。為自動駕駛汽車撰寫程式、設計、測試以及準備的速度，與其他科技一樣快。這是一個價值數兆美元的科技。雖然自動駕駛汽車的想法可以回溯至 90 年前，直至近來動態感應器、全球定位系統、電動車、大數據、雷達、雷射掃描、電腦視覺與人工智慧的整合，才大幅改變了我們的城市、高速公路、家庭、工作與生活。電機電子工程師學會（The Institute of Electrical and Electronics Engineers）預測，2040 年時，自動駕駛汽車將占道路車輛的 75%，雖然要實現這樣的目標，目前仍需克服許多法規障礙。我們仍不清楚它對於社會

的影響是良性、負面或是好壞參半。專家意見也呈現二分的狀態。

　　今日車輛擁有與使用方式毫無效率可言。約 96% 為私人擁有；美國人每年花費 2 兆美元購車；使用車輛的時間僅有 4%。現代的汽車不是用來駕駛而是拿來停車的，為此需要建造 700 萬個停車位，面積與康乃狄克州相等。如果能夠改變大眾的想法，將移動視為一種服務，而不是私人擁有的車輛，需要花費高昂的保險費，以及 2 噸的鐵、玻璃、塑膠與橡膠打造，排放二氧化碳與摧毀健康的汙染物，節省下來的原料、基礎建設與醫療保險將非常可觀。但這樣的結果不會從天而降。就總耗能而言，電子車的效率比汽車高出至少 4 倍，這是自動駕駛汽車在溫室氣體排放的主要優勢。

　　要談論自動駕駛汽車的基本科技能

力，就不能忽略另外 3 個同時進行且相互補充的研究與實踐領域：共享汽車（shared vehicles）、隨需汽車（on-demand vehicles）與互聯汽車（connected vehicles）科技。

• **共享汽車**：讓前往同一方向的乘客更輕鬆地共享路程，因此提高車輛使用率。來福車（Lyft）與優步共乘（UberPool）是其中兩個提供這項服務的常見平台。

• **隨需汽車**：乘客依照需求叫車，司機會在合理的時間內抵達，今日已有行動應用程式提供這項服務。自動駕駛汽車意味車輛抵達時不會搭載駕駛。

• **互聯汽車**：搭載車間與車外通訊，讓車輛與其他車輛、道路與號誌即時收集並分享資料，使交通流量更順暢並且增加安全。很可惜的是，目前角逐這塊市場的各公司仍未就車間或車外通訊達成協議。該通訊結合車上人工智慧，將使車輛持續學習並對地理、街道、環境與目的地更為靈敏。

自動駕駛車輛對於環境的潛在好處多多但並非必然。目前自動駕駛汽車的展示款是在現有車輛上裝設感應器零組件。正在測試與倡議的概念車款體積更

■一名使用手機的女性走過自動駕駛汽車的前面。2016 年 10 月 11 日的一場媒體活動中，自動駕駛汽車在倫敦北部米爾頓凱恩斯村的行人區中被測試。當天，無人駕駛的汽車首次搭載乘客開在英國的街道上，這個歷史性的測試將會是自動駕駛汽車引進英國的第一步。

小、更符合空氣力學，並且可以組成車隊，即一群車輛緊密地連成一排，藉此獲得氣流上的優勢，一如自行車選手組成集團那樣，前提是專屬車道。然而，過渡至專屬車道將耗費數十年。如果自動駕駛汽車是由多人共享，將可減少交通阻塞。車輛再也不需要繞著街區尋找車位；相反地，它將接送下一位乘客。自動駕駛將會加速電動車的普及，因為大部分的旅程都在當地，因此在電量範圍內。更小、更有效率的車輛將縮小道路寬度，將土地釋放給其他用途。

然而，轉換至自動駕駛汽車也可能是一團混亂。轉變仍有無數障礙。科技價格昂貴，而且必須在各種狀況下完美運轉；涉及駕駛、乘客與路人的生命安全時，不容一點差錯。關於自動駕駛汽車容量與管制環境的反覆討論也許會很緩慢，各州法規也將有所不同。一段時間內，自動駕駛汽車將與非自動駕駛汽車內的駕駛互動，無法通訊或接受情報。最大的阻礙或許是人們的強大欲望，想要擁有專屬於自己的車。私人擁有的傳統車輛可能是自動駕駛汽車最重大的對手，文化上與功能上皆然。它們象徵個人自由，不只在美國如此，對於未來的四輪機器人而言，要取代它們不是簡單的任務。這需要一整個世代的態度轉變。沒有一輛車在家裡，人們將感到與世隔絕。

反對自動駕駛汽車的民粹式抵抗有可能發生，一如歐洲城市與加州的計程車司機憤怒地抵制優步。如果你的計程車裡頭沒有駕駛，花費將大幅減少；這是不可阻擋的趨勢。另一方面，禁止人們駕駛的時代有可能到來，因為在自動駕駛與互聯車輛的世界裡，個別駕駛將對他人造成危險。未來學家湯瑪斯‧佛萊（Thomas Frey）列出一份無人駕駛車輛時代中將會消失的事物清單，名單上的第一個就是駕駛。不再需要駕駛：計程車、優步、優比速（UPS）、聯邦快遞、公車、卡車與禮車。保險仲介、汽車銷售員、信貸經理、保險理賠人員、銀行借款以及交通新聞記者也將消失。方向盤、里程表、油門、加油站、美國汽車協會，以及提供個人維修車輛的許多店家，例如車行與洗車店，這些都將步上卡帶的後塵。我們也可以向公路暴力、車禍、90% 或以上的受傷或是與汽車相關的死亡、駕駛測試、迷路、汽車經銷商、罰單、交通警察及塞車說再見。

汽車與貨車產業對於氣候有著不成比例的影響。汽車與貨車占溫室氣體排放的 1/5，這還不包括道路、高速公路與其他基礎建設的興建與維護。隨溫室氣體減少的還有數百萬人的工作（試想停止營運的百視達與網飛，以及這樣的轉變對於整體僱傭的影響）。

一如高速公路與汽車產業改變了城市，自動駕駛汽車也會。實際的里程數

將會增加而不是減少。原因很簡單：當某項服務或是物件的成本降低，消費必然增加。出現在家門口的可預約自動化車輛，讓人們可以搬到距離城市更遠的地方，特別是他們可以在車內工作而無需駕駛。

　　共享汽車與自動駕駛的匯合是業界先驅共同的願景。美國汽車總數預計將減少 50 ～ 60%。來福車的創辦人約翰・季默（John Zimmer）稱之為「第三次交通革命」，都市與郊區景觀將依照人們而非車輛需求打造。隨需的自動駕駛汽車讓大部分的城市居民放棄擁有車輛，因此為自己與城市節省可觀的花費。在城市裡頭擁有車輛是件麻煩事，美國平均每個有車階級每年花費 9 千美元，隨收隨付制的隨需汽車將對富人與窮人都有吸引力。困難在於尖峰時刻。除非人們願意使用共享的自動駕駛汽車，例如來福車既有的拼車（Lyft Line）服務，否則密集的都市環境中以及位於郊區的大型企業總部所閒置的自動駕駛汽車數量，將會掩蓋這些優勢。

　　另一個轉變是都市化。2050 年時，超過 100 萬人會居住在美國城市。這些城市會如何？顯然會更加擁擠。或許人均車輛會更少，不過已有具說服力的論點反對這樣的計算。城市風景可能將默默轉變為以人為導向的地區，擁有更寬敞的人行道、更狹窄的車道、更多樹木、更充足的腳踏車道，停車位將變成

■位於法國里昂匯流區的納夫力自動接駁車。這是一輛無駕駛、自動、完全電力驅動的接駁車，載運乘客往來購物區與半島尾端之間。搭載雷射、攝影機、高度準確的 GPS，納夫力接駁車的時速可達 25 公里，同時兼顧乘客與行人的安全。

公園。重心將從運輸轉變為社區。

　　如果自動駕駛汽車的設計良好且能發揮功用，城市的形式，包括設計、道路、結構與城市的實體樣貌都將大幅改變。如今所有城市嘈雜擁擠，車輛正是噪音與擁擠的最主要來源。相對之下，電動車產生的噪音很小。如果自動駕駛汽車只搭載 1 人甚至無人乘坐，他們對於城市或地球沒有幫助。如果它們能在沒有人類駕駛的專用車道上營運，影響將會十分深遠且有益，都市計畫師彼得・克爾托普（Peter Calthorpe）稱之為「自動化的大眾運輸」。

固態波浪能

　　海洋的動能非比尋常。奔騰的海洋約可以產生 8 萬兆瓦時（terawatt hours）的動能。這樣驚人的能量比人類需求的 4 倍還多。1 兆瓦足以供應 3,300 萬個美國家庭的電力需求。水的密度是空氣的近 1 千倍，技術上而言，水力渦輪比

風力渦輪更有效率。波浪能科技的問題在於經濟效益不佳。它需要能夠抵擋深海壓力與侵蝕的運轉部件。海洋的原始能源很可能是波浪能的缺點。

西雅圖的奧希拉能源公司（Oscilla Power）創造了一種能將海洋動能轉化為波浪能的科技，而且無需外部運轉部件。該技術的原理很簡單。它包括一個水面上的大型固態浮標。浮標表層的內部是磁鐵；外頭則是鐵鋁合金製成的桿子。當桿子經歷擠壓與減壓的壓力轉變，便藉由纏繞在桿子上的線圈將壓力轉換為電力。產生壓縮的是一塊以纜線固定在水下的混凝土升降盤。這動作就像是以錨阻止固態浮標隨著表面海浪起伏而移動，並在浮標裡頭產生壓縮的動能。海洋表面的升降、顛簸、浪谷、浪峰與滾動創造持續不斷的壓縮，因此可以產生電力。為了回應海洋表面動能，計算升降盤的重量、部署磁場，以及系統大規模分發都是複雜的計算，目的是達到產出最大化。不過，參數設定之後，該科技的機械學十分簡單明瞭，因為沒有渦輪、葉片、馬達與其他運轉部件。

如果價格讓人們負擔得起，即便擷取海洋動能的一小部分，這樣的科技也將是驚人的成就。可負擔性必須考量維護、部件更換、外海維修與傳輸電力的海底纜線。成就波浪能迷人之處的海洋能量特質，同時也讓它難以被人類取得：這是一個劇烈、隨機且強大的力量。固態波浪能消滅了某些困擾該產業其他新創公司的關鍵議題。它可能有所突破，或說波浪能的突破總有一天會來到。無論現今或未來，海洋仍是地球上未被開發的最大再生資源。

生態建築

2000 年，美國綠建築協會公布能源與環境先導設計（LEED）認證系統，用來評估與表揚永續建築。LEED 以各種獎牌（銀牌、金牌與白金），建立並挑戰建築產業改變如何衡量一座建築物的價值，並且發展出規範性的評分，希望量化與評估一棟建築物對於環境與棲息生物的影響。LEED 認證包括設計、建造、維護以及營運。評分標準包括流明、水、能源利用、清潔產品、日光、室內空氣品質、可再生能源等。

LEED 標準推出 6 年後，建築師傑森・麥克李南（Jason Mclennan）與卡司卡迪亞綠建築協會推出另一套不同的標準：生態建築挑戰（LBC，目前由國際生態未來研究所擁有與營運）。這也是

一套擁有核心原則與成果項目的建築認證系統。這 7 個項目被稱為「花瓣」：地點、水、能源、健康與幸福、原料、公正與美觀。LEED 重視永續、減少建築環境引發的環境負面衝擊。LBC 以再生為基礎概念，即建築物可以使環境（包括自然世界與人類社群）復甦並恢復活力。

基本上來說，LBC 的重點不是領先，而是建築物應該如森林般運作，在功能與形式上創造正面的淨盈餘，並且向世界吐出價值。換句話說，建築可以做到的，不只是減少負面影響。他們更可以產生正面貢獻。LBC 公布生態建築的標準，以及如何對人類及地球有益。每個花瓣底下都有建築物應該實現的標準，共計 20 項。這些標準並非清單，而是成果預期，定義一種全觀式看待建築物的方式，根源於一個簡單的問題：如何設計並且打造一個每項行為與結果都能改進世界的建築？

舉例而言，生態建築應該種植食物，製造淨正廢棄物（net-positive waste，能夠滋養生態系統與土地的廢水），創造淨正水，利用再生能源製造的能量比使用的更多。他們必須融合親生物設計，滿足人類天生親近自然原料、自然光線、自然景觀、水聲等等的傾向。針對非自然事物，生態建築必須避免使用「紅色名單」原料，例如聚氯乙烯（PVC）與甲醛。它們必須滿足人類規模而非車輛規模，並且意圖教育與啟發他人——建築物應該是導師而不只是容器。

生態建築在溫室氣體排放方面最大的影響，就是生產的能源比消耗的更多，並且抵銷其中的碳。為了向世界供應能源，生態建築效率極佳，比起傳統「綠」建築，建造生態建築所需能源明顯更少，並且整合當地再生能源，例如太陽能或是地熱。

達成淨正能源以及其他 19 種標準的方式並非事先規定好的，所以每棟生態建築都是集結在地智慧，並根據當地情況量身訂做。項目核對與當地情境有關。LBC 鑑定並不是基於符合規定的設計清單或是預計的建築成果。相反地，重點在於，基於經歷至少 12 個月的入住與實際表現，一棟生態建築如何展現其生命力。

一如許多其他創新，生態建築挑戰一開始的接受度不高。一如其名，對於設計師、建築師、工程師、監工、銀行與包商，生態建築是一項難以克服的挑戰。急遽上升的學習曲線抹平了採納曲線。不過今日已有 20 多個國家、占地數百萬平方英尺的 350 多棟建築取得不同階段的認證。如同 LEED，當設計師與包商熟悉取得認證的方法與原則後，成本將減少，信心將增加。近日經濟研究顯示生態建築的初期成本下降，同時與成本等值的回報也顯示生態建築有其

經濟效益，而不只是一種遠見。

　　按 LBC 的模式建築並非沒有挑戰，它需要前期投資、回收期長，並且需要卓越的技術，解決每個計畫的獨特動力。有時候包括克服將生態建築認定為違法的建築法規限制（例如並不是每個地方都允許現地汙水處理）。解決這些難題——透過動機、政策改變、培養更多專家——是實現 LBC 願景的關鍵；LBC 計畫也促成許多正面的法規改變。如果社會能夠理解，我們建造的其實是人類棲地——為我們設計、由我們完成的生態系統——那麼有生命的建築才是正解。

　　最後一個花瓣是：美觀。LBC 認證的建築物看起來與住在裡頭的感覺都很不凡。建築師大衛・賽勒斯（David Sellers）完美總結道：通往永續的道路是美觀，因為人們將會維護並照料滋養他們精神與心靈的事物。其他建築遲早會被拆毀。

項目：

❶**限制成長**：只在已開發場址建築，而不在原始地或是鄰近地區建築。

❷**都市農業**：根據容積率，生態建築必須擁有種植與儲存食物的空間。

❸**棲地交換**：每開發 1 英畝，必須永久保留 1 英畝的棲地。

❹**人力生活**：生態建築必須致力於可行走、可騎乘、對路人友善的社區。

❺**淨正水**：攫取與回收的雨水必須超過使用水。

❻**淨正能源**：至少 105% 的使用能源必須來自現地再生能源。

❼**文明環境**：生態建築必須擁有可以操作的窗戶，讓新鮮空氣、日光與景觀進入。

❽**健康的內部環境**：生態建築必須擁有完美且新鮮的空氣。

❾**親生物環境**：設計必須包含滋養人類與連繫的元素。

❿**紅色清單**：生態建築不得含有 LBC 紅色清單列出的有毒原料或化學物。

⓫**包含碳足跡**：建造過程產生的碳足跡必須被抵銷。

⓬**負責任的產業**：所有木材必須經過森林管理委員會（Forest Stewardship Council）認證，或是利用廢料與建築場址。

⓭**永續的經濟來源**：原料與服務取得必須支持當地經濟。

⓮**淨正廢料**：建造過程必須轉化 90 ～ 100% 的廢料。

⓯**人性化與人性化的處所**：計畫必須要符合特定清單，以人為導向而非汽車。

⓰**自然與場地的共用權**：人人都有平等使用基礎建設的權利，並且提供乾淨空氣、陽光與自然的水道。

⓱**公正投資**：一半的投資用於捐贈慈善事業。

⓲公正組織：至少包含一個經公正（JUST）組織認證的團體參與，顯示商業營運的透明化與社會公平。

⓳美觀與心靈：必須融入提升心靈的公共藝術與設計。

⓴啟發與教育：計畫必須致力於教育兒童與公民。

■由乞沙比克灣基金會打造的布洛克環境中心位於維吉尼亞州維吉尼亞海灘的樂屋點公園（Pleasure House Point）。該中心完工於 2014 年，所有的飲用水皆以雨水生產，與相同大小的商業建築相比，耗水量少了 90%，生產的電力比使用的電力多出 83%。布洛克中心是美國第一個許可供應與處理雨水、並且達到聯邦飲用標準的商業建築。

論關心我們共同的家園
教宗方濟各

　　過去 40 年已有成千本著作與文章討論氣候變遷。然而，當教宗方濟各以環境為主題撰寫通論〈關心我們的家園〉，費解的術語如面紗般被揭開了。地球暖化的科學議題被賦予人道的視野，因此顯得深思熟慮且充滿關懷。通論是教宗寫給 5,100 位羅馬天主教主教的信，旨在指導這些領袖如何教導與管理信徒。「願祢受讚頌」（Laudato Si）是來自教會的信息，確切來說，這信息發自內心，充滿憐憫，並且堅定不移地分析地球暖化的原因，以及對於窮人不公平也不公正的影響。這封信息，也許是有史以來首次將地球暖化敘述為全人類共同的道德議題，而不只是一個環境議題。全文 1,353 字，節錄自 3.7 萬字的通論。　　　　　　──PH

　　氣候是共同資產，屬於也應該是所有人的。在全球的層次上，這是一個複雜的系統，與許多人類生活的必要條件息息相關。科學界已經確立的共識指出我們正在目睹氣候系統經歷令人不安的暖化。近幾十年來，暖化伴隨海平面上升，以及極端氣候事件的增加，而且很難將某個現象僅歸咎於單一科學上的決定性因素。為了對付暖化，或者對付製造或惡化暖化的人類因素，人類不得不承認，有必要改變生活、製造與消費方式。雖然也有其他因素（例如火山活動、地球軌跡與地軸的變化，以及太陽週期），許多科學研究指出，近數十年絕大部分的地球暖化都是因為人類活動所製造的溫室氣體濃度升高（二氧化碳、甲烷、一氧化氮等等）。這些氣體累積在大氣之中，阻擋了地球表面太陽熱能的溢散。大量使用石油的發展模式使問題惡化，世界各地的能源系統也以石油為核心。另一個決定性因素是土壤變更使用的情況增加，主要是為了農業用途而伐林。

　　氣候變遷是個意義重大的全球議題：環境、社會、經濟、政治、商業上皆然。它是我們這個時代中，人類面臨的主要挑戰之一。在未來數十年，發展中國家或許將感受到它最糟糕的衝擊。許多窮人住在易受暖化相關現象影響的地區，他們的生存方式大部分依靠自然保護區或是生態系統，例如農業、漁業與林業。他們沒有其他金融投資或資源幫助他們適應氣候變遷或是面對天然災害。他們能使用的公共服務與保護也有限。舉例而言，動物與植物無法適應氣候變遷，迫使它們遷移；結果影響了窮人的

生活，他們被迫離開家園，並對自己與孩子的未來充滿不確定性。不幸地，越來越多移民嘗試遠離貧窮，而這個日漸嚴重的問題，是因氣候惡化所導致。他們不是國際公約承認的難民；他們承受因為離開原本生活導致的損失，也得不到任何法律保障。可悲的是，人們對於這樣的苦難越來越不關心。而這樣的苦難甚至正在世界各地發生。我們無法回應兄弟姊妹蒙受的不幸，反映出我們對於這群建立起文明社會的男女同胞缺乏責任感。

由於生態危機的複雜性以及原因眾多，我們必須明白解決方案不會只從特定的解讀與改變真實的方式中浮現。我們必須對於不同人們的豐富文化展現尊重，他們的藝術與詩歌，他們的內在生活與靈性。如果我們真的想要發展一個

能夠彌補人類破壞的生態，就不能遺漏各門科學與各種知識，這也包括宗教以及它獨有的語言。

自然環境是集體資產，是所有人類繼承的遺產，更是每一個人的責任。如果我們把某件事物占為己有，只能是為了讓所有人得利而管理它。如果不是這樣，我們將因否認他人的存在而使自己良心不安。

生態學研究有生命的有機體，以及其與成長環境之間的關係。這必然涉及關於生命所需以及社會生存環境的反思與辯論，以及真誠地質疑某些發展、生產與消費模式。所有事物相互連結，這件事再怎麼強調都不為過。時間與空間並非各自獨立，甚至是原子與次原子微粒也不能被認為是孤立。如同地球不同面向——物理的、化學的與生物的——彼

此相關，生物物種也屬於某個我們永遠無法完全探索與理解的網絡。我們與許多生物共享一大部分的基因密碼。因此，片段的知識與對於資訊的斷章取義，實際上是某種無知的形式，除非我們把知識與資訊整合至一個對於現實的更廣闊視野之中。

當我們討論「環境」，我們指的是存在於自然以及生活於其中的人類社會之間的關係。自然不能被視為某種與我們分開的東西，或是我們生活的布景。我們是自然的一部分，包含在其中，並且不斷與它互動。指認某地區遭汙染的原因，需要研究它的社會、經濟與行為模式，以及它如何理解現實。基於改變幅度之大，針對問題每個部分，已不可能找出單一特定、分離的解答。尋找全面的方案有其必要，這樣的方案將自身於自然系統內的互動以及與社會系統的互動納入考量。我們面對的不是兩個分開的危機，即環境的與社會的，而是一個複雜的危機，既是社會的更是環境的。尋求方案的策略需要一個整合的方法，對抗貧窮、恢復被排除在外的人的尊嚴，同時保護自然。

我們想要留給未來的人們以及現正成長的孩童們一個什麼樣的世界？問題不只單單關乎環境，議題也無法被分開處理。當我們問自己要留下什麼樣的世界，我們首先想到一個大方向、它的意義以及價值觀。除非我們努力處理這些

更深層的議題，我不相信我們對於生態的重視將會有重要的成果。但是如果我們有勇氣面對這些議題，我們無可避免地得詢問另一個尖銳的問題：我們人生在世的意義為何？我們為什麼在這裡？我們工作與所有努力的目標是什麼？地球對於我們而言有什麼需求？於是，僅表示我們應該關心下一代似乎已不足夠。我們必須明白我們的尊嚴正處於危急關頭。留給下一代一個無法居住的地球，完全操之在我們。這個議題將劇烈地影響著我們，因為它與我們在地球短暫停留的終極意義有關。

當然，有許多事物必須改變，但最重要的是我們人類自己必須改變。我們對於自己的共同起源、我們共有的歸屬以及每個人共享的未來缺乏意識。這基本的意識將有可能促成新信念、態度與生命形式的發展。一個巨大的文化、精神與教育挑戰在我們眼前，而它需要我們開始走向一段漫長的重生道路。

我們必須重新相信我們需要彼此，我們對彼此與世界有責任，成為良善且謙遜的人是值得的。沒有任何制度可以完全抑制我們接受什麼是好的、真實的、美麗的，或是神賦予我們的能力，回應祂在我們內心深處起作用的恩惠。我請求世上每一個人不要遺忘我們的尊嚴。沒有人有權利奪走它。希望我們的努力以及對於地球的關心不會奪走我們的喜悅與希望。

直接空氣採集

數億年來，植物持續使用可再生的太陽能，以光合作用捕捉空氣中的二氧化碳，並且轉化為生物量，即植物世界的構成要素。直到最近人類才開始研發類似的直接空氣採集技術（DAC）。他們的目標是攫取並搜集大氣中的二氧化碳，藉此「開採天空」。短期目標是攫取製造業與工業過程中的二氧化碳，長期目標則是利用直接空氣採集與二氧化碳儲存技術，協助達成與維持（二氧化碳）縮減。

概念上而言，直接空氣採集機器運作的方式，就像篩與海綿二者合一的化學物。大氣之中的空氣經過固態或液態物質，該物質選擇性「黏著」的化學物，將與二氧化碳結合，其他氣體則可任意穿過。當化學物中的二氧化碳飽和後，便會利用能源，釋放純分子。釋放二氧化碳後的化學物再度恢復篩選的能力，整個循環持續重複。

直接空氣採集根本的技術挑戰顯示它可以更有效率，並且更有效地運用成本。首先，空氣之中的二氧化碳非常稀薄，僅有 0.04%。分解相當數量的二氧化碳需要大量空氣接觸負責採集的化學物。其次是採集－釋放的循環會消耗能源。因此有必要找到並且聰明運用低成本、低碳而且沒有競爭性用途（例如優先協助減少碳排放）的能源。

儘管如此，世界各地的創新者仍在追求各種直接空氣採集的設計，相信有一天能夠推出價格合理、自空氣中採集二氧化碳的技術。在採集階段，許多公司都以胺（類似阿摩尼亞的合成物）的化學作用為基礎，這是傳統工業二氧化碳採集過程常用的方式（數十年來，工程師利用胺為基礎的系統，採集各種燃料與化學製造過程中濃縮排放的二氧化碳）。一些直接空氣採集的創新者使用新原料作為二氧化碳捕捉物，例如負離子交換樹脂。此外，由於材料科學在金屬有機框架材料與矽酸鋁等領域的進步，也為直接空氣採集開闢新的戰線，更有效率地捕捉空氣中的二氧化碳。

在恢復採集的二氧化碳上也有重大創新，也就是直接空氣採集系統如何擠出採集的「海綿」。可以運用溫度、壓力與溼度，將採集原料中飽和的二氧化碳，以純的形式釋放。直接空氣採集系統的設計師正在研發儘可能節省能源的恢復技術，或是依賴風力、太陽、水、工業廢熱等能源。

短期間內，直接空氣採集單位釋放的純二氧化碳可以廣泛被運用在製造過程。舉例而言，某些直接空氣採集新創公司正致力以空氣中採集的二氧化碳製

造人工運輸燃料，其他業者則希望將大氣之中的二氧化碳用於溫室之中，改善室內農業的收穫。但這只是開始。直接空氣採集系統捕捉的二氧化碳也可以用於塑膠、水泥與碳纖維製造，甚至將大氣之中多餘的二氧化碳，永久置放於地底的地質構造。

未來，直接空氣採集系統在對抗氣候變遷之中可以扮演關鍵角色。如果永續的生質燃料有限，直接空氣採集衍生的燃料可以協助滿足對於去碳化長程運輸的需求成長，而這樣的燃料可以取代製造過程中使用的石化燃料。此外，直接空氣採集系統可為難以去碳化的經濟部門提供蓬勃且可測量的抵銷與中和機制，也可以被當成封存技術，最終協助

■這是由全球恆溫公司創造的碳擷取組件。它使用以胺為基底的化學附著物，黏合在陶瓷的孔狀蜂巢結構，兩者結合成為吸碳海綿，有效吸收大氣或煙囪的二氧化碳，並且利用低溫蒸氣，除去並搜集被擷取的二氧化碳，產出在正常溫度與壓力下純度達 98% 的二氧化碳。過程之中耗費的只有蒸汽與電力，不會產生廢水與排放。整個過程溫和、安全、負碳。

清除大氣之中的二氧化碳。

不過對於直接空氣採集業者的商業挑戰仍是經濟。目前各地缺乏強力的碳管制，企業利用直接空氣採集的二氧化碳的市場很小。無人願意花錢打造直接空氣採集儲存的先導計畫。

已有壓縮二氧化碳的市場，從強化石油生產，到飲料碳化、溫室與其他小範圍的利用。不過，價格低廉、濃縮二氧化碳的供應豐沛。沉積地質結構中的天然二氧化碳、高濃縮的工業供應，例如乙醇與化學製造，降低了顧客願意支付購買二氧化碳的價格。舉例而言，在美國用於石油製造、油管規模的二氧化碳，每噸二氧化碳價格可低至 10 至 40 美元，遠低於直接空氣採集初期原型階段的每噸 100 美元（或更高）。

根據學界計算，大規模採用直接空氣採集系統，可將價格降至競爭範圍。不過，業者目前陷入活動暫停的外部循環：整體而言研發資金短缺、市場不支持運用，並且需要更多學習與創新，使該系統的科技漸趨成熟。此外，直接空氣採集設計上的進步，在與工業排放系統二氧化碳採集競爭時，有助於減少成本，後者仍然是壓低二氧化碳價格的壓力。直接空氣採集系統可以設置在各種地點，減少二氧化碳運輸的相關成本，因此增加整體成本的競爭力，對各地都有利。

未來，直接空氣採集研發人員將需發展有創意的工程與商業模式，並且獲得專注於長期氣候目標的政策的支持，這是為了與現有的低價二氧化碳供應源，以及日漸成長的電廠與工業採集的壓縮二氧化碳競爭。

此外，直接空氣採集必須特別努力，確保管理機構將它視為減少與移除碳的方案。目前對於直接空氣採集的規範，很少對採集過程給予氣候相關認證，甭論儲存二氧化碳，而要取得氣候相關認證，科技必須符合政策框架，協助世界達到淨值零排放與減少。在各種參與者與看法中找尋出路是可能的，但是絕不輕鬆。

即便有著經濟、技術與政治上的挑戰，許多勇敢的業者與研究員人戮力於改進直接空氣採集的技術。許多公司的目標是讓直接空氣採集技術在北美與歐洲商業化。亞利桑那州立大學的克勞斯・拉克納（Klaus Lackner）教授建立抵銷碳排放中心，研究直接空氣採集技術，美國能源部也在 2016 年啟動第一個直接空氣採集研究。

這些早期直接空氣採集與商業化投資的演進過程相當有趣。這些努力與直接空氣採集的早期市場，可以激起一個新的、永續的程序工程產業，自空氣中直接採集並儲存數十億噸的二氧化碳嗎？時間會證明人類是否能夠完成這項任務。

氫硼融合

1924 年，英國物理學家亞瑟・愛丁頓爵士（Arthur Eddington）推論核融合是太陽輻射能的關鍵。他並未意識到自己開啟歷史上最昂貴的科學追尋：利用核融合反應爐創造一個星球的能量。與分裂重原子產生熱能的核分裂不同，核融合讓兩個氫原子互相撞擊，創造出供應星球運作的能量。有人說世界已經擁有一個完美的核融合反應爐，雖然不在地球上。來自太陽一日的能源，將可供應地球數年的能源。目前，一小部分的太陽能被太陽光伏採集，或者間接轉換為生物量、水力、波浪與風。石油儲存了天空中巨大核融合反應爐的能量，雖然製造過程耗費數百萬年，而且轉換效率欠佳（2003 年生態學家傑佛瑞・杜克〔 Jeffery S. Duke 〕研究估計，平均每加侖的汽油，需要 90 噸的史前生物量作為原料）。再生能源多變無常，電力公司希望能源穩定，而且供應不中

斷。為此，科學家與工程師自 1930 年代起不斷追求物理學的聖杯：乾淨、實際上毫無限制的能源，帶領世界告別煤、瓦斯與石油的時代，並且持續供應未來世界千年的能源。萊夫・葛羅斯曼（Lev Grossman）於 2015 年的《時代雜誌》（Time）中宣稱：如果成功創造一個星球的能量，「將是人類歷史變調的一刻」，「這樣的能源奇點」將意味石油時代的終止。

在地球上創造星光極為困難。50 多年來，理論家與工程師想像並建造他們認為可行的核融合反應爐。經歷上百萬次的試驗並且投資超過 1,000 億美元之後，距離成功仍很遙遠。直至近日——也就是近 20 年——私人企業進場。由於資金較少，這些團體必須靈活運用高科技新創公司採用的創新方式——以越少越好的花費，更快、更好地失敗。

2015 年 6 月，一間因為其非傳統作

風而被視為獨行俠的公司宣布,已經完成追尋聖杯旅途的一半,而且是比較困難的部分,被稱之為「足夠的長度」。該公司是三氦能源(Tri Alpha Energy,簡稱 TAE),在過去 18 年來保持神祕,這是因為核融合的歷史充滿誇大不實、幻想與被戳破的妄言。最好閉上嘴巴做事,一如三氦能源那樣。三氦能源宣布消息的時候,已經完成超過 4.5 萬次的實驗。

打造三氦能源願景的人,是已故的諾曼・羅斯托克爾(Norman Rostoker)與首席技術員米契爾・賓德鮑爾(Michl Binderbauer),他們開創公司時有一個目標,他們提出的問題看起來很簡單:電力公司需要的是什麼,而不是離子物理學期刊希望刊登什麼。電力公司想要的是安全、小巧、平價、值得信賴的發電設備,可以在有需求的各地興建。安全是關鍵。雖然核融合反應爐不像核分裂那樣會產生輻射,核融合反應爐至今仍依賴氘與氚燃料,以及會產生自由中子的氫的同位素。一段時間後,中子將會使反應爐變得有輻射性,意味著起作用的成分衰變,必須每6至9個月更換。

羅斯托克爾與賓德鮑爾決定冒險嘗試,選擇氫-硼作為燃料,除了因為安全,更因為容易取得。氫-硼不會產生中子。反應爐可以持續使用數十年甚至是一個世紀。它可以安全地設置於各地。如果關閉也不會發生任何事。或

說如果發生什麼事,關閉就好。關閉後可使用家用發電機再度啟動。氘與氚稀少,硼至少可以供應 10 萬年,而且價格便宜。三氦能源在解釋時半開玩笑地說,如果購買反應爐,將免費提供燃料。

氫硼融合產生 3 個氦原子,剩餘質量的一小部分轉化為能量……巨大的能量。愛因斯坦預測,在正確的條件下,質量可以轉變為能量,反之亦然,一小塊質量蘊含的能量,對於人類而言,相當驚人。氫硼融合每單位燃料質量可以生產的能量,是核分裂的 3 至 4 倍,而且沒有廢棄物,也就是不會產生鈽、輻射、熔毀與擴散。

有些等離子體物理學者嘲笑三氦能源選擇使用氫-硼作為核融合的燃料,因為它需要的熱能,是傳統核融合反應爐的 30 倍,後者「僅」需華氏 1.8 億度,前者準確而言需要華氏 54 億度。對於氫-硼而言,這是「足夠的熱度」,也是核融合要成功的另一半條件。當你有了「足夠的長度」與「足夠的熱度」,就可以在地球上製造星光。

足夠的長度指的是核融合反應爐無限維持等離子體的能力。等離子體是物質第 4 種狀態(其他 3 種是固態、液態與氣態)當你看到雲狀的銀河、太陽或是在地平線上跳動的北方光芒,那就是等離子體。它是離子化的氣體,加熱後將無法控制。如果等離子體接觸到任何

東西，將在毫微秒之內消失。這就像是想要抓住貓的尾巴。等離子體是一坨沒有電子的次原子微粒。它組成宇宙的99%。核融合需要加入並且控制等離子體，並且加熱至超臨界的溫度。但這是兩個相反的力量：等離子體越熱，就會變得越不穩定。捕捉等離子體一直以來都是等離子體物理學者與工程師的挑戰。

賓德鮑爾已經取得**足夠的長度**，他以一種絕妙的方式，無限維持等離子體的狀態。他在等離子場域周圍放置6支發射氫原子的微粒注射器，創造出不斷旋轉的等離子體陀螺。每個孩童都知道陀螺旋轉得越快越穩定。同樣地，等離子體在旋轉、加熱的時候變得更穩定，並且產生自己的磁場。在三氦能源的反應爐中，只要能夠維持旋轉的速度，就能使等離子體穩定。旋轉得越快就變得越熱，越熱就越穩定，這與先前核融合科技發現與宣稱的相反。

2017年時，三氦能源已經建立公司歷史上第4個反應爐，大小足夠完成核融合。他們完成穩定等離子體的**夠長理論**，就差如何達到**夠熱**了。當太陽最高溫度是華氏2,520萬度的時候，要怎樣才能創造華氏54億度的溫度呢？根據賓德鮑爾的說法，讓等離子體完成剩下的事。位於瑞士的大型強子對撞機能夠創造數兆度的溫度，是三氦能源所需的好幾千倍。這些數據是在粒子加速器內取得，粒子環繞著16英里的圓周並產生巨大能量。因此對於三氦能源而言，賓德鮑爾相信剩下的挑戰是工程問題而非科學問題。你可以在便條紙上（以及一個等離子體物理學學位）計算新的三氦能源反應爐需要多少溫度，因為你知道等離子體場域的周長。

核融合反應爐所產生的豐沛且乾淨的能源將是驚人的。就能源而言，實用的核融合反應爐將是未來的電廠：氫－硼融合無碳、永續且安全。目前該公司預測每千瓦小時成本約10美分，未來將降至5美分。最新的風力購買合約中，每千瓦小時是2美分，太陽能稍高。不過，再生能源必須配合可調度能源或是儲存來實現。直到出現瓦斯與煤礦的穩定取代物，或是有效儲存能源的大規模裝置，由重碳燃料供應的可調度能源將持續存在。無論核融合是否成功，能源革命都正在醞釀當中。如果核融合加入其他可再生能源科技的行列，將對石油能源是一大打擊。屆時，這些能源來源將促成各產業價格下降。

三氦能源位於加州爾灣的大廳有一籃別著粉紅色緞帶、長著翅膀的小豬，具體展現該公司對於各界質疑的態度。顯然小豬很快就會起飛。

智慧高速公路

超過 16 萬英里的瀝青構成了美國國家高速公路系統。其中，自亞特蘭大向南延伸至喬治亞西部的 18 條公路，一項名為「雷」（The Ray）的計畫，正在重新想像高速公路的可能。該公路是以英特飛公司已故的執行長雷・安德森（Ray C. Anderson）之名命名；該公司生產方塊地毯，並自 1990 年代中期開始，以永續為經營目標。安德森與英特飛公司的社群從根本上修改他們營運的方式，將一個以石油為基礎的製造公司，轉型為一個重建的企業。他們第一個永續任務就是讓英特飛公司不產生危害，接著則是創造淨益。

忠於命名，「雷」計畫也將顛覆企業的日常行事。目前高速公路是非永續生活的縮影。當汽車與貨車高速通過能源密集的瀝青路面時，燃燒石油並且排放汙染物，或者，更糟糕的是，困在交通中處於閒置狀態。高速公路本身切割了生態系統，並且促成毫無章法、以汽車為中心的發展模式。觀看尖峰時刻的高速公路，你將不禁納悶，難道這是人類社會的最佳表現，特別是在這個氣候變遷的時代？「雷」計畫的設計目的，是要成為有生命的實驗室，目標是證明我們可以做得更好。即便有越來越多的交通替代方案，汽車與所需的基礎建設對於移動與連繫依然重要。明白這點之後，「雷」計畫的目標是將這一段路程轉變成正面的社會與環境力量，並且成為世界第一條永續的高速公路。只要在這裡證明可行，這條「智慧」高速公路的廊道將激起革命性變革，一如英特飛公司曾經做到的那樣。

車輛與行走的路面經常同時演進。約是美國當代高速公路系統 1/3 大小的鋪面道路，能讓以輪子行走的車輛，將武器與貨物運送至整個羅馬帝國。20 世紀汽車大規模生產之後，高速公路隨之出現；艾森豪全國州際及國防公路系統便是一例。面臨氣候變遷與能源革命，有效率、電動的、自動駕駛車輛也出現在現代道路上。確實，幾乎所有試圖改變汽車運輸的努力都專注在車輛之上。「雷」計畫背後的團隊則假設汽車倚賴的基礎建設——亦即高速公路——也必須演進，讓乾淨的運輸成為事實。「雷」計畫運用當地與國際專業知識，開始領導演化。

電動車（EVs）是這個實驗室的重點項目。目前，這條 18 英里長的廊道，每年排放超過 10 萬噸的二氧化碳。為了改變這個數據，「雷」計畫正在建造電動車可以仰賴的基礎建設。高速公路旁的路邊遊客中心安置一個太陽光伏充

電站，電動車可以在 45 分鐘內免費充飽電。「雷」計畫的最終目標是結合電動車的專屬道路，當它們經過時自動收費而無需停車。喬治亞州電動車註冊數量，已是全美第二多。更多電動車的基礎建設意味著更多人駕駛電動車，代表排放將會減少。下一個世代的車輛已經出現。智慧高速公路必須跟上潮流，甚至超前思考。

「雷」計畫的設計核心還包括未來能源。太陽能科技完美嵌入高速公路兩側未使用的開放空間。「雷」計畫將沿著道路安裝 1 兆瓦特的太陽能電廠，這個方法已在其他地方被採用。道路表面 90% 的時間處於暴露狀態，非常適合太陽能發電。名為瓦特威（Wattway）的太陽光伏鋪料是一項法國科技，讓「雷」計畫可以生產乾淨能源，提供 LED 照明與電動車充電，同時改善輪胎抓地力與表面的耐用度。沿著太陽光伏面板鋪料的隔音板是「雷」計畫另一個雙贏方案，在創造能源的同時吸收當地社區所承受的噪音汙染。

在創新方面，「雷」計畫在大西洋另一頭有志同道合的夥伴。設計師丹‧羅塞加德（Daan Rosegarrde）與歐洲工程公司海曼斯（Heijmans）合作，在荷蘭進行一項獲獎的智慧高速公路先導計畫。「未來 66 號公路」運用的科技包括能源採集、氣象感應器以及動態塗料，包括生物照明的「發光標線」，能在白天吸收陽光，並在晚上發光。不需要路燈，也因此省下所使用的能源。他們的工作成果如今在荷蘭擴展，並且延伸至中國與日本。

自從現代高速公路首次出現以來，幾乎沒有任何進步。如今氣候變遷，加上電動車與自動駕駛車輛的出現，高速公路必須與時俱進。高速公路需要更聰

■菲力普・拉芬（Philippe Raffin）展示瓦特威太陽能公路的鋪料，太陽光伏鋪料黏著於既有道路上，藉此生產電力。在法國研發的這種鋪料，寬 10 英尺、長 20 英尺，可以供應一個法國家庭的電力需求。

明。羅塞加德與「雷」計畫的努力，提供了先見之明，原來骯髒的基礎建設也可以變得乾淨、安全、有效率甚至高雅。因為高速公路數十年來的原地踏步，因此充滿許多創新的機會。但是高速公路規範嚴格，因此實現機會意味動員官僚並且視永續與安全為公路的關鍵優先項目。智慧高速公路這個名詞令人聯想到科技，但是若要成功，促成制度變革也同樣重要。

超迴路列車

大部分的人都過於年輕，因此不記得人們曾經使用真空管將鐵罐裡頭的信件、存款與文件運送至建築物與城市各地。直至 1953 年，紐約市的西城與哈林區東部之間，仍使用氣動管信件系統連繫。這些位於街道之下的管線，是由名為「火箭發射員」的操作員操縱，將包裹與信件從中央車站運送至郵政總局，只需要 4 分鐘的時間。

現在，想像自動駕駛的座艙，直徑 7.5 英尺，裡頭裝置符合人體工學的座椅，播放美妙的世界音樂，並且設有肩帶，以每小時 760 英里的速度推進，穿越鐵製導管，從舊金山到洛杉磯，只需要 35 分鐘，花費等同於一張公車票。這是超迴路列車的願景。超迴路列車是長達 700 英里、穿梭於加州的低壓管路，它的根據是 2013 年伊隆‧馬斯克（Elon Musk）的「超迴路列車一號」（Hyperloop Alpha），這是一份宣揚第五代運輸模式的報告。馬斯克挑戰高速鐵路的概念，並且發起一個全世界的開放源碼設計合作計畫，希望在加州打造一個太陽能供電的系統。它成功了。目前世界已有許多公司致力於創造完整的超迴路列車系統。

1910 年，以火箭科學為人所知的羅伯特‧戈達德（Robert Goddard）最初想像的真空列車，是在真空管內以每小時 960 英里速度飛翔的磁浮火箭。它一直沒有付諸實現，但是 1 個世紀後，馬斯克想像的系統並沒有太大的不同。超迴路列車，一如它所宣稱的，極度有效率；原因之一是空氣的不存在。每種交通方法都發生在空氣或水中，因此速度越快，阻力也越大。在每小時 600 至 700 英里的速度下，就阻力而言，海平面的空氣比水還厚。每個小孩都曾將他或她的手放在高速行駛的車外，感受過這股力量。真空系統的挑戰是移除最後 10% 的空氣。

要創造並維持完全真空，需要大量能源，所以馬斯克與其他人退後一步，重新設計一套在部分真空情況下運作的系統。座艙前面安置一門風扇，藉此消除聚集的空氣，並且將部分空氣排除至尾部，剩餘部分則在兩側流動，類似軸承功能，避免座艙碰觸管壁內側。乘客的艙體將加壓並且密封。超迴路列車的承諾是速度，優勢是利用極少能源來載運人與貨物。根據預估，載運 1 個乘客 1 英里耗費的能源，比飛機、火車與汽車少了 90 ～ 95%。就速度而言，車輪實在是一大阻力。超迴路列車藉由太陽能與風力供電的磁鐵浮起，唯一真正的摩擦是管內剩餘的空氣量。線性感應馬

■當伊隆・馬斯克寫下「超迴路列車一號」這份邀請世界投入加速超迴路列車系統發展的戰帖之後，一組來自台夫特理工大學的工程系學生決定角逐最佳座艙的比賽，最後獲得第二名，僅次於麻省理工學院。32 位團員當中的 10 位，以 1 年的時間在加州霍桑市的測試軌道上建造座艙，與其他優勝者競爭。

達，一如機場接駁系統所使用的，將用來啟動與加速乘客座艙。座艙將以碳纖維製成，比乘客與行李 1/3 重量還輕。兩側中間有一條磁帶，作為高速行駛中的穩定器，必要時則成為緊急剎車系統。有些設計融合 LED 螢幕的虛擬窗戶，呈現車外景象的虛擬全觀圖。

不是每個人都欣賞這個計畫。通往洛杉磯的管路沒有明顯的停止與緊急逃生方式，激起許多人的幽閉恐懼症。然而，飛機也是如此：高速移動的座艙讓你無法逃離，臣服於不可控制的力量，例如風切、閃電、結冰與鳥群。相反地，超迴路列車座艙有可以開啟的門，

以及在必要時將你載往最近逃生門的線性感應馬達。更艱難的挑戰是乘客在轉彎處承受的力量。每小時 700 英里的速度下，即便是微小的方向改變，都會讓乘客承受類似戰鬥機裡頭的 G 力。商用飛機以好幾英里的距離緩慢轉彎，儘可能減少乘客承受的力量；超迴路列車為配合地勢可能無法這麼做。

安全之外，超迴路列車也面臨基礎建設成本、許可與其他挑戰。畢竟，建造高速鐵路既昂貴又困難；超迴路列車的設計需求大部分與前者相同、甚至更高，例如筆直的軌道、耐用的基礎、尖峰電力需求。不是說不可能或不值得。美國在第二次世界大戰後興建許多高速公路，但是看看它對城市與郊區造成的影響。超迴路列車網絡的衝擊又是什麼？或者它能否成為一個網絡？它連結的都市中心將會發生什麼？當大部分路權都被占據的時候，它的走向是如何？越來越快是否還有幫助？超迴路列車起飛時刻尚未來到。當萊特兄弟的固定翼飛機只能飛行 10 英尺高、120 英尺遠的時候，他們面臨質疑。法國人嘲笑他們是虛張聲勢的人（Bluffeurs）。當他們在北卡羅萊納海岸成功飛行後，一切都改觀了。

超迴路列車公司很忙碌。在露天的情況下，超迴路列車一號以每小時 330 英里的速度，成功在拉斯維加斯北部的軌道上奔馳。它與杜拜的傑貝阿里港（Jebel Ali）簽訂協議，研究如何快速且安全地運送每年登陸的 1,800 萬個貨櫃。超迴路列車也提出到府車艙服務，自動駕駛車艙將前往杜拜旅客家中接送，接著直奔至超迴路列車，並在 12 分鐘內抵達阿布達比。這間公司也計畫洛杉磯至拉斯維加斯、赫爾辛基至斯德哥爾摩、莫斯科至聖彼得堡的貨運路線。斯洛伐克的經濟部長也計畫從布拉提斯拉瓦（Bratislava）至布達佩斯與維也納的超迴路列車路線。最創新的或許是超迴路列車運輸科技這間集資虛擬公司，超過 500 位來自世界各地的科學家與工程師，他們一毛未取，而是獲得這間新創公司的股份作為補償。

支持者相信資訊科技加速通訊，讓世界關係更密切，現在是時候著手改進運輸了。「運輸是新寬頻」是他們的六字箴言。在加州的超迴路列車計畫中，你可以住在洛杉磯並在矽谷工作。這其中存在傑文斯悖論（Jevons paradox）：當某項服務或產品的價格越來越便宜，人類並不會節省支出；相反地，他們花費更多，例如便宜的電力，或者購買其他東西——車子、度假小屋，或是為每個房間安裝平面電視。悖論是節省昂貴的能源讓人們有更多金錢去花費。節省的能源甚至有可能因為消費者行為完全流失。換句話說，超迴路列車可以創造想像中最有效的再生運輸系統，或者催化另一波吞噬世界的物質主義。

微生物農場

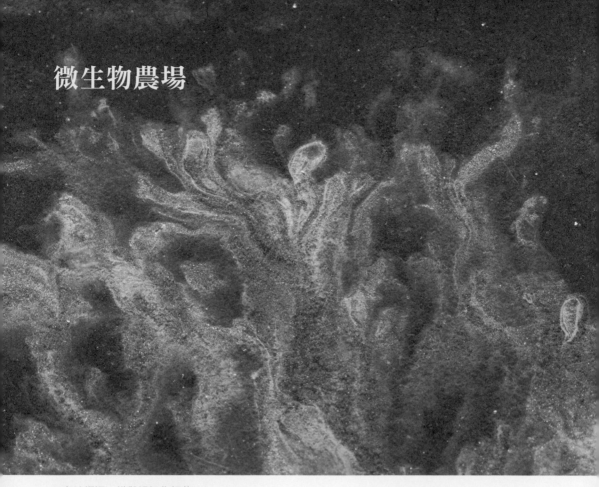

■魚池爛泥，鐵與錳氧化細菌。

　　想像一下，一名農夫駕駛 4 噸的皮卡車前往當地的肥料店，離開時帶走 10 磅的固氮細菌，這些細菌可自空氣之中製造生物可用的氮，並滋養 150 英畝的麥。人們尚未發現麥子的固氮細菌，但是科學界已動身尋找。豆類植物如黃豆、紫花苜蓿以及花生都擁有厭氧細菌，可將大氣中的氮分解成為有用的磷酸鹽。豆類植物的根特別寵愛這些細菌，避免它們接觸氧氣，並且提供他們糖類分泌物，這些細菌則提供植物重要

的氮作為回報。本書節錄了大衛·蒙哥馬利（David Montgomery）與安妮·比寇（Anne Biklé）的共同著作《大自然隱藏的另一半》（*The Hidden Half of Nature*），該書清楚闡釋，對於土壤微生物群的強烈關注與研究，與人類微生物群的發現同時發生。兩個生態系統都是難以想像地複雜，也是健康和幸福的基礎。

　　1 克土壤中的生物可高達 100 億個，包括 5 至 8.3 萬種不同種類的細菌與真

菌。1 公克等於 0.035 盎司，在這一小撮土壤中，有著世界上最多元的生命系統。在幾英尺的範圍內，地下的生態系統就有可能出現劇烈變化，端視土壤之上的是高粱、橡樹或是鼴鼠丘。

我們已知的是：土壤裡頭細菌、病毒、線蟲與真菌的潛力無窮，並在處理農業對於地球暖化的影響上，可能起到決定性作用。它們對於氣候的重要性在於微生物能夠大幅減少對人工肥料、殺蟲劑以及除草劑的需求，同時改善穀物收穫量、植物健康與食物安全。

土壤的微生物群讓全球每個大型農業公司投入研究、合夥或併吞從事土壤微生物鑑定與測試的新創公司。它們正在尋找對自己一直以來所做的事有幫助的微生物，即讓工業化農業更有利可圖。諷刺的是，研究風向卻是找出具消滅能力的微生物。該陣營的研究人員將微生物形容為對抗黏蟲、食蟲、蚜蟲、蟎、粉紋夜蛾與雜草的「武器」。基因改造的玉米與黃豆添加了蘇雲金芽孢桿菌（Bacillus thuringiensis），藉此創造能夠殺死毛毛蟲、蛾與蝴蝶的結晶蛋白質。被當成除草劑的微生物已經商品化。

雖然大型農業公司幻想微生物成為某種武器，微生物世界的本質卻與此相反，這是一個互助的世界，兩個有機物之間的活動對雙方有益，而非互相競爭、一個物種壓制另一個物種。

一個健康的土壤生物群含碳量豐富，因為土壤的微生物攝取植物根部富含糖類的分泌物；細菌反過頭來分解岩石與礦物，且轉換為植物可利用的養分。健康的生物群充滿有機物質，比起退化的土壤，能夠鎖住 3 至 4 倍的水分，因此具有韌性，也較能抵抗乾旱。它也創造出更健康的植物，並在地面產生更豐富的生物多樣性。《Drawdown》一書提出再生農業與保護性農業的方案，此外農林業、樹木間作與放牧管理都能提供土壤微生物養分，因此獲得回饋，並大幅減少對石化肥料的需求。

目前將氮轉化為製作肥料用的阿摩尼亞，消耗世界 1.2% 的能源。過程之中石油能源發電產生排放，許多氮也以氮氧化物的形式逸散在空氣之中，這是一種比二氧化碳強上 298 倍的溫室氣體。或者，它會滲入地下水與水道之中，造成藻類過度繁殖，以及海洋生物因為缺氧而窒息的死亡區。

恢復性的農業應該與生物學及自然聯手，而不是向它們宣戰。當種子埋入土壤，一群複雜的土壤有機物將起身協助它的成長，隨著它的成熟、開花結果與播種共同演化。土壤微生物群讓農業變得更好，並讓土壤提供健康、美味、豐富的食物，方法是在種植與土壤的需求之間取得和諧。總結來說道理很簡單：植物與土壤彼此滋養。如果這個循環被肥料或是殺蟲劑等合成物打斷，植物將

■科學家在肯亞安博塞利國家公園內採集細菌。

衰弱而土壤也會失去肥沃度與生命。

　微生物農業革命到來的時機再恰當不過。雖然有各種預估，農業占溫室氣體排放約 30%。在過去，根據已知與既有科技，減少農業排放可能意味著減少世界的糧食生產。當人類將在 2050 年達到 90 億人的時候，這並非選項之一。

　世界土壤品質正在下滑，帶給人類的挑戰是：試圖以更多化學物修正這個問題，或是重新建造健康的土壤生態系統。在退化的土壤添入與作物及食物共生的有機物組合，農業可以創造良性循環、效仿生命。根據生物學家珍妮·貝尼（Janine Benyus）所說，生命創造有利生命的條件，我們有理由相信農業新時代正在開始，它將滿足兩造需求：以真正永續的農業方法生產乾淨、充足、有營養的食物，並持續創造有活力且充滿關懷的星球。

工業用大麻

　　將工業用大麻稱之為「明日新亮點」似乎有些奇怪，因為它被用於製作人類衣物的纖維，已長達數萬年的時間。它之所以被納入本章，不是因為它可以做什麼，而是因為它可以取代什麼。1937 年，美國有效地禁止種植各種大麻，當時帶頭反對的新聞與紀錄片，以駭人聽聞的方式，述說大麻作為一種毒品如何滋生暴力與精神錯亂。因為人們對於麻繩或是其他工業用大麻製品感到舒坦，對神經起作用的其他品種（大麻的學名為 Cannabis sativa）就被命名為「marihuana」，這是一個墨西哥黑話，除了用來指涉它摧毀性的效果，也隱含了種族歧視。今日，越來越多州批准休閒與醫療用大麻，工業用大麻卻因緝毒局拒絕同意，在美國仍被禁止栽種。在世界其他地方，大麻是具有許多用途的商品作物。與休閒或醫療用大麻相比，工業用大麻含有的大麻素微不足道。

　　數千年前，大麻因為其富含纖維的莖而受到注意。內皮與莖皮都含有長而強健的纖維，可以單獨被紡織，或是與亞麻及棉花結合後製作服飾。1840 年代，人們開始使用木漿製作紙張；在此之前，紙張幾乎都是使用丟棄的大麻服裝製作而成。尋找廢棄布料的拾荒者，來回歐洲城市之間，撿拾街頭的廢棄物來貼補家用。這些破舊的衣物被賣至類似今日的回收中心，大麻被分類出來、清洗、紮綑後賣給造紙業者。

　　大麻生產強韌且永續的纖維。用途涵蓋紙張、織品、繩索、縫隙填補、地毯與帆布（canvas）。「canvas」一詞源於「cannabis」（大麻，法語則為 canevas）。內皮是有價值的部位，被用於織品與繩索，每英畝產量在 800 至 2,400 磅之間，比棉花產量還高。兩種植物的影響差異也很可觀。棉花是世界上對環境最有害的作物，因為種植過程使用大量化學物質，並且相當倚賴化學燃料。[77] 雖然僅占所有農地的 2.5%，棉花每年的殺蟲劑使用量卻高達 16%。當我們再把 2 萬人因為殺蟲劑中毒死亡、水質汙染、殺蟲劑引發的疾病，密集使用人工肥料與除草劑，以及因灌溉乾燥土壤導致的土壤鹽化等問題納入計算，你會發現這樣的一種作物對於社會、環境與氣候的影響。將近 1% 的溫室氣體排放來自棉花生產。一件白襯衫由農田至消費者手中

---

77. 傳統棉花種植使用大量殺蟲劑與除草劑，棉花種植面積占農業 2.5%，但農藥用量卻占總量的 16%；所使用的農藥毒性亦高，例如涕滅威。此外，將棉花製成服飾的過程中，也會使用各種化學物質，例如甲醛、氨、石化除垢劑、矽蠟、化學清洗劑等。

■利用大麻纖維製作帆布、繩、線與服飾已有數千年歷史。其質地如亞麻,卻可以透過梳理取得棉一般的質感。就可利用纖維的收穫量而言,大麻的產量是棉花或樹木的 10 至 100 倍。

的排放量是 80 磅的二氧化碳。

當大麻移除內皮後,剩下種子以及大麻屑(hurd)。大麻屑可以製造多種產品,包括纖維板、砌塊、隔熱材質、灰泥與粉刷。這種植物的多功能性讓某些人相信它是農業的萬靈丹。並非如此。大麻是一年生植物,所以必須輪耕使土壤恢復肥沃。不過它不需要像一般一年生作物那樣耕作。種植密集且成長快速的大麻,可以驅逐並遮蔽薊之類的雜草,因此發揮了除草劑的作用。此外也無需使用殺蟲劑。以當下價格計算,它的每英畝淨利是小麥的 2 至 3 倍。但是它需要不少的水,以及深厚且營養充沛的土壤,此外也不適合用來恢復退化的土地。大麻對環境的益處很多,但是卻不便宜,至少在美國是如此。舉例

而言,如果為了效率而使用打穀機收割大麻,將會破壞內皮纖維。雖然內皮用途多元,大麻纖維的成本將近木漿的 6 倍。

當大麻作為棉花的替代品時,才是它發揮改變作用的時候,其他用途則可支持它的經濟。當中國前最高領導人胡錦濤於 2009 年造訪中國的大麻加工商時,他懇求他們增加中國種植量至 200 萬英畝,藉此避免棉花的有害效果。成長端賴大麻織品的生產能否達到價格低廉、時尚與舒適。就纖維柔軟度而言,它不是棉花的對手,但是如果成本有競爭力,它確實可以取代世界一半的棉花,用於日常衣物的製作,例如牛仔褲、夾克、帆布鞋、帽子等,如此一來將對碳排放產生顯著影響。

多年生作物

人類並不是一直食用種子的。早期的飲食是由肉（包括所有的器官、骨髓與脂肪）、塊莖、蘑菇、海鮮（包括海草、海洋哺乳類與貝殼）、四處找到的蛋、蜂蜜、鳥、蜥蜴、昆蟲、莓果，以及各式各樣的蔬菜與草本植物組成。人類在某些地區，偶然地食用了野生的穀物。當時沒有「正」餐，當天的食物一大部分取決於季節與運氣的好壞。最後一個冰河時代結束之際，也就是 11,000 至 12,000 年前，人類開始種植一年生植物作為糧食，起初是小麥的祖先，位於肥沃月彎的二粒小麥（emmer）。1 萬年前，亞洲開始種植稻米；9 千年前，美索不達米亞出現玉米種植。這 3 種作物成為世界的主食，至今仍是如此。這 3 種作物都是一年生植物。

如果穀物是多年生作物，將對於土壤、碳排放與成本造成截然不同的影響。在任何農業系統中，多年生作物都是封存碳的最有效方法，因為它能保持土壤不受損害。一年生與多年生作物的差別在於一年生作物每年回枯，包括根部與其他所有部位，只憑種子再生。多年生草本作物也會回枯，但是根部仍持續於土壤底下生長。他們也會產生種子，因此世界各地的研究人員都在尋找某種可能性：可以成為多年生糧食作物的穀物或油籽植物。

堪薩斯薩利納市（Salina）的土地研究所（Land Institute），以及中國雲南省農業科學院這兩個機構都成功繁殖多年生的主食作物。雲南省農業科學院專注於稻米，它有 4 個透過根或是地上莖（類似草莓）蔓延的野生祖先，並且可以生產稻米達數年。稻米生長於水田或是無需灌溉的高地稻田，兩者都有深層的根，可以抵抗乾旱，高地稻米更可以預防土壤侵蝕。多年生高地稻米可以盡可能減少農民伐林行為，這些農民種植稻米數年後接著前往其他地方，並因土壤缺乏肥沃度而使用火耕。

土地研究所持續致力於繁殖多年生小麥長達 40 多年的時間，看起來他們成功研發出名為肯薩麥（Kernza）的變種。研究所創辦人韋斯・傑克森（Wes Jackson）對當地小麥農夫的土地與原生高草草原之間的差異印象深刻。植物遺傳學家李・德翰（Lee DeHaan）在 2001 年加入土地研究所，並從原生於歐洲與西亞的麥草的中間變種研發出肯薩麥。原始的小麥被農夫稱之為「高麥草」，並被廣泛種植，將它當作供動物食用的糧草，1980 年代，羅岱爾研究所（Rodale Institute）將它評估為多年生小麥作物。2000 年初期，德翰種

■位於堪薩斯州薩利納市的肯薩麥（中間偃麥草）。成熟的麥子將被集結成捆，丟入打穀機脫粒。

植經過羅岱爾試驗的種子，並從那刻起，挑選、種植、重新挑選擁有理想特徵的種子。土地研究所的肯薩麥是第一個被種植、販賣，並在精選餐廳與麵包店販售的；肯薩麥在那裡被做成瑪芬、墨西哥玉米餅、義大利麵與淡色啤酒（ale）。

傳統小麥與肯薩麥在田裡的差異顯著。傳統小麥種植將碳封存於表土，碳在土壤被耕作的前後釋放至空氣中。相較於一年生小麥有著纖細、長 3 英尺的根，肯薩麥的根粗壯而且往下延伸10 英尺，可以封存數倍的碳並將它們深埋在地底之中。埋藏碳或許是錯誤的說法；肯薩麥的根部與細菌交換碳，後者將岩石酸化形成礦質營養，供小麥使用。對於植物與土壤而言都是一筆好交易，而且不需要耕作。

在不擾亂土壤的情況下耕種，比起任何事物，對土壤健康與碳封存（或減少排放）更加有益。土壤的養分循環在未被擾亂的土壤中運作得更有效率。多年生農地比較像是分水嶺，意思是說鄰近的河流比較能夠維持棲息的生物多元，因此有更好的生物多樣性。此外，多年生植物也可能可以在廢耕地上耕作。

肯薩麥尚未達到上述階段，密西根州立大學、華盛頓州立大學、國際稻米研究所與其他機構研發的多年生穀物也是。麥粒仍小且收穫不足，好消息是世界各地一致努力創造新的多年生主食作物，肯薩麥只有 14 年的歷史，在植物配種的世界中，還算是個新生兒。

走在海灘上的牛

從古希臘到冰島，人們使用海草餵養牲畜已有數千年歷史，特別是在冬季糧草貧乏的時候。畜牧業者與牧人們早就注意到它的增肥效果。在今日的愛德華王子島，加拿大酪農喬・朵庚（Joe Dorgan）發覺他位於海邊牧場裡

所有動物。不久之後朵庚便明白他正掌握商機，如果他可以讓海草飼料核准販售的話。科學研究員羅伯・金利（Rob Kinley）接手進行必要的測試，並且發現海草確實幫助了朵庚的牛隻，讓牠們的消化更有效率。朵庚的餵食讓甲烷這個牛隻消化食物時產生的主要廢棄物下降 12%。減少了生產甲烷所需的卡路里，讓消化更有效率，因此產生更多牛乳。金利檢視被沖上岸的海藻，思考其他種類的海草是否更能協助牛隻在消化過程中減少製造不必要的甲烷。

牛隻屬於反芻動物（ruminant）的一種，這些動物因為擁有相同的器官瘤胃（rumen）而得名。瘤胃是胃的一部分，咀嚼後的食物在此被細菌消化，並成為反芻物再被咀嚼、吞嚥。這樣一個會產生氣體的微生物過程，讓牛、綿羊、山羊、水牛消化高纖維的食物，例如草。結果甲烷廢氣從動物排泄與進食兩端排出，90% 透過打嗝。在世界各地，這些小小的排氣累積後，占全球牲畜生產過程中 39% 的排放，以及 1/4 的全球甲烷汙染。在澳洲，該國農場與牧場製造的甲烷，占溫室氣體排放近 10%。身體結構的自然特性意味著反芻動物必然得經過腸內發酵處理食物，但是金利在愛德華王子島的發現顯示腸內發酵不必然產生如此多的甲烷。

在澳洲昆士蘭北部某間研究公司中，金利加入一群由海藻與反芻動物營養專

的牛隻，比遙遠內陸放牧的牛隻更健康，並且生產更多牛乳。他開始搜集被暴風席捲上岸的海草，並用來餵養他的

家組成的團隊，利用人造的牛胃，即一個小型的發酵槽，測試各種海草品種與飼料混合的效果。投注大量海草的情況下，各品種都對甲烷生產有不同程度的影響，但是研究員很快地注意到蘆筍藻（Asparagopsis taxiformis）。這是一種生長在世界各地溫水裡頭的紅藻，被沖上昆士蘭海岸的海藻也是。它在某些地區是原生種，其他地方則視它為外來種。當結果出爐時，金利與他的團隊一度懷疑設備是否故障。在人造瘤胃中，蘆筍藻減少的甲烷可達 99%，需要的劑量僅為糧草的 2%。在活綿羊上實驗，同樣的劑量可以減少甲烷達 70～80%（尚未於牛隻身上進行實驗）。

蘆筍藻的關鍵成分是三溴甲烷。在反芻過程的重要步驟中，瘤胃裡的細菌通常使用會產生甲烷廢氣的酶。三溴甲烷與維他命 B_{12} 發生作用並阻斷上述過程。在缺乏蘆筍藻與三溴甲烷的情況下，反芻動物將在甲烷廢氣上浪費糧食 2～15% 的能量（確切損失根據飲食而變化），一如所有排泄物，甲烷代表系統效率不佳：反芻動物消耗的一部分食物無法被轉換成身體質量。減少排放氣體的三溴甲烷，可以避免排放並改進生產。由於三溴甲烷的效能將隨食物種類與品質改變，仍有許多實驗室內、外的研究需要進行。

今日有超過 14 億牛隻與將近 19 億綿羊及山羊棲息於地球，利用蘆筍藻控制甲烷排放，規模將是主要的挑戰。要生產澳洲牲畜所需的 10%，需要 23 平方英里的海草農場。它可以在哪裡以及如何大量生產呢？乾燥儲放將會影響三溴甲烷的效果嗎？像金利這樣的支持者坦承挑戰確實存在，但是主張值得一試。普及的海草生產對於海洋可能會是一項裨益，它可以吸收造成酸化的二氧化碳、吐出氧氣，並且創造出海洋棲地。不過所需規模仍然非同小可。另一個明日新亮點——海洋永續農業，承諾以每平方英里為單位培養蘆筍藻，即便離海岸很遠。兩種方案的合作將產生全球性的影響。

值得注意的還包括甲烷並非反芻動物與其他牲畜唯一製造的溫室氣體。糧草生產與加工是另一個元凶，占牲畜相關排放的 45%。除了幫助動物更有效率地消化，改變飼養牲畜的方法也有助於減少排放，例如混牧林業或放牧管理，並減少人類飲食對於動物製品的攝取。蘆筍藻的前景仍然看好。在夏威夷，它被稱為「limu kohu」，意思是令人愉悅的海草，並且用來作為生魚的調味料。如果用來餵養全球的反芻動物，將改進生產力並減少黃豆、玉米、牧草作為糧草的需求，因此降低養殖業對於土地的影響。最重要的是蘆筍藻可以大幅減少牲畜甲烷排放；牲畜每年排放的甲烷是全球溫室氣體的 6～7%。

海洋養殖

數十年來，環境運動者持續倡議並且為了拯救海洋免於過度捕魚、氣候變遷與汙染的危機而努力。如果我們以相反的角度思考問題呢？如果問題不是我們如何維持海洋的原始狀態，而是如何開發海洋，讓它有能力保護自己與地球呢？

一個由世界各地科學家、海洋養殖業者與環境運動者組成的網絡，正為這個問題絞盡腦汁。當 90% 的大型漁獲因過度捕撈而面臨威脅，加上 35 億人仰賴海洋作為主要食物來源的時候，海洋養殖的支持者認為水產養殖應該引領風潮。

不過他們想像的不是單調的工廠式魚類養殖，而是小規模的養殖場，飼養互補品種來提供食物、燃料，並且清理環境、扭轉氣候變遷。他們恪遵永續的倫理標準，重新想像我們與海洋之間的關係，目的是設法解決同時發生的氣候、能源與食物危機。

海洋養殖不是現代發明。數千年來，包括古埃及、羅馬、阿茲特克、中國等各地文化，都會養殖長鬚鯨、貝類與水生植物。從 17 世紀起，蘇格蘭便開始養殖大西洋鮭魚；美國移居者也曾以海草為主食。

曾經永續的漁業模式，如今轉變為大規模的工廠式飼養，一如我們在工業化農業所看到的那樣。傳統水產養殖的營運模式效仿陸地的工廠式牲畜農場，並以品質低落、漁產食之無味，以及施加汙染當地水道的抗生素與殺真菌劑而為人所知。根據最近《紐約時報》社論，水產養殖「重複太多工廠式農場的錯誤，包括減少基因多元性、無視保育，世界各地的人們在完全理解後果之前，就貿然採取密集的養殖方法」。

一小群海洋養殖業者與科學家正引領不同的風潮。新的海洋養殖場正率先嘗試所謂的多營養階層水產養殖（multitrophic agriculture），海洋養殖業者在其中培養不同的水產種類，它們提供彼此食物，同時也食用對方。

長島海灣的養殖業者正以多樣的海草品種，增加小規模貝類養殖場的多元性，這些海草可以過濾汙染物、緩和缺氧並且成為永續的肥料與魚類食物的來源。在西班牙南部，維塔拉寶瑪（Veta la Palma）公司設計的養殖場，不僅能夠恢復溼地，並且逐漸成為西班牙最大的鳥類禁獵區，當中有超過 220 種鳥類。

海草養殖場有能力培養數量龐大、營養豐富的食物。荷蘭瓦赫寧恩大學（Wageningen University）的隆納・奧

辛加（Ronald Osinga）教授，計算出一個總面積 7 萬平方英里、約華盛頓州大小的全球海洋植物農場網絡，可以供應全世界人口足夠的蛋白質。而這只是個起點，海洋中還有超過 1 萬種可食用的植物。

根據主廚丹‧巴伯（Dan Barber）的說法，他們的目標是創造一個養殖場「恢復而非消耗」、「每個社群能夠提供自己所需食物」的世界。海洋養殖不需要淡水、伐林以及肥料——這些都是陸地農場的主要缺點——即便與環境最敏感的傳統農場相比，也保證更為永續。此外，由於他們使用垂直的養殖水柱，因此生態足跡較小、收穫量高，景觀上的影響也較少。

環保海洋養殖場的主要作物是海草與貝類，而不是長鬚鯨；這兩種有機體或許是大自然之母賦予我們對抗全球暖化的祕方。海草就像是海岸生態系統裡頭的樹木，利用光合作用吸收大氣與水中的碳，某些品種可以吸收的二氧化碳，比陸地植物多上 5 倍。

海草是世上生長速度最快的植物之一。舉例而言，海藻在 3 個月之內便可長至 9 至 12 英尺。飛快的成長週期讓養殖業者可以迅速擴大他們的碳匯。當然，為了緩和碳排放而種植的海草，必須被採收並且製作成碳中和的生質燃料，以確保碳不會再被回收至空氣之中，或者在水中與陸地上被食用，或是快速地被分解。

雖然牡蠣吸收碳，他們真正的貢獻是過濾養殖水柱中的氮。氮或許是人們未注意到的溫室氣體。它比二氧化碳強上近 300 倍，根據《自然》期刊，就超過「地球限度」（planetary boundary）最大容許值而言，氮的排名是第二差的。如同碳，氮是生命的必要元素，植物、動物與細菌的生存都需要它，但是過多的氮則對土地與海洋生態系統造成毀滅性的衝擊。

主要的氮汙染源是農業肥料的排放物。製造人工肥料與殺蟲劑，每年排放至大氣之中的溫室氣體，總共超過 1 兆磅。大部分肥料產生的氮都流入了海洋，海洋的氮含量已高於標準值的 50%。根據《科學》期刊，多餘的氮「消耗水中必要的含氧量，並對氣候、食物生產與全世界的生態系統產生顯著的衝擊」。

牡蠣將是救星。一顆牡蠣每天過濾 30 至 50 加侖的水。馬里蘭大學的羅傑・紐威爾（Roger Newell）的近期報告顯示，健康的牡蠣棲地可以減少多餘的氮達 20%。一座 3 英畝的牡蠣養殖場過濾的氮，等同於 35 個海岸棲息生物製造的量。

目前有各種計畫利用海草與貝類清理受汙染的都市水道，並且協助社區應變氣候變遷衝擊。一項由康乃狄克大學查爾斯・亞里許（Charles Yarish）博士主持的計畫，在紐約布朗克斯河中的浮繩上養殖海藻與貝類，藉此過濾氮、汞與其他來自該市有毒水道的汙染物，目標是讓這些水道變得更健康、生產力更高，並且更具經濟價值。

再來則是「蚵築」（oyster-tecture）的出現，旨在打造人工的牡蠣礁石與水上農場，幫助保護海岸社群避免颶風、海平面上升、暴風雨洶湧的侵襲。來自設計公司「景色」（Scape）的景觀建築師凱特・奧福（Kate Orff）正在研發都市水產養殖公園，利用漂浮筏與懸吊貝類的長線，打造更多的都市綠色空間，同時改善環境。她理想中的新都市海洋養殖業者，既是照顧牡蠣礁石的貝類漁夫，也是照料水上漂浮公園的造景師。

在康乃狄克，支持者正在推動擴大該州既有的氮信用交易計畫，將貝類養殖場包含在內，藉此補償牡蠣養殖業者每年過濾長島海灣的氮。隨著全國各地新的牡蠣養殖模式興起，獎勵「環保漁夫」的養殖場對於環境的正面影響，將可成為刺激就業成長與創造碳匯的模式。

尋找現有生質燃料的乾淨替代品越來越迫切。一份歐盟委託的報告發現黃豆製成的生質燃料，可能產生比石油多 4 倍的氣候暖化排放。海草與其他藻類看來越來越像是可行的替代品。海草重量中的 50% 是油，可以用來製作生質燃料，供汽車、卡車與飛機使用。印第安

納大學的科學家們最近發現如何以比其他生質燃料快上 4 倍的速度，將海草轉化為生質燃料。喬治亞理工學院的研究人員發現利用萃取自海藻的海藻酸鹽，能夠大幅增加鋰離子電池的儲存電量達數十倍。

與陸地生質燃料作物相比，海草養殖不需要肥料、砍伐森林、水，或是大量使用燃油的機械；因此，根據世界銀行，它的碳足跡是負的。該科技仍在發展階段，不過養殖業者希望開始種植自己的燃料並且創造封閉迴路的能源養殖場。

實驗設計估計海草生質燃料每英畝收成可比陸地作物生產多 30 倍的能源。根據《生質燃料文摘》（*Biofuels Digest*），「由於海藻豐富的含油量，約 1,000 萬英畝就足夠取代美國今日全部的石油與柴油燃料。這是現今美國牧場與農地面積的 1%。」

撥用全球海洋的 3% 來養殖海草，將可滿足世界的能源需求。「我想這就跟開採石油一樣。」加州大學柏克萊分校微生物學教授塔西奧斯・梅利斯（Tasios Melis）表示。

依照目前趨勢，海洋處於死亡螺旋。根據國際海洋狀態計畫（International Programme on the State of the Ocean）這個由全球 27 位海洋專家組成的協會指出，氣候變遷、海洋酸化、缺氧的影響，已經引發「人類史上前所未見的海洋物種滅絕」。

反轉全球暖化可能會是發展海洋的機會，目的是拯救海洋。另一方面，如果我們坐視不管，海洋將死亡。海洋水域因為有著地球上某些最後的野生物種而被珍視，這些物種未被管理，也未曾被人類接觸。如果我們發展海洋，總有一天養殖場將散布於海岸線上，映照出未來的農業景觀。但是面對上升的氣候危機，我們必須找出新方法，在延續人類的同時保護地球。

這意味將海洋的一部用於養殖，同時將一大部分保存為海洋保護公園。我們需要的不是建造蔓生的海洋工廠，而是創造去中心的小規模食物與能源養殖場網絡，生產食物、能源，並為當地社區創造工作。雖然我們沒有萬靈丹，如果仔細規劃海洋養殖，它可以成為反轉現況，在打造更環保未來的過程中扮演關鍵角色。

智慧電網

21 世紀是在 20 世紀的電網之上運作。在大多數全球高收入的城市與地區，電網這個複雜的機器是由 3 個主要元素組成：生產電力的電廠、載運電力的傳輸線路，以及將電力運送至家庭、商業與工業端用戶的配電網路。

基本上電網是一個單向系統，將電力從中心的供應者傳輸至廣大用戶。它的優勢在於可靠、可及範圍與容量。但是上一世紀的電網，正因本世紀對於乾淨、再生能源的需求而掙扎。集中式的石油發電方便預測與管理，讓電力公司配合需求調整電力供應。例如太陽能與風力等再生能源則較多變且分散。它們無法被標準化，或是依照需求隨時調度。為了配合它們的波動並且確保它們的成功，我們需要更靈活、更具適應能力的電網。

靈活與適應能力正是新興智慧電網的特色。它是傳統電網的數位化改造，並以乾淨能源經濟的需求為宗旨。智慧電網的聰明之處在於它讓供應者與消費者之間產生雙向溝通，因此能預測、調整、同步化電力的供應與需求。今日，生產者與用戶之間的平衡，發生在電力公司的營運中心。網際網路的連結、智慧軟體以及回應式的科技，可以協助甚至自動化電流管理，即時協調電網的各個面向。在太陽能電板與風力渦輪的時代，智慧電網保證電網可靠且有韌性，同時確保系統能源效率的最大化。這是它能緩和氣候變遷的原因：智慧電網可以減少整體耗費，同時加速擺脫集中式的石油電廠與它產生的溫室氣體排放。它們也協助管理插電的電動車的額外電力需求，讓這樣的科技能夠成長。根據國際能源總署的資訊，2050 年之際，智慧電網每年的淨減排將可達到 7 至 21 噸。

智慧電網是由許多部分組成的複雜系統，雖然沒有嚴格規定，但是像是南韓這樣的智慧電網先驅國家，定義了 3 個基本元素：

❶ 高伏特的電線，並配備監視與回報情況及多方電流的感應器。

❷ 以無線方式，將耗電與價格即時回報給電力公司與用戶的先進電表。

❸ 連接網路的應用程式、插頭與恆溫器，可以回應減少消耗的需求或者使用可利用的電力。

這些智慧電網的元素，讓我們有可能避免用電高峰的影響，並且納入多變、分散的再生能源。電力需求隨一天之內不同時段以及季節的不同而有所變化，

通常來說，尖峰出現在下午較晚的時刻，以及最熱和最冷的月份。在目前以石油為基礎的系統下，尖峰用電需求依靠尖峰電廠（peakers）來滿足，即在緊要關頭啟動、滿足需求急劇上升的小型電廠。它們可以完成任務，但是既昂貴又骯髒。相反地，智慧電網可以利用動態價格，發送訊息至數百萬個智慧應用程式，透過最小限度的調整，例如將冰箱溫度調升1度，讓供電保持平穩。同樣地，他們可以在晚上啟動插電式電動車的充電，此時風力渦輪運轉但是用電需求最低，或是在有需要的時候探索電池剩餘電量。電流高峰與低峰越少，碳排放就會減少，電力公司與用戶也越省錢。

目前電網被稱為是地球上最大且相互連繫的機器，也是20世紀最偉大的工程成就。隨著智慧電網內出現的各種科技，智慧化將是未來數十年的龐大工作。研究顯示，必要投資非常值得，原因是能緩和排放、節省財務，並且讓電網趨於穩定。舉例而言，投資3,400至4,800億美元於智慧電網，20年後可獲得淨利1.3至2兆美元。如何應付未經授權進入電網控制的安全風險，以及個別家戶的資料隱私，是關鍵問題。許多人仍懷疑再生能源能否供應全世界所需電力。但這是根本上的理解錯誤。巨大的挑戰並非太陽能與風力發電，而是可以適應它們獨特性的電網。追求環保需要更智慧的電網。

用木材造屋

從柱子到屋椽，從地板到屋瓦，木材是一種原始的建築材料。大型木造建築的興建，可追溯至 7,000 年前的中國，以及日本斑鳩町擁有 1,400 年歷史的法隆寺建築群，後者歷經地震威脅與潮溼環境，屹立至今，是最古老的木造建築之一。工業革命後，鋼鐵與混凝土成為主流，木材使用率下降，大多被用於單戶家庭與低層建築。如今提到都市建築物，我們想到起重機將鋼梁懸吊至天際線。但是這即將被改變：今日，都市裡頭出現了幾乎由木材建造而成的高樓層建築，並在過程之中封存碳。

挪威語的「Treet」是「樹」的意思，對於挪威卑爾根（Bergen）14 層樓的公寓建築，這是一個合適的名字。它也是當代木材建築物的先驅，其他還包括墨爾本 10 層樓高的「強音」（Forte）公寓，與倫敦 9 層樓高的斯塔特豪斯（Stadthaus）住宅。不久之後，英屬哥倫比亞大學 18 層樓高的學生宿舍計畫，以及其他 30 層樓以上的高聳工程，將超越前人的成就。這些建築都是（或將會是）由大型木梁、預製組件與嵌板建造而成，許多都是預製或是事先切割，並在現地快速組裝。膠合板，即膠合層壓的木材，可以取代鋼鐵，在 175 年前便被運用於英國的教堂與學校。1990 年代，一種被稱為錯層壓木材（CLT）的層板技術在澳地利問世，並因強度與壽命被稱為新的混凝土。在建造人們工作、聚集與居住的建築時使用膠合板或是 CLT，藉此減少氣候影響，越來越受到矚目。

論及氣候，以木材建造的房屋有 2 個關鍵優勢。首先，樹木生長的時候會吸收並封存碳，並持續儲存在木造原料之中。每單位的乾燥木材有 50% 的碳，當木材被使用的時候，碳仍被鎖在木材裡頭。當樹木生長並取代以永續方式採集的木材，這樣的循環封存額外的碳。其次，比起其他原料，製造木材產生的溫室氣體排放較少。用於混凝土與其他建築材料的水泥，占全球排放的 5 ～ 6%，是航空業的 2 倍。鋼鐵也差不多：比起層壓木材，生產鋼梁需要 6 至 12 倍的石化燃料。此外，當木造建築的壽命來到尾聲，它的組成元件可以在其他的建築物中找到新生命，成為堆肥或燃料。由於這些好處，木材使用的適度增加將對氣候帶來極大的優點。根據耶魯大學 2014 年的研究，以木材興建房屋，全球每年可減少 14 ～ 31% 的二氧化碳排放。

一般認為木材與高樓層建築不相容，此外易燃性也是一大問題。知識的進步

以及加工與製造木材的復興，正在挑戰這些限制。鋼鐵在火中彎曲，木材則在外圍形成保護的焦炭，維持內部結構的完整。新的高效能產品更能抵抗火焰，成本效益更高，此外也更強壯。膠合板及 CLT 與較小塊的木板結合，成為如鋼鐵般強硬的混合產品，負重更高，並可用於更高的建築。另一個優勢是可以

預先製作並且像大型家具般被組裝。這代表工程更快、成本更少，並能大幅減少廢棄物、噪音以及工地現場常有的交通阻塞。

有 3 個關鍵因素影響木造建築優於其他方法的益處，因此必須被處理。首先，如果供應與工地鄰近，距離將限制運輸排放與成本。其次，以永續的林業

■套用設計師麥可‧查特斯的話：「高層建築已經過時了。」他的設計位於芝加哥哈里森街與威爾斯街交接的轉角。查特斯認為芝加哥是摩天大樓的發源地，因此適合孕育「大木頭」——大規模木材、碳中和的建築，不只改變都市建物的原料，還有它們的形狀。這個特別的建築是芝加哥大學的多用途綜合大樓，包含 1 座圖書館、媒體中心、3 種形式的住宅、零售、運動設施、停車場、公園，還有 1 個社區花園。

神道的宏偉神社伊勢神宮，每 20 年便被拆除，之後再以日本扁柏重建。日本扁柏是一種生長在附近的木材，用於祭拜儀式，尊敬死亡、無常與大自然的再生力量。沒有任何東西被丟棄；木材每一小片都成為其他建築的一部分，並在 200 年後成為神宮裡頭茶室的紀念品。

或許擴大木材建築物的最大挑戰是既有認知。支持者如曾經設計帝國大廈木造版的溫哥華建築師麥可‧格林（Michael Green），正努力挑戰這點。高聳的木造建築本身就是最有力的證詞，像美國木造高樓獎正協助激發來自紐約與波特蘭的展示計畫。雖然層壓板科技已被確立，它才正要開始拓展至許多市場。當供應鏈發展之後，這些原料成本將變得具有競爭力。仍有許多建築法規限制使用木材於 4 至 5 樓的建築。管制可以跟上工程並鼓勵，而非阻礙創新。一如地球滋養我們的食物，也可以生產一流的建築原料。

模式採收木材，維護生態完整並確保碳封存最大化。如果無法有效管理伐木，利用木材作為主要工程原料將對森林與裡頭的動植物造成災難。第三，在生命週期的盡頭，木造建築原料需要被回收、再利用或以堆肥的方式處理；這麼做是為了避免儲存的碳被釋放以及木頭經歷無氧分解產生甲烷。日本三重縣

互惠
珍妮・貝尼

攻讀林業學學位期間，我發現自己正將噴漆罐對準一棵鐵木的光滑樹幹。我正要將這棵位於紐澤西實驗森林的樹標記為「待伐」。橘色的砍痕是提醒伐木工人將它砍倒、下毒。我們被灌輸疏伐有助於橡樹與胡桃樹，讓它們得到釋放，因此可以獲得更多水分、光線與營養。對於我們班上的許多人而言，劈開一群樹木是他們最喜愛的環節，對我來說則是痛苦而無意義的選擇。

我不斷想像，在實驗森林旁那座已有 200 年未被砍伐的悠久森林。我曾經看過頂層的巨大樹木，2 棵、3 棵、4 棵成群，中間層有硬木與針葉樹，腳底下則是延齡草、蕨類嫩芽，以及從落葉堆中衝出、腹部兩側呈褐色的托喜鳥（towhee）。沒有人將這些樹木自競爭中釋放，但是它們看起來生長得不錯。

「古老的森林不像這裡空曠或被嚴格控制，」我告訴我的教授，「但是它看起來更健康。你覺得樹木群聚是否有原因？或許它們正以某種方式協助彼此？」

他搖搖頭表示否定，並且有些警覺。「別像個克萊門茲派的人，」他說，「否則你將永遠無法進入研究所。」

他指的是佛雷德利・愛德華・克萊門茲（Frederic Edward Clements），這位 1900 年代的生態學家，先是贏得生態學史上最偉大的辯論，之後卻敗下陣來。大家都知道，被比喻為克萊門茲是一個警告，說明某人過於天真。

1977 年，生態學家們在之前的 30 年，經歷一場典範轉移，影響了我們如何實驗、描述未開發地區，最重要的是，我們如何管理林地、牧場與農場。樹木必須從競爭的苦難中被釋放，這是我們信奉的箴言，也是克萊門茲與亨利・格里森（Henry Gleason）辯論的結果。他們兩人都致力於描述組成植物社群的元素，以及植物共同生長的原因，雖然兩人的路徑大不相同。

當克萊門茲研究海灣、叢林、硬木森林與大草原的時候，他發現不同社群的植物，不僅回應土壤與氣候，也會互相影響。他認為植物既是合作者也是競爭者，以有益的方式幫助彼此。樹冠層的樹「照顧」底下的幼苗，創造更安全、營養的環境，這是一種植物互相幫助、被稱之為助長作用（facilitation）的過程。它們庇蔭幼苗，為後者遮光、擋風，它們的落葉也讓土壤變得肥沃。一

段時間後，一個植物社群為另一個植物社群鋪平道路；一年生植物為多年生灌木打造土壤，得到滋養的幼苗長成樹林。克萊門茲所見之處，社群彼此緊密交織，他稱這樣的現象為有機體的（organismic）。

格里森則有不同看法。克萊門茲的社群說純然只是巧合，只是個體之間的隨機分布，或是根據適應水分、光線與土壤之不同能力的排列。沒有所謂的互相幫助；在鬥爭的過程中，植物們相互競爭，取得一席之地。所謂彼此連結、相互依賴的社群，以及以整體的視野研究植物，只是一個假象。個別檢視才是真理。

20 世紀上半葉，克萊門茲的看法占

上風，生態學文獻充滿關於助長作用的文獻。格里森的著作可說完全被遺忘了，直到 1947 年，一小群研究人員復甦了他的利己主義觀點，並與克萊門茲的整體論一較高下。格里森將植物視為個體的看法，使人們將它們視為原子，並把它們當作純然的數據來研究。

12 年內，絕大部分的生態學家否決正面互動是社群集結的動力，並將焦點轉向負面互動，例如競爭與掠食。科學期刊的文章開始改變。當你申請研究所，只有特定的研究問題會被認可，例如「競爭如何解釋……？」在當時的情境下，這樣的情況不令人吃驚。杜魯門主義與冷戰開始後，克萊門茲同時失寵。數十年來，避免討論共產主義才是

上策，即便主題是植物也一樣。

不過，我之所以喜愛科學方法的原因在於，雖然文化占了上風，它卻無法阻止對於重大真理的無窮研究。無論你是否為美國人，數學的結果都一樣。50年來，以競爭為主題的全面研究，最後沒有結論，於是，研究人員重返田野，找尋其他起作用的事物。

我在赦免一棵鐵木的同年，生態學家雷‧佳樂威（Ray Callaway）正在內華達山脈的山麓小丘，拯救不當林業行為下的藍橡樹。一般認為，加州牧場中的橡樹應被砍伐，目的是將牧草自競爭中釋放，這也是格里森的觀點。讓佳樂威氣餒的是，數千英畝的藍橡樹因此被砍倒並作為木柴。

牧草與藍橡樹共同蓬勃生長，已有悠久的歷史。這個事實讓他苦思。他花了2年半的時間測量橡樹與草原之間的互動，他帶著秤盤與桶子搜集樹葉、細枝、樹枝與來自6個樹冠層、蘊藏養分的雨水。他的論點顯示橡樹底下的養分比空曠的草原多出20至60倍。這些綿延的森林巧妙地融入加州景觀之中，它們也是將深層養分抽出的營養泵，並以落葉的形式散播它們。深入地底的主根，鬆動緊密的土壤，增加樹下的含水量，因此迎來大量植物。佳樂威持續搜集超過1千份的研究，這些研究描述植物如何「陪伴」並強化鄰居的生存、生長與繁殖。閱讀這些案例，就像發現一本自然社群如何治癒與克服困境的手冊，是氣候變遷的世界經典閱讀。

知道那些植物是植物社群裡頭的幫手與護衛，在乾旱問題越來越嚴重的未來幾年將是很重要的。舉例而言，為什麼亞馬遜雨林即便在乾季也會（能夠）創造雲朵？結果亞馬遜每年10%的降雨被散布的特定灌木的淺根吸收，接著透過深入的主根向下推送土壤庫。當無雨的月份來臨，主根將水往上抽並且補抽取至淺根，將水分配給整個森林。世界許多種類的植物都進行這樣的「抽水」，灌溉樹冠層下的許多植物。

環境越艱困，植物越可能合作，確保彼此的生存。在智利山頂，關於植物如何擠成一團對抗有害紫外線與乾冷的風的研究，顯示了支持的互動行為有其複雜性。亞瑞塔（yareta）是一種6英尺寬的墊狀植物（cushion plant），並且存活了數千年之久，它庇護數十種開花植物，看起來就像是五顏六色的大頭針，扎在綠色的地墊上。

往山坡下走，如果一棵樹能夠堅持到底並且生長在落石之上，它將創造出一個庇護所，阻擋強勁的風，讓聚集的雪水灌溉被保護的幼苗，並且提供鳥類棲息與哺乳類躲藏的場所，這些動物的排泄物則帶來養分與植物種子。當落葉與針葉腐敗後，形成一塊有機的海綿，並在夏季乾旱日釋放溼氣。

我承認，想像植物在資源匱乏的情況

下彼此緊密生長有違直覺，特別是競爭心態與經濟理論都告訴我們相反的說法。數年來，細心的實驗者試圖將此解釋為反常，並在研究之中遺漏生物之間的有益行為。現在我們知道，不止有一個植物協助另一個植物——在地表與地底，互利共生——交換好處的複雜過程——正以不尋常的方式發生。

當佳樂威在加州測量橡樹的時候，職業的森林管理員蘇珊·希瑪（Suzanne Simard）則不忍於英屬哥倫比亞大規模的全面伐林。管理協定要求移除與花旗松一起生長的白樺樹，這令她感到痛苦。它們共同生長已有久遠的歷史。或許它們以某種方式互相幫助？

在她出色的研究中，將成長中的幼苗暴露於兩種碳的同位素：具放射性的碳14 用於花旗松，碳 13 則用於樺樹。幼苗吸收二氧化碳並轉換成糖分。她追蹤碳，藉此了解是否存在交換行為。結果在 1 個小時內出爐。她形容這種感覺是驚奇混合興奮：蓋格計數器嘎嘎作響，樺樹的碳 13 跑到花旗松上，並在樺樹上發現碳 14。

原因何在？當你下次進入森林的時候，深入落葉堆底下，將發現如白色蜘蛛網的細絲黏在根部。這些是真菌位於地底的部位，能將磷運送給樹木並且換取碳。課本形容這是一種植物與一種真菌之間的交換行為。但是希瑪的研究首先證明了，真菌從單一棵樹的根部，擴展延伸至其他數十棵樹、灌木與草本植物，這些植物沒有親戚關係，而是不同物種。她稱之為「樹木全球資訊網」。這是一個地底的網際網路，水、碳、氮、磷與抵抗化合物透過這個網路交換。例如：當一隻害蟲侵害某一棵樹時，這棵樹的警示化學物將透過真菌傳達給網路中其他成員，讓它們有時間強化防禦。

對於林業、保育與氣候變遷，發現森林的全觀本質有重大啟示。是時候將這些洞見帶進農地了。雖然 80% 的陸地植物根部都有菌根菌，農田裡頭卻很少能發現共同的菌根網路。犁田與嘉磷塞（glyphosate）這樣的除草劑擾亂了網絡，每年添加的人造氮與磷肥料，彷彿在告訴細菌與真菌幫手：他們不被需要，無論是傳遞水分、防禦害蟲或是吸收我們身體所需的微量營養素。

植物社群吸收二氧化碳並轉換為糖分，滋養了微生物網路，它們可將碳封存在土壤深處長達數百年。健康、多元、充分合作的社群才有可能完成這項任務。如果我們想要一個原生、發揮作用的地景，讓它們能夠回收大氣層中 50% 的碳，在啟動電鋸、打開肥料，或是將某個幼苗標記為「移除」之前，我們應該先停下來想想。我們不想要中斷如此重要的交流。

逆轉地球暖化，我們必須以新的方法介入碳循環的流動，並且停止排出過多的二氧化碳，同時讓地球生態系統在療

癒的過程中吸入長長的一口氣。這代表我們必須協助微生物、植物、動物，進行將碳轉化為生命力的每日工作。我們需要對於生態系統如何運作有更細緻的理解，包括不同生物扮演的互助角色與互惠的行為。好消息是，迷失在「所有植物只為了自己」的思維好幾年之後，我們終於開始理解何謂「有機體的」。

長達 50 年專注於競爭的餘波是我們把所有有機體劃分為消費者與競爭者，包括我們自己。過去 20 年來，我們的理解有所改變。終於，藉由承認分享與照顧的行為無所不在，而集體生活是相當自然的事，我們才能重新看待自己，回到作為照顧者的角色，一如自然界其他的幫手們，一同參與地球集體療癒的敘事。

機會

富人也好，窮人也好，
生活都受日益增加的問題所支配，
大多數的問題似乎沒有真正永久的解方。
……所有這些問題的最初根源是思維本身，
也是我們的文明最自豪的，

因為我們未能嚴肅地參與
在我們個人生命與社會生活中
起實際作用的那件事，
所以這件事「被隱藏」了。

——大衛·波姆與馬克·愛德華，《改變中的意識》

閱讀本書的合理方式是利用它來辨識你可以如何做出改變。每個人如何思考和感知他或她在世界上的角色和責任，是轉變的第一步——所有改變都奠基於這個基礎。身為研究人員，我們仍然對單一解決方案可能產生的影響感到驚訝，尤其是因為它們與食品的生產和消費有關。我們選擇吃什麼，以及種植食物的方法，與能源同為全球暖化的主因和解方。個人的責任和機會不止於此：我們如何管理我們的房屋、如何移動、購買什麼物品等等，都包括在內。

然而，過分強調個人可能使人們感到責任重大，以至於被當前的任務所帶來的巨大壓力淹沒。挪威心理學家兼經濟學家波·艾斯本·史多尼斯（Per Espen Stoknes）說明，當氣候變遷以帶著威脅性和毀滅性的語言出現在我們生活中時，我們該如何面對這種科學帶來的困境。恐懼出現，並與內疚相纏，導致消極、冷漠與否認。為了有效改善，我們需要也應該進行具有可能性和機會的對話，而不是重複強調我們還沒做的事。

這樣的對話必須超越個人，因為任何涉及個體能夠獨立存在的想法都缺乏事實根據。我們都是複雜的社會結構和文化中互有關聯的部分，更廣泛地說，是整個生命網絡——水、食物、纖維、藥物、靈感、美、藝術和歡樂的最終根源。

比爾·麥奇本（Bill McKibben）在氣候變遷一事上，可說是教育世人最多者。他是第一位出書對氣候變遷提

出警告的人，此書為 1989 年的暢銷書《自然的終結》（*The End of the Nature*）。他是行動主義者的化身，不間斷地演講、旅行、寫作和拓展組織活動範圍——這是個人所能夠達致的成就的典型範例。對麥奇本來說，鼓勵我們以個人的身分做更多事、跟隨他的模範生活、進行反轉全球暖化所需的改變很容易，但這不是他建議的方式。他寫道：「這個問題，與『我』這個代名詞有關。」

個人無法阻止邪惡的棕櫚油公司對印尼熱帶雨林的焚燒，也無法阻止澳洲大堡礁珊瑚白化和死亡；個人無法延緩世界海洋酸化，也無法躲避以煽動欲望和物質主義為目的之商業廣告的攻擊；個人無法停止讓石油公司獲利；個人不能阻止匿名的富裕捐助者蓄意壓制與妖魔化氣候科學及科學家。

個人能做的就是改變。正如麥奇本所寫的那樣：「5 或 10% 的人做出改變，就具有決定性——因為在受冷漠支配的世界裡，5 或 10% 是巨大的數字。」做出改變，能使我們的思考模式以及看待世界的方法有所不同，並創造更進步的社會規範。曾為世人接受並認為是正常的東西變得無法想像，曾被邊緣化或被嘲笑的人受到推崇與尊重，曾被壓制的東西成為原則。美國建國的前提為真

理不需多做說明，其中一個未提及的真理就是我們只有一個家。如果我們要繼續住在這裡，就必須一起小心。這意味著我們必須成為一個「我們」、一種無法阻擋且無所懼的改變。改變是有手有腳、有心有聲音的夢想。

這就是為何在建立「Drawdown 計畫」及相關網站時，我們試著做的不只是進行必要的研究以及提供資訊。我們希望以全新的視野呈現全球暖化的解決方案，這樣的視野能將人文學科的運作和網絡拉進更一貫也更有效的人類網絡，加速反轉氣候變遷的進程；希望這樣的視野具有吸引力並使人驚喜。

未來，「Drawdown 計畫」的員工、研究員、志工將模擬再生經濟學——就業、政策和經濟複雜性——將氣候解決方案映射到特定的國家經濟，並計算氣候變遷技術和過程如何產生有尊嚴的、具社會正義的、能提供家庭薪資[78]的工作。我們所收集的經濟數據清楚地說明現在世界上所遭遇的問題，其代價超過解決方案的成本。換句話說，實施革新的解決方案可獲得的利潤，大於會引起問題或依循舊有做法所得的貨幣收益。例如：最具經濟效益和生產力的農業方法是再生農業。截至 2016 年為止，美國的太陽能業所僱用的人數多於天然氣、煤炭和石油等產業的總和。復育所

---

78. family wage，維持家庭所需的薪資。

創造的工作機會多於破壞。我們可以很簡單地就擁有以治癒未來而不是盜用未來為基礎的經濟結構。

「職業」（job）一詞很尷尬，因為它含有責任感、苦差事或單調沉悶的工作的意思；「工作」（work）也許是較好的詞，因為它可能意味著志業、天職和專業。有位朋友曾到三年級班上演講，並討論世界上越來越多失業人士的狀況。一個女孩舉手問：「所有工作（work）都做完了嗎？」地球上沒有更多的工作需要完成，可是有數億人需要這些職缺（jobs）。

看著我們的環境系統加速崩潰，或目睹世界各地文明在難民營、意識型態和戰爭中分裂，兩者都是艱難的。然而，站在我們面前的不是選擇，而是看到我們作為地球管理員的天賦。我們要麼同心協力處理全球暖化問題，要麼成為消失的文明。要團結起來，我們必須知道自己的位置——不是在階級意義上的位置，而是在生物和文化意義上的位置——並取回我們作為永續存在的代理人的角色。我們過度沉溺於戰爭的隱喻，以致當我們聽到「保衛」這個詞時，就會想到攻擊，但只有團結、傾聽、並肩努力，才能保衛世界。

氣候解決方案有賴於溝通、配合與協作。《Drawdown》裡的每個解決方案都是由一群人所發起與推動的，而這群人原本沒有結盟的可能：開發商、都市、非營利組織、公司、農民、教會、州、中小學和大學。食物和土地利用這兩組解決方案的重點在於如何與自然合作，以封存碳並改善所有生物的品質。女性教育和家庭計畫生育使世界各地的社區認清並支持女孩的潛力和婦女的力量。建築師、工程師、城市規劃師、行動主義者與發明家組成的團隊可提高能源與材料效率。在「Drawdown計畫」裡，我們有超過250人組成聯盟——研究員、顧問、資助者、專家審查者和員工。我們非常感謝協助創立這個計畫的每一個人。

科學證明，幾乎所有的孩子都表現出利他行為，甚至在他們能說話之前就如此。事實證明，對他人福祉的關注是緣自內心的、固有的、本能的。我們因為一起努力與彼此協助而為人。今天仍然如此。扭轉全球暖化所需的是每一個人都牢記真實的自己。

——保羅‧霍肯

方法論

「Drawdown 計畫」收集、分析並提供可利用的最佳研究和數據，這些研究和數據與可實際降低大氣中溫室氣體濃度的社會、生態與科技解決方案有關。為了達成減少溫室氣體的目標，每個解決方案都執行至少 1 項下列工作：

- 藉由提升效能、減少材料或增加資源生產率來減少能源使用。
- 以可再生能源系統取代現有能源。
- 利用再生農業、放牧、海洋和森林等解決方案，將碳封存於土壤、植物和海藻中。

每個解決方案的研究都包括 3 個步驟：

- 技術報告：利用財務與氣候數據對解決方案進行詳細分析，包括技術規範和預測結果。
- 審核流程：由各領域專家對所有技術報告和模擬數據進行仔細評估，以確保數據準確、可靠、不過時。
- 整合各模擬方案：將不同的解決方案之模擬整合到更大的模組中，以消除不同方案間的交互影響與重複計算所引起的不準確性。

我們利用多種資料集（datasets），包括來自信譽良好的國際組織和機構的研究，以及來自全球諮詢公司和產業領導者的市場報告。來自政府間氣候變遷小組、國際能源總署、國際再生能源組織、聯合國糧食及農業組織、國際應用系統分析研究所（IIASA）和其他被廣泛引用的研究組織與同儕審查的研究，構成我們的全球分析核心。

我們利用統計分析方法，開發 2 個主要模型以評估數據，並設計**減量和替代模型**，以計算降低能源消耗或取代現有以石化燃料發電的解決方案。開發**土地利用模型**，用於評估以地上和地下生物質封存大氣中的二氧化碳之不同動態，同時還考慮減少毀林等破壞性土地利用方式可避免的排放。我們根據所分析的解決方案，利用並設計適當的模組。

由於「Drawdown 計畫」的目標是研究所有解決方案的綜合效果，因此為了將分享共同資料集與數據的解決方案分組，發展出 14 種整合模式：

- 農業
- 建築外牆
- 建築系統
- 發電
- 家庭計畫
- 食物系統

- 森林管理
- 貨物運輸
- 暖氣／冷氣
- 照明
- 牲畜管理
- 旅客運輸
- 都市運輸
- 廢棄物轉換利用

情境

以 30 年為期，《Drawdown》全書中提出的數據，呈現充滿野心但合理採用個別解決方案所產生的遞增影響、成本和／或所節省的金額，並與以當前的市場規模在 30 年內所能達致的水平相較。例如目前占全球能源使用 24% 的可再生能源——太陽能、風力、水力發電（大規模）、生質能、廢棄物、波浪、潮汐和地熱，我們以目前的狀況為基礎，衡量每個類別中額外的發電百分比。由於人口和經濟成長，發電量將增加。如果可再生能源的百分比維持在 24%，我們將額外發電量計為零。我們將此稱為「希望的情境」——具有前景、可行的體系，可模擬採用率增加後的遞增影響。

雖然情景樂觀，但也現實。我們在財務成本和排放影響方面採用保守估計，並仰賴被廣泛引用的同儕審查學術文件。我們在選定資料前會審查來源並納入綜合分析，以評估各種潛在影響，而且始終趨於保守。在財務模擬時，我們有意選擇較歷史趨勢更緩慢的成本下降率。

預測每個解決方案所能帶來的全球性影響時，必須評估未來的市場採用率。商品與服務的全球需求，是透過對全球和區域市場的預測所確定的。市場需求的例子包括總發電量、總延人公里、住宅和商業建築的總樓地板面積等。因此，人口和經濟條件對這些模擬有深厚影響。聯合國的《世界人口展望：2015 修訂版》（*The United Nations' 2015 Revision of World Population Prospects*）對 2050 年做出 3 種不同的預測：低、中、高預測。我們利用中等預測來衡量成長、需求和影響，該預測為 97.2 億人。

我們還完成了另外 2 項預測。減碳情境（The Drawdown Scenario）優化了在希望的情境中對碳與財務的保守假設。最佳情境（The Optimum Scenario）代表了在 2050 年以前主要解決方案的最大潛力——尤其是採用 100% 乾淨的可再生能源（見下頁）。

整體假設

由於此計畫範圍遍及全球，我們對解決方案做出了許多假設。下面所列的假設允許我們在合理的時間範圍內進行研

究。特定的解決方案之模擬有一系列特定於解決方案本身的附加假設，在「Drawdown 計畫」網站上所提供的個別技術報告中有詳細描述。

- **假設 1**：未來的基礎建設必須充分建造並將每個解決方案的規模擴展至全球，以在採用當年準備妥當，並且包含在代理人（個人或家庭、公司、社區、都市、公用事業等）的成本中。因為我們已經做出這個假設，所以不需要再分析用以實現或增加建造的資本支出。
- **假設 2**：實踐、擴充或管理解決方案所需的政策，無論是地方、國家或國際層級，都必須在採用當年就位。此假設消除在推廣解決方案時，對政府直接干預進行國家級分析的必要性。
- **假設 3**：碳沒有價格。由於碳定價以及為了確保其執行所需的政策之不確定性，我們未在分析中對其潛在影響進行評估。
- **假設 4**：所有成本和可節省的金額都根據其使用者層級計算。例如：由家用 LED 照明所產生的花費計入屋主支出的成本，而與熱泵相關的成本則是由建築物業主、商業或住宅產生的成本。
- **假設 5**：價格會因為生產效率和技術改進而變化。在缺乏可靠的未來成

本預測的情況下，我們根據以歷史趨勢得出的保守的具體解決方案之學習率，調整了金額。
- **假設 6**：在分析期間，解決方案可能會過時、大幅改進、被新技術或方法所取代。在缺乏可靠預測的情況下，我們沒有在分析中考慮這些發展。

這裡說明的整體假設不一定反映我們對未來的期望。例如：雖然為了這個計畫的目的，我們假設沒有實施碳定價的政策，但總量管制與排放交易和其他碳定價機制已經在執行中且不斷成長。這些政策可以大幅推進對幾乎所有解決方案的採用，超越我們的模擬。

系統動力

解決方案在複雜的互聯系統中運作，它們的影響不是各自獨立的，而是相互依存的、互動的、循環的。出於這個原因，我們試圖繪製與分析一個解決方案所產生的影響在多大程度上影響其他解決方案。在這個系統中，一個模組的結果可以帶入另一個解決方案中。一個例子是減少食物浪費、堆肥、農業和甲烷消化槽等解決方案之間的動態。當我們減少食物浪費時，也減少可用於堆肥和以甲烷消化槽處理的有機物質的數量。此外，減少食物浪費意味著現有的土地

可用來養活不斷增加的人口，不需為了農地而砍伐未受破壞的森林。當考慮一種解決方案所能產生的影響時，我們也必須考慮它對更廣泛的解決方案系統的影響。

重複計算

分析許多不同的解決方案時，必須仔細確認沒有 2 個模組計算相同的影響。如果我們計算太陽能光伏發電所能避免的排放量，而太陽能供電的淨零耗能建築作為另一種解決方案又計算一次，那麼就是計算 2 次太陽能的影響。這是重複計算，當模擬不同方案的綜合影響時必須解決的重要問題，也是應該避免的問題。

反彈效應

反彈效應是關於人性的原則：如果某種產品或服務的價格下降，人們通常會購買更多和更常利用，因而抵銷效果提升。例如：若提高的能源效率導致消費者的成本降低，則消費者可以使用更多能源。評估反彈效應是一項具有挑戰性的工作，因為這在很大程度上受人們對這些改變的反應所影響。雖然我們不直接模擬這種狀況，但我們在技術報告中解決潛在影響，這些影響可以在網路上找到。

與研究相關的其他資訊

這只是在《Drawdown》背後的研究內容之簡要概述。如同你可能想像的那樣，這些模擬背後有超過數百萬個數據點。如果有更進一步的興趣與問題，請造訪 www.drawdown.org 網站。你可以在網站上找到每種解決方案的技術報告、模擬每種解決方案的方式，以及與方法論有關的其他有用資訊。

——查德·弗李舒曼

數字告訴我們什麼？

《Drawdown》書中呈現的定量結果為對全球成長率採用合理而樂觀的預測後，模擬每個解決方案在 30 年間的總影響。我們將此稱為希望的情境。如果我們採用這種方法，2050 年前可避免和封存的二氧化碳總量為 10.51 兆噸。

如下所示，還有兩種情況。減碳情境顯示當移除希望情境的保守偏差時會有什麼狀況：2050 年前可減少的二氧化碳總量增加到 14.42 兆噸。發電 100% 利用可再生能源，然而，這些能源包括生物質、垃圾掩埋場甲烷、核能和廢棄物轉製能源——解決方案衰退，但對實現減碳目標仍然很重要。我們稱之為減碳情境，因為它估計在 2050 年大氣減碳淨量為 5.9 億噸。

最佳情境代表解決方案中最具潛力者，尤其是可再生能源。預計到 2050 年前將 100% 採用**乾淨的**可再生能源——沒有生物質、垃圾掩埋場甲烷、核能或廢棄物轉製能源。這個情境減少大氣中的二氧化碳總量為 16.12 兆噸。在這個情境中，2050 年能減少或封存的排放量遠大於排放的量。2045 年可能達到減碳目標，大氣層中的碳減少 9.9 億噸。

這些情境中的任一個都真的能達成減碳目標嗎？希望的情境也許無法，減碳情境或許可以，較有可能的是最佳情境。在每種情境下，我們都不模擬海洋、陸地或甲烷槽的影響。為了及時估計減碳實際發生的時間，人們需要知道那個時間點海洋和未開發的陸地吸收多少碳。由於暖化日益嚴重，海洋吸收和儲存的碳可能不如原本多。石化燃料所排放的二氧化碳中，約有一半已被海洋吸收，吸收二氧化碳導致碳酸，正削弱整個海洋生命鏈，也就是海洋封存碳的能力。相同的原理也適用於陸地：隨著溫度升高，土壤、草地和森林變乾，排放的碳量超過封存量。因此，只能估計未來幾十年內海洋和陸地將如何變化。因為我們不知道海洋和陸地還能維持碳匯吸收碳的功能多久，所以要實現減碳的目標，我們必須盡一切努力積極、澈底、完整地處理全球暖化問題。

接下來幾頁是按解決方案和部門排名的摘要。我們開始這項研究的問題之一是：反轉全球暖化需要多少錢？所有模擬解決方案的**原始成本**（施作總成本）在 30 年內為 129 兆美元，相當於每人每年 440 美元。然而，更有啟發性的數字是**淨成本**——比起過往的定期成本，執行氣候解決方案還需要多少錢。**淨成本低於原始成本**。例如我們計算了太陽能電廠和燃煤發電廠之間，以及電力運

輸系統和石油燃料系統之間的成本差異。由於可再生能源、淨零耗能建築、LED、熱泵、電池、電動汽車等的成本下降，執行本書所模擬的所有解決方案的淨成本在 30 年內為 27 兆美元。我們亦仔細檢視氣候解決方案和維持目前的運作方式比較後的**淨營運成本**或**所能省下的金額**，30 年內**所節省的淨額**為 74 兆美元。

特定解決方案中的某些數字可能看起來很高、很低或令人困惑。例如：很少有人會預測太陽能電廠在氣候解決方案中排名第 8（如果將太陽能電廠和屋頂太陽能合併計算，太陽能光伏總發電量將往前至第 7 名）。太陽能技術已經成為解決全球暖化問題的代名詞，但這種想法過於簡單。它是重要的解決方案，但它本身並不能解決問題。在我們的模擬中，有數個突出的模組超越對所採用的太陽能之前瞻性樂觀預測。然而，還有其他具有更大影響的解決方案。請記住，這些解決方案，我們全都需要。

排名第 6 和第 7 的解決方案為教育女孩和家庭計畫。為什麼他們的影響相同？我們很難在家庭計畫和教育女孩的影響間劃清界限，因為它們交織在一起，而且都影響出生率，因此我們將兩者的總影響分為二。家庭計畫是指所有國家的所有婦女普遍獲得避孕和生育照護服務。受過中等教育的女孩，其子女數較少，程度因國家而異。使女孩擁有

平等的受教權可為她們創造公平競爭的環境，並為婦女提供一生中進行計畫生育的自由和知識。這兩種解決方案之間的動能難以分割，而且可以簡單地概括為公正地賦予婦女和女孩權力。

三種情境中的每一種，都基於各種因素對未來的成長進行不同的評估，這些因素包括降低施作成本、改變政策或提高技術效率。因此，下列的結果摘要中，解決方案排名將改為從一個方案到下一個方案。例如：電動汽車從希望情境中的第 26 名上升至最佳情境的第 10 名。在每種情境下，家庭計畫和教育女孩的結果都相同，因為在為婦女提供平等權利與自由方面，不應該存在或有或無的途徑；路只有一條，而且全球皆然。

由於數據是動態的，並且不斷更新以展現變化，因此在我們的網站上所看到的數據不一定與您在此所見相同。我們希望在 2017 年年底之前為每個解決方案創造一個儀表板。屆時，您可以修改主要數據並且獲得與未來影響及成本有關的不同結論。與此同時，為您提供每個情境的前 15 名解決方案（見下頁）。

解決方案	排名	希望情境 減碳量（億噸）	排名	減碳情境 減碳量（億噸）	排名	最佳情境 減碳量（億噸）
冷媒控管	1	897.4	2	964.9	3	964.9
陸上風力發電	2	846.0	1	1,465.0	1	1,393.1
減少食物浪費	3	705.3	4	830.3	4	928.9
多蔬果飲食	4	661.1	5	786.5	5	878.6
熱帶森林	5	612.3	3	890.0	2	1,056.0
女性教育	6	596.0	7	596.0	8	596.0
家庭計畫	7	596.0	8	596.0	9	596.0
太陽能農場	8	369.0	6	646.0	7	604.8
混牧林業	9	311.9	9	475.0	6	638.1
屋頂太陽能	10	246.0	10	431.0	13	403.4
再生農法	11	231.5	14	322.3	15	320.8
溫帶森林	12	226.1	12	347.0	11	426.2
泥炭地	13	215.7	13	335.1	14	365.9
熱帶主食林木	14	201.9	15	315.0	10	467.0
植樹造林	15	180.6	11	416.1	12	416.1
總計（全部 80 種解決方案）		10,510.1		14,422.7		16,128.9

解決方案總體排名簡表

	解決方案	章節	整體二氧化碳減排量（億噸）	淨成本（億美元）	可節省淨額（億美元）
1	冷媒控管	材料	897.4	N/A	-9,027.7
2	陸上風力發電	能源	846.0	12,253.7	74,250.0
3	減少食物浪費	食物	705.3	N/A	N/A
4	多蔬果飲食	食物	661.1	N/A	N/A
5	熱帶森林	土地利用	612.3	N/A	N/A
6	女性教育	女人與女孩	596.0	N/A	N/A
7	家庭計畫	女人與女孩	596.0	N/A	N/A
8	太陽能農場	能源	369.0	-806.0	50,238.4
9	混牧林業	食物	311.9	415.9	6,993.7
10	屋頂太陽能	能源	246.0	4,531.4	34,576.3
11	再生農法	食物	231.5	572.2	19,281.0
12	溫帶森林	土地利用	226.1	N/A	N/A
13	泥炭地	土地利用	215.7	N/A	N/A
14	熱帶主食林木	食物	201.9	1,200.7	6,269.7
15	植樹造林	土地利用	180.6	294.4	3,923.3
16	保育式農法	食物	173.5	375.3	21,190.7
17	樹木間作	食物	172.0	1,469.9	221.0
18	地熱	能源	166.0	-1554.8	10,243.4
19	管理型放牧	食物	163.4	504.8	7,352.7
20	核能	能源	160.9	8.8	17,134.0
21	乾淨爐灶	食物	158.1	721.6	1,662.8
22	離岸風力發電	能源	151.5	5,452.8	7,625.4
23	修復農田	食物	140.8	722.4	13,424.7
24	改良式稻米耕種	食物	113.4	N/A	5,190.6
25	聚光太陽能熱發電	能源	109.0	13,197.0	4,138.5
26	電動汽車	運輸	108.0	141,480.3	97,264.0
27	區域供熱	建築與城市	93.8	4,570.7	35,435.0
28	多層混農林業	食物	92.8	267.6	7,097.5
29	波浪與潮汐	能源	920.0	4,118.4	-10,047.0
30	大型甲烷消化槽	能源	84.0	2,014.1	1,488.3
31	隔熱	建築與城市	82.7	36,559.2	25,133.3
32	航運	運輸	78.7	9,159.3	4,243.8
33	家用 LED 照明	建築與城市	78.1	3,235.2	17,295.4
34	生質能	能源	75.0	4,023.1	5,193.5
35	竹子	土地利用	72.2	237.9	2648.0
36	替代性水泥	材料	66.9	-2,739.0	N/A
37	大眾運輸	運輸	65.7	N/A	23,797.3
38	保護森林	土地利用	62.0	N/A	N/A

39	原住民土地管理	土地利用	61.9	N/A	N/A
40	卡車	運輸	61.8	5,435.4	27,816.3
41	太陽能熱水器	能源	60.8	29.9	7,736.5
42	熱泵	建築與城市	52.0	1,187.1	15,466.6
43	飛機	運輸	50.5	6,624.2	31,878.0
44	商業用 LED 照明	建築與城市	50.4	-2,050.5	10,896.3
45	建築物自動化	建築與城市	46.2	681.2	8,805.5
46	家庭節水	材料	46.1	724.4	18,001.2
47	生物塑料	材料	43.0	191.5	N/A
48	流內水力發電	能源	40.0	2,025.3	5,683.6
49	汽車	運輸	40.0	-5,986.9	17,617.2
50	汽電共生	能源	39.7	2,792.5	5,669.3
51	多年生質能源作物	土地利用	33.3	779.4	5,418.9
52	海岸溼地	土地利用	31.9	N/A	N/A
53	水稻強化栽培系統	食物	31.3	N/A	6,778.3
54	宜於步行的城市	建築與城市	29.2	N/A	32,782.4
55	家庭廢棄物回收	材料	27.7	3,669.2	711.3
56	工業回收	材料	27.7	3,669.2	711.3
57	智慧溫控器	建築與城市	26.2	-741.6	6,401.0
58	垃圾掩埋場甲烷	建築與城市	25.0	-18.2	675.7
59	自行車基礎設施	建築與城市	23.1	-20,269.7	4,004.7
60	堆肥	食物	22.8	-637.2	-608.2
61	智慧型玻璃	建築與城市	21.9	9,323	3,251.0
62	女性小農	女人與女孩	20.6	N/A	876.0
63	遙現技術	運輸	19.9	1,277.2	13,105.9
64	小型甲烷消化槽	能源	19.0	155.0	139.0
65	養分管理	食物	18.1	N/A	1,023.2
66	高速鐵路	運輸	14.2	10,499.8	3,107.9
67	農田灌溉	食物	13.3	2,161.6	4,296.7
68	廢棄物轉製能源	能源	11.0	360.0	198.2
69	電動腳踏車	運輸	9.6	1,067.5	2,260.7
70	再生紙	材料	9.0	5,734.8	N/A
71	供水	建築與城市	8.7	1,373.7	9,031.1
72	生物碳	食物	8.1	N/A	N/A
73	綠屋頂	建築與城市	7.7	13,932.9	9,884.6
74	火車	運輸	5.2	8,086.4	3,138.6
75	共乘	運輸	3.2	N/A	1,855.6
76	小型風力發電	能源	2.0	361.2	199.0
77	儲能（發電廠等級）	能源	N/A	N/A	N/A
77	儲能（分散式發電）	能源	N/A	N/A	N/A
77	電網彈性	能源	N/A	N/A	N/A
78	微電網	能源	N/A	N/A	N/A
79	淨零耗能建築	建築與城市	N/A	N/A	N/A
80	整修	建築與城市	N/A	N/A	N/A
	總計		**10,520.6**	**273,785.6**	**743,624.9**

各章解決方案簡表

章節		解決方案	整體二氧化碳 減排量（億噸）	淨成本 （億美元）	可節省淨額 （億美元）
建築與城市	27	區域供熱	93.8	4,570.7	35,435.0
	31	隔熱	82.7	36,559.2	25,133.3
	33	家用 LED 照明	78.1	3,235.2	17,295.4
	42	熱泵	52.0	1,187.1	15,466.6
	44	商業用 LED 照明	50.4	-2,050.5	10,896.3
	45	建築物自動化	46.2	681.2	8,805.5
	54	宜於步行的城市	29.2	N/A	32,782.4
	57	智慧溫控器	26.2	-741.6	6,401.0
	58	垃圾掩埋場甲烷	25.0	-18.2	675.7
	59	自行車基礎設施	23.1	-20,269.7	4,004.7
	61	智慧型玻璃	21.9	9,323	3,251.0
	71	供水	8.7	1,373.7	9,031.1
	73	綠屋頂	7.7	13,932.9	9,884.6
	79	淨零耗能建築	N/A	N/A	N/A
	80	整修	N/A	N/A	N/A
		總計	**545.0**	**47,783.0**	**179,062.6**

章節		解決方案	整體二氧化碳 減排量（億噸）	淨成本 （億美元）	可節省淨額 （億美元）
能源	2	陸上風力發電	846.0	12,253.7	74,250.0
	8	太陽能農場	369.0	-806.0	50,238.4
	10	屋頂太陽能	246.0	4,531.4	34,576.3
	18	地熱	166.0	-1554.8	10,243.4
	20	核能	160.9	8.8	17,134.0
	22	離岸風力發電	151.5	5,452.8	7,625.4
	25	聚光太陽能熱發電	109.0	13,197.0	4,138.5
	29	波浪與潮汐	920.0	4,118.4	-10,047.0
	30	大型甲烷消化槽	84.0	2,014.1	1,488.3
	34	生質能	75.0	4,023.1	5,193.5
	41	太陽能熱水器	60.8	29.9	7,736.5
	48	流內水力發電	40.0	2,025.3	5,683.6
	50	汽電共生	39.7	2,792.5	5,669.3
	64	小型甲烷消化槽	19.0	155.0	139.0
	68	廢棄物轉製能源	11.0	360.0	198.2
	76	小型風力發電	2.0	361.2	199.0
	77	儲能（發電廠等級）	N/A	N/A	N/A
	77	儲能（分散式發電）	N/A	N/A	N/A
	77	電網彈性	N/A	N/A	N/A
	78	微電網	N/A	N/A	N/A
		總計	**2,471.9**	**48,962.4**	**214,466.4**

食物	3	減少食物浪費	705.3	N/A	N/A
	4	多蔬果飲食	661.1	N/A	N/A
	9	混牧林業	311.9	415.9	6,993.7
	11	再生農法	231.5	572.2	19,281.0
	14	熱帶主食林木	201.9	1,200.7	6,269.7
	16	保育式農法	173.5	375.3	21,190.7
	17	樹木間作	172.0	1,469.9	221.0
	19	管理型放牧	163.4	504.8	7,352.7
	21	乾淨爐灶	158.1	721.6	1,662.8
	23	修復農田	140.8	722.4	13,424.7
	24	改良式稻米耕種	113.4	N/A	5,190.6
	28	多層混農林業	92.8	267.6	7,097.5
	53	水稻強化栽培系統	31.3	N/A	6,778.3
	60	堆肥	22.8	-637.2	-608.2
	65	養分管理	18.1	N/A	1,023.2
	67	農田灌溉	13.3	2,161.6	4,296.7
	72	生物碳	8.1	N/A	N/A
	總計		**3,219.3**	**7,774.8**	**100,174.4**

土地利用	5	熱帶森林	612.3	N/A	N/A
	12	溫帶森林	226.1	N/A	N/A
	13	泥炭地	215.7	N/A	N/A
	15	植樹造林	180.6	294.4	3,923.3
	35	竹子	72.2	237.9	2648.0
	38	保護森林	62.0	N/A	N/A
	39	原住民土地管理	61.9	N/A	N/A
	51	多年生質能源作物	33.3	779.4	5,418.9
	52	海岸溼地	31.9	N/A	N/A
	總計		**1,496.0**	**6,486.0**	**12,495.6**

材料	1	冷媒控管	897.4	N/A	-9,027.7
	36	替代性水泥	66.9	-2,739.0	N/A
	46	家庭節水	46.1	724.4	18,001.2
	47	生物塑料	43.0	191.5	N/A
	55	家庭廢棄物回收	27.7	3,669.2	711.3
	56	工業回收	27.7	3,669.2	711.3
	70	再生紙	9.0	5,734.8	N/A
	總計		**1,117.8**	**11,250.1**	**10,396.1**

運輸	26	電動汽車	108.0	141,480.3	97,264.0
	32	航運	78.7	9,159.3	4,243.8
	37	大眾運輸	65.7	N/A	23,797.3
	40	卡車	61.8	5,435.4	27,816.3
	43	飛機	50.5	6,624.2	31,878.0
	49	汽車	40.0	-5,986.9	17,617.2
	63	遙現技術	19.9	1,277.2	13,105.9
	66	高速鐵路	14.2	10,499.8	3,107.9
	69	電動腳踏車	9.6	1,067.5	2,260.7
	74	火車	5.2	8,086.4	3,138.6
	75	共乘	3.2	N/A	1,855.6
	總計		**457.8**	**156,759.2**	**226,658.7**

女人與女孩	6	女性教育	596.0	N/A	N/A
	7	家庭計畫	596.0	N/A	N/A
	62	女性小農	20.6	N/A	876.0
	總計		**1,212.6**	**N/A**	**876.0**

研究團隊

Drawdown 成員

■ **Zak Accuardi，碩士** 政策研究員，擁有 5 年處理各種城市永續發展挑戰的經驗。他主導研究，並合著一份關於 Uber 等新興移動服務提供商與政府間的合作關係。

■ **Raihan Uddin Ahmed，設計學碩士** 是一位擁有超過 14 年經驗的環境專家。他的工作重點是對基礎設施計畫、可再生能源技術和氣候變遷進行影響評估。

■ **Carolyn Alkire，博士** 環境經濟學家，擁有 35 年的研究和分析經驗，致力於推動以政策改革土地和資源管理。她曾與政府機關合作區域運輸規劃，以減少溫室氣體排放。

■ **Ryan Allard，博士** 交通系統分析師，擁有 6 年檢視如何改善全球交通系統的經驗。在同儕審查的期刊和國際會議上提出並出版關於運輸技術與連接能力的電腦模擬。

■ **Kevin Bayuk，碩士** 於生態與經濟雙領域工作，在這兩個領域重疊之處，永續農業設計與合作社組織攜手，以滿足人類需求。他是 LIFT Economy 的合作夥伴，該公司加速社會企業之發展，並促進對高效益組織的投資；他也是舊金山都市永續農業研究所（Urban Permaculture Institute San Francisco）的創始合夥人。

■ **Renilde Becqué，管理學碩士** 永續發展和能源顧問，擁有超過 15 年國際工作經驗。她目前與數個國際非營利組織合作，進行循環經濟、碳與能源效率方案及計畫。

■ **Erika Boeing，碩士** 企業家和系統工程師，擁有 7 年能源科技工作經驗。她創立一項事業，開發新型屋頂風力發電技術，並使之商業化。

■ **Jvani Cabiness，公共衛生碩士** 全球健康和發展專家，專長為家庭計畫，具有 5 年推動性與生育健康經驗。她協助強化整個非洲的衛生系統以及能力建構計畫。

■ **Johnnie Chamberlin，博士** 環境分析師，擁有 10 年環境科學、保育和研究工作經驗。他是 2 本參考手冊的作者。

■ **Delton Chen，博士** 土木工程師，在建築結構、地下水、系統、水資源和礦產永續發展計畫方面擁有超過 15 年的經驗。在澳大利亞調查「熱岩」地熱能和島嶼含水層，亦是 Global 4C 的聯合創始人和主要作者，Global 4C 是新的緩解氣候變遷融資的國際政策。

■ **Leonardo Covis，公共政策碩士** 方案分析師和經理，在經濟發展和環境政策領域擁有 8 年經驗。他的工作為加州的低收入社區、復育後的自然棲地以及導引式全州燃料政策決定帶來數百萬美元。

■ **Priyanka deSouza，理學碩士、管理學碩士、科技碩士** 城市規劃領域研究員，擁有超過 7 年的不同能源技術和環境政策工作經驗。她最近致力於為奈洛比一所學校建立一個低成本的空氣品質監測網絡。

■ **Jai Kumar Gaurav，理學碩士** 研究分析師，在減緩與適應氣候變遷領域有 8 年工作經驗，曾參與清潔發展機制（Clean Development Mechanism）及黃金標準（Gold Standard）認證之自願計畫項目。他也擬定廢棄物的國家適當減緩行動（NAMAs）提案。

■ **Anna Goldstein，博士** 擁有 10 年學術研究經驗的科學政策專家。她利用自己的科學背景，為清潔能源研究計畫提供深刻洞見。

■ **João Pedro Gouveia，博士** 環境工程師，在能源系統分析（主要為住宅之能源系統分析）方面擁有超過 8 年的經驗，對研究和政策均有貢獻。他剛取得里斯本諾瓦大學科學與技術學院環境永續研究中心（Center for Environmental Sustainability Research at the Faculty of Sciences and Technology at Nova University of Lisbon）氣候變遷與永續能源政策博士學位。

■ **Alisha Graves，公共衛生碩士** 公共衛生專家，其工作重點是改善家庭計畫的全球可及性。她是健康與發展風險策略（VSHD）的人口計畫副總裁，這是位於加州的非營利組織，負責監督人口意識的復興，亦為 OASIS 計畫的共同創始人，該計畫為加州大

學柏克萊分校和 VSHD 的聯合計畫。

■ **Karan Gupta，公共管理碩士** 高性能建築專家，擁有 7 年公用事業和建築業經驗。他曾與預鑄建築系統合作，以加速住宅和商業應用的能源效率市場。

■ **Zhen Han，理學學士** 康乃爾大學生態學博士候選人，研究重點為農業生態系統中的養分循環。她進行了量的綜論和現場測量，以研究各種農業管理方法對一氧化二氮的影響。她曾在聯合國環境署擔任環境政策研究員，負責因生態系統而產生的氣候變遷適應和性別主流化。

■ **Zeke Hausfather，碩士** 氣候科學家與能源系統分析師，工作重點是保育和效率。他曾在柏克萊地球（Berkeley Earth）擔任研究科學家，在 Essess 公司負責能源分析、擔任 C3 的首席科學家，並共同創立了 Efficiency 2.0，以行為為基礎的能源效率公司。

■ **Yuill Herbert，碩士** 在加拿大展開超過 35 個社區氣候行動計畫，以及許多其他社區規劃和氣候變遷相關計畫。他是加拿大工人合作社永續解決方案集團（Sustainability Solutions Group）的董事和創始人，之前開發了備受推崇的 GHGProof 能源、排放和土地利用規劃模型。

■ **Amanda Hong，公共政策碩士** 公共政策專家，工作包括在加州推動來源減量、回收和包裝廢棄物堆肥的政策建議，以及對斯里蘭卡紅樹林保護的藍碳評估。現任

美國環保局太平洋西南地區的有機回收專家。

■ **Ariel Horowitz，博士** 能源分析師，擁有 6 年的能源技術和系統工作經驗。她擁有化學工程博士學位，專長為儲能。

■ **Ryan Hottle，博士** 土壤碳和氣候科學分析師，研究重點為藉由生物碳封存減緩氣候變遷。其興趣包括氣候智能型農業、快速行動防災策略以及建築環境中的節能和效率。他亦擔任世界銀行和國際農業研究諮商組織（CGIAR）的氣候變遷與食品安全計畫顧問。

■ **Troy Hottle，博士** 美國環保局的 ORISE 博士後研究員，擁有 10 年環境計畫和研究工作經驗。他致力於生命週期評估的應用，以評估並提供訊息予真實世界系統，包括生物聚合物退化、車輛大幅減少和國家能源庫存的發展。

■ **David Jaber，工程碩士** 策略顧問，擁有超過 15 年的綠建築調查、溫室氣體分析與零廢棄物實施經驗。他在食品加工、製造與零售環境中，建立許多溫室氣體清冊和減碳策略。

■ **Dattakiran Jagu，科技碩士** 氣候變遷科學與管理博士候選人，擁有 5 年推廣乾淨能源技術的經驗。他是乾淨能源初創公司的創始成員之一，該公司設計了印度第一個利用太陽能的火車站。

■ **Daniel Kane，碩士** 耶魯大學林業與環境研究學院博士生，擁有 5 年農業研究經驗。他專注於農業管理的開放資源工具應用，以及如何管理土壤以促進農業的氣候變遷適應力。

■ **Becky Xilu Li，公共政策碩士** 能源政策顧問，擁有該領域經驗 4 年。她曾與美國和中國政府、企業和研究機構合作，推動市場導向的可再生能源布署解決方案。

■ **Sumedha Malaviya，碩士** 氣候和能源專家，在減緩氣候變遷、適應和能源效率計畫擁有超過 7 年的經驗。她曾與多個國家合作制定及實施低排放發展策略。

■ **Urmila Malvadkar，博士** 應用數學家和環境科學家，研究和模擬主題為水、保育和國際發展。博士學位重點為生態模擬，從那時起，她的研究便涵蓋許多環境議題，包括水壩和吸水力、管理人為干擾、發展中國家的水問題及有效保護區的規模。

■ **Alison Mason，理學碩士** 機械工程師，擁有 16 年太陽能工作經驗。她在南達科塔州與奧格拉拉蘇（Oglala-Sioux）部落合作發展出太陽能裝置培訓和製造計畫。

■ **Mihir Mathur，商學士** 氣候變遷領域的跨學科研究員，擁有 9 年金融、社區參與和政策經驗。他目前正為新德里的印度能源與資源研究所（TERI）的永續發展解決方案模擬系統動力。

■ **Victor Maxwell，碩士** 環境金融領域博士候選人，擁有 9 年的物理和能源系統

管理經驗。他促成智利、丹麥和南非農村社區的分散式永續能源系統之發展。

■ **David Mead，學士** 建築師與工程師，在建築業擁有超過 13 年經驗。他參與了 50 多個具有高永續性目標的計畫，如能源與環境先導設計（LEED）、生態建築、被動式節能屋和淨零耗能建築。

■ **Mamta Mehra，博士** 環境專家，在農業相關的適應與減緩氣候變遷領域，與國家及國際組織合作超過 7 年。她即將完成博士學位，為此，她為農業部門的資源管理領域的劃分和特徵描述制定了 GIS 框架。

■ **Ruth Metzel，管理學碩士** 生態學和進化生物學家，攻讀耶魯大學林業與環境研究學院的林業碩士學位，以及耶魯大學管理學院的企管學位。她的研究為農林界面，以及了解不同部門的因素如何互相影響，以達成綜合地景經營治理目標。

■ **Alex Michalko，管理學碩士** 企業永續發展專家，在該領域擁有超過 10 年經驗，涉及多個行業，包括技術、媒體／娛樂和零售業。她曾與迪士尼、REI 和亞馬遜合作推行永續發展計畫，以提高企業韌性，並對環境與當地社區發生正向影響。

■ **Ida Midzic，工程碩士** 機械工程領域的博士候選人，擁有 6 年研究與教學經驗。她為機械工程師開發在產品研發時用於概念設計解決方案的生態評估方法。

■ **S. Karthik Mukkavilli，碩士** 太陽能氣象衛星數據同化的學術創業家，擁有 8 年的計算科學與工程經驗。他結合大氣物理學與人工智慧模型，開發澳大拉西亞的太陽能冰霧系統。

■ **Kapil Narula，博士** 電機工程師、發展經濟學家、能源永續發展專家，在海運領域擁有 15 年的經驗。他曾在船上工作、擔任學術機構的教員和研究員。

■ **Demetrios Papaioannou，博士** 交通領域的土木工程師，專門研究大眾運輸、需求建模、用戶滿意度和永續性。他的博士研究焦點為大眾運輸、交通品質量、用戶滿意度和模式選擇之間的關係。他在國際會議上發表其研究成果並出版同儕審查研究論文。

■ **Michelle Pedraza，碩士** 全球市場商業策略分析師，目前的工作重點為解決微型企業在擴展規模時面臨的挑戰。她完成柯林頓全球計畫（Clinton Global Initiative）的實習，審查和制定市場主導方式與食品系統軌跡承諾。

■ **Chelsea Petrenko，博士** 生態系統生態學家，專注於森林資源和土壤碳匯。她的博士研究測量美國東北部森林砍伐後土壤碳儲量的變化。她曾在極地環境變化計畫中擔任實習生，在格陵蘭島和南極洲研究寒冷環境中的碳循環。

■ **Noorie Rajvanshi，博士** 永續發展工程師，在利用生命週期評估方法評估環境影響方面擁有超過 7 年經驗。她曾與北美各

城市合作，評估 2050 年實現永續發展目標的技術途徑。

■ **George Randolph，理學碩士** 擁有 5 年經驗的能源政策分析師，最近從事電力公用事業監管事務。在加州、內華達州、亞利桑那州和科羅拉多州的公用事業委員會中，為多項能源效率和住宅屋頂太陽能議程提供諮詢。

■ **Abby Rubinson，法學博士** 國際環境人權律師，在該領域擁有超過 10 年經驗。她的工作重點是氣候變遷與人權之間的連繫，包括捍衛原住民族權利之訴訟與提倡、學術出版物和國際條約談判。

■ **Adrien Salazar，碩士** 政治生態學家、組織策略專家、辯護律師和詩人，在環境與社區組織之計畫與活動經營方面擁有超過 8 年的經驗。他與菲律賓北部的原住民稻農合作開發社區導向的評估指標，支持農民權利與保護本土水稻品種。

■ **Aven Satre-Meloy，理學學士** 環境管理碩士生，有 5 年從事能源和永續發展議題的經驗。他曾在四大洲從事永續能源研究或工作。

■ **Christine Shearer，博士** 環境社會學家，擁有超過 10 年跨學科氣候變遷和能源研究經驗。她致力於能源政策和氣候影響與適應，其研究發表於《自然》和《紐約時報》等報章雜誌。

■ **David Siap，理學碩士** 工程師，擁有 5 年能源效率相關工作經驗。他是美國能源部節能標準與測試程序的首席技術分析師，預計淨現值超過 10 億美元、節能 1/4。

■ **Kelly Siman，理學碩士** 艾克朗大學仿生學博士候選人，在學術界和環保非營利組織擁有超過 10 年的經驗。她正致力於氣候變遷適應性和仿生適應與減災應用。

■ **Leena Tähkämö，博士** 博士後研究科學家，在照明工程領域擁有 6 年經驗。她利用生命週期評估方法，研究照明系統的環境和經濟永續性，以確定減排最重要的範圍。

■ **Eric Toensmeier，碩士** 經濟植物學家，擁有 25 年調查農林混作系統和多年生作物的經驗，《碳農業解方：減緩氣候變遷與食品安全的多年生作物和再生農業實踐全球工具箱》（*The Carbon Farming Solution: A Global Toolkit of Perennial Crops and Regenerative Agriculture Practices for Climate Change Mitigation and Food Security*）一書作者。

■ **Melanie Valencia，公共衛生碩士** 創新與永續發展官員，在基多聖法蘭西斯可大學教授環境永續發展。她是 Carbocycle 的共同創立者，這是一家回收有機廢棄物製成可銷售的植物油替代品的新興公司。

■ **Ernesto Valero Thomas，博士** 建築師，擁有 7 年新興都市永續成長的環境策略經驗。他發展出研究全球水、食物、石油、廢棄物、電信與都市居民流動的方法。

■ **Andrew Wade，理學碩士** 房地產金融與發展研究生，擁有 7 年在全球各都市進行永續都市發展研究的經驗。他曾在哈佛大學領導一個不動產產業創新小組。

■ **Marilyn Waite，碩士** 工程師與清潔技術投資專家，在該領域擁有超過 10 年的經驗，《工作永續性》（*Sustainability at Work*）一書作者。

■ **Charlotte Wheeler，博士** 熱帶生態學家，在森林復育和減緩氣候變遷方面擁有 6 年的經驗。她對大規模熱帶森林復育的碳封存潛力進行研究。

■ **Christopher Wally Wright，公共管理碩士** 研究員和分析師，在公共行政、環境教育與資源管理以及社會和公共政策領域擁有超過 6 年的工作經驗。

■ **Liang Emlyn Yang，博士** 地理學家，擁有近 10 年人與環境互動研究經驗。他曾在中國和東南歐從事長期氣候和環境影響、天然災害以及社會與人類反應的研究。

■ **Daphne Yin，碩士** 環境顧問。在氣候變遷、自然資源管理與開發方面擁有 5 年經驗。她共同開發了印度公共土地的自然資本和社會資本的價值估定方法，關注焦點為牧場。

■ **Kenneth Zame，博士** 能源和環境永續性研究員與教育者，擁有超過 7 年的研究經驗。他曾是量子能和可持續太陽能技術工程研究中心（QESST）的學者，研究美國兆瓦光伏發展永續性，此計畫由美國國家科學基金會（NSF）和美國能源部（DOE）贊助。

Drawdown 顧問

■ **Mehjabeen Abidi-Habib** 巴基斯坦的恢復力學者與實踐者，研究地區性的氣候變遷及適應能力，並分析相關之管理問題與機會。她是巴基斯坦拉合爾政府學院大學永續發展研究中心的高級研究員，也是牛津大學的訪問研究員。

■ **Wendy Abrams** 是一位環境行動主義者，也是 Cool Globes 創始人。Cool Globes 是致力於利用藝術與教育媒介提高人們對氣候變遷的認識的非營利組織，自 2007 年以來，其展覽在四大洲展出並被譯為 9 種語言。她協助成立芝加哥大學法學院的艾布拉姆斯環境法診所（Abrams Environmental Law Clinic），及布朗大學的艾布拉姆斯環境研究講座（Abrams Environmental Research Fellows）。

■ **David Addison** 負責管理維京地球挑戰（Virgin Earth Challenge），由理查·布蘭森爵士提供的 2,500 萬美元創新獎金，吸引可大量與持續消除大氣中溫室氣體的發明。

■ **David Allaway** 俄勒岡州環境品質局材料管理計畫的高級政策分析師，負責領導與材料和廢棄物管理以及溫室氣體計算相關的計畫。

■ **Lindsay Allen** 雨林行動網（Rainforest

Action Network）的執行長。她擁有超過 10
年經驗，施壓及鼓勵世界上一些大規模的
公司保護雨林、人權和氣候。

■ **Alan AtKisson** 一位專注於永續發展與
改革的作家、演講者及顧問。他曾就永續
發展目標的實施向聯合國祕書處提供建議，
並任職於歐盟委員會主席科技顧問會議，
同時為企業、公部門與公民團體客戶提供
建議。

■ **Marc Barasch** 綠世界運動（Green World
Campaign）的執行長與創始人。該運動組
織致力於重新造林、提高農村貧困人口的
生活水準，並與全球氣候變遷對抗。他是
2011 年聯合國國際森林年諮詢委員會成員、
作者、雜誌編輯、電視製片人與媒體活動
者。

■ **Dayna Baumeister** 《仿生學資源手冊：
種子銀行的最佳實踐（2013）》（*Biomimicry
Resource Handbook: A Seed Bank of Best
Practices*）的資深編輯、Biomimicry 3.8 的
共同創始人與合夥人，仿生學創新諮詢、
專業培訓、教育計畫與課程開發的領導者。
她協助 100 多家公司向自然界學習優雅永
續的設計解決方案，包括 Nike、Interface、
通用磨坊、波音、Herman Miller、Kohler、
Seventh Generation 和寶僑。

■ **Spencer B. Beebe** 是 Ecotrust 的執行主
席與創始人、Ecotrust 森林管理（Ecotrust
Forest Management）的主席，也是保護國際
基金會（Conservation International）的創始
總裁。1980 年至 1986 年擔任國際大自然保
護協會（Nature Conservancy International）
會長。

■ **Janine Benyus** 是 Biomimicry 3.8 的共
同創始人、Biomimicry 研究所的聯合創
始人、生物學家、創新顧問、6 本書的作
者，包括《人類的出路：探尋生物模擬的
奧妙》（*Biomimicry: Innovation Inspired by
Nature*）。自 1997 年出版以來，Benyus 已
經將仿生學的實踐由模仿提升為設計運動，
激勵全球客戶和創新者學習自然的智慧。

■ **Margaret Bergen** Panswiss Project 的科
學政策顧問，該智庫致力於加速瑞士必要
的行為、文化和管理上的改革。她也是一
名記者和公共關係專家。

■ **Sarah Bergmann** 是 Pollinator Pathway
的創始人和董事，這是一個有遠見的計畫和
挑戰，為原生傳粉者連結全球現有的綠色
空間。她是 Betty Bowen Award 與 Stranger
Genius Award 的得獎者。

■ **Chhaya Bhanti** 具有氣候變遷與林業專
業知識的永續發展策略家。她出生於印度，
是環境金融和政策顧問公司 Iora Ecological
Solutions 與氣候通信機構 Vertiver 的共同創
辦人。

■ **May Boeve** 350.org 的執行長。350.org
是以氣候為焦點的活動、計畫與行動組織，
由 188 個國家的人民自下而上主導。她是
第一位獲得《時代雜誌》年度系列「下一
世代領導人」報導的美國人。

■ **James Boyle** 身兼永續發展圓桌會議（Sustainability Roundtable）的創始人、執行長與主席。永續發展圓桌會議是一家致力於加速發展與採用較具永續性之業務的公司。他也是非營利的商業領袖聯盟（Alliance for Business Leadership）的主要共同創辦人。

■ **Tom Brady** 國家美式足球聯盟新英格蘭愛國者隊的四分衛，公認為有史以來最偉大的四分衛之一。身為環境永續發展的倡導者，Tom 在建造與妻子 Gisele Bündchen 的房子時，將自己的理念付諸實踐：他希望儘量減少家庭對土地的影響，所以他們的新房子以回收組件建成。他們利用太陽能、灰水技術，並進行堆肥。這棟房子結構中的 80% 為再利用或回收的材料。

■ **Tod Brilliant** 是行銷專家、作家和攝影師，擔任住宅貸款公司 Peoples Home Equity 的行銷副總裁與創意總監，之前為 Post Carbon Institute 的創意總監與社會策略師，該公司旨在引導過渡到更具適應力、更公平和可永續發展的世界。

■ **Clark Brockman** 長期以來一直致力於建築環境中節能、感知氣候的設計與規劃，目前為 SERA Architects 的負責人，領導該公司位於加州聖馬特奧（San Mateo）的辦事處。他是國際生活未來研究所的創始人和前董事會成員，波特蘭州立大學永續解決方案研究所（Institute for Sustainable Solutions）的顧問，以及舊金山灣區計畫與都市研究協會（SPUR）的水資源與氣候政策委員會成員。

■ **Bill Browning** 是綠建築和房地產業最重要的思想家與策略家之一，也是各級商業、政府及民間社會的永續設計解決方案的倡導者。他是 Terrapin Bright Green 的創始合夥人，曾為白宮、谷歌、迪士尼、美國銀行、喜達屋飯店集團、盧卡斯影業、Clif Bar、大峽谷國家公園和 2000 年雪梨奧運村的綠化提供諮詢服務。

■ **Michael Brune** 美國最大、最具影響力的基層環保組織山巒俱樂部（Sierra Club）的執行董事，之前曾為雨林行動網工作，並且是《乾淨時代來臨：破除美國的石油與煤成癮》（*Coming Clean: Breaking America' Addiction to Oil and Coal*）一書作者。

■ **Gisele Bündchen** 模特兒、企業家、環保主義者和慈善家。她一直倡導雨林保護和乾淨飲水行動，並成立了推廣人道主義、教育以及資助環境運動的 The Luz 基金會。她於 2009 年被指定為聯合國環境規劃署的親善大使。她過去所支持的慈善機構包括雨林聯盟（Rainforest Alliance）、拯救兒童會（Save the Children）、無國界醫生等。

■ **Leo Burke** 在聖母大學門多薩商學院主持全球公共倡議（Global Commons Initiative），該學院在校內以及與聯合國等合作夥伴一起提供教育課程。他曾擔任聖母大學的副院長和高階教育主任，並曾於摩托羅拉工作。

■ **Peter Byck** 電影導演、製作人、編輯，以及亞利桑那州立大學教授。他的第一部紀錄片《垃圾》（*Garbage*）獲 1996 年西

南電影節（Southwest Film Festival）的評審團獎。他的第二部電影《碳國家》（*Carbon Nation*）強調氣候變遷解決方案。他目前正在製作一系列短片，頌揚關注土壤健康的牧場主人。

■ **Peter Calthorpe** 一位城市設計師、作家，以及開發全球都市更新、永續發展與區域規劃新方法的領導者。他主持屢獲殊榮的設計工作室卡爾索普事務所（Calthorpe Associates），是新都市主義協會的創始人和第一任董事會主席，最近完成《氣候變遷時代的都市主義》（*Urbanism in the Age of Climate Change*）一書。

■ **Lynelle Cameron** 是 Autodesk 基金會的總裁與執行長，也是 Autodesk 軟體公司永續發展的高階主管。她成立上述單位，投資並支持以設計來解決當今最困難挑戰的人。在她的領導下，Autodesk 贏得許多永續發展、領導改善氣候變遷與慈善事業的獎項。

■ **Mark Campanale** 碳追蹤計畫（Carbon Tracker Initiative）的創始人與執行董事。該計畫為獨立的金融智囊團，深入分析氣候變遷對資本市場和石化燃料投資的影響，預估風險、機會和和通往低碳未來的途徑。Campanale 和共同創始人 Nick Robins 一起構思「不可燃的碳」（unburnable carbon）資本市場論文，該論文利用碳預算（carbon budgets）來評估投資者暴露於擱淺資產（stranded asset）的風險，以及迫在眉睫的碳泡沫（carbon bubble）。

■ **Dennis Carlberg** 美國建築師協會（AIA）會員，擁有美國綠建築 LEED AP BD+C 證書，建築師以及波士頓大學永續發展主任，是該校地球與環境科學系的兼任助理教授，也是地球之家（Earth House）的指導老師，地球之家是波士頓大學的生活學習社區（living learning community）之一。他是波士頓都市土地研究所（Urban Land Institute Boston）的氣候防災委員會（Climate Resilience Committee）的共同主持人，該委員會致力於探索氣候變遷對社區的影響之政策與解決方案。

■ **Steve Chadima** 擁有近 30 年的先進能源與技術經驗。他是先進能源經濟協會公共事務部的資深副總裁，這是一個全球商業領袖協會，致力於使全球能源系統更安全、乾淨與經濟實惠。

■ **Adam Chambers** 是美國農業部自然資源保護局（NRCS）的科學家，他是空氣品質和大氣變化團隊的成員，致力於落實人為管理之農用土地上的保護措施。在過去 20 年裡，他的工作重點在應用科學，以及減少大氣中的空氣汙染物質和溫室氣體。

■ **Aimée Christensen** 領導太陽谷適應力研究所（Sun Valley Institute for Resilience）和克里斯汀全球策略中心（Christensen Global Strategies），擁有 25 年氣候領域相關經驗，包括美國能源部、世界銀行、國際通商法律事務所（Baker McKenzie）和谷歌——她曾是谷歌旗下慈善部門 Google.org 的「氣候專家」。她磋商了第一份雙邊氣候變遷協議——包括 1994 年美國與哥斯大黎加之

間的協議、撰寫第一份關於氣候變遷的大學捐贈投資政策（史丹佛大學，1999 年）。她是 2011 年希拉蕊獎（Hillary Laureate）得獎者以及 2010 年亞斯本研究院卡圖研究員（Aspen Institute Catto Fellow）。

■ **Cutler J. Cleveland** 一位作家、顧問、學者與商業主管，從事自然資源、能源利用及其相關經濟之研究。他是《能源百科》（*Encyclopedia of Energy*）的主編和波士頓大學教授。

■ **Leila Conners** 創立大樹媒體集團（Tree Media Group），藉由講述鼓舞人心的故事來創造支持和維繫公民社會的媒體。

■ **John Coster** 是數個低碳或碳封存計畫的獨立顧問。在此之前，他曾擔任斯堪斯卡美國建築公司（Skanska USA Building）的綠色商務總監，斯堪斯卡美國建築公司是一家先進的建築集團，除了提供建築服務，還發展公私合作夥伴關係，從小型翻修到數十億美元的計畫均在其公司營運範圍內。

■ **Audrey Davenport** Google 房地產的生態計畫負責人，曾領導 Google 內部的能源與永續發展團隊。她是馬來西亞的傅爾布萊特（Fulbright）計畫學者，在約翰霍普金斯大學和普瑞西迪奧研究所教授永續經營策略研究生課程。

■ **Edward Davey** 威爾斯親王國際永續部（Prince of Wales' International Sustainability Unit）的高階計畫經理，負責該組織中森林

與氣候變遷方面的工作，目前正撰寫《復元的地球：10 條通往未來的希望之路》（*A Restored Earth: Ten Paths to a Hopeful Future*）。他曾擔任哥倫比亞總統的環境首席顧問。

■ **Pedro Diniz** 是一名商人和前 F1 賽車手。他將巴西聖保羅州的家庭農場改造為該國主要的有機食品生產者之一 Toca Farm，並致力於開發大規模混農林業生產。

■ **AshEL "SeaSunZ" Eldridge**（外號 Uber 饒舌歌手） 是 Earth Amplified Consulting 的執行長，為企業家、新興小型企業和非營利組織提供創意策略，並為舊金山州立大學氣候正義、種族與行動主義等領域之兼職教授。他是民俗、饒舌和雷鬼樂團體 Earth Amplified 的創始人、西非／西奧克蘭樂隊 Dogon Lights 的歌手、以靈性（shamanic）和植物為本的健康教練、Purium 經銷商，也是活動家、創意人和企業家的冥想、創意與表現原則教師。

■ **John Elkington** 是一位企業家、環保主義者、17 本書的作者，包括最近的《突破大挑戰》（*The Breakthrough Challenge: 10 Ways to Connect Today's Profits with Tomorrow's Bottom Line*）。他創立與共同創立數家企業，其中包括了 Volans、SustainAbility 和 Environmental Data Services；Volans 是一家目的在超越漸進式改變與解決大規模系統挑戰的變革機構。

■ **Jib Ellison** Blu Skye 的創始人與執行長。Blu Skye 是一家專注於永續業務成長的管理

顧問公司。與《財星》雜誌每年發布的 500 強企業（Fortune 500）合作，以永續性揭示新的市場機會，改變市場也創造新市場。

■ **Donald Falk** 亞利桑那大學自然資源與環境學院的副教授，專精流域管理和生態水文。他的研究領域包括火的歷史、野火生態學、復育生態學、景觀生態學，以及土地管理和全球變遷對生態系統的影響，包括突變動態。

■ **Felipe Faria** 巴西綠建築協會的執行長；此協會加速巴西建築業綠化，使巴西成為 LEED 的全球五大市場之一，並影響許多大型活動，例如 2014 年世界盃足球賽（FIFA）和 2016 年奧運會。他之前曾擔任 LEED 督導委員會（LEED Steering Committee）的志工，該委員會是負責維護 LEED 作為全球領導性指標的專家團隊。他目前是世界綠建築協會美洲區委員會的主席。

■ **Rick Fedrizzi** 美國綠建築協會（USGBC）的創立者和前執行長，也是綠色產業認證公司（GBCI）的執行長。USGBC 的 LEED 綠建築計畫一直是他職涯的基石，自 2000 年推出以來，全球超過 5.5 萬個面積達 101 億平方英尺的商業建案，以及超過 15.4 萬個住宅單位參與 LEED。

■ **David Fenton** 於 1982 年創立芬頓（Fenton），為環境、公共衛生和人權開發宣傳活動。他協助 MoveOn.org 的發展、刺激有機食品銷售成長、代表曼德拉（Nelson Mandela）和非洲民族議會（African National Congress）通過反種族隔離的法令、宣傳美國首次同性戀婚姻、與高爾及聯合國就氣候變遷議題合作，並領導針對菸害與干擾內分泌的化學物品的公共衛生運動。

■ **Jonathan Foley** 擔任加州科學院執行長之前，在大學帶領跨學科課程 20 多年，專注於解決全球環境問題。在加州科學院引起兒童及成人對科學的興趣與熱情。已發表了 130 多篇科學論文、許多專欄，並獲無數獎項和榮譽，包括青年科學家與工程師總統獎（由前總統比爾‧柯林頓頒發）。

■ **Bob Fox** 紐約市綠建築運動中最受尊敬的領導者之一，於 2003 年創立 CookFox 建築公司，致力於打造美觀、環保、高性能的建築。該公司以設計布萊恩公園一號（One Bryant Park）而聞名，目前美國銀行為主要承租人，又稱為美國銀行大廈（Bank of America Tower），是第一座獲得 LEED 白金認證的商業摩天大樓。

■ **Maria Carolina Fujihara** 專精於永續都市規劃的建築師，曾擔任巴西綠建築協會技術專員 5 年，在該國推廣 LEED 認證。她還是技術委員會的負責人，為巴西住屋市場建立認證工具。

■ **Mark Fulton** 一位受認可的經濟學家和市場策略師，從 1991 年撰寫關於氣候變遷和市場的報告開始，便非常關注環境和永續發展議題。他曾擔任德意志銀行氣候變遷顧問團（Deutsche Bank Climate Change Advisors）的研究負責人，並在那裡為投資者創作與氣候、乾淨能源和永續性的思維領導有關的論文。

■ **Lisa Gautier** 環境公益慈善機構 Matter of Trust 的總裁和委員會成員，此組織為她與丈夫 Patrice Gautier 在 1998 年共同創立。這個非營利組織專注於生態教育、人為垃圾的使用，以及豐富的可再生資源。

■ **Mark Gold** 是環境與永續發展的助理副校長，也是加州大學洛杉磯分校（UCLA）環境與永續發展研究所（Institute of the Environment and Sustainability）的兼職教授，過去 20 年來一直從事水汙染、供水、水資源綜合管理與海岸保護等領域的工作。此外，他還致力於洛杉磯和聖莫尼卡（Santa Monica）永續都市規劃的發展。目前正領導洛杉磯持續能源發展挑戰（Sustainable LA Grand Challenge），目標是全郡 100% 可再生能源、100% 本地水，以及在 2050 年前強化生態系統和人類健康。

■ **Rachel Gutter** 公益性企業國際 WELL 建築研究院（International WELL Building Institute）的產品長，其使命是藉由建築環境改善人類健康和福祉。她曾擔任美國綠建築協會的資深副知識長和綠色學校中心（Center for Green Schools）的主任，在那裡，她充滿活力的領導協助聚集國際公司、全球認證的機構和政府單位，共同為讓這個世代的每個學生都能在綠色學校中學習的目標而努力。

■ **André Heinz** Heinz 捐助基金會（Heinz Endowments）的董事，在加入董事會後不久，他在 1993 年監督成立環境公益資助計畫。他繼續擔任董事會和投資委員會的成員，該委員會監督管理 15 億美元捐款。他致力於以創業資金投資永續技術。

■ **Gregory Heming** 新斯科細亞省（Nova Scotia）安納亞波利斯郡（Annapolis County）的郡政務會委員，同時是政務會中經濟發展和氣候變遷兩個委員會的主席，並在加拿大市政聯盟（FCM）的董事會中擔任全國委員。他擁有生態學博士學位，並參加宗教史和科學哲學的研究生課程，他就農村經濟學、地方生態學和公眾參與等領域進行廣泛的演說、寫作與出版。

■ **Oran Hesterman** 永續農業和糧食系統的全國領導者，以及公平糧食網路（Fair Food Network）的總裁與執行長。他擁有超過 35 年的科學家、農民、慈善家、商人、教育家和倡導者經驗，同時是受政策制定者、慈善領袖和倡導者尊敬的合作夥伴。

■ **Patrick Holden** 永續食品信託基金（Sustainable Food Trust）的創始董事。該基金會致力於加速過渡至更永續的食品系統。他是英國生物動力協會（UK Biodynamic Association）的贊助人，並於 2005 年因有機農業服務獲得大英帝國司令勳章（CBE）。

■ **Gunnar Hubbard** 全球工程設計、調查和分析顧問公司 Thornton Tomasetti 的社長和永續發展策略的領導者。他是公認的美國、亞洲和歐洲綠建築領導者。

■ **Jared Huffman** 國會議員，為加州北灣（North Bay）和北海岸（North Coast）在美國眾議院的代表。他是國會中乾淨能源、溫室氣體減量和保護自然環境方面的主要

擁護者之一，為交通委員會以及自然資源委員會委員。在加入國會之前，他在加州眾議院任職 6 年，擔任水、公園與野生動物委員會主席，簽署數十項重要法律，並擔任自然資源保護委員會的資深律師。

■ **Molly Jahn**　威斯康辛大學麥迪遜分校農學系、全球衛生研究所、永續發展與全球環境中心教授，以及橡樹嶺國家研究所聯合教授。她已經發表 100 多篇同儕評審的研究論文，並從她的植物育種計畫中獲得了 60 種有效的商業許可，她所開發的蔬菜品種在六大洲進行商業種植與販售。

■ **Chris Jordan**　西雅圖攝影藝術家與電影製作人，他的工作焦點在消費主義和大眾文化，其作品對我們個人與集體生活中無意識的行為發出大膽的信息。

■ **Daniel Kammen**　加州柏克萊大學可再生能源與適當能源實驗室（RAEL）的創始主任，以及能源與資源學群（Energy and Resources Group）、高曼公共政策學院（Goldman School of Public Policy）和核能工程系教授。2010 年，他被美國國務卿希拉蕊·克林頓任命為第一個美洲國家能源與氣候合作計畫（Energy and Climate Partnership for the Americas）研究員，並且於 2016 年至 2017 年擔任美國國務院科學大使。

■ **Danny Kennedy**　是一位清潔技術企業家、環保活動者，也是 2012 年出版的《屋頂革命：太陽能如何從骯髒能源中拯救我們的經濟以及我們的地球》（*Rooftop Revolution: How Solar Power Can Save Our Economy—and Our Planet—from Dirty Energy*）的作者。他是 Sungevity 的聯合創始人，加州潔淨能源基金（CCEF）的常務董事，以及 Powerhouse 的共同創辦人。

■ **Kerry Kennedy**　人權活動者和律師、甘迺迪人權組織（Robert F. Kennedy Human Rights organization）的主席，《對當權者說出真相：改變世界的人權鬥士》（*Speak Truth to Power: Human Rights Defenders Who Are Changing Our World*），以及《紐約時報》暢銷書《現在的天主教徒》（*Being Catholic Now*）二書作者。她擔任國際特赦組織美國領導協會（Amnesty International USA Leadership Council）主席超過 10 年，並獲布希總統提名、美國參議院同意，進入美國和平研究所董事會至今。

■ **Elizabeth Kolbert**　自 1999 年以來一直擔任《紐約客》專欄特約作家，之前曾任職於《紐約時報》。她寫了好幾本書，包括《第六次大滅絕：不自然的歷史》（*The Sixth Extinction*），她因此書獲得 2015 年普立茲非小說獎。

■ **Cyril Kormos**　身為荒野基金會（Wild Foundation）的政策副總裁，他在此研究並倡導與荒野法律和政策、保育資金與森林政策等議題。他還協助促進全球原始森林保護的非政府組織原生林國際行動（IntAct）之工作。

■ **Jules Kortenhorst**　落磯山研究所（RMI）的首席執行長，這是一個獨立的無

黨派非營利組織，致力於資源的有效與可復原利用。他是全球能源問題和氣候變遷公認的領導者，具有商業、政府、企業和非營利領導的跨領域背景。

■ **Larry Kraft**　iMatter 的執行長兼首席導師，該團隊邀請熱情的青年參與氣候行動，並要求在地社區對他們在氣候變遷方面的行為或不作為負責。

■ **Klaus Lackner**　亞利桑那州立大學負碳排研究中心（Negative Carbon Emissions）的主任，該中心促進碳管理技術，可以在戶外作業環境中直接由環境空氣中收集二氧化碳。自 1995 年以來，他與其他科學領域一起為收集和儲存碳做出許多貢獻。

■ **Osprey Orielle Lake**　國際女性地球與氣候行動網絡（WECAN）的創始人和執行長。她在國內與國際和基層及原住民領導者、政策制定者、科學家合作，動員婦女參與氣候正義、具適應力的社區、系統性變革以及公平地轉向乾淨的能源未來。

■ **John Lanier**　雷・安德森基金會（Ray C. Anderson Foundation）的執行長，該基金會是喬治亞州的私人家族基金會，為紀念 Lanier 的祖父雷・安德森生前的事業而成立。安德森是受全球敬重的實業家與環保主義先驅，Lanier 以基金會的各種計畫承續遺志，旨在為當代和未來的人們創造更光明、更永續的世界。

■ **Alex Lau**　加拿大溫哥華的潔淨技術企業家、天使投資人[79]，以及國際可再生能源計畫投資者。他是溫哥華最環保城市行動計畫（Greenest City Action Team）與可再生都市行動小組（Renewable City Action Team）的領導者。

■ **Lyn Davis Lear**　是活動家和慈善家，也是 L&L Media 的總裁，目標在藉由各種形式的媒體來激發、教育人們與全球環境相關的議題，並積極面對。她是洛杉磯郡立美術館（LACMA）和日舞影展協會（Sundance Institute）的董事會成員，她於此協會製作並支持數部電影和實驗室之成立。她也成立李爾家族基金會（Lear Family Foundation），致力於支持公民權利和自由、藝術與環境。

■ **Colin le Duc**　與 David Blood 和 Al Gore（美國前副總統高爾）是世代投資管理公司（Generation Investment Management）的創始合夥人，共同管理成長型股票基金 Climate Solutions。他之前曾任職於蘇黎世永續資產管理公司（Sustainable Asset Management）、倫敦的李特管理顧問公司（Arthur D. Little）、巴黎的道達爾公司（Total）。目前為全球世代投資管理公司的董事會成員。

■ **Jeremy Leggett**　企業家、作家和倡導者。是最受推崇的國際太陽能公司之一Solarcentury 的創始董事、SolarAid 的創始

---

79. 在新創公司初始階段即出資的投資人，投資額小，亦不過多干預公司政策。天使投資人會將資金分散至不同的新創公司，以分散投資風險。

人與董事長；SolarAid 為一慈善機構，擁有 Solarcentury 年利潤 5%。也是金融智囊團 Carbon Tracker 的董事長，對資本市場的碳資產擱淺風險提出警告，此風險俗稱碳泡沫。

■ **Annie Leonard** 美國綠色和平的執行長。在調查與解釋人類對環境和社會的影響方面擁有 20 多年經驗：物品來自哪裡、如何到達我們手上，以及我們捨棄之後物品的去向。她的電影與同名書籍《東西的故事》（*The Story of Stuff*）發展成一個計畫，致力於協助全球民眾爭取更永續與正義的未來。

■ **Peggy Liu** 自 2007 年以來一直擔任加速中國環保工作的頂尖環保組織之一——聚思（JUCCCE）的主席。她召集國際領導者，藉由規劃生態都市（eco-city）、乾淨能源、智慧電網、食品教育以及中國的永續市場機制來創造系統性變革。

■ **Barry Lopez** 是一位文論家、書籍作者和短篇小說作家，時常在全球偏遠地區和人口稠密地區旅行。他是《北極夢》（*Arctic Dreams*）的作者，並因此書獲得美國國家圖書獎（National Book Award），《狼與人》（*Of Wolves and Men*）則入圍美國國家圖書獎決選；他另有其他 8 部小說作品。

■ **Beatriz Luraschi** 威爾斯親王國際永續部（ISU）的高級計畫專員。自 2013 年以來，便一直致力於熱帶森林和氣候變遷問題，包括 REDD＋、消除商品供應鏈中的森林砍伐行為以及結合科學的氣候政策。在加入 ISU 之前，她主持一系列永續性問題的研究，並進行田野工作，以量化中美洲不同管理系統下的咖啡農場之生態系服務。

■ **Brendan Mackey** 格里菲斯大學氣候變遷因應計畫（Climate Change Response Program）主持人。該計畫在澳洲黃金海岸進行，結合陸地碳動力學、氣候變遷、生物多樣性、土地利用以及科學對環境政策和法律的影響等專門領域知識。他目前的研究重點是太平洋沿岸地區適應力、適應力與復育規劃之訊息與知識管理，以及對原始森林的評估與價值判斷。

■ **Joanna Macy** 是活動家、作者、佛教與系統理論學者，以及重新連繫的工作（Work That Reconnects）的起頭老師。以及包括《重返生活：重新連繫的工作最新指南》（*Coming Back to Life: The Updated Guide to the Work That Reconnects*）在內等 12 本書的作者。

■ **Joel Makower** 是 GreenBiz 集團董事長與主編，也是一位獲獎的記者。他是許多書的作者或共同作者，包括《綠色經濟策略》（*Strategies for the Green Economy*）和《偉大新策略：恢復 21 世紀美國的繁榮、安全和永續發展》（*The New Grand Strategy: Restoring America's Prosperity, Security, and Sustainability in the 21st Century*）。

■ **Michael Mann** 賓州州立大學大氣科學特聘教授。美國地球物理聯合會（AGU）、美國氣象學會（AMS）和美國科學促進會（AAAS）的成員，並撰寫 200 多份刊物與

《殘酷的預言》（*Dire Predictions*）、《曲棍球棒》（*The Hockey Stick*）、《氣候戰爭》（*Climate Wars*）3本書，以及《瘋人院效應》（*The Madhouse Effect*）。

■ **Fernando Martirena** 是古巴拉維斯中央大學（Central University "Marta Abreu" of Las Villas）建築與材料研究與開發中心（Center for Research and Development of Structures and Materials）主任。

■ **Mark S. McCaffrey** 匈牙利布達佩斯的國家公共服務大學（National University of Public Service）資深研究員、地球兒童教育協會（Earth Child Institute）資深顧問、聯合國氣候變遷綱要公約的教育、通訊與非政府組織外展服務社群（Education, Communication and Outreach NGOs community）的創始人，以及出版於2014年的《智慧氣候與聰明能源》（*Climate Smart & Energy Wise*）的作者。他是國家科學教育中心（National Center for Science Education）的氣候計畫和政策主任，並共同創建氣候素養與能源意識網絡（Climate Literacy and Energy Awareness Network）。

■ **David McConville** 是巴克明斯特·富勒研究院（Buckminster Fuller Institute）的委員會主席，也是世界觀網絡（Worldviews Network）的創意總監，此網絡由藝術家、科學家和教育工作者共同合作，結合講故事和科學可視化，促進社會生態再生之對話。

■ **Andrew McKenna** 是雪梨麥考瑞大學

大歷史研究院（Big History Institute）的執行長，此研究院為追求大歷史領域中追求卓越的創新中心，或者試著以統一和跨學科的方式理解宇宙的歷史、地球、生物和人性。

■ **Bill McKibben** 是作家、環保主義者和活動家，也是350.org的共同創辦人和資深顧問，350.org是一項基層國際氣候運動，在全球188個國家進行活動。他撰寫過15本書，包括出版於1989年、經常被認為是第一本為一般讀者所寫的關於氣候變遷的書──《自然的末日》（*The End of Nature*）。

■ **Jason F. McLennan** 被認為是當今綠建築運動中最具影響力的人之一，在他自己的設計事務所McLennan Design擔任執行長，也是致力於將我們的世界改造為一個公正、文化豐沛以及能夠恢復生態的世界的非政府組織──國際生活未來研究所──的創辦人兼主席。他是生態建築挑戰的發想者和創始者，這是世界上最先進也最嚴格的綠建築計畫。並且是著名的巴克明斯特·富勒挑戰賽與工程新聞記錄卓越獎（ENR Award of Excellence）的獲獎者。

■ **Erin Meezan** 是英特飛的永續發展副總裁，為公司的良知發聲，確保公司策略和目標與將近20年前所建立之積極的永續發展願景同步。她經常為高階管理團隊、大學以及持續增加中的綠色消費者就永續事業發表演說。

■ **David R. Montgomery** 西雅圖華盛頓大

學的地形學教授。他是麥克阿瑟學者（MacArthur Fellow），及《土地：文明之蝕》（*Dirt: The Erosion of Civilizations*）、《種下革命：讓土壤恢復生機》（*Growing a Revolution: Bringing Our Soil Back to Life*）的作者，並與安妮·比寇合著《大自然隱藏的另一半：生命與健康的微生物根源》。

■ **Pete Myers**　環境醫學（Environmental Health Sciences）的作家、執行長與首席科學家，該組織致力於消除良好科學與偉大政策之間的差距。他積極參與內分泌干擾對人類健康影響的初步研究、擔任科學通訊網路（Science Communication Network）委員會主席，並擔任約翰斯三世中心（H. John Heinz III）科學、經濟與環境中心委員會主席。

■ **Mark "Puck" Mykleby**　凱斯西儲大學策略創新實驗室（Strategic Innovation Lab）的共同創辦主任，該實驗室致力於為美國開發、測試和執行新的大型策略，為繁榮、安全與永續提供動力。在此之前，Mykleby 曾在海軍陸戰隊擔任戰鬥機飛行員與參謀長聯席會議（Joint Chiefs of Staff）主席特別戰略助理。

■ **Karen O'Brien**　挪威奧斯陸大學社會學和人文地理學系教授，她在此研究與適應氣候變遷與過度至永續性相關議題。她是數份政府間氣候變遷小組所提出的報告的第一作者。

■ **Robyn McCord O'Brien**　10 年來一直引導消費者、企業與政治領導人的食品覺醒。她帶領一家非營利組織和諮詢公司，是暢銷書作家、演講者與策略家。

■ **Martin O'Malley**　第 61 任馬里蘭州州長，並於 2016 年競選美國總統。他一直明白指出應對氣候變遷和環境問題有所行動的必要性。

■ **David Orr**　保羅·席爾斯榮譽教授（Paul Sears Distinguished Professor）以及歐柏林學院的校長顧問。他寫了 8 本書和 200 多篇文章、評論、書籍章節與其他專業出版物。他擁有美國綠建築委員會與自然的第二面貌（Second Nature）所頒發的 8 個榮譽學位與領導獎。

■ **Billy Parish**　是 Mosaic 的共同創辦人與執行長，Mosaic 為家庭能源市場的消費者貸款提供解決方案。他創立並使能源行動聯盟（Energy Action Coalition）發展為世界上最大的青年乾淨能源組織。

■ **Michael Pollan**　暢銷書作家、記者、活動家，以及加州柏克萊大學的新聞學教授。他將焦點放在食物、飲食與食物系統之議題，也是包括《雜食者的兩難》在內等 8 本書的作者。

■ **Jonathon Porritt**　永續發展議題的作家、廣播員及評論者。他共同創辦「未來論壇」（Forum for the Future）——一個關注永續發展的非營利組織，與企業、政府、其他團體或個人為創造更美好的未來於全球共同努力。

■ **Joylette Portlock** 過去 10 年一直倡導並致力於從事環境教育。她是非營利組織社區烏托邦（Communitopia）現任主席，此組織利用新媒體和專題式活動來辨識、研究和推廣個人、社區和國家所能從事的氣候解決方案，努力為公眾提供可利用的科學資訊。

■ **Malcolm Potts** 畢業於劍橋大學的產科醫生和生殖科學家，在世界各地為女性提供家庭計畫選項。他於 1992 年被任命為加州柏克萊大學 Bixby 中心的人口與家庭計畫的第一位教授，目前關注的焦點是沙黑爾地區的人口成長與氣候變遷。

■ **Chris Pyke** 身為全球房地產永續標準（GRESB.com）的營運長，為全球房地產投資者提供可操作的環境、社會與管理資訊。他也是美國綠建築委員會的研究副總裁。他曾為減緩住宅和商業建築之溫室氣體排放議題，代表美國參加政府間氣候變化專門委員會第三工作小組（IPCC Working Group 3），並曾擔任美國環保署切薩皮克灣計畫科學與技術諮詢委員會（Chesapeake Bay Program Scientific and Technical Advisory Committee）主席。

■ **Shana Rappaport** 社區組織者以及跨行業召集人，為促進永續發展解決方案積極工作超過 10 年。她是 VERGE 及 GreenBiz 集團事務部主任，目前正專注於加速清潔經濟，擴大全球重要系列活動之規模。

■ **Andrew Revkin** 近 30 年來持續撰寫氣候變遷相關文章，其中 21 篇是擔任《紐約時報》記者和該報的部落格 Dot Earth 作者時所寫的。他現在為 ProPublica 撰稿，專注於長篇氣候和能源報導。

■ **Jonathan Rose** 創立跨學科房地產開發、規劃和投資公司 Jonathan Rose Companies，該公司已成功完成超過 25 億美元的工作。他和他的妻子 Diana 共同創立蓋瑞森學院（Garrison Institute）。

■ **Craig McCaw** 電信先驅，麥考無線電訊（McCaw Cellular）和 Clearwire Corporation 的創辦人，現任創投公司 Eagle River Investments LLC 的董事長與執行長。他是 Craig 和 Susan McCaw 基金會的主席，該基金會支持教育管道與發展、國際經濟發展與環境保護。他擔任大自然保護協會主席，並成立鄉村技術中心（Grameen Technology Center）。

■ **James Salzman** 唐納‧布倫（Donald Bren）環境法特聘教授、加州大學聖塔芭芭拉分校和加州大學洛杉磯分校法學院共聘教授。已出版 8 本與環境法相關書籍，任職國家飲用水諮詢委員會（National Drinking Water Advisory Council）和貿易暨環境政策諮詢委員會（Trade and Environment Policy Advisory Committee）。經常以媒體評論者的身分出現，同時是一名盡責的教師。

■ **Samer Salty** Zouk Capital 的創辦人與執行長，在私募股權、投資銀行以及科技方面擁有 30 年經驗。他設計並實施了 Zouk 獨特的雙軌策略，包括科技增值資本和可再生能源基礎設施。

■ **Astrid Scholz** Sphaera 的總裁，總理「一切」事務。Sphaera 是一個雲端上的解決方案共享平台，藉由連繫全球創新問題解決者與最佳解決方案，加速社會變革的速度。她剛卸下 Ecotrust 總裁職務；Ecotrust 是一個混合型非營利組織，管理超過 1 億美元資產。

■ **Ben Shapiro** PureTech Health 的共同創辦人與非執行董事，其 Vedanta 計畫正開發一種創新的治療方法，調節人類微生物群系與宿主免疫系統間之相互作用的途徑。他過去曾擔任默克集團（Merck）的研究執行副總裁，其所領導的研究計畫於美國食品藥物管理局（FDA）註冊了大約 25 種藥物和疫苗。

■ **Michael Shuman** 經濟學家、律師、企業家、作家與 Telesis Corporation 的當地經濟主管。他是加拿大溫哥華西門菲沙大學社區經濟發展與紐約巴德學院永續發展事業的兼職講師，於 2015 年出版《在地經濟解決方案》（*The Local Economy Solution*）。

■ **Mary Solecki** 環保企業家（Environmental Entrepreneurs）的西部各州倡導者，這是一個非營利性的宣導組織，其企業成員支持同時具有經濟與環境兩種效益的政策。

■ **Gus Speth** 佛蒙特法律學校（Vermont Law School）新經濟法律中心（New Economy Law Center）的共同創辦人，也是次世代系統專案（Next System Project）的聯合主席。他曾擔任耶魯大學森林與環境學院院長、自然資源保護委員會共同創立者、世界資源研究所創始人兼主席，亦曾擔任聯合國開發計畫署官員和聯合國發展組主席，也是 6 本書的作者。

■ **Tom Steyer** 商業領袖與慈善家。他認為我們有道德責任回饋並協助確保每個家庭都能享有經濟機會所帶來的利益。

■ **Gunhild A. Stordalen** EAT Foundation 的創辦人和總裁。她與丈夫 Peter 一起創立 Stordalen Foundation，並擔任主席。

■ **Terry Tamminen** 目前擔任李奧納多·狄卡皮歐基金會（LDF）的執行長。曾在阿諾·史瓦辛格擔任加州州長時被任命為加州環保局局長，之後擔任內閣祕書與州長首席政策顧問。他是一位優秀的作家，曾撰寫包括《一加侖生活：石油成癮的真實成本》（*Lives Per Gallon: The True Cost of Our Oil Addiction*）和《破解碳密碼：新經濟中永續利潤的關鍵》（*Cracking the Carbon Code: The Key to Sustainable Profits in the New Economy*）在內的數本書。

■ **Kat Taylor** 與丈夫 Tom Steyer 創辦 TomKat Foundation，支持那些能夠創造全球氣候穩定、健康與公平的糧食系統，以及使世界普遍繁榮的組織。她是 TomKat 牧場教育基金會（TomKat Ranch Educational Foundation）的創始董事，該基金會致力於鼓勵永續糧食系統；她也是共益州立銀行（BSB）的共同創辦人兼聯合共同執行長。

■ **Clayton Thomas-Muller** 是馬賽斯克倫波克里民族（Mathias Colomb Cree Nation）

的成員，也是溫尼伯（Winnipeg）的原住民權利行動主義者，他在加拿大與美國數百個原住民族社區進行活動，策畫反石化燃料業的侵占以及為其提供資金的銀行的活動。他是 350.org 的原住民極端能源運動倡導者，也是土地捍衛者（Defenders of the Land）與不再懈怠（Idle No More）的發起人。

■ **Ivan Tse** 社會創業家與慈善家，致力於塑造社會企業、慈善事業和精品業的新文化。他是支顯宗基金會的主席與總裁，該基金會為一香港慈善組織，致力於推動人類團結、全球知識傳播以及建立跨國基礎建設。

■ **Mary Evelyn Tucker** 任教於耶魯大學，與丈夫 John Grim 一起指導宗教與生態論壇（Forum on Religion and Ecology），並且共同撰寫《生態與宗教》（*Ecology and Religion*）。他們是艾美獎得獎電影《宇宙之旅》（*Journey of the Universe*）的共同製片人，並在 Coursera 上開設 4 門與本片有關的公開線上課程。

■ **Paul Valva** 舊金山灣區的第三代房地產仲介商，精於商業與工業物件。他對可永續發展和環境充滿熱情，並曾擔任北加州氣候真相計畫（Northern California for the Northern California for the Climate Reality Project）經理 4 年，教育大眾關於氣候變遷的危險與解決方案的知識。

■ **Brian Von Herzen** 氣候基金會（Climate Foundation）執行長，該基金會處理陸地上和海洋中 10 億噸規模的碳平衡，同時確保全球糧食和能源安全。氣候基金會的海洋永續農業技術可提供全球永續的糧食、飼料、纖維、肥料和生物燃料，同時促進大氣中的碳輸出。

■ **Greg Watson** 舒馬克中心（Schumacher Center）的政策與系統設計總監。他是永續農業、可再生能源、新貨幣體系、公平的土地租佃契約、以民主程序進行社區規劃、支持人類發展的政府政策的發聲者。

■ **Ted White** Fahr 的經營合夥人，Fahr 是 Tom Steyer 所成立的商業、政治和慈善事業機構。Fahr 及其附屬機構的主要目標之一是加速向乾淨能源未來過渡。

■ **John Wick** 牧場主人、創投慈善家，以及海洋碳計畫（Marin Carbon Project）的共同創辦人，該計畫以科學方法確定藉由健康的糧食與安全的纖維可以提升土壤碳的耐久性。和妻子 Peggy Rathmann 經營加州馬林縣的 Nicasio Native Grass Ranch 牧場。

■ **Dan Wieden** 美國廣告公司經理，共同創辦 Wieden+Kennedy，創造 Nike 的廣告標語「Just Do It」。他也是 Caldera 的創辦人，Caldera 是一個於俄勒岡州西斯特（Sisters）的非營利藝術教育組織以及邊緣青年收容處。

■ **Morgan Williams** 生態學家與永續發展科學家，1997 年至 2007 年擔任紐西蘭議會環境專員。他目前擔任紐西蘭世界自然基金會和 Cawthron 基金會董事會主席，該基

金會支持紐西蘭最大的私人研究機構。

■ **Allison Wolff** 活力星球（Vibrant Planet）的執行長，該公司為專門從事社會與環境創新的公司及非營利組織提供策略、故事與活動設計。她與陳－祖克伯基金會（Chan Zuckerberg Initiative）合作發展他們共同的目標與活動策略；與 Facebook 和 eBay 合作公益及永續故事、行銷和公眾參與策略；與谷歌一起打造 Google Green；與全球捐贈網（GlobalGiving）合作品牌識別度與策略；在 Netflix 擔任行銷總監。

■ **Graham Wynne** 英國皇家鳥類保護協會的前執行長與保育主任，目前是威爾斯親王國際永續部的資深顧問，該部門是歐洲環境政策研究所委員會成員；也是綠色聯盟（Green Alliance）的受託人。曾為未來農業與糧食政策委員會（Policy Commission on the Future of Farming and Food）與永續發展委員會（Sustainable Development Commission）成員。

■ **Martin Siegert** 倫敦帝國理工學院格蘭瑟氣候變遷研究中心的聯合主任，之前曾擔任布里斯托大學冰川研究中心（Bristol Glaciology Center）主任以及愛丁堡大學地球科學學院院長。他以地球物理專家的身分，因為對南極科學與政策的卓越貢獻，於 2013 年獲得 Martha T. Muse 獎，並且是愛丁堡皇家科學院的成員。

謝辭

　　工作人員非常感謝所有相信和支持這個計畫的人。我們可以在這裡寫許多有關這些人的事；然而，考慮到總人數，我們必須一對一地向每個人表達我們的具體感謝。這本書是關於世界上更大的「我們」。你們所有人都代表充溢人性中的善良和仁慈。地球和所有生命現在都在召喚我們，而你們已經在工作和生活中體現承諾。我們代表所有生物，發自內心表達感謝。

Alec Webb · Alex Lau · Amanda Ravenhill · Andrew McElwaine · Andre Heinz · Barry Lopez · Betsy Taylor Bob Fox · Byron Katie · Colin Le Duc · Cyril Kormos · Daniel Kammen · Daniel Katz · Daniel Lashof David Addison · David Bronner · David Gensler · Edward Davey · Erin Eisenberg · Erin Meezan · Gregory Heming Guayaki · Harriet Langford · Ivan Tse · Jaime Lanier · James Boyle · Janine Benyus · Jasmine Hawken · Jay Gould Jena King · Johanna Wolf · John Lanier · John Roulac · John Wells · John Wick · John Zimmer · Jon Foley Jonathan Rose · Jules Kortenhorst · Justin Rosenstein · Kat Taylor · Lisa and Patrice Gautier · Lyn Lear Lynelle Cameron · Malcolm Handley · Malcolm Potts · Marianna Leuschel · Martin O'Malley · Mary Anne Lanier Matt James · Norman Lear · Organic Valley Cooperative · Paul Valva · Pedro Diniz · Peggy Liu · Peter Boyer Peter Byck · Peter Calthorpe · Phil Langford · Ray and Carla Kaliski · Rick Kot · Ron Seeley · Russ Munsell Shana Rappaport · Stephen Mitchell · Suki Munsell · Ted White · Terry Boyer · Tom Doyle · Tom Steyer Virgin Challenge · Will Parish

Adam Klauber · Andersen Corporation · Ben Holland · Ben Rappaport · Carbon Neutral Company · Chantel Lanier Chris McClurg · Chris Nelder · Colin Murphy · Cyril Yee · Dan Wetzel · David Weiskopf · Deep Kolhatkar · Diego Nunez Ellen Franconi · Frances Sawyer · Galen Hon · Gerry Anderson · George Polk · Jai Kumar Gaurav · Jamil Farbes · Jason Meyer Joel Makower · Johanna Wolf · Jonathan Walker · Joseph Goodman · Kate Hawley · Kendal Ernst · Leia Guccione Lynn Daniels · Maggie Thomas · Mahmoud Abdelhamid · Malcolm Handley · Mark Dyson · Mike Bryan ·

Mike Henchen Mike Roeth · Mohammad Ahmadi Achachlouei · Organic Valley Cooperative · Nicola Peill-Molter · Nuna Teal · Robert Hutchison Sean Toroghi · Thomas Koch Blank · Udai Rohatgi · Vivian Hutchinson · William Huffman

Adam DeVito · Alicia Eerenstein · Alicia Montesa · Alisha Graves · Allyn McAuley · Anastasia Nicole · Andy Plumlee · Angela Mitcham · Annika Nordlund-Swenson · Aparna Mahesh · Aseya Kakar · Aubrey McCormick · Babak Safa · Basil Twist · Ben Haggard · Betty Cheng · Bill and Lynne Twist · Bruce Hamilton · Caitlin Culp · Calla Rose Ostrander · Caroline Binkley · Carol Holst · Charles Knowlton · Cheryl Dorsey · Cina Loarie · Claire Fitzgerald · Clinton Cleveland · Connie Horng · Daniel Kurzrock · Daniela Warman · Danielle Salah · Darin Bernstein · David Lingren · David McConnville · David Allaway · Deborah Lindsay · Diana Chavez · Donny Homer · Dwight Collins · Eka Japaridize · Ella Lu Emily Reisman · Eric Botcher · Farris Gaylon · Gabriel Krenza · Hannah Greinetz · Helaine Stanley · Henry Cundill · Jacob Bethem Jacquelyn Horton · Jamie Dwyer · Jaret Johnson · Jeff and Elena Jungsten · Jeremy Stover · Jodi Smits Anderson · Joe Cain · Jose Abad · Joshua Morales · Joyce Joseph · Juliana Birnbaum Traffas · Katharine Vining · Katie Levine · Kenna Lee · Kristin Wegner · Kyle Weise · Leah Feor Lina Prada-Baez · Madeleine Koski · Matthew Emery · Matthew John · Meg Jordan · Megan Morrice · Michael Elliot · Michael Neward · Michael Sexton · Michelle Farley · Molly Portillo · Nancy Hazard · Nick Hiebert · Nicole Koedyker · Olga Budu · Olivia Martin · Pablo Gabatto · Ray Min · Robert Trescott · Ron Hightower · Rupert Hayward · Ryan Cabinte · Ryan Miller · Sam Irvine · Sara Glaser · Serj Oganesyan · Sonja Ashmoore · Srdana Pokrajac · Sterling Hardaway · Susan McMullan · The North Face · Thomas Podge · Tim Shaw · Tyler Jackson · Veena Patel · Vincent Ferro · Whitney Pollack · Yelena Danziger · Zach Carson · Zach Gold

圖片授權

圖解
Drawdown 反轉地球暖化100招

2019年1月初版　　　　　　　　　　　　　　　　　定價：新臺幣580元
有著作權・翻印必究
Printed in Taiwan.

編　　者	保　羅　・　霍　肯	
	（Paul Hawken）	
譯　　者	劉　品　均	
叢書編輯	張　彤　華	
校　　對	馬　文　穎	
	Soulmap	
封面設計	陳　恩　安	
內文排版	江　宜　蔚	
編輯主任	陳　逸　華	

出　版　者	聯經出版事業股份有限公司	總編輯	胡　金　倫
地　　　址	新北市汐止區大同路一段369號1樓	總經理	陳　芝　宇
編輯部地址	新北市汐止區大同路一段369號1樓	社　長	羅　國　俊
叢書編輯電話	(02)86925588轉5306	發行人	林　載　爵
台北聯經書房	台 北 市 新 生 南 路 三 段 9 4 號		
電　　　話	(0 2) 2 3 6 2 0 3 0 8		
台中分公司	台 中 市 北 區 崇 德 路 一 段 1 9 8 號		
暨門市電話	(0 4) 2 2 3 1 2 0 2 3		
台中電子信箱	e - m a i l：l i n k i n g 2 @ m s 4 2 . h i n e t . n e t		
郵政劃撥帳戶	第 0 1 0 0 5 5 9 - 3 號		
郵 撥 電 話	(0 2) 2 3 6 2 0 3 0 8		
印　刷　者	文聯彩色製版印刷有限公司		
總　經　銷	聯 合 發 行 股 份 有 限 公 司		
發　行　所	新北市新店區寶橋路235巷6弄6號2樓		
電　　　話	(0 2) 2 9 1 7 8 0 2 2		

行政院新聞局出版事業登記證局版臺業字第0130號

本書如有缺頁，破損，倒裝請寄回台北聯經書房更換。　　ISBN　978-957-08-5236-3（平裝）
聯經網址：www.linkingbooks.com.tw
電子信箱：linking@udngroup.com

本書由聯經與台糖合作出版

感謝下列社會賢達推薦本書：

聯華神通集團董事長　**苗豐強**｜台灣昕諾飛股份有限公司總經理暨全球副總
裁　**余泳濤**｜宏遠興業股份有限公司總經理　**葉清來**｜九典聯合建築師事務
所創辦人　**張清華、郭英釗**｜台糖總經理、高鐵董事　**管道一**｜經濟部部長
沈榮津｜農業委員會代理主委　**陳吉仲**｜臺北市都市發展局前局長　**林洲民**
｜中央研究院前院長　**李遠哲**｜工業技術研究院院長　**劉文雄**｜資源循環台
灣基金會執行長　**陳惠琳**

國家圖書館出版品預行編目資料

Drawdown　反轉地球暖化100招/保羅·霍肯（Paul Hawken）主編 .
劉品均譯 . 初版 . 新北市 . 聯經 . 2019年1月（民108年）. 408面 .
17×23公分（圖解）
譯自：Drawdown: the most comprehensive plan ever proposed to reverse
　　　global warming
ISBN　978-957-08-5236-3（平裝）

1.氣候變遷　2.地球暖化

328.8018　　　　　　　　　　　　　　　　　　　　　107020844